Media TECHNOLOGY 传媒典藏

高保真音响系列

VINYL BIBLE

黑胶宝典

王涤涤◎编著

人民邮电出版社

北京

图书在版编目（CIP）数据

黑胶宝典 / 王涤涤编著. -- 北京 : 人民邮电出版社，2023.4
（高保真音响系列）
ISBN 978-7-115-60252-7

Ⅰ. ①黑… Ⅱ. ①王… Ⅲ. ①唱片－基本知识 Ⅳ. ①TS954.5

中国国家版本馆CIP数据核字(2023)第038246号

内容提要

本书是一本系统指导黑胶爱好者了解黑胶唱片历史与生产过程、黑胶唱机音源系统与调整技巧及黑胶唱片版本的图书。

本书共分为 12 章。第 1 章～第 4 章介绍了唱片的诞生与演变过程、历史发展、黑胶唱片的基本知识和制作工艺流程。第 5 章～第 11 章对黑胶音源系统中的各个组成部分——唱头、唱臂、唱盘、唱头放大器、附件等进行了深入地分析和介绍，并详细介绍了黑胶唱机的调整要点和技巧。第 12 章是黑胶唱片版本参考，详细介绍了几大知名唱片公司的黑胶唱片的不同版本，进而探讨了不同国家、地区所发行黑胶唱片的特点和购买与收藏注意事项。

本书适合黑胶爱好者和音乐发烧友学习和收藏。

◆ 编　　著　王涤涤
责任编辑　黄汉兵
责任印制　马振武

◆ 人民邮电出版社出版发行　　北京市丰台区成寿寺路 11 号
邮编　100164　　电子邮件　315@ptpress.com.cn
网址　https://www.ptpress.com.cn
雅迪云印（天津）科技有限公司印刷

◆ 开本：787×1092　1/16
印张：24.5　　2023 年 4 月第 1 版
字数：649 千字　　2023 年 4 月天津第 1 次印刷

定价：199.80 元

读者服务热线：(010)81055493　印装质量热线：(010)81055316
反盗版热线：(010)81055315
广告经营许可证：京东市监广登字 20170147 号

作者简介

王涤涤，1955 年 2 月 1 日生于合肥市。舞台美术设计师。出身艺术世家，儿时就受到了美术、音乐、文学和戏剧的熏陶。

王涤涤酷爱音乐，1995 年 10 月在合肥组织成立了“音乐与音响爱好者”沙龙。其间多次应邀在高等院校、科研单位、事业单位、大型企业普及古典音乐知识。1995—1996 年，应邀在合肥市广播电台作为嘉宾主持古典音乐系列节目。2012 年 6 月至 2015 年 11 月，应安徽省图书馆的邀请，在新安百姓讲堂开展古典音乐欣赏系列讲座。2015 年荣获新安百姓讲堂“2015 年度听众最喜爱的讲座系列”“2015 年度听众最喜爱的主讲人”两项殊荣。

王涤涤平生第一次购买进口黑胶唱片是 1982 年 10 月，在上海福州路上海外文书店买了 8 张进口的黑胶唱片。唱片的品牌、曲目、乐队及指挥等信息至今仍然存在于他的脑海中。如今，中国的爱乐者中有着和他一样为数众多的黑胶唱片玩家，黑胶唱片的版本成为爱乐者的购买参考标准和热门话题。

由于喜欢音乐，他自然而然对音响器材有一定的要求。中学时代的王涤涤也尝试着组装过简单的扩音机和音箱。作为音源的黑胶唱机，其机械结构和工业造型的美感深深吸引着他。数字录音载体的风靡并没有动摇他对传统的黑胶唱片音质的痴迷。在多年使用黑胶音源系统的过程中，他对黑胶唱机的机械和电气结构的技术要领有了一些了解和认知，于是对黑胶唱盘有了更苛刻的要求。正是这种高要求让他从一位黑胶唱盘使用者转变为黑胶唱盘的设计者。通过 10 多年的努力，他设计出了双轴向空气全气浮轴承黑胶唱盘，并获得国家实用新型专利。王涤涤设计的 KLASSIK DD-53II 气浮直驱转盘 /DD-51 Ⅲ气浮唱臂系统被刊载于日本 2012 年 8 月发行的《M&J 无线电与实验》杂志封面。

FOREWORD 前言

音乐的软件市场如今已是数字唱片的天下。由于数字唱片在操作上十分方便，体积小巧，易于保存，经久耐用，以数字方式记录的音乐音质非常稳定，因此数字唱片自问世以来便受到众多乐迷的喜爱。

数字唱片虽然有如此多的优点，但是它无法完全满足对音质要求苛刻的发烧友，传统的黑胶唱片仍然是他们的最爱。这是因为黑胶唱片具有极高的像真度和完美动听的音色，在这一点上数字唱片暂时还无法与其相比。除此以外，传统的黑胶唱片由于历史久远，积淀的深厚文化更加令人着迷。精美的唱片封面装帧和丰富的版本类别，使黑胶唱片不仅可以用于欣赏，同时还具有非常高的收藏价值。也许这些就是数字唱片问世至今却始终不能完全取代黑胶唱片的缘由。

黑胶唱片是人类历史上最早用来存储声音信号的载体。从爱迪生发明的圆筒唱片诞生至今已过去了一百多年，黑胶唱片为人类记录、保存了大量珍贵的原声资料。在数字音响技术高度发展的今天，黑胶唱片并没有因为传统和古老而退出历史舞台，尽管它在使用上存在一些不便，但黑胶唱片仍然代表了民用设备中音质与听感的最高标准。国外有人把“黑胶唱片和模拟系统”称为“贵族音响”，这不无道理。黑胶唱片完整与真实地记载着音乐发展的一段历史，蕴藏着深刻的文化内涵，黑胶唱片始终散发着让人无法抗拒的魅力。黑胶唱片的黄金时代（1956—1985 年）在我国并没有真正意义上为百姓所了解，今天有幸和大家一起来讨论传统的黑胶唱片，共同走进既熟悉又陌生的黑胶世界。

王涤涤
2023 年 2 月

CONTENTS 目录

Chapter 1
第1章
爱迪生的留声机

图 1.1　托马斯·阿尔瓦·爱迪生

美国伟大的发明家托马斯·阿尔瓦·爱迪生（Thomas Alva Edison，1847—1931）（见图 1.1）受美国西电（Western Electric）公司的委托，在 1877 年 5 月至 7 月帮助研制能够自动记录电报信息的设备装置。

爱迪生在研制能够自动记录电报信息的设备时，意外地发现了声音重现的原理。当电话传话器的模板随着人的说话声波而振动之后，爱迪生用一根钢针进行试验后发现，人说话声音的快慢、高低和强弱变化能使钢针相应产生不同的颤动。这一现象引起了爱迪生极大的兴趣，他立刻设想，如果让钢针刻纹与人的声音相吻合，那么人的声音不就能重现了吗？

爱迪生在 1877 年 8 月 12 日开始为构思的留声机（Phonograph）设计图纸，这是一个带有手摇曲柄的类似车床的装置，该手摇曲柄使安装在长轴上的带槽圆柱体转动，每英寸 10 个螺纹。爱迪生用纸圆柱作为记录表面，将锡纸包裹在圆筒上。通过反复修改和实验，爱迪生对该装置的设计感到满意后，在 1877 年 11 月 29 日将图纸交付给同在门洛帕克实验室工作的同事机械师约翰·克雷西来制造一台能够记录声音机器。克雷西问道："这是做什么用的？""我希望它能记录谈话内容。"爱迪生回答说。克雷西说："这是一个疯狂的主意。"爱迪生要制作会"说话"的机器的消息在实验室传播开来。机修工厂的负责人卡曼说："我用一盒雪茄打赌，它一定不能用。"爱迪生回答道："我们拭目以待！"（见图 1.2）。

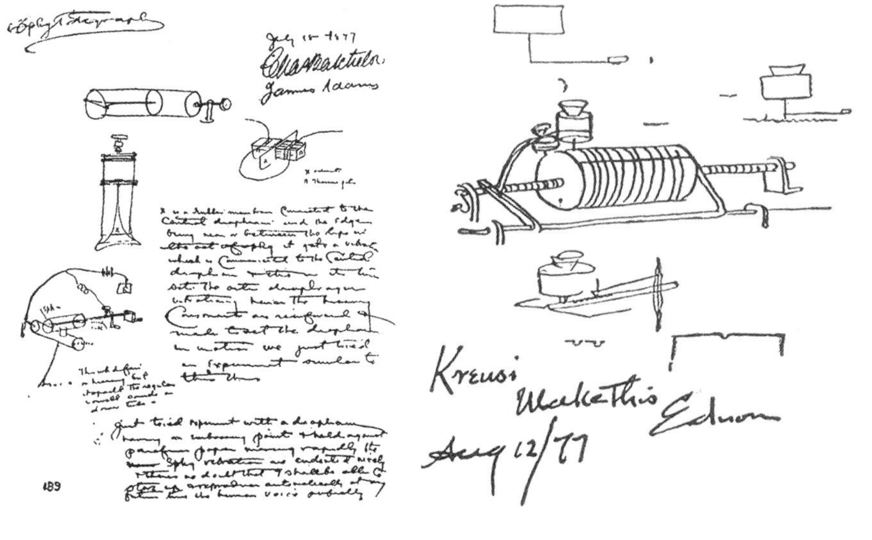

图 1.2　爱迪生的留声机图纸

一周后，克雷西完成了机器加工，并把它送到了爱迪生桌子上。爱迪生仔细地查看这台机器是否达到他的要求。克雷西在一旁不解又十分好奇地看着，爱迪生拿出一张锡纸，把锡纸紧紧地包裹在机器的圆柱体上，然后转动曲柄，爱迪生从容地调整了号嘴，将安装在锥端的钢针放入圆筒锡箔的凹槽中。这时，整个实验室的工作人员全部围在桌子旁，兴致勃勃地观看。爱迪生摇动装置上的曲柄，钢针开始在裹附着锡箔的螺纹凹槽里滑动，爱迪生对着号角口大声喊着："玛丽有只小羊羔，它的羊毛像雪一样洁白……"（Mary had a little lamb，It's fleece was white as snow，……）大家被爱迪生的举动弄得笑声不止，爱迪生观察到凹槽的锡箔表面已经出现了不规则的坑点，他心里在想，无论如何，只要装置能够发声，哪怕只是一些可识别的叫声，这至少表明自己的思路是正确的。他小心翼翼地把钢针移回圆筒起始端，并再次摇动曲柄，这时从号角口传出来的声音很小："玛丽有只小羊羔，它的羊毛像雪一样洁白……"从人群中传来的嬉笑声一下因这弱小的声音戛然而止，许久的沉默之后，在场的人一下沸腾了，相互拥抱，手拉着手围绕在爱迪生周围高歌狂舞！爱迪生和克雷西等同事们在实验室中度过了音频历史上最重要、最伟大的一天！ 1877 年 12 月 6 日[很多记载的时间不同，1877 年 12 月 6 日这一天是根据爱迪生的助手查尔斯·巴切洛（Charles Batchelor）的两篇日记来确认的。1877 年 12 月 4 日，巴切洛在日记中写道："克雷西今天制作了留声机。"1877 年 12 月 6 日，巴切洛在日记中写着："克雷西完成了留声机的制作。"]，世界上第一台圆筒留声机在美国新泽西州的纽瓦克市问世！

1878 年 6 月，爱迪生带着留声机在圣路易斯为听众演示。演示结束后爱迪生取下包裹在留声机圆筒上的锡箔，折叠并塞入一个信封中（见图 1.3）。后来在美国纽约州斯克内克塔迪博物馆档案室中找到了装有锡箔的信封。1978 年，一位康涅狄格州妇女在参加爱迪生公司成立 100 周年的展览时将这张锡箔捐赠给了斯克内克塔迪博物馆。博物馆方希望这张珍贵的锡箔能够再次发声，于是联系了斯派塞艺术保护机构（Spicer Art Conservation），他们带着这张 5 英寸（1 英寸≈ 2.54cm）宽、15 英寸长的锡箔前往加利福尼亚的伯克利实验室，在那里卡尔·哈伯（Carl Haber）等研究人员通过扫描对锡箔表面进行了读取处理。现在，声音终于出现了。该锡箔记录了 1 分钟以上的音频信息。内容包括 23 秒的短号独奏和一首不知名的歌曲开头，之后是托马斯·梅森（Thomas Mason）朗诵的《玛丽有只小羊羔》和《哈伯德老太太》。在录音中，朗诵者因为念错单词而几次大笑。目前已知保存有爱迪生锡箔唱片的除了斯克内克塔迪博物馆，还有美国密歇根州亨利·福特（Henry Ford）博物馆。

爱迪生留声机的发明令世人难以置信，一家

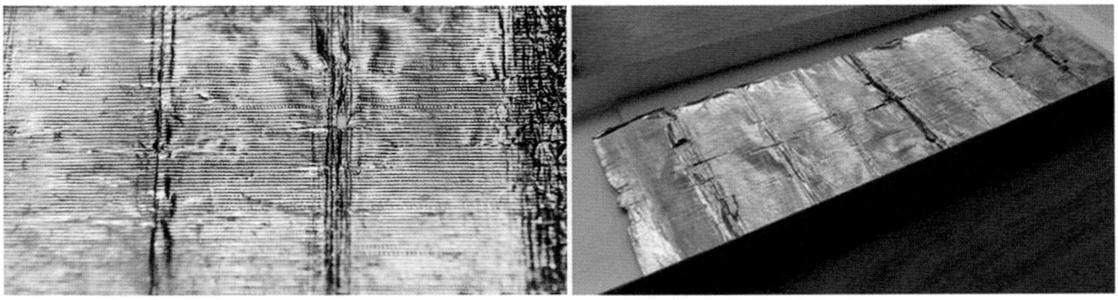

图 1.3　康涅狄格州一位妇女捐赠给斯克内克塔迪博物馆的爱迪生锡箔唱片

报纸记者为了表达对天才爱迪生的敬畏，把爱迪生誉为“门洛帕克的奇才（The Wizard of Menlo Park）”。

爱迪生用镶着锡箔的圆筒录音时，声音通过扬声器的号筒将声能聚焦到尾部的振膜上，使安装在振膜上的钢针产生振动，振动的钢针在滚动旋转的锡箔沟槽中产生压痕，钢针就在旋转的锡箔圆筒上刻制出一道由声音振动而产生的类似螺纹的声槽。这就是锡箔圆筒录音的过程。

在回放锡箔圆筒唱片的录音时，把钢针放在与录制时相同的起始位置，再次旋转锡箔圆筒时，钢针顺着螺旋声槽运行，锡箔沟槽的压痕使得钢针产生振动，振膜随之产生振动而发声，通过扬声器号筒传出，继而还原声音。

爱迪生的留声机的工作原理：将声能转为机械能刻制声槽为录音制作过程；播放录音时，是将机械能转为声能的发声过程。这两个一正一反的过程，是录音和播放的基本原理。

尽管爱迪生留声机的圆筒唱片（Cylinder Recording）只能容纳短短几十秒的声音信息，但爱迪生这一重大的发明，代表人类首次把声音“储存”起来了，这是一个伟大的创举！后来人们称这个用锡箔圆筒刻录放音的机器为留声机（Phonograph）（见图 1.4），爱迪生的留声机于 1877 年 12 月 24 日申请专利，1878 年 2 月 19 日获得了美国专利，专利号为 200521。

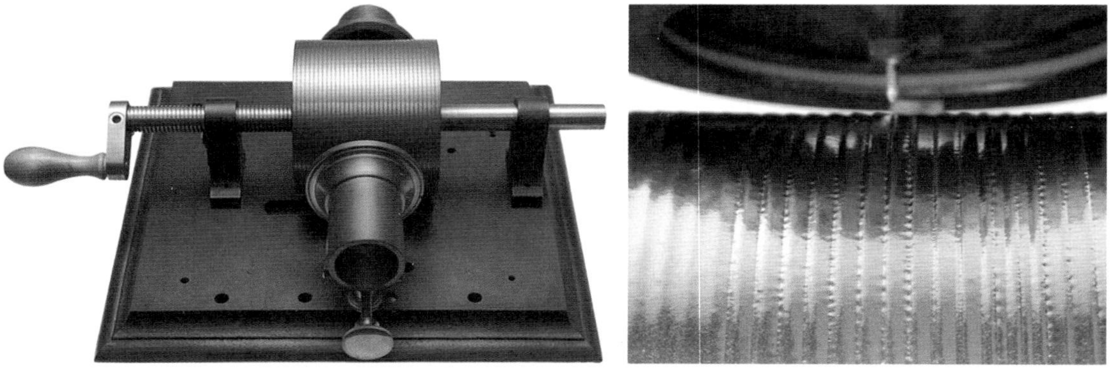

图 1.4　爱迪生的留声机（Phonograph）

1889 年 6 月 15 日，爱迪生推出改良后的圆筒唱片留声机，并开始了欧洲之行。1889 年 10 月 25 日，爱迪生在访问巴黎和柏林之后，到达了维也纳。

爱迪生在酒店举行聚会，把留声机提供给重要的艺术家和学者使用，进行推广。著名的钢琴家旺格曼（Wangemann）应约在聚会上为各界名流和公众演奏，当然也要进行留声机录音。爱迪生携带的这台留声机可以同时供 6 个人通过胶管耳筒收听留声机的录音回放。有时，爱迪生还会在留声机上安装号角进行回放演示。

1889 年 10 月 30 日，在奥地利走访的德国作曲家约翰内斯·勃拉姆斯（Johannes Brahms）来到维也纳大酒店，在听到爱迪生留声机回放的莉莉·莱曼（Lili Lehmann）演唱的咏叹调、维尔纳·冯·西门子（Werner von Siemens）的钢琴曲之后，勃拉姆斯感到非常兴奋。为此，勃拉姆斯满怀热情地写信给克拉拉·舒曼（Clara Schumann），感叹道：“好像生活在童话中！”

1889 年 12 月 2 日，勃拉姆斯要亲身体验这个神奇的留声机。哈尔斯克的机械师，将留声机安装在钢琴的下面，准备录音。当旺格曼开始介绍爱迪生的留声机给勃拉姆斯时，勃拉姆斯急切地打断了他，然后开始了钢琴演奏。勃拉姆斯弹奏了约瑟夫·施特劳斯（Josef Strauss）的《蜻蜓波尔卡玛祖尔》（Die Libelle-Polka Mazur）片段，还有勃拉姆斯本人的《g 小调第一号匈牙利舞曲》（Hungarian Dance No.1 in G Minor）（见图 1.5）。原有的圆筒唱片早已经损毁，现存的是 1935 年复制的 78 r/min 唱片，唱片的母盘也在第二次世界大战中被毁。

图 1.5　爱迪生留声机录下勃拉姆斯唯一的录音

限于圆筒录音时间较短，只录下了弹奏的前半部分，时长约 52s。这个只录了不到 1 分钟的圆筒唱片，用今天的电声标准来衡量，无论从哪一项指标来看或许都不尽如人意。但是，爱迪生的这项发明开创了声音记录的先河，是黑胶唱片的始祖，是人类音响与音乐文化发展路上的里程碑！

爱迪生因为电灯的实验工作，中断了 9 年之后在 1887 年恢复了留声机的研制工作。爱迪生早期的留声机使用的载体是锡箔记录圆筒（Tin-Foil Cylinder Records），锡箔圆筒记录的时间短，噪声大，音质也不太好，最主要的问题在于锡箔圆筒唱片聆听 3 ～ 4 次就损坏了。

爱迪生放弃了锡箔记录圆筒，使用新的蜡质记录（Wax Cylinder Records）来改善留声机的播放效果和使用寿命。爱迪生蜡质记录的改进分为几个过程，19 世纪 90 年代后期，爱迪生的棕色圆筒（Brown Wax Cylinder Records）是大规模商业化生产的第一批录音，“蜡”由植物蜡和动物蜡的混合物制成。20 世纪初是爱迪生棕色蜡筒销售的鼎盛时期，棕色蜡筒附有纸条以识别录音内容。如果纸条遗失，也可以通过棕色蜡筒前端简单的语音介绍，识别曲目和表演者。棕色蜡筒的转速设定在 120 ～ 160 r/min。

爱迪生在 1898 年设计的棕色蜡筒中有一种大直径的棕色蜡筒。该蜡筒的直径为 5 英寸，是标准气瓶直径的两倍多。这个大直径棕色蜡筒可以提供更高的播放电平，适合众人欣赏。初期生产时蜡筒以 120r/min 的转速录音，1899 年后期改为以 144 r/min 的转速录音，1902 年初期则以 160 r/min 的转速录音。爱迪生把这些大直径棕色蜡筒称为“音乐会蜡筒”（Concert Records）。

到 19 世纪末，爱迪生对棕色蜡筒仍然不满意，他回到实验室，继续进行蜡筒方面的改进工作。1902 年开发的“金模（Gold-Moulded）”工艺有突破。该工艺为蜡模制作金属模具。使用爱迪生开发的金模复制圆筒录音，回放转速被设定为标准化的 160 r/min。金模蜡筒唱片的凹槽数量与棕色蜡筒相同，每英寸螺纹数为 100 道。在 160 r/min 转速时，一个金模蜡筒可以播放约 1.5 ～ 2.5min 的录音，因此爱迪生金模蜡筒上印有“2M”的标签。1902 年，爱迪生开发的金模蜡筒复制工艺在商业上取得了成功。

1908 年，爱迪生又研发推出了新的琥珀蜡筒（Amberol Cylinder），琥珀蜡筒与同等大小的蜡筒

图 1.6　爱迪生留声机各时期的圆筒

相比拥有两倍的凹槽数量，即每英寸螺纹数为 200 道，因此琥珀蜡筒记录和播放时间是金模蜡筒的两倍。爱迪生琥珀蜡筒的唱片编号后标记有“4M”，以示播放时间为 4min。

许多基于金模蜡筒和琥珀蜡筒进行录音的著名的序曲和古典作品被发行，爱迪生把这些录音定位为“大剧院”蜡筒，在这些录音中可以找到当年的著名表演者，包括弗洛伦西 · 康斯坦丁（Florencio Constantino）、利奥 · 斯莱扎克（Leo Slezak）、约瑟芬 · 雅各比（Josephine Jacoby）等人。

圆筒时代的录音技术在不断发展，耐用的赛璐珞作为介质被应用到录音圆筒上。法国钟表师和发明家亨利 · 利奥雷（Henri Lioret）在 1893 年首先开发出了赛璐珞圆筒（Cell Cylinder）。托马斯 · 兰伯特（Thomas B. Lambert）用自己的名字在芝加哥成立的 Lambert 公司在 1893 年研制出了赛璐珞圆筒，1901 年开始出售。奥尔巴尼（Albany）创建的 Indestructible Phonograph 公司也在 1907 年开始销售赛璐珞圆筒。爱迪生在 1912 年才推出了以赛璐珞作为介质的蓝琥珀蜡筒（Blue Amberol Cylinder），这是爱迪生公司的最后一个圆筒产品。与琥珀蜡筒一样，蓝琥珀蜡筒的规格为每英寸螺纹数 200 道，播放时间约为 4min（见图 1.6）。

1888 年，埃米尔 · 贝林纳（Emile Berliner）的圆盘格式留声机问世后逐步占据了主导地位。Victor Talking Machine Company 和 Columbia 两家公司在 1909 年前后停止了记录圆筒的生产。到 1915 年，爱迪生公司开始制造自己的圆盘格式“钻石唱片”。1914 年 7 月以后，爱迪生记录圆筒的生产开始走下坡路，1929 年 10 月（股市崩盘前的几天），在完成威基基夏威夷乐团（Waikiki Hawaiian Orchestra）的录音之后，就停止了圆筒录音的所有业务。

爱迪生的圆筒唱片留声机自 1877 年问世以来，一直持续发展到 1929 年，圆筒录音在技术上的发展时间跨越了半个世纪。爱迪生的这项伟大发明在完成它的历史使命后，默默地退出了市场。

在爱迪生发明圆筒记录留声机之后的 3 年，即 1880 年，电话的发明人，被誉为“电话之父”的

图 1.7　亚历山大 · 格雷汉姆 · 贝尔

美国发明家亚历山大·格雷汉姆·贝尔（Alexander Graham Bell，1847 年 3 月 3 日—1922 年 8 月 2 日，见图 1.7），从法国政府处获得了 20 000 美元的沃尔特奖金，利用这笔资金与堂兄奇切斯特·贝尔（Chichester Bell）、他的同事物理学家查尔斯·坦特（Charles Tainter）在华盛顿特区建立了一个研究实验室。实验室建立的目的是改进爱迪生的留声机。

1885 年，贝尔把爱迪生的锡箔记录圆筒改为蜡质记录圆筒（Wax Cylinder Record），圆筒的长度也增加近 2 英寸，6 英寸的蜡质记录圆筒可以播放更长时间。贝尔将这种蜡质记录圆筒的留声机命名为格拉夫风留声机（Graphophone）（见图 1.8），以示与爱迪生留声机（Phonograph）的区别，随后申请了发明专利，爱迪生对贝尔的发明感到愤怒。贝尔和坦特曾向爱迪生提出了合并公司的提议，爱迪生断然拒绝了他们。

爱迪生留声机（Phonograph）的机械设计非常合理，其缺点在于锡箔唱片与蜡质唱片相比，记录的音质比较差，并且在每次播放后也会劣化。

图 1.8　亚历山大·格雷汉姆·贝尔发明的留声机（Graphophone）

为了解决这个问题，爱迪生试图通过一些方法来改善，但都未成功。1888 年，爱迪生最终决定使用贝尔发明的蜡质记录圆筒的技术来改进他的留声机。

1887 年，几位投资者成立了美国留声机公司（American Graphophone Company）。1887 年 10 月，爱迪生新成立了爱迪生留声机公司（Edison Phonograph Company）与之抗衡，形成了美国的两大留声机公司鼎立的格局。

Chapter 2
第2章
贝林纳的留声机

1870 年移民美国纽约市的德国人埃米尔 · 贝林纳（Emile Berliner，1851—1929）是一个自学成才的发明家（见图 2.1）。搬到华盛顿哥伦比亚特区后，贝林纳在自己的公寓里建立了小型实验室。贝林纳实验室的工作除对亚历山大 · 贝尔发明的电话进行重要的改进之外，贝林纳最感兴趣的是对市场上现有的留声机进行改进。

图 2.1　埃米尔 · 贝林纳

贝林纳在改进留声机之初，采用了莱昂 · 斯科特 · 德 · 马丁维尔（Leon Scott de Martinville）的方案。马丁维尔是法国巴黎人，其实他是世界上真正第一个录制声音的人。早在 1860 年马丁维尔就研制出了一台能够记录声音的设备，被称为“Phonautograph”（在早期的广告中通常写为“ Gram-o-phone”），该设备将声波刻录在被油灯熏黑的纸筒上，其基本构造与爱迪生的留声机没有多少差别。他留下的录音筒上记录的是一首法国歌曲中的一部分：“Au clair de la lune，Pierrot repondit”，歌声持续了 10s。可惜，马丁维尔的发明没有持续发展和被世人知晓。贝林纳反复修改马丁维尔的方案，但最终还是因对留声机结构不满意而放弃，并改变了留声机的改进方向。

贝林纳反复详细地检查爱迪生和贝尔的留声机，了解它们的优缺点，最终得出以下结论：蜡质圆筒虽然比锡箔圆筒有了很大的改进，但由于材质太软和易碎，无法长久使用；蜡质圆筒容易磨损，因此需要更耐用的物质替代它；圆筒唱片的垂直切割凹槽通常不够深，唱针在圆柱体表面容易打滑，改善它需要使用与垂直切割不同的切割方式；蜡质圆筒不能批量生产，需要采用某种大规模生产精确复制的方法。要解决所有这些问题，就要放弃蜡质圆筒和垂直切割的方式。一种新的方式：声音比较大，而且柔和，能够长久使用，材质坚固，可以轻松地大量复制的记录载体出现了，这就是平面圆盘唱片（Flat Disks）。

贝林纳新的设计思路是将圆筒录音方式改为平面圆盘录音方式，该系统使用刻纹刀沿着锌圆盘的切线横向移动，划出一道螺旋线。把唱针在圆柱上的上下振动改为唱针在平面唱片上的左右振动。这一大胆的改进，彻底改变了留声机的命运。1888 年初，贝林纳的圆盘唱片留声机已经取得了突破性进展，并在 1888 年 3 月提交了专利申请，于 1888 年 5 月 15 日专利获准（专利号为 382790）。之后，贝林纳圆盘唱片留声机被命名为“Gramophone”（见图 2.2）。到 1888 年早春，在贝林纳的助手维尔纳（Werner）的帮助下，贝林纳已经制作出许多录音，内容包括语音、歌曲、小提琴音乐和钢琴音乐。

贝林纳在 1884 年试验圆盘唱片制作时使用的是一种叫“古塔胶”（Gutta Percha）的天然硬橡胶，到了 1895 年改用“虫胶”制作唱片。贝林纳的圆盘唱片是将带有声音信息的螺旋形凹槽蚀刻到

图 2.2　贝林纳的圆盘唱片留声机（Gramophone）和圆盘唱片

平面圆盘唱片中。播放声音时，在留声机上旋转唱片。留声机的“手臂”镶嵌着一根针，该针在凹槽中振动，读取唱片中的信息并传输到留声机扬声器中。那时的唱针压力为 70 ～ 150g。

贝林纳的圆盘唱片可以通过原始模具来进行批量生产，每个模具可以压制数百张圆盘唱片。

1888 年 5 月 16 日，贝林纳在费城的富兰克林学会举行了一次展览，贝林纳的圆盘唱片留声机首次亮相。他向到场的 400 多人介绍他的创新之作。

在富兰克林展览之后，贝林纳着手电镀工艺研究，创建原版的底片。通过母版复制唱片，从而完成了批量生产唱片的系统。到 1888 年后期，他的平面唱片制作和复制技术得到了充分发展。1889 年 9 月，贝林纳开始了为期一年的家乡（德国汉诺威）之行，在那里他向技术协会、德国专利局、业界和公众进行了多次成功的留声机演示和宣传。这一举措对大西洋两岸产生了很大的影响。德国玩具制造商 Kämmer & Reinhardt 公司即刻与贝林纳签订了合同，定制小型的玩具汽车留声机，并在欧洲销售。

第一台留声机和唱片的制造始于 1889 年，直到 1895 年正式成立 E·贝林纳留声机（E·Berliner Gramophone）公司，贝林纳在德国售出了约 14 500 台留声机和 100 000 张唱片。1890 年贝林纳回到美国，开始着手进入美国市场，1895 年 10 月在宾夕法尼亚州费城的 Filbert Street 1032 号建立

图 2.3　E · 贝林纳留声机公司出品的圆盘唱片

了一家工厂，生产留声机和唱片（见图 2.3）。

贝林纳出品的唱片内容广泛，主要包括爵士乐和古典乐。后期注重一些古典声乐的录制。他曾为著名意大利男中音 Ferruccio Corradetti 录制歌剧《丑角》唱段。

为了推广，贝林纳的营销举措是说服艺术家使用他的系统录制唱片。最早与 E · 贝林纳留声机公司签约的两位著名艺术家是恩里科·卡鲁索（Enrico Caruso）和丹妮 · 内莉 · 梅尔巴（Dame Nellie Melba）。

贝林纳采取的第二项明智的营销举措是在 1908 年，把他在 1899 年的伦敦之旅中，请英国艺术家弗朗西斯 · 巴劳德（Francis Barraud）为他复制的一份油画《小狗尼珀（Nipper）与留声机》作为公司的正式商标提交了申请，后来，贝林纳获得了专利局授予的商标权。这个被命名为“主人的声音（His Master’s Voice）”的商标，就是我们今天常常看到的小狗与留声机的商标。它是世界上最著名的商标之一（见图 2.4）。

图 2.4　商标——“主人的声音（His Master’s Voice）”，世界上最著名的商标之一

贝林纳将其留声机专利及其录音方法出售给了 RCA Victor 公司后，该产品在美国的销售非常成功。同时，贝林纳还成立了加拿大 Berliner Gramophone Company、德国 Deutsche Gramophone Gesellschaft 和英国 Gramophone Company。贝林纳不仅是一位发明家，也是一位非常成功的商人，不能说他是留声机的发明人，应该说他是留声机最为重要的改进者（见图 2.5）。留声机的发明和留声机的改进同等重要。贝林纳为黑胶唱片的发展做出了巨大的贡献！

1923 年，《留声机》（*The Gramophone*）杂志由康普顿 · 麦肯齐（*Compton Mackenzie*）在英国创刊。《留声机》杂志一直是世界上最受尊重的古典音乐评论杂志之一，也是世界上第一本有关唱片评论的杂志。这本杂志的问世标志着留声机和黑胶唱片的文化产业已经日趋成熟，留声机和黑胶唱片成为人们除了现场欣赏音乐外又一聆听音乐的重要新途径。

今天人们都习惯把“黑胶唱片”称为“LP”，

图 2.5　工作中的贝林纳

这是不正确的，起码是不准确的。其实 LP 只是黑胶唱片的规格之一。在国外，黑胶迷认为只有卖黑胶唱片的店才算是唱片商店（Record Store），而没有黑胶唱片出售，只有 CD 出售的商店，则被称为 CD 商店。由此可见黑胶唱片在乐迷心中有着非常重要的地位。从爱迪生的留声机和圆筒唱片的发明至今已近过去了 100 多年，在这 100 多年里，留声机转变为电唱机，圆筒唱片改进为黑胶唱片，其中有太多的技术变革和进步。我们要向爱迪生、贝尔、贝林纳等先驱致敬，感谢他们为人类做出的杰出贡献！

ROSSINI
FIDELIO
MAHLER
SOLTI
WATER MUSIC
RIDE OF THE VALKYRIES
SZELL
CLEVELAND ORCHESTRA
BRAHMS
CARMEN
REQUIEM
MARRINER
shostakovich
HOLST
STOKOWSKI WAGNER
SUPPE
Mary Martin
The Sound of Music
EMIL GILELS
ROMEO AND JULIET
THE KING'S SINGERS
A FRENCH COLLECTION
Baroque Brass
HANDEL
Bartók
DAS KONZERT
MENDELSSOHN
STEREO
RAY CONNIFF
STRAVINSKY
PETRUSHKA
FIREBIRD
STOKOWSKI
REQUIEM
Polished Brass
ANTAL DORATI
THE FIREBIRD
WARSHIP
SPAIN
WAGNER
LUCIANO PAVAROTTI
KARAJAN
DIGITAL
THE MERRY WIDOW
STRAVINSKY
CALLAS
SCHEHERAZADE
REINER
CHICAGO SYMPHONY
FABULOUS HOLLYWOOD!
RAFAEL PUYANA
Turkish Delight
1812
DVORAK'S
CALLAS
Bluebeard's Castle
ANTAL DORATI
Haydn
Sir Colin Davis
BEETHOVEN
LOS ROMEROS
GITARRE BAROCK

Chapter 3

第3章 黑胶唱片的规格

黑胶唱片的主要规格有 3 项：尺寸、转速和均衡格式，除主要规格外还有不同唱片材料。黑胶唱片的常规尺寸有 7 英寸、10 英寸和 12 英寸；黑胶唱片的常规转速有 78r/min、45r/min 和 $33^{1}/_{3}$ r/min；黑胶唱片均衡曲线为 RIAA 曲线。现在黑胶唱片的材料主要是乙烯基（Vinyl）。

第 1 节　唱片尺寸

唱片的基本尺寸包括外径、中心孔径和唱片厚度。

先谈唱片外径，唱片外径就是唱片的大小，通常用英寸来表示。

在贝林纳发明的圆盘唱片发展之初，黑胶唱片的直径是 5 英寸。在 RIAA 标准出现之前，各个厂家我行我素，生产的黑胶唱片尺寸各不相同，下面我们一起来了解一下唱片尺寸的演变过程。

16 英寸唱片是唱片发展历史上的大尺寸唱片，转速基本都是 $33^{1}/_{3}$ r/min，唱片单面可以记录 30min 的音频信息。16 英寸唱片发行的时间在 20 世纪 30 年代至 20 世纪 60 年代，它仅供专业广播电台和军队电台使用，不向普通公众发售。第二次世界大战期间军队电台在中波和短波广播中大量使用 16 英寸唱片，这些唱片最终几乎都在战火中损毁和丢弃。因此军用 16 英寸唱片在市场上并不多见。16 英寸唱片现在多为黑胶唱片玩家的收藏品（见图 3.1）。

当然还有一些特殊尺寸的唱片，例如比 16 英寸还大的唱片。新声唱片公司（Neophone 公司）于 1904 年由德国人 Michaelis 博士在英国创立，到了 1907 年公司濒临破产，于 1908 年被 General Phonograph Co. Ltd 收购。1904 年，Neophone 公司在运作之初就推出过直径达 20 英寸的唱片，这是有史以来尺寸最大的唱片，20 英寸 78r/min 唱片单面播放时间约 10 ～ 12min，创下了 SP 唱片最长播放时间的纪录。这种 20 英寸大唱片是用压缩纸板与白色硬质塑料复合而成的。因此唱片看上去是奶白色，唱片标芯的颜色为浅灰蓝色或白色，标芯只印有公司 Logo，没有印制音乐标题或艺术家的详细信息。

图 3.1　单面可以播放 30min 的 16 英寸唱片

不久之后，法国 Pathe Frères 国际唱片公司也生产了 20 英寸的大唱片。由于生产大尺寸唱片成本很高，受众面和发行量较小，仅维系到 1930 年前后就停止了大尺寸唱片的生产（见图 3.2）。

图 3.2　世界上最大直径的唱片（20 英寸）

有大尺寸唱片就有小尺寸唱片，1973 年 4 月 15 日，不丹发行了世界上第一套唱片邮票（Vinyl Record Stamps）。这套唱片邮票由塑料（PVC）制成，共有 7 枚。其中 5 枚直径为 69mm（$2^{3}/_{4}$ 英寸），2 枚直径为 100mm（4 英寸）。唱片邮票的标芯部分印有八宝图、龙图、不丹国名、邮票面值等信息。蓝色的唱片邮票面值 1.25Nu；黑色的唱片邮票面值 7Nu；绿色的唱片邮票面值 25Ch；白色的唱片邮票面值 8Nu；红色的唱片邮票面值 10Ch；直径 4 英寸的唱片邮票是航空邮票，黄色的唱片邮票面值 9Nu；紫色的唱片邮票面值 3Nu。这 7 枚唱片邮票不仅用于邮资，还可以放在唱盘上，使用 33 1/3 r/min 的转速播放音乐和语音。唱片邮票录音的内容包括不丹国歌、民歌两首及不丹历史（使用英语和宗卡语）。微缩唱片邮票，这一奇思妙想是不丹王室的挚友美国人伯特 · 托德（Burt Todd）的创意（见图 3.3）。

图 3.3　不丹发行的 7 枚唱片邮票

在英国的南安普敦和朴次茅斯，朋克乐队曾录制过一张直径为 2 英寸的唱片，限量发行了 300 张（见图 3.4）。还有尺寸更小的唱片，是 1924 年英国一家唱片公司出品的一张录有英国国歌的微型唱片，其唱片直径只有 35mm，还不足 1.5 英寸，限量发行 250 张。如今这张直径非常小的唱片，已成为收藏家到处追逐搜寻的宝贝，在少数博物馆里或许能看到这件珍品。发行这些特殊规格尺寸的黑胶唱片的目的主要是纪念或收藏，从聆听、欣赏音乐的角度来看，它们并没有什么实用性。笔者在校稿期间又查找到了一张直径只有 1.25 英寸的微型唱片，最小唱片的尺寸纪录又被刷新了，可惜没有查到具体的资料信息（见图 3.4）。

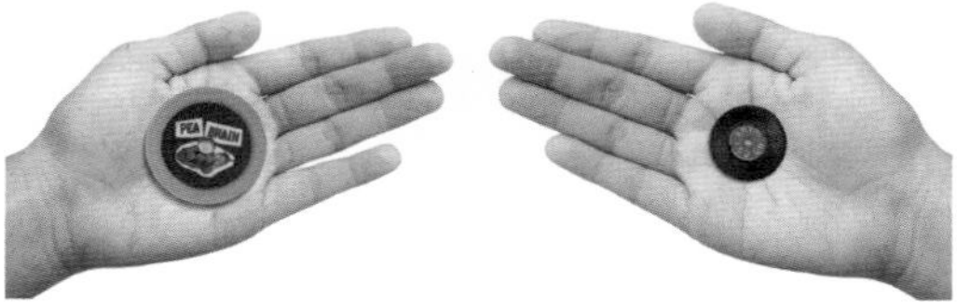

图 3.4　朋克乐队录制的一张 2 英寸直径唱片和 1.25 英寸直径唱片

圆盘唱片的鼻祖是贝林纳，他最早制作的唱片直径是 5 英寸，后来有 7 英寸、10 英寸和 12 英寸。在黑胶唱片的发展过程中，由于尺寸没有标准化，唱片的外径尺寸大小不尽相同。从已经搜集到的资料来看，黑胶唱片的直径尺寸共计约 23 个，最小的是 1.25 英寸，最大的是 20 英寸（见图 3.5）。这些不同尺寸的唱片都可以在唱盘上正常播放（异形唱片和不能播放的儿童玩具唱片不予列入），是否还有更小的尺寸、更大的尺寸及更多不同尺寸的唱片存在，我们不敢断言，希望与黑胶爱好者相互交流，期待各位提供更多的信息。

最终 RIAA 确定了 3 个常规唱片的标准外径尺寸（见图 3.6），分别是 7 英寸、10 英寸和 12 英寸。按照 RIAA 标准，换算成公制单位分别是：7 英寸为 174.625+0.79mm，10 英寸为 250.825+0.79mm，12 英寸为 301.625+0.79mm。

唱片的中心孔，是为唱片能够同心安放在转盘上而设置的。常规的中心孔径有两种尺寸，7.24mm 和 38mm。7.24mm 是圆盘唱片出现以来的标准中心孔径。7 英寸唱片 38mm（1.5 英寸）的中心

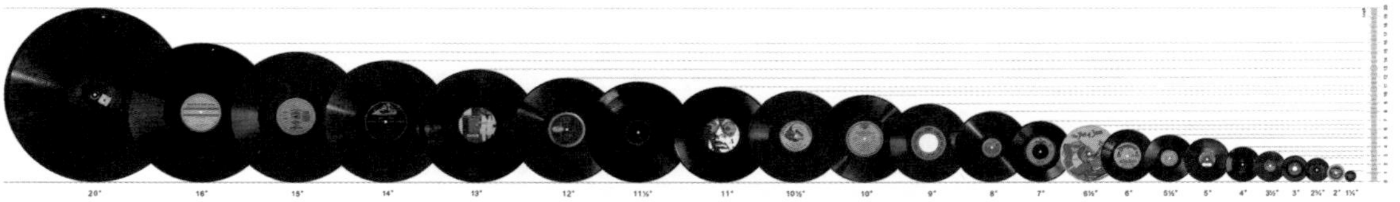

图 3.5　黑胶唱片的外径尺寸对比示例

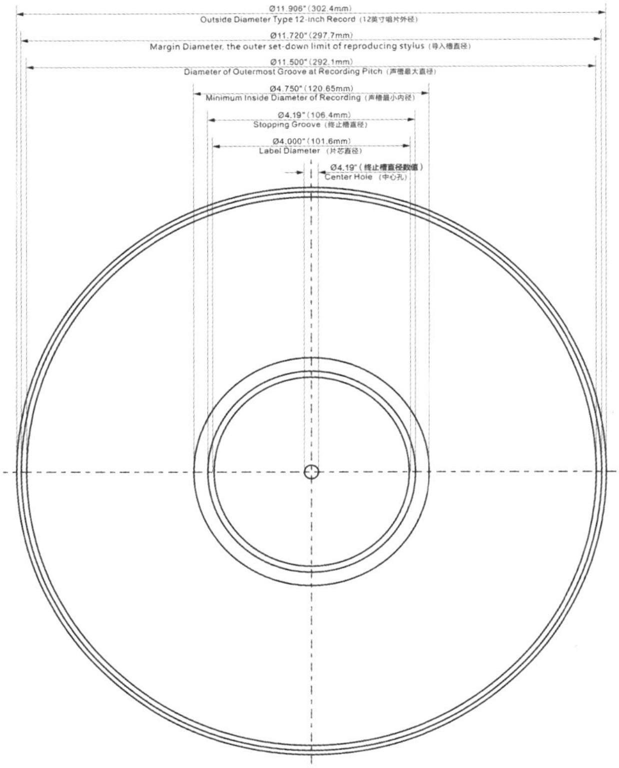

图 3.6　常规唱片标准尺寸示意图

孔径设计是为自动换片唱机而设计的。中心孔径为 38mm 的 EP 唱片在普通唱机上使用时，需要给唱轴套上 45r/min 适配器给唱片中心定位。后来为了兼顾在普通唱机上使用时的便捷性，在 1.5 英寸孔径的孔心中增加了 7.24mm 孔径的定位孔（见图 3.7）。

图 3.7　在 1.5 英寸孔径的中心孔中增加 7.24mm 孔径的定位孔

特殊尺寸的唱片中心孔径也有不少。美国标准唱片（Standard Disc Record）是位于芝加哥的 Standard Talking Machine Co. 的品牌。公司在 1904—1916 年发行唱片。其生产的 10 英寸 78 r/min 的唱片中心孔径是 1/2 英寸，因此只能在 Standard Talking Machine Co. 生产的留声机上播放。客户购买了一定数量的 Standard 唱片，可免费得到一台留声机。制作一个 1/2 英寸的适配器，在普通的唱盘上就可以使用该公司的唱片了。同在美国芝加哥的和声唱片公司（Harmony Disc Records）成立于 1907 年。其生产的 10 英寸 78 r/min 的唱片中心孔径较大，尺寸是 3/4 英寸。和声唱片公司在 1916 年与其他公司合并为 Consolidated Talking Machine Co.。标准无线电技术录音公司（Standard Radio Transcription Services，Inc）在 20 世纪 60 年代至 20 世纪 80 年代以 Seeburg 品牌制作了 Basic-BA、Mood-BA 和 Industrial-IND 3 个系列的背景音乐唱片。唱片规格为 9 英寸 16 3/2 r/min，唱片的中心孔径是 2 英寸（其中早期编号为 Basic-B19 的唱片的中心孔径是 7.24mm）。

而 Aretino 是由亚瑟·奥尼尔（Arthur O’Neill）于 1907 年创立的品牌。Aretino 品牌的唱片为 10 英寸 78 r/min 单面唱片，其中心孔径达 3 英寸。围绕中心孔的唱片标签是一圈薄薄的红色丝带，1/2 英寸宽的标签丝带印有金色的品牌和公司名称，在标签环下方用黑色小字印着曲目内容。此标签环一直使用到 1916 年。Aretino 品牌唱片的中心孔径可能是唱片最大的中心孔径了，播放时需要使用厂家配套生产的 3 英寸的适配器。根据现有的统计，唱片中心孔共有 7 个不同的尺寸。尺寸从大到小依次是：3 英寸（约 76.2mm）、2 英寸（约 50.8mm）、1 1/2 英寸（约 38.1mm，RIAA 标准）、3/4 英寸（约 19.05mm）、3/5 英寸（约 15.24mm）、1/2 英寸（约 12.7mm）、9/32 英寸（约 7.24mm，RIAA 标准）（见图 3.8）。

图 3.8　唱片中心孔径：7.24~76.2mm

哥伦比亚唱片公司的第一个唱片标芯是 Climax。这些 Climax 唱片是由 Globe Record Co. 制造于 1901 年末。这些唱片（7 英寸和 10 英寸）在标芯的中心压铸了一个铜环作为中心孔，以此保证中心孔的同心精度，同时也使得中心孔不易磨损。铜环中心孔唱片的发行持续到 1902 年，之后就消失了（见图 3.9）。

图 3.9　铜环唱片中心孔

唱片中心孔除了设计成不同直径的圆孔外，还有些另类的设计。在芝加哥的美国人奥尼尔·詹姆斯（O'Neill-James）的蜜蜂唱片（Busy Bee Record）公司于 1906 年推出了 Busy Bee 唱机。转盘上除了中心轴孔外，在中心孔旁还有一个形似跑道的凸台（跑道孔），Busy Bee 唱片标芯有对应形状的开口，唱片播放时可以防滑。可惜 1909 年蜜蜂唱片在市场中消失了（见图 3.10）。

图 3.10　蜜蜂唱片中心孔下方有个跑道孔

黑胶唱片的另一个尺寸是厚度，我们常规使用的 LP 唱片厚度一般在 1.4mm 左右。1969 年前后，RCA 的首席工程师 Isom 先生提出了 12 英寸唱片声槽部分厚度为 0.76mm、重量不足 90g 的方案，并在 Dynaflex 系列唱片上实施此方案，Dynaflex 系列唱片持续发行到 1980 年。1973 年前后，日本唱片协会宣布了新的唱片标准，唱片重量为 100±15g，声槽部分厚度约为 0.95mm。

为了减少唱片谐振，需要提高唱片的刚性。增加唱片厚度是一个好办法，因此唱片制造商将唱片的厚度增加到 1.8 ～ 2mm，极少数唱片制造商甚至将唱片厚度增加到 2.2mm（美国 MFSL 的 UHQR 唱片的厚度为 2.2mm，TELARC 炮制的《1812 序曲》，有德国压片的 140g 的普通版 DG-10041，也有日本 JVC 压片的 220g 的超重量、高品质的 UHQR 限量版 DGQR-10041 唱片，厚度达 2.2mm），图 3.11 所示的这张唱片，压片编号为 2205，编号是水笔手书的（见图 3.11）。

面对此碟，绝大部分唱机的唱臂都会“举起白旗”，因为加农炮轰鸣片段的唱纹间距是常规唱纹

图 3.11　日本 JVC 压片 220g 的 UHQR 限量版 DGQR-10041 唱片厚度为 2.2mm

间距的 8 ～ 10 倍，最宽处达 1.1mm，肉眼可以非常清楚地看见“之”字状的唱纹。如果您一定要尝试，麻花般的唱纹弄不好会令唱机“针毁机亡”，慎用！朋友来访，好奇心驱使，听过若干次，音量只有平时的 1/2，炮声袭来仍然感觉天摇地动，动态之大，同版 CD 与其无法相提并论。黑胶唱片的厚度与唱片的重量成正比。经测量，唱片的厚度值是唱片的重量值的 1/100，例如，厚度为 1.2mm 的唱片重 120g，厚度为 1.4mm 的唱片重 140g(这里指 12 英寸唱片)，其他不同厚度的唱片的重量以此类推。塑料薄膜唱片，片基比较薄，材料密度也比较低，它可能不适合套用上述的 LP 唱片厚度与重量比。

有没有更厚的 LP 唱片？有。早在 20 世纪初，爱迪生公司的实验室就推出了以新型材料——石墨制作的唱片，石墨不易变形，但较脆，唱片必须有一定的厚度。爱迪生的石墨唱片制作厚度为 1/4 英寸（见图 3.12），差不多相当于将现在 5 张普通黑胶唱片叠在一起的厚度。

图 3.12　爱迪生的石墨唱片

一张 10 英寸的石墨唱片重量达 436g。美国人把爱迪生的这种唱片称为“Edison Diamond Disc”。这种唱片要在爱迪生石墨唱片专用留声机（Edison Diamond Disc Phonograph）上才能播放（见图 3.13）。

图 3.13　爱迪生的石墨唱片专用留声机

爱迪生石墨唱片的转速为 80r/min，不是常规的 78r/min。另外，钢针不能播放石墨唱片，爱迪生石墨唱片专用留声机设有播放石墨唱片的钻石唱针。钻石唱针对唱片磨损非常小，同时降低了表面噪声。唱片记录的声音时长提高到每面 5min。由于爱迪生石墨唱片和石墨唱片专用留声机与其他制造商的产品不兼容，这最终限制了其市场竞争能力。石墨唱片和石墨唱片专用留声机从 1912 年开始发行，于 1929 年 10 月黯然退出市场。然而，在当时就声音再现的质量而言，爱迪生的石墨唱片和石墨唱片专用留声机远远优于其他制造商的产品。

转速为 78r/min 的 SP 唱片厚度始终是等厚，所谓“等厚”指唱片内外圈的厚度相同，人们称呼其为“煎饼”（Pancake Pressing）。等厚唱片的剖面见图 3.14。

图 3.14　等厚唱片的剖面

到了 EP 时代，唱片的结构因使用需求的变化产生了新的设计。EP 唱片在自动换碟机上操作时为避免因摩擦而损伤唱纹，唱纹部分要比标芯薄很多（见图 3.15）。

图 3.15　EP 唱片的唱纹比标芯薄很多

从唱片剖面来看，LP 唱片的外缘有些像火柴头，唱纹部分就像火柴杆，唱片标芯处的厚度与外缘一样。唱片的外缘和标芯高于唱纹 0.38mm。标芯与唱纹的台阶衔接处有一个为 R 角（有内圆设计，也有外圆设计）。唱片外缘与唱纹的夹角为 175° ，通过计算，唱纹外圈的厚度要比唱纹内圈薄一些。为了减少方位角的误差，一些厂家将转盘设计为锥面。之后唱片厚度保留了凹凸结构，同时也把外薄内厚的唱纹改为等厚（见图 3.16）。

图 3.16　唱片厚度的变化

这样设计的好处是火柴头状的外缘形成一道圆滑过渡的围坝，播放时唱针落下后不会滑出唱片，因此这种安全的设计被称为“Groove Guard”，意为“护槽”。

现在所有的唱盘中心都有直径 102 ～ 106mm 的凹陷，目的是让唱片凸起的标芯沉下去。转盘外缘也有个台阶，让唱片外缘伸出，否则唱片会被外缘和标芯托起，导致唱纹处悬空，播放唱片时产生谐振。同样，使用唱片垫也要注意，唱片垫的外缘直径不要大于 288mm，中心也一定要有直径 102mm 的凹陷。这样才能让唱片与转盘或唱片垫紧密结合，避免谐振。

20 世纪 90 年代黑胶唱片开始复苏，大量的复刻唱片向市场投放。唱片的厚度又恢复到 LP 唱片初始状态，重量为 180 ～ 200g，但这些复刻唱片没有再使用凹凸结构，其厚度也是等厚制作。由于复刻唱片没有“火柴头”保护，加之支点唱臂又有抗滑向外的拉力，使用时，落下唱针要格外小心，针尖要离外缘最少 3mm，让针尖落在导入槽以内，否则容易滑出唱片以外。

以上唱片的厚度示意图是唱片的基本结构，实际结构要更复杂一些。RIAA 对唱片具体的规定标准是：10 英寸和 12 英寸唱片的厚度为 0.075"（1.905mm），这个厚度尺寸不是唱纹部分的厚度，通过唱片的剖面图我们可以看到，唱片并非是一个完全的平面。唱纹部分要比外缘和标芯两处更薄一些（见图 3.17）。

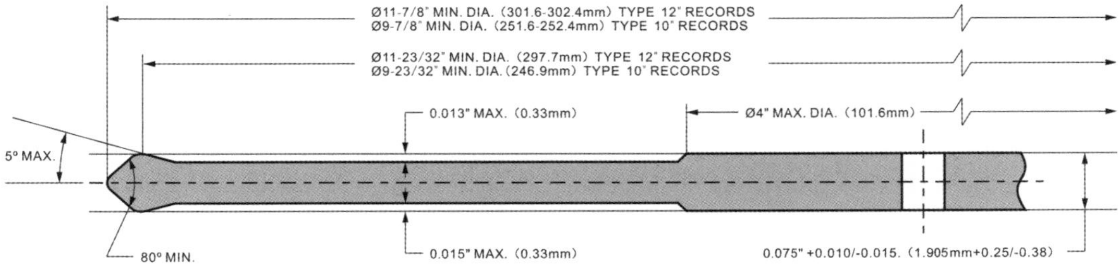

图 3.17　10 英寸和 12 英寸 LP 唱片的结构与厚度尺寸（剖面图）

7 英寸 LP 唱片的厚度与 10 英寸及 12 英寸的唱片厚度比较接近，标芯处厚度略有不同，靠近中心孔处要薄一些（见图 3.18）。

7 英寸 EP 唱片的厚度为 0.026"MIN/0.052" MAX(最薄处厚度为 0.66mm，最厚处厚度为 1.32mm)，其剖面结构与 LP 唱片差异明显（见图 3.19）。

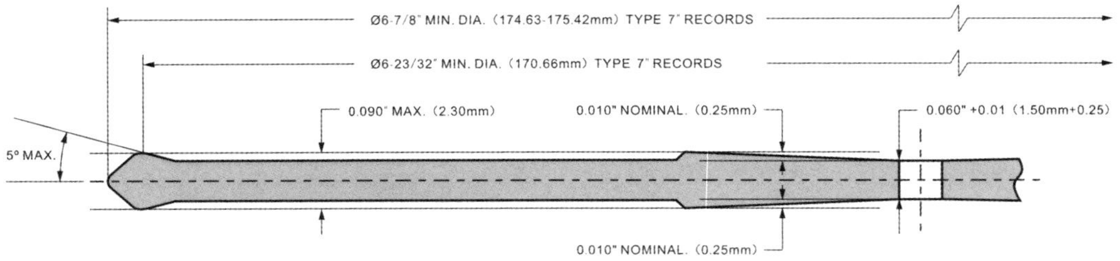

图 3.18　7 英寸 LP 唱片的结构与厚度尺寸（剖面图）

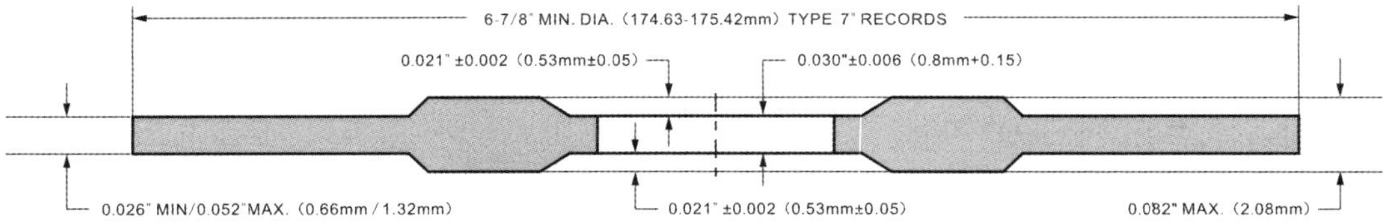

图 3.19　7 英寸 EP 唱片的结构与厚度尺寸（剖面图）

12 英寸复刻版唱片的厚度为 0.068"MIN（1.73mm），其剖面结构与 LP 唱片的差异在于把外缘的“火柴头”去掉了（见图 3.20）。

12 英寸唱片标芯的 RIAA 标准直径尺寸是 100mm，但各厂家的唱片标芯实际直径尺寸有些差别，通常误差在 ±1.5mm 左右。这个误差值是根据实际测量获得的数据得到的。但是也有例外，Decca 小方标的唱片标芯直径确实小得出人意料，直径仅为 90mm。同时期的 LONDON 窄标、小 ARGO 和 L'OISEAU-LYRE 标芯直径也都只有 91mm。

测量了几家唱片公司的唱片标芯直径（只限 12 英寸 33r/min 和 45r/min 唱片），它们分别是：ANGEL 黑圈蓝标 Φ101mm；ARGO 椭圆标 Φ101mm、AGRO 小方标 Φ91mm；ARCHIV 红头 Φ99mm；CBS 六眼 Φ101mm、CBS 两眼 Φ101mm、CBS 数字蓝标 Φ99mm；COLUMBIA 银地球 Φ101mm；小 DeccaΦ90mm；大 DeccaΦ101mm；DG 小花 Φ99mm；DG 红头大花 Φ99.5mm；EMI 黑

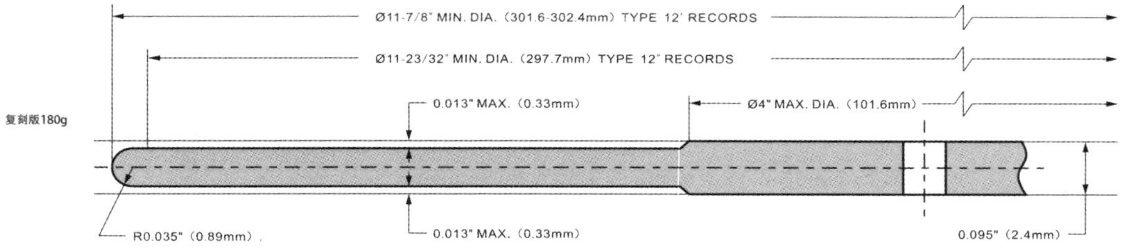

图 3.20　12 英寸 EP 唱片的结构与厚度尺寸（剖面图）

白邮票狗 Φ100mm；HARMONIA MUNDIΦ99mm；MERCURY FR1Φ101.5mm；LONDON 宽标 Φ100mm、LONDON 窄标 Φ91mm；PHILIPS 红银标 Φ99mm、PHILTPS 粗银标 Φ99mm、PHILIPS Hi-Fi STEREOΦ99mm；RCA 影子狗 Φ100mm、RCA 闪电标 Φ100mm、RCA 边狗 Φ101mm；TELARC 红标 Φ99mm。

在靠近标芯终止槽附近还一些暗刻的字母和数码，这是与压片制版刻纹有关的专业代码，它对唱片版本的鉴别有一定的参考作用（见图 3.21），我们将在“黑胶唱片版本参考”章节中详述。

图 3.21　与压片制版刻纹有关的专业代码

唱片正式生产前唱片公司会压制一批测试片（Test Pressing），这样的唱片的标芯是非常规印刷设计，所示内容为简单印刷或水笔手写。黑胶爱好者称之为测试片和白板片。测试片、白板片属于非卖品，品质很高，数量非常少，有很高的收藏价值。二手市场偶有交易，但价格相对高昂（见图 3.22 和图 3.23）。

图 3.22　测试片

图 3.23　白板片

同一版本的唱片标芯有很多不同之处，这是因为发行年代不同，即我们常说的首版、二版、再版的区别。唱片版别有很深的学问可究，收藏唱片最大的乐趣也在于此，如果您的收藏中有不同时期发行的相同的唱片版本，可以拿出来比较一下，它们不仅标芯不同，唱片厚度、唱纹宽窄、深浅、排序也有所不同，声音当然也就会有所不同。比如英国 Decca 公司发行的唱片就有英国 Decca 黑色宽标芯（俗称大 Decca）、紫色宽标芯、黑色窄标芯、紫色窄标芯、黑色方标芯、红色方标芯、蓝色方标芯、紫色方标芯、橙色方标芯、墨绿方标芯（俗称小 Decca），当然还有众多再版系列。在美国和日本，Decca 唱片以 LONDON 标志发行，同样有各种不同的版别。Decca 唱片在德国、荷兰、日本和澳大利亚发行的版本也有所不同。有关唱片版别的知识，国外有专门书籍介绍，一本重达几公斤、用铜版纸精印的唱片版别大全，收集了世界最著名的唱片品牌，图文并茂，是黑胶收藏的指南。唱片标芯中的品牌标志、品牌的文字、图案和色彩设计属于企业的 VIS（Visual Identity System，形象识别系统）范畴，这是唱片公司企划的课题。

顺便说一句，最初 78r/min 的 SP 唱片没有标芯贴纸，都是直接把商标和文字阴刻或阳刻在唱片中央。到了 1899 年，各唱片厂家才陆续印制纸质标芯加在唱片中央。

第 2 节　唱片转速

在黑胶唱片的规格中，转速是其中一项。常规转速规格有 78r/min、45r/min 和 $33\frac{1}{3}$ r/min。

78r/min 的唱片在唱片发展的初期较多，那时唱头的制作和唱片刻纹技术还不是很发达，只有以较高转速才能保证唱片基本的频率响应。其实，留声机时代之初，唱片的转速并没有规定为 78r/min，不同唱片公司的唱片转速有所不同，因此许多留声机都有速度调节器，转速调整范围为 60 ～ 130 r/min。早期，爱迪生、贝尔和贝林纳等人制作的留声机，都是通过手摇曲柄实现驱动的，无法设定标准唱片转速，用户凭手感（手摇速度）和听力（音准高低）来控制留声机转速为 80r/min。从已经获得的资料统计来看，贝林纳 1887—1895 年生产的 5 英寸和 7 英寸唱片的转速有 60、63、70、75、78、100、150 r/min；1910 年后，意大利版、德国版、英国版、美国版的唱片都有过 79、80、81、82r/min 转速的 SP 唱片。1924 年发行的英国版 Gramophone HMV 编号 DA 112 唱片就是一例，令人费解的是，这张唱片一面转速是 80r/min，另一面转速则是 81r/min（见图 3.24）。

图 3.24　同一张唱片一面转速是 80r/min，另一面转速是 81r/min

唱片诞生之初都是单面唱纹的，唱片唱纹背面是空白的，有些贴有纸质说明标签，还有些打上了商标。美国联盟唱片公司（Allied Phonograph & Record Mfg. Co.）发行的唱片背面的商标最为精美，仅作为装饰挂件已足矣（见图 3.25）。

图 3.25　美国联盟唱片公司的唱片背面的商标做得最为精美

一些文献认为双面唱片最早是由哥伦比亚唱片公司推出的。查阅现有的资料，最早发行双面唱片的应该是法国欧典唱片公司（Odeon Records）和德国贝克唱片公司（Beka Grand Record），时间为 1904—1905（见图 3.26）。细心观察会发现，唱片两面的编号完全没有关系，这是因为两面的内容都来自之前的单面唱片。双面唱片使得唱片播放时间增加了一倍，各个唱片厂家纷纷效仿。

图 3.26　最早的双面唱片来自 Odeon Records 和 Beka Grand Record

在 1925 年之前，留声机都是以手摇或发条为动力，唱片转速变化很大，相信今天的乐迷和专业音乐工作者如果使用这样的留声机一定会因为音准问题而痛苦不堪。在 1925—1930，留声机的发条驱动方式逐步被电动机取代，由于转速的精度大幅度提高，正式制定了 78.26 r/min 的标准化唱片转速。选择有小数的 78.26 r/min 作为电动留声机的唱片转速标准，因为它不仅适用于过去大多数唱片，并且使用标准 3600 r/min 电动机和 46 齿齿轮即可轻松实现标准转速 78.26 r/min(78.26=3600/46)。

使用电动机驱动留声机，留声机和唱片都以 78.26 r/min 作为标准转速，这时唱片就成为 “Standard-Playing”，即为“SP”。由于 78 r/min 的 SP 唱片转速较快，唱纹又粗，唱片可记录时间非常有限。78 r/min 的 SP 唱片每面只能记录 3 ～ 4min 长度的音频信息。例如 1943 年，富特文格勒指挥柏林爱乐乐团演奏录制的贝多芬《命运》交响曲，4 个乐章共计 34min。当时灌录的双面 78 r/min 唱片，用了 5 张唱片（10 面）才得以完整记录（见图 3.27）。78 r/min 的唱片大多数都在封套和标芯上标注了转速，当然也有一些唱片不标注转速，这是因为当时唱片只有 78 r/min 一种转速。

图 3.27　贝多芬《命运》交响曲唱片要 5 张 78r/min 唱片（10 面）才能完整记录

1. $33\frac{1}{3}$ r/min 唱片

1926 年，美国西电公司（Western Electric）开始进行有声电影的标准化工作，90ft/min 或 24f/s（帧 / 秒）成为标准。电动机以 1440 r/min 的转速驱动，胶片每分钟运行 90 英尺，每卷 1000 英尺的胶片可以持续播放 11min。为了给电影配乐，西电公司的斯坦利 · 沃特金斯（Stanley Watkins）和华纳兄弟公司工程师斯科特 · 艾曼（Scott Eyman）前往美国最大的留声机生产商布伦瑞克留声机公司（Brunswick Phonograph Company），希望布伦瑞克留声机公司能生产可以为电影配上音乐的唱片。他们的研究的结果是，唱片直径需要增大到 16 英寸，转速降至 35r/min，这样可以满足每卷胶片 11min 的播放时间。使用转速为 1800 r/min 的电动机，转速比是 1∶51.43。最终把转速比定位 1∶54，唱盘的转速便是 $33\frac{1}{3}$ r/min，随后开发出了用于播放电影伴音的留声机系统，并利用该系统制作了第一部有声影片《唐璜》。16 英寸直径 $33\frac{1}{3}$ r/min 的唱片由此诞生。随后 16 英寸 $33\frac{1}{3}$ r/min 的唱片又被用于商用无线电广播节目。第二次世界大战期间，16 英寸直径 $33\frac{1}{3}$ r/min 的唱片大量用于部队无线电广播。

1931 年，RCA Victor 就开始尝试 $33\frac{1}{3}$ r/min 唱片的研发和制造。1931 年 9 月 17 日，RCA Victor 公司在纽约公开发售 $33\frac{1}{3}$ r/min 唱片和电唱机。唱片录制的是斯托科夫斯基指挥费城管弦乐团演奏的贝多芬《第五交响曲》。这是世界首次把一首交响曲完整地灌录在一张唱片上。电唱机是收音、扩音一体的组合机，当时售价近千美元。高昂的价格可能是这次推广失败的主要原因。当然还受到其他一些因素的制约，第二次世界大战和大萧条的世界经济进一步阻碍了商用 $33\frac{1}{3}$ r/min 唱片的发展步伐。RCA Victor 公司的 $33\frac{1}{3}$ r/min 唱片和电唱机在 1933 年几乎全部销声匿迹。

彼得·卡尔·戈德马克（Peter Carl Goldmark），1906 年 12 月 2 日出生于匈牙利首都布达佩斯，是一位工程师，1977 年 12 月 7 日在美国纽约州去世。戈德马克于 1936 年加入哥伦比亚广播公司（CBS）实验室，开始从事彩色电视系统的研究工作，1940 年研发出了第一台商用彩色电视机。1950 年，戈德马克担任哥伦比亚广播公司副总裁后，他开发了扫描系统，使美国 1966 年发射月球轨道飞船时能将照片从月球传输到地球表面。在这里提及戈德马克，是因为他与黑胶唱片的发展有着密切的联系（见图 3.28）。现在还在使用的密纹唱片正是由戈德马克发明的。他像许多音乐爱好者一样，不喜欢在欣赏音乐的过程中频繁更换唱片，这促使他研究一种能长时间播放的新型唱片。

图 3.28　彼得·卡尔·戈德马克

1945 年的某一天晚上，戈德马克受邀参加一个晚宴。晚宴主人知道戈德马克是一位古典音乐爱好者，并且非常喜爱勃拉姆斯的音乐作品，于是在宴会上特意准备了勃拉姆斯的第 83 号作品《降 B 大调第二钢琴协奏曲》的唱片来招待戈德马克。唱片是由霍洛维茨（Horowitz）钢琴主奏，托斯卡尼尼（Toscanini）指挥，NBC Symphony Orchestra 演奏的录音，这首 4 个乐章的大部头协奏曲全长 47min，全曲用了 6 张唱片才收录完整，录音时间是 1941 年（见图 3.29）。

图 3.29　《降 B 大调第二钢琴协奏曲》唱片

晚宴到了重头戏，宾客都已就座，安静地等待主人播放音乐。乐曲第 1 乐章由深沉的圆号声引入，钢琴声加入与之呼应。在乐队协奏下的钢琴声时而温婉优美，时而热情壮丽。此时戈德马克与宾客都已进入乐思，如痴如醉……突然音乐声中断了，然后咔嗒一声。乐曲因为唱片一面收录容量有限而被打断。这让宾客们感到有些扫兴，戈德马克为此十分恼火。他事后说道："我正聆听着伟大的霍洛维茨演奏勃拉姆斯的作品，音乐却中断了，随后发出咔嗒一响，这可是最可怕的声音！尽管主人急忙去更换了唱片，但是音乐的情绪就这样被破坏啦。我在一边恍然醒悟，我知道我自己必须要做点什么，不让这样的事情再次发生。"

随后戈德马克与公司研发团队共同投入新格式唱片的研究和开发工作。他希望能研制出适合播放古典音乐，乐曲（乐章）不会播放中断的唱片。其实哥伦比亚唱片公司和 RCA 公司一样，早在 1941 年初就已经着手这一项目，却因战火中断了研发计划。经过约 3 年的时间，耗资约 25 万美元，哥伦比亚新型唱片便在之前的研究基础上，结合 RCA 唱片的研究结果，最终取得预期的成果。幸运的是，此时恰逢 RCA 唱片公司 1931 年发布的新式唱片专利到期。新型唱片将老唱片 78 r/min 的转速减到 $33^{1}/_{3}$ r/min，唱片材料放弃了虫胶，选用新型乙烯基树脂。乙烯基的物化特性优于虫胶，唱片上的声槽可以压制得更细，声槽宽由原来的 0.254mm(78 r/min 唱片) 降低为 0.076mm。这个宽度的声槽称为微槽（Micro Groove）。微槽使得唱片声槽径向密度增加到每英寸 300 槽。声槽的缩小和声槽密度的提高，大幅增加了唱片收录容量。新型黑胶唱片的单面播放时长可长达 22min，对比 78r/min 只能播放 4～5min 的虫胶唱片，这无疑是一个飞跃性的进步。

光有新格式的唱片还不行，哥伦比亚唱片公司在研发新型唱片的同时还委托美国飞歌（Philco）广播公司同步研发配套的新型唱机。新唱机将传统钢制唱针改为蓝宝石唱针，唱针的循迹力只有 64mN，约等于 6.5g 针压。这个循迹力在今天看似乎偏高一些，但与当时 78r/min 唱片的针压相比，可谓“轻如鸿毛”。

1948 年 6 月 21 日，哥伦比亚唱片公司举办了一场发布会，发布会设在纽约曼哈顿派克大道（Park Avenue）49-50 街，堪称世界上最豪华、最著名的华尔道夫酒店。

哥伦比亚唱片公司正式发布了 $33^{1}/_{3}$ r/min 新式 LP 唱片。播放的设备是飞歌 Philco Model M-15 新型唱机。哥伦比亚唱片公司在现场事先用了 300 多张 78 r/min 的老唱片堆积起来，高度足有 8 英尺。这些都是为了将新型唱片与老唱片进行比较而准备的。

发布会邀请了各界名流及数十名记者与会。发布会开场，哥伦比亚唱片公司主席沃勒斯坦（Wallerstein）手捧一叠新式唱片走上讲台，取出其中一张，小心翼翼地放置于全新的飞歌唱机上，然后提起唱臂缓缓放在唱片之上，按下开关，唱机开始以 $33^{1}/_{3}$ r/min 的速度转动。音乐开始响起，没有低频的隆隆声，也没有滋滋啦啦的爆豆声，只有清晰悠扬的音乐声，它真实而优美，就如同现场演奏一般。在播放音乐十几分钟后，一些与会者开始低声交头接耳：“这会不会是一场骗局！是不是有乐团藏在酒店某处进行现场演奏。”为了打消大家的疑惑，沃勒斯坦抽取了一张 78 r/min 的唱片开始播放，播放至 4 分钟左右，音乐断开。沃勒斯坦又取出同一录音的 $33^{1}/_{3}$ r/min 唱片开始播放，4 分钟过去了，音乐在同样段落并未停止。此时沃勒斯坦站起来，对着来宾和记者们说到：“朋友们，看到了吗？我手里的这张新式唱片，它收录了这套 78 r/min 唱片的所有内容！我们称之为 Long Playing。”

同年 7 月下旬，哥伦比亚唱片公司公开发售了第一批新型 LP 唱片，大部分内容为古典音乐，也有少量的通俗音乐和少儿歌曲等。在这批新型的 12 英寸 LP 唱片中，古典系列排第一的编号是 ML 4001。所收录乐曲内容是门德尔松（Mendelssohn）的《e 小调小提琴协奏曲》，第 64 号作品，由米尔斯坦（Nathan Milstein）小提琴独奏，布农瓦尔特（Bruno Walter）指挥纽约爱乐乐团（New York Philharmonic）演奏。当时唱片的售价是 4.85 美元。2008 年是 LP 唱片问世 60 周年，日本在纪念活动上播放这张唱片以示庆祝。首批 LP 唱片是 220g 的重盘，深蓝色的标芯，版本不同，标芯设计略有区别。最早期版本的唱片封套是上面开口，带折边盖，类似信封的设计。封套后背是蓝色边框和印字的白底。信封式设计的封套很快被侧面开口的封套所取代，之后成为行业标准。唱片封面设计都是仰视的斯坦威斯（Steinweiss）希腊风格的圆柱，底色有蓝色、绿色、红色和黄色。与标芯一样，唱片版本不同封套底色不同（见图 3.30 和图 3.31）。

同时发行的还有新型的 10 英寸唱片，古典系列排第一的编号是 ML 2001，收录的曲目是布农

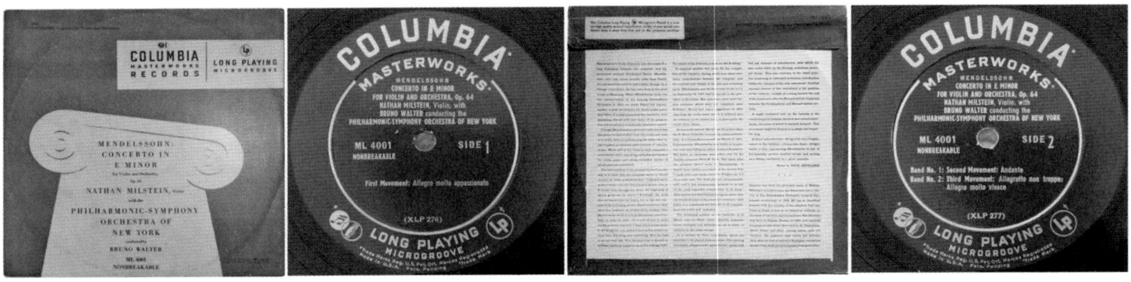

图 3.30　世界上第一张 12 英寸 $33^{1}/_{3}$ r/min 的 LP 唱片（第一个版本）

图 3.31　世界上第一张 12 英寸 $33^{1}/_{3}$ r/min 的 LP 唱片（第二个版本）

图 3.32　世界上第一张 10 英寸 $33^{1}/_{3}$ r/min 的 LP 唱片（两个版本）

瓦尔特指挥纽约爱乐乐团演奏的贝多芬《F 大调第八交响曲》，第 93 号作品。与 12 英寸唱片一样，也有不同唱片版本的差异（见图 3.32）。

与标准的 10 英寸和 12 英寸 78r/min 的唱片不同的是，新型 LP 唱片可以在 10 英寸唱片的一面刻录 15min 以上的音频信息，在 12 英寸唱片的一面刻录 25min 以上的音频信息。而且，这些 LP 唱片是由新材料乙烯基化合物制成的。$33^{1}/_{3}$ r/min 的唱片单面记录的时间比 78 r/min 唱片提高了 5～6 倍，这是因为唱片的转速减低和刻纹密度增加。后来人们就为 $33^{1}/_{3}$ r/min 唱片起了一个昵称——密纹唱片，唱片制造商将 $33^{1}/_{3}$ r/min 的唱片命名为 Long Playing 唱片，它的缩写也就是我们常说的 LP。

$33^{1}/_{3}$ r/min 的 LP 唱片是一次录音载体革命，它为音乐带来了无限的生机和更为广阔的市场。哥伦比亚唱片公司第一批发行的 LP 唱片销量非常可观，到了 1948 年年底，LP 唱片销售量达到了 125 万张。哥伦比亚唱片公司率先拉开了 LP 唱片的序幕，有力促进了唱片工业的发展。哥伦比亚唱片公司看到了 LP 唱片是音乐行业新的未来，为了避免格式大战，加速音乐行业革命，哥伦比亚唱片公司希望 $33^{1}/_{3}$ r/min 成为行业标准，他们开始向其他唱片公司提供

LP 技术，为任何希望生产 LP 唱片的公司提供技术授权。Capitol Records 在 1949 年开始发行 LP 唱片，美国其他主要唱片公司也紧随其后。在欧洲，英国的 Decca Records 于 1949 年开始发行 LP 唱片。EMI 稍迟，直到 1955 年才加入发行 LP 唱片的行列。

2. 45 r/min 唱片

哥伦比亚唱片公司的老对手 RCA Victor，由于被竞争对手超越而感到十分恼火。因为哥伦比亚唱片公司的新型唱片是使用了自己过去的技术而发展起来的。为了与哥伦比亚唱片公司相抗衡，RCA Victor 在 1949 年 1 月 10 日推出了全新格式黑胶唱片，这个新格式的唱片直径只有 7 英寸，转速为 45r/min，据说 45r/min 的转速是从 78 转中减去 33 转得来的，这里是否有一定的寓意，我们不得而知。

Extended Play 唱片是在 RCA Victor 的大卫·萨诺夫（David Sarnoff）主导下于 1938 年研发的新格式唱片，缩写为 EP，这个“延长”的概念是相对 78r/min 而言的。EP 唱片具有 3 个要素：7 英寸直径，标芯孔径 38mm，转速为 45r/min。缺少任何一个要素都不能称之为 EP 唱片。很多 EP 唱片每面只录制了一首曲子，因此人们给了 EP 唱片一个俗称——单曲唱片。但实际上 EP 唱片每面未必只录一首曲子，也有每面录制 3 首歌曲的。所以用单曲唱片来称呼 EP 唱片并不合适。EP 唱片的设计目的主要是录制摇滚、爵士等流行歌曲，加之体积小，价格便宜，非常受年轻人的喜爱，市场前景十分可观（见图 3.33）。

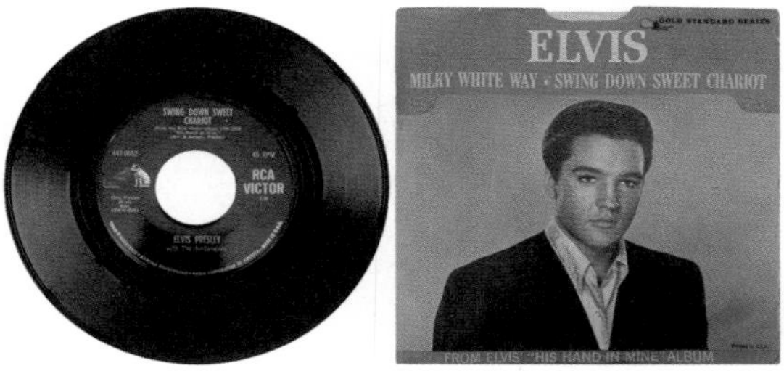

图 3.33　EP 唱片

EP 唱片虽然有不错的音质，但使用时更换唱片的频率太高，给用户带来了不便。为了解决这个问题，自动换碟的“自动点唱机”（JUKEBOX）应运而生。自动点唱机可以快速地自动更换唱片并自动播放，有效地解决了 EP 唱片的固有缺陷。希勃（Seeburg）自动点唱机 M100A 是同类产品中储碟数量最多的，它一次允许插入 100 张唱片。当时的其他系统通常只能插入 20 ～ 30 张唱片。EP 唱片自发明以来，一直持续发展到 20 世纪 80 年代，总体呈现衰退趋势（见图 3.34）。10 英寸 45r/min 唱片和 12 英寸 45r/min 唱片，本质上与 EP 唱片没有关系。这是因为他们不具备使用自动点唱机的特性。

图 3.34　可以存放 100 张 EP 唱片的自动点唱机

当时新型自动点唱机的市场销售也十分火爆。一些唱片公司也加入了 7 英寸的 45r/min 唱片阵营。随着 LP 唱片的发展和市场的日益扩大，LP 唱片对 RCA Victor 的 7 英寸的 45r/min 唱片构成了极大的威胁。大多数唱片公司在 20 世纪 60 年代初停止了 EP 唱片的发行，Capitol 公司于 1965 年发行的甲壳虫乐队 EP 唱片和 RCA Victor 在 1967 年发行的 Elvis Presley EP 唱片成为 7 英寸 45r/min 唱片的关门之作。RCA Victor 最终失去了抗衡哥伦比亚唱片公司的力量，不得不向哥伦比亚唱片公司妥协。RCA Victor 在 1950 年 1 月正式开始发行 LP 唱片。这场持续了近 20 年的黑胶唱片格式大战宣告结束。

3. 16$\frac{2}{3}$ r/min 唱片

20 世纪 50 年代初，发明 LP 唱片的 CBS 实验室的负责人戈德马克在一次驾车旅行中，儿子皮特问到："爸爸，广播中为什么没有冒险故事？""是呀，为什么没有呢？"戈德马克心里想，人们在长途旅行中经常会感到无聊，他需要思考儿子的问题。

戈德马克开始设想，可以在汽车里安装一台小型的，能够记录较多信息的车载留声机。他设计的车载留声机采用了交流感应电动机驱动转盘，陶瓷拾音头，安装的是蓝宝石唱针，唱针的*R*只有0.25密耳（6.35μm），唱头的循迹力为2g。车载留声机高约4英寸，宽约12英寸，深约8英寸，安装在汽车的仪表盘下方，使用3个弹簧悬挂减震，据说在过火车轨道时，唱臂也不会跳槽。车载留声机利用收音机的扩音机和扬声器放声，音量调控与收音机共用一个电位器。

戈德马克说服了CBS管理层，并且在短短6个月内，开发出了16⅔ r/min超微槽车用电唱机音响系统，并安装在自己驾驶的克莱斯勒车里。戈德马克认为克莱斯勒公司一定对此感兴趣，于是联系了该公司的首席电气工程师肯特（Kent）。

戈德马克驾车来到底特律。告诉肯特他的车上有件东西请他看看。肯特进入车内，戈德马克打开了一个开关，音乐从汽车的扬声器中清晰、优美地传出。戈德马克博士向肯特展示了微型车载电唱机。肯特对此感到十分惊奇。他看着留声机上的唱臂说道："停车时音乐播放很好，但是在路上开车时呢？"戈德马克让肯特开车，经过各种路段的测试，音乐依然顺畅播放。

克莱斯勒公司高管林恩·汤森德（Lynn Townsend）喜欢这种新颖的微型车载电唱机，并于20世纪50年代中期向CBS订购了20 000台，后来订单改为18 000台。克莱斯勒公司把微型车载电唱机命名为"Highway Hi-Fi"。1955年9月12日，克莱斯勒公司召开了Highway Hi-Fi新闻发布会，宣布1956年生产的克莱斯勒汽车将配置Highway Hi-Fi设备。之后在克莱斯勒、普利茅斯、道奇、德索托等高档车型上，都配置了Highway Hi-Fi。这套Highway Hi-Fi系统的售价为200美元，在当时来说相当昂贵（见图3.35）。

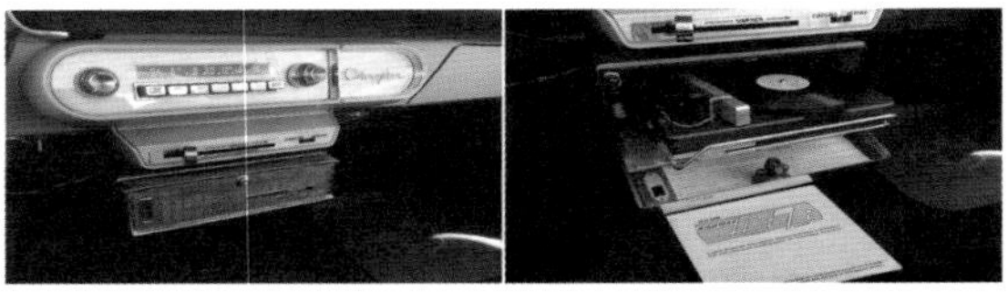

图3.35　Highway Hi-Fi系统

CBS首次为Highway Hi-Fi系统同期制作了36张唱片，于1956年初又增加了6张唱片，共有42张唱片可供用户使用。这些唱片的内容包括古典音乐、百老汇音乐剧及各类流行音乐。其中第一张唱片的编号为MR1，录制的内容是柴可夫斯基的《b小调第六交响曲"悲怆"》及伊万诺夫和鲍罗丁的管弦乐作品。匈牙利指挥家尤金·奥曼迪（Eugene Ormandy）指挥费城交响乐团演奏。录制的内容还包括多丽丝·戴（Doris Day）、米奇·米勒（Mitch Miller）和托尼·贝内特（Tony Bennett）演唱的歌曲等。另外在7英寸内得到与LP唱片一样甚至更多的记录时间，戈德马克确定唱片的转速为16⅔ r/min，每英寸声槽数量是LP唱片的2倍，即每英寸宽度刻有550道唱纹，车载7英寸唱片虽然直径小，但为了防止变形，唱片厚度是普通LP唱片的2倍，因此重量达135g。每张唱片每面可以记录45min的音乐或60min的语音信息，因此唱纹非常密集，戈德马克把这种16⅔ r/min格式的唱片称为超微槽唱片（见图3.36）。用现在的标准来衡量16⅔ r/min的唱片当然够不上Hi-Fi的标准。但在当时，旅途中在豪华车内能够长时间欣赏音乐或聆听小说是极其奢华的享受。

图3.36　Highway Hi-Fi使用的16⅔ r/min超微槽唱片

1959 年，CBS 的 $16\frac{2}{3}$ r/min 唱片因品种太少和无法兼容的双重原因，被老对手的 RCA 45r/min 车载留声机挤出市场。后来售后版本播放了标准的 45r/min 记录，但是它们并不可靠，并且由于需要很大的压力才能保持稳定，因此以创纪录的速度磨损了唱片。之后，7 英寸的 $16\frac{2}{3}$ r/min 唱片被转移运用到语言或教学中，内容包括经典小说、散文、诗歌、寓言故事、童话、名人自传等。$16\frac{2}{3}$ r/min 转速的唱片从未取得过巨大的商业成功。它们存在的主要目的是保留口头内容。它们精确地以 $16\frac{2}{3}$ r/min 的转速旋转，这是 $33\frac{1}{3}$ r/min 的一半。第一批 $16\frac{2}{3}$ r/min 的唱片于 1957 年发行，这些唱片的直径不同，用于语言学习（教育用途）的唱片直径是 7 英寸，用于特定商业发行的唱片直径是 10 英寸（在法国由 Vogue 和 Ducretet-Thomson 发行），适用于盲人或视障人士的长篇文学作品或戏剧的唱片直径是 12 英寸。在法国的这一领域，埃弗 · 德 · 埃格勒联盟发行了许多盒装唱片（分别包含 6 张、8 张和 10 张唱片）。人们给 $16\frac{2}{3}$ r/min 的唱片起了一个名字叫作 AUDIO BOOK，可谓名副其实。图 3.37 所示的是美国一家唱片公司在 1956 年发行的一套 3 张的 AUDIO BOOK，记录的是莎士比亚的诗集，由英国著名演员罗纳德 · 科尔曼（Ronald Colman）朗诵。

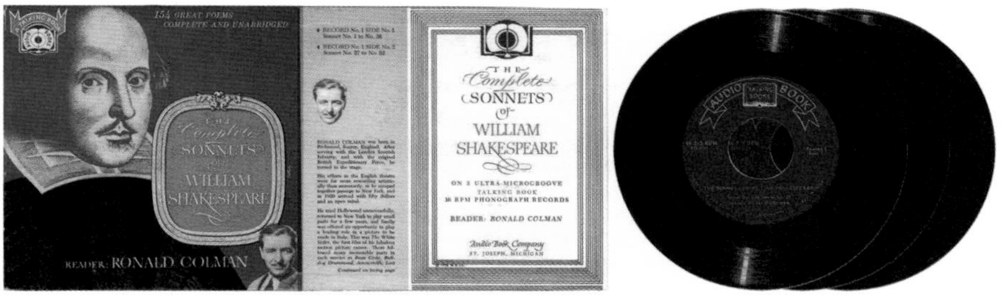

图 3.37　AUDIO BOOK

尽管 $16\frac{2}{3}$ r/min 的唱片的音质不尽如人意，但 RCA 唱片公司在南非的子公司仍然出品了一些 $16\frac{2}{3}$ r/min 的音乐唱片，其中有美国得克萨斯州乡村和流行音乐创作型歌手詹姆斯 · 特拉维斯 · 内夫斯（James Travis Reeves）的几张专辑。从 20 世纪 50 年代到 20 世纪 80 年代，内夫斯录制了很多出色的唱片，内夫斯有“绅士吉姆”的歌手美誉，是乡村音乐杰出的代表人物。编号为 RCA 16003 的唱片是内夫斯的第二张专辑，$16\frac{2}{3}$ r/min 的唱片 A、B 两面收录了内夫斯的歌曲共有 30 首之多，相当超值（见图 3.38）。

图 3.38　这张 $16\frac{2}{3}$ r/min 的唱片 A、B 两面收录了内夫斯的歌曲共有 30 首之多

大概在 1989 年，$16\,^{2}/_{3}$ r/min 的唱片停止了生产。尽管如此，CBS 的 $16\,^{2}/_{3}$ r/min 唱片和 Highway Hi-Fi 系统的这段有趣的历史也为黑胶唱片的发展增加了一笔色彩。

4. 120 r/min 唱片

黑胶唱片的转速除了常规的 78r/min、45r/min、$33^{1}/_{3}$r/min 和 $16^{2}/_{3}$ r/min 外，还有其他特殊的转速。20 世纪 20 年代一家叫 Music Service Co. Inc 的公司发行过 120r/min 的唱片，法国 Pathe Frères 国际唱片公司在 1920 年也发行过 120 r/min 的唱片，这个转速的唱片并非为家庭民用设计生产，而是用于在投币式机器中使用。唱片套上注有“Les disques de 50 contrôlés de diamètre doivent être êcoutes à 120 à 130 tours à la minute avec le diaphragme”文字，说明唱片要用转速为 120 ～ 130r/min 的设备播放（见图 3.39）。

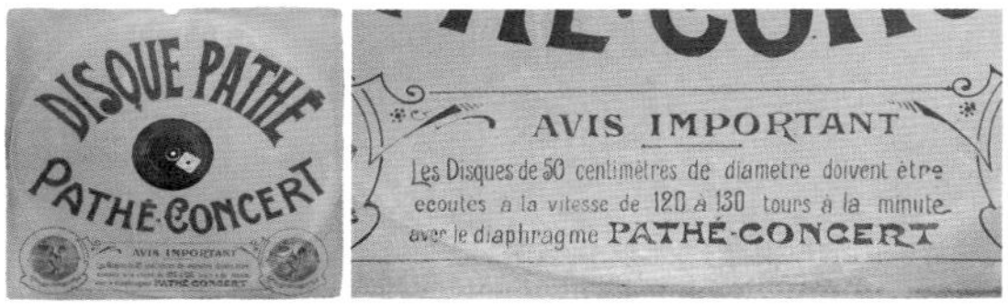

图 3.39　转速为 120~130r/min 唱片套上标注的文字

1920 年前后，120r/min 的唱片所使用的留声机，都是厂家配套生产的，专门用于歌舞厅、咖啡厅、沙龙酒吧、俱乐部、酒店等公共场所。因此 120r/min 的唱片在市场上极为少见。

5. $8^{1}/_{3}$ r/min 唱片

唱片转速有快也有慢，$8^{1}/_{3}$ r/min 的唱片可能是唱片发展史上转速最慢的唱片，它只有 $16^{2}/_{3}$ r/min 唱片一半的转速，$8^{1}/_{3}$ r/min 转速的唱片都是用于语音记录。因为转速非常低，所以可以记录的容量非常大，一张 7 英寸的 $8^{1}/_{3}$ r/min 转速的唱片可以记录 2 小时的语音内容，10 英寸可以播放大约 4 小时，12 英寸的播放时间当然更长。$8^{1}/_{3}$ r/min 转速的唱片非常适合记录语音教学、杂志、小说等。有些 $8^{1}/_{3}$ r/min 唱片印有盲文，方便盲人阅（听）读（见图 3.40）。

6. 3 r/min 唱片

$8^{1}/_{3}$ r/min 的唱片确实转速很慢，那么有没有转速更慢的唱片呢？有！2012 年是第三人唱片公司（THIRD MAN RECORD）的三周年纪念日。纪念会期间，与会人员都获得了一张公司馈赠的唱片，名为 *Blue Series Singles On One*。这张蓝色透明的 12 英寸限量版唱片标注的转速是 3 r/min。唱片孔下方还标注超低速立体声“SUPER SLOW STEREO”字样，后面还有一个蜗牛的图案。这个转速令人不

图 3.40　有声读物唱片：唱片一面转速为 $8^{1}/_{3}$ r/min，另一面转速为 $16^{2}/_{3}$ r/min

敢相信并感到困惑！原来，这张唱片收录的内容特别丰富，29 支不同乐队演唱的 57 首歌曲全部灌录其中。唱片 A 面收录了 29 首歌曲，B 面收录了 28 首歌曲。如果平均计算的话，每首歌曲占用的声槽只有不足 3mm 的宽度。这是一张奇葩的 LP 唱片，不知道有没有唱机可以播放它。相信发行者的初衷并不在于这张唱片的音质如何和能否使用，而是把它视为一枚具有荣誉象征的“纪念章”(见图 3.41)。

图 3.41　转速为 3 r/min 的唱片

20 世纪 70 年代是黑胶唱片发展的一个高峰，为提高音质，12 英寸 45 r/min 的高保真唱片与 $33\frac{1}{3}$ r/min 的唱片同步发行。20 世纪 90 年代数码录音技术的迅速发展，对传统的模拟唱片更是一个无情的挑战和刺激。为了与数码唱片抗衡，黑胶唱片制造商在不断提高刻纹技术的同时，把 $33\frac{1}{3}$ r/min 的转速提高到了 45 r/min。请注意！这时的 45 r/min 唱片的定义已不是过去的 EP 唱片了，而是 LP 唱片的极致规格。它的尺寸规格与 $33\frac{1}{3}$ r/min 唱片完全相同，唱片孔径也与 $33\frac{1}{3}$ r/min 唱片一样，唯一不同之处就是转速，因此这种 45 r/min 唱片还是归类在 LP 唱片范畴内。唱片转速的提高与开盘录音机提高带速有着相同的目的与意义，提高单位时间内记录的信息量，从而获得更高的声音品质。通过实际比较聆听，45 r/min 的唱片在频宽、失真、动态和静噪各方面都得到了明显的提高。近几年黑胶唱片厂家推出的复刻唱片，一张内容完全相同的唱片经常同时发行 $33\frac{1}{3}$ r/min 和 45 r/min 两个版本。更有甚者，一些大厂的 45 r/min 唱片每张唱片只刻录一面，反面是光板，据厂家说这样可保证有唱纹的一面的平整性，这样一来内容完全相同的 $33\frac{1}{3}$ r/min 唱片要发行 45 r/min 的唱片，必须有 4 张唱片才能容纳 (见图 3.42)，此举虽然有商业行为之嫌，但音质的确有很大的提高，每当听了 45 r/min 版本的唱片后，再听 $33\frac{1}{3}$ r/min 的唱片似乎有“贫血”之感，当然这是相对而言。单面 45 r/min 唱片的音质有所提高，但使用的方便性又降低了，原本一张唱片可以听完的曲目现在要 4 张唱片才行，这岂不又回到 78 r/min 唱片的老路上去了？也因为如此，厂家并没有发行太多这样的 45 r/min 唱片，我们就把听 45 r/min 唱片当“吃大闸蟹”，偶尔为之，它似乎不太适合作为“家常便饭”。

图 3.42　单面唱纹的 45r/min LP 唱片

唱片是顺时针旋转的，唱针是从唱片外圈向内圈运行读取唱纹进行播放。但在 78 r/min SP 唱片时代就有些唱片是从内圈向外圈运行进行播放的。Pathe 公司在 1905 年至 1915 年期间生产的唱片播放时唱针是从内向外循迹。之后有些 16 英寸的唱片的播放也是唱针由内向外循迹。国外将这种播放方式称为 “Inside Start”，即从内部开始，或 “Center Start”，即从中心开始。一张 1930 年发行的 12 英寸 78 r/min 测试唱片，在中心孔的右侧就标注有 “Start Inside” 字样；两侧是两张 16 英寸 33 1/3 r/min 的 LP 唱片，同样在中心孔的左侧和右侧标注了 “Inside Start” “Start Inside” 字样（见图 3.43）。

图 3.43　从内圈向外圈运行读取唱纹进行播放的唱片

德国 TACET 唱片公司在 2012 年发行的一张编号为 L207 的唱片，也是由内向外循迹的播放方式（见图 3.44）。唱片封面标注了文字 “Plays Backwards”，意为逆向播放。再看看唱片收录的曲目，觉得如此设计很有道理。曲目是拉威尔的两部管弦乐，A 面为 *Boléro*，B 面为 *La Valse*。您如果是古典音乐乐迷，对这两部作品一定是再熟悉不过了。两首乐曲开始都是非常弱的演奏，尤其是 *Boléro*。拉威尔的《波莱罗》舞曲由小鼓的敲击贯穿全曲，节奏一成不变。力度变化始终只有渐强，从长笛 pp 开始，由弱到强，最后在全乐队八分音符的合奏 ff 结束。唱片公司利用乐曲的力度变化，把唱片播放方式设计为从内向外循迹，把弱奏放在内圈，巧妙地避开了唱片内圈线速度低容易失真的特性，而大动态的强奏落在最外圈，最快线速度让音乐的强奏效果得到了保证。不过厂家强调 “逆向播放” 方式是他们的首创，这点与事实不符。

图 3.44　从内圈向外圈运行读取唱纹进行播放的唱片：TACET L207

第 3 节 唱片材料

78r/min 唱片使用的材料是一种叫虫胶（Shellac）的天然材料。虫胶是 78r/min 唱片的主要材料，还要配合纤维素、滑石粉等材料，按一定比例进行合成。这种材料又硬又脆，使用不慎容易开裂破碎（见图 3.45）。

图 3.45 虫胶材料图

现在黑胶唱片使用的材料也是合成材料，其主要成分是乙烯基，乙烯基是一种透明、无毒、无味的环保材料（见图 3.46）。除了主材料乙烯基以外，还要混入适量的聚碳酸酯，聚碳酸酯会使乙烯基变为黑色，加入聚碳酸酯是为了降低唱片的本底噪声。近几年发行的 180 ～ 200g 重的唱片所使用的乙烯基的纯度更高，分子结构更小，科技进步对提高唱片音质有着积极意义。彩色唱片是在透明的乙烯基里加入不同颜色的染料，只加入较少的聚碳酸酯，

图 3.46 乙烯基材料图

因此唱片的本底噪声稍大。彩色唱片本底噪声大小的规律是，唱片的透明度越高，颜色越浅，唱片的本底噪声就越大。

现今黑胶唱片使用的材料基本上还是以乙烯基为主，用塑料薄膜（PVC）制作的唱片很薄，价格低廉，多数用在儿童唱片和有声读物唱片中。PVC 唱片的材料是聚氯乙烯树脂和添加剂，由于音质不佳，现在很少使用。

也有用特殊材料制作的唱片，比如金唱片（见图 3.47）。1941 年，美国无线电公司为奥尔顿 · 格伦 · 米勒（Alton Glenn Miller）演唱的《卡达努加 · 乔 · 乔》（*Chattanooga Choo Choo*）灌录的唱片，仅仅几个月就售出了 100 多万张。为了奖励米勒，1942 年 2 月 10 日，美国无线电公司特别制作了世界上第一张金唱片，据说这张唱片是由纯金制作的。

图 3.47 金唱片

其后，只要某唱片卖出的数量达到 100 万张，演艺者就可以获得金唱片奖。意大利著名男高音歌唱家恩里科·卡鲁索，演唱列昂卡瓦洛所作歌剧《丑角》中的一段咏叹调的唱片，获得了古典音乐类的第一张金唱片奖。

美国唱片业协会（RIAA）在 1958 年 3 月 14 日，认证了其为首张金唱片。在美国，唱片销售量达到 100 万张即可获金唱片奖。1976 年 2 月 24 日，RIAA 推出了铂金唱片的认证（见图 3.48）。黑胶

唱片开始腾飞，RIAA 发起了金奖和白金奖计划，以表扬艺术家并制定官方标准来衡量录音在商业上的成功。RIAA 通过金奖和白金奖计划向音乐界颁发了最佳音乐奖。

图 3.48　铂金唱片

金唱片和白金唱片用 16 英寸宽、20 英寸高的镜框装嵌，金唱片和白金唱片的片基并非金质，而是在唱片表面镀金层或镀白金层。金唱片和白金唱片的价值并非在于材质，而是在于象征着无上的荣誉。

铝合金也曾被用作唱片材料。位于美国的 Speak-o-phone 唱片公司在 20 世纪 30 年代前后专门制作出品铝合金唱片，有 6 英寸、7 英寸、8 英寸、10 英寸 4 种规格，转速为 78r/min。其中有 3 张唱片被堪培拉国家影音档案馆收藏。这 3 张唱片每面录制一首歌曲，时间大约为 4min。唱片收录的是新西兰著名艺人特克斯 · 莫顿（Tex Morton）的歌曲，包含两种版本的《流浪汉之路》，两种版本的《侮辱》，一种版本的《墨西哥尤德尔》《最后的综述》。铝合金唱片的标芯上注明不得使用钢针，在你购买唱片时厂家会提供专用的纤维唱针，以保证播放效果和保护唱片不会受损（见图 3.49）。

近年来随着黑胶唱片的持续升温，人们不断地尝试用不同的材料来制作唱片。木头也被拿来用激光刻纹后成为可以播放的唱片。至于木头唱片的音质和使用寿命就不必苛求了，它给我们带来更多的应该是黑胶文化的趣味（见图 3.50）。

图 3.49　铝合金唱片

图 3.50　木质唱片

特种材料和特种工艺制作的唱片的出现是在 1977 年 8 月 20 日，美国肯尼迪宇航中心发射的“旅行者 1 号”太空船上所用的一张唱片——这是一张用特殊材料制作的喷金唱片，记录了 2 小时的音频信息。内容有地球上自然界的 35 种声音，包括风雨雷电、鸟鸣兽叫等声音。唱片中还收录了人类的 60 多种不同语言的问候语。唱片 3/4 的容量录制了世界上不同时代、不同地域、不同民族的音乐，共计 27 首，其中包含中国的古琴名曲《流水》。这张唱片的使用寿命号称长达 10 亿年，这可以算是世界上最耐用、最长寿的唱片了。

还有一些唱片，制作材料更是千奇百怪。

瑞典 Shout Out Louds 乐队为他们的 *Blue Ice* 录制了一张极为特别的单曲唱片。这家唱片公司可谓别出心裁，这张唱片是一个需要自行制作的“冰”唱片套装。使用者要把一瓶水倒入唱片模具中，冷冻后即成为可以播放的冰质唱片。冰质唱片并未公开发售，而是由唱片公司挑选指定的 10 位超级歌迷才有资格获得（见图 3.51）。

图 3.51　需要使用者自行制作的“冰”唱片套装

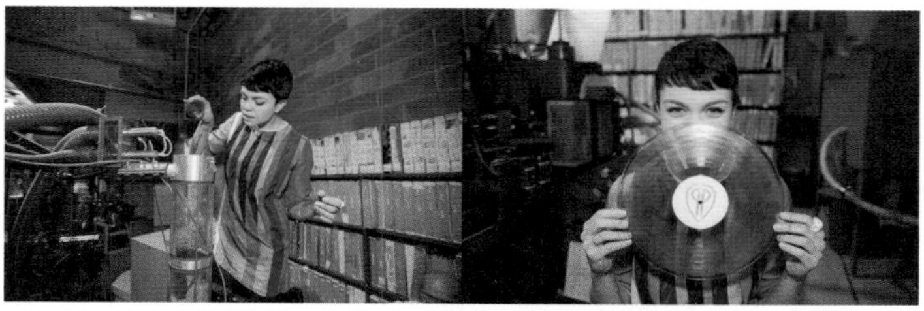

图 3.52　这张含有歌手血液的唱片限量 300 张

Perfect Pussy 乐队在 2014 年录制发行的专辑 *Say Yes To Love*，漂亮的主唱歌手 Meredith Graves 将自己的血液混入唱片材料中，被压在透明的乙烯基上。这张含有歌手血液的唱片限量 300 张。这无疑给喜欢她的歌迷以极大的满足和刺激（见图 3.52）。

法国 DJ Breakbot 在 2012 年 9 月 20 日发行了一张名为 *By Your Side* 的单面唱片，限量发售 120 张，售价为每张 21.66 美元。唱片共收录了 3 首曲子：*Break Of Dawn*，*Fantasy*，*One Out Of Two*。奇特的是，这张唱片是由可食用巧克力制成的，只可以播放一次，然后食用。法国乐迷们把这个巧克力唱片称为 Sweet Music（甜美的音乐）！可不是吗，可口香甜的巧克力，美妙动听的音乐。巧克力唱片，也只有浪漫的法国人才能构思出来（见图 3.53）！

英国 And Vinyly 公司为客户提供一种独特的服务。内容是可将客户的爱人（或宠物）的骨灰研磨后压入 12 英寸的透明唱片中，唱片的音频内容由客户选择，其中可包含音乐、语音和其他音频信息。只要把适量的骨灰交送到伦敦的厂家，并支付 3000 英镑的费用，厂家就会制作 30 张含有骨灰的唱片。这 30 张唱片对客户而言相当昂贵，但这些唱片却寄托了客户对故人（或宠物）深深的怀念之情。

骨灰唱片的创意来自英国音乐家杰森 · 利奇（Jason Leach）。利奇有一个更不寻常的想法，他希望将骨灰压入唱片，与家人进行漫长的对话（见图 3.54）。

图 3.53　巧克力制成的唱片

图 3.54　个人定制、含有骨灰的唱片

美国 Barren Harvest 乐队发行了一张名为 *Subtle Cruelties* 的专辑，在限量 100 张的透明唱片里放入了真正的秋叶。由于是天然树叶，这 100 张唱片中的秋叶的大小、形状及颜色各有不同，购买者可以挑选自己喜爱的秋叶唱片。乐迷在购买这一特殊唱片时，商家首先会告知用户，因为树叶对压片的影响，唱片会存在不同程度的瑕疵，聆听此张黑胶唱片时，会出现不规则的杂音（见图 3.55）。

图 3.55　秋叶唱片

Back Up Recordings 向 Everness 购买了 EV09CD101 的版权，在 2010 年发行了一张直径 12cm 的唱片。这张小唱片可以说它是 CD 激光唱片，也可以说是黑胶唱片。数字唱片和模拟唱片怎么会混为一谈呢？正是因为它具备了黑胶唱片和激光唱片的双重属性，所以“混为一谈”变成了现实。这张唱片一面是银光闪闪的激光格式的工艺，放入 CD 机即可播放音乐，另一面是附有唱纹的黑胶格式碟面，把它放在黑胶唱机上放下唱臂，就可以以模拟方式播放音乐。这样的唱片厂家把它叫作“VinylDisc(CD+Viny in one)”（见图 3.56），这一技术格式的唱片是 Optical Media Production 于 2007 年在德国开发的。CD 面收录了美国歌手和演员猫王艾伦 · 亚伦 · 普雷斯利的 15 首歌曲，黑胶面只收录与 CD 面第一首相同的“*One Sided Love Affair*”。这是一张数字与模拟“拥抱”的趣味唱片！

图 3.56　数字和模拟一体的趣味唱片

最后谈一下黑胶唱片的颜色。之所以我们习惯将模拟唱片称为黑胶唱片，是因为其颜色在常规情况下为黑色，由于各厂家制作黑胶唱片的材料成分和添加剂的配方有所差别，唱片厚度也存在差别，在灯光下透视观察，大多数黑胶唱片颜色为不透明的黑色，不过也有些呈现半透明的茶褐色。

半透明彩色唱片的颜色有红、黄、蓝、绿（见图 3.57）。另外还有混合彩色唱片（见图 3.58）。

除了半透明彩色唱片和混合彩色唱片，还有透明无色的唱片。香港唱片公司曾限量发行过一张西齐崇子演奏的《梁祝》唱片，它既不是黑色，也不是彩色，而是无色透明的。人们称之为水晶唱片，当然它不是由真正的水晶制作的，只是在乙烯基里既不添加聚碳酸酯，也不添加任何染色剂而已。这张唱片的确为黑胶爱好者的收藏添加了更多的乐趣（见图 3.59）。

图 3.57　半透明彩色唱片

图 3.58　混合彩色唱片

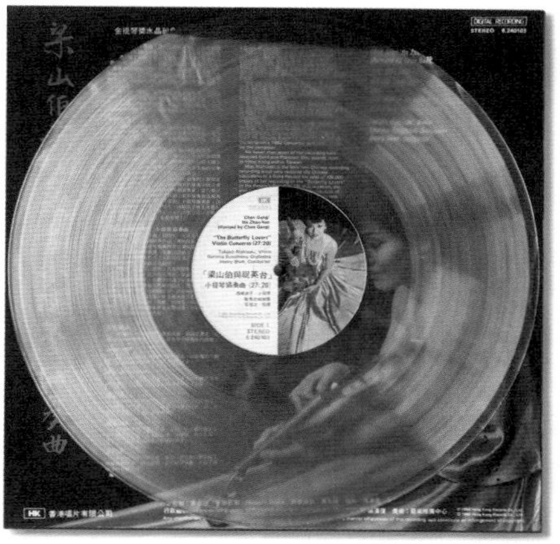

图 3.59　无色透明的“水晶”唱片

印画唱片是把与内容有关的图形和文字印刷压制在整个唱片表面，这种唱片就不用贴唱片标芯了，印画唱片基本都是用于流行音乐的制作（见图 3.60）。

图 3.60　印画唱片

自从贝林纳将爱迪生的圆筒唱片变为圆盘唱片，唱片都是圆形的。出于不同设计思路的另类唱片，异形黑胶唱片也是琳琅满目，无奇不有。异形唱片就是外形不是圆形的唱片，这些唱片有人物形、动物形、植物形、心形、方形、三角形、六角形等形状。尽管外形奇异，千变万化，但唱纹还是圆形的，否则就无法播放了（见图 3.61）。

图 3.61　异形黑胶唱片的外形千奇百怪

第 4 节　黑胶唱片的唱纹

唱片的唱纹又称声槽，是唱片最核心的结构，所有的音频信息都存储在声槽中。唱纹是一条阿基米德螺线，也称阿基米德曲线，是希腊伟大的数学家、力学大师阿基米德最重要的发明，它被应用到众多领域。唱片的诞生也受益于阿基米德螺线。唱针在唱纹中的工作路径就是一条阿基米德螺线。一张唱片的唱纹由 5 个部分构成，它们依次是：导入槽 – 声槽 – 过渡槽 – 导出槽 – 终止槽（见图 3.62）。

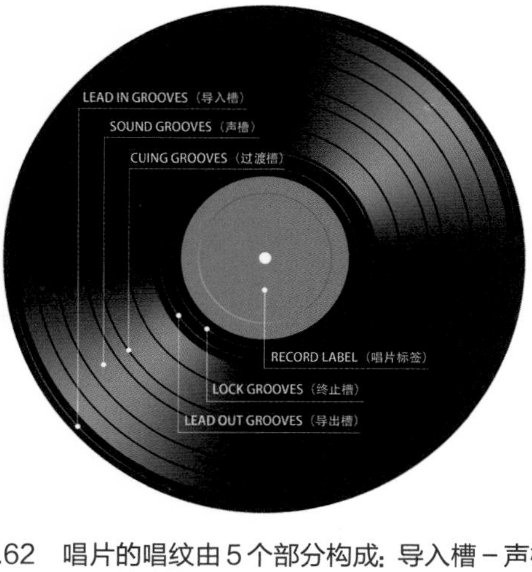

图 3.62　唱片的唱纹由 5 个部分构成：导入槽 – 声槽 – 过渡槽 – 导出槽 – 终止槽

我们以 12 英寸 $33\frac{1}{3}$ r/min 唱片为例说明。

导入槽是一段无信号的沟槽，它距离唱片外缘约 2.15mm，导入槽起始处是一个闭环，它具有保护唱针不外滑的功能，又称它为护槽。从护槽到达声槽的径向距离为 2.8mm。这段距离有 5° 的倾斜，护槽处高，导入槽的终端（与声槽衔接处）低，在重力的作用下，唱针会顺着导入槽滑向声槽。导入槽大约有 5 ～ 6 圈。导入槽的作用是引导唱针进入声槽，导入槽的间距相对声槽间距要宽得多，唱针在导入槽运行的时间长短，各唱片厂家在设计上有一定的差异。最短运行时间只有几秒（厂家充分利用外圈的线速度优势），放下唱臂甚至人还来不及坐下，已经开始放唱，听这些唱针在导入槽运行时间较短的唱片时，必须跑步到座位上。而最长的唱针在导入槽运行的时间有 10 ～ 15s（实际上占用了声槽的一点时间），落下唱针后人能十分从容地回到座位上，喝上一口咖啡，定一定神。这是非常合理的人性化设计。

声槽，顾名思义就是刻有音频信号的沟槽，唱针由导入槽引入声槽，声槽与唱针摩擦产生振动输出电信号。声槽时间有长有短，段落有多有少，这是由所录音乐内容决定的。比如一部 4 乐章的交响曲，可能第一面录两个乐章，第二面录两个乐章，那么唱片的每一面都各有两段声槽。

音乐的乐章或每首歌曲之间都有若干秒间隙，这段无声的沟槽就是过渡槽，过渡槽的间距比较宽，肉眼可以清晰地分辨。过渡槽的时间有长有短，没有硬性的标准。歌曲集或音乐集锦过渡槽的时间通常为 3 ～ 5s。古典音乐乐章之间的时间长短是根据乐曲乐思需求确定的。

最后一段声槽的末端与一段无声的沟槽连接，这段沟槽叫导出槽，导出槽的间距相对比较宽，这是为了较快地把唱针引送至终止槽。

终止槽是一个闭环的无声沟槽，它与导出槽相连接，唱针由导出槽送至闭环的终止槽，唱针停留在原地。终止槽的半径 R，即距离转盘轴心的直线距离，为 53.2mm（RIAA 与 IEC/DIN/JIS 这个尺寸是统一的）。

小结一下，播放唱片一面，唱针至少需要经历 5 段“路程”，即导入槽－声槽－过渡槽－导出槽－终止槽。进行一个有趣的设想，如果我们将唱片一面（按照 25min 的播放时间计算）的唱纹拉成一条直线，它的长度约 900 多米。这意味着播放一张唱片（唱片两面），唱针要“行走”近 2km！哇！唱头好“辛苦”！一个常规唱头如果“行走”了 800km，差不多就要让它“退休”了。

唱纹密度，是指切线方向单位长度所含唱纹数量。欧美用英寸计量——Grooves Per Inch（G.P.I），即每英寸所含声槽数量。唱纹密度是由声槽宽度（Sound Groove Width）、声槽间距（Groove Separation）及声槽数量这 3 个因素决定的。唱片公司通常会为不同尺寸、不同转速的唱片确定一个基本的刻录时间容量。控制刻录时间就是限制唱纹密度，目的是保证唱片的电声质量（见表 3.1）。

表3.1　唱片唱纹密度与刻录时间有关

Format（唱片格式）	Speed（唱片转速）（r/min）	Optimum Timing（最佳刻录时间）（min）	Maximum Timing（最大刻录时间）（min）
12"	45	9	12~15
12"	33 1/3	12~14	22~24
12"DJ Levels	45	7	9
12"DJ Levels	33 1/3	9	12
10"	45	7	11

续表

Format （唱片格式）	Speed （唱片转速）（r/min）	Optimum Timing （最佳刻录时间）（min）	Maximum Timing （最大刻录时间）（min）
7"	45	3	6
7"	$33^1/_3$	5	9

1930 年之前，虫胶时代的 78 r/min SP 唱片的唱纹密度 G.P.I 是 80 ～ 100，换算成公制单位即每厘米包含约 35 道唱纹。

1948 年，乙烯基材料取代了虫胶，新格式的 $33^1/_3$ r/min LP 唱片的唱纹密度 G.P.I 提高到了 225，如果音乐动态范围起伏较小，唱纹密度 G.P.I 最高可以达到 300。

最早期刻纹机床的给进速度是恒定的，即刻纹刀的行进速度是不变的。这样对起伏的音乐，尤其是交响音乐的刻录很不利。

美国 Radio Shack Corporation 公司在 1976 年发行了一张由费德勒指挥波士顿通俗管弦乐团演奏的专辑。唱片封套和标芯都在最显著的地方标示了“90 Minutes”。这张编号为 Realistic CAT.NO.50-2040 的唱片两面共收录了 19 首乐曲。以 12 英寸唱片唱纹的最大播放尺寸 3.375"（85.73mm）和放唱 45 分运转的 1500 圈来计算，这张唱片的唱纹密度 G.P.I 高达 444.4。这可能是 $33^1/_3$ r/min LP 唱片中记录和播放时间最长的唱片了（见图 3.63）。

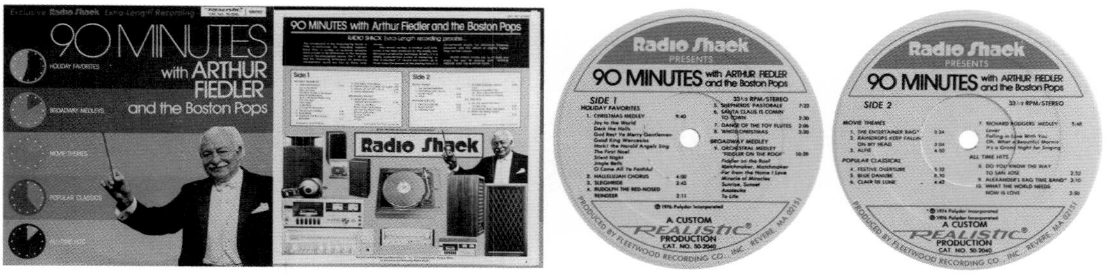

图 3.63　费德勒指挥的这张 LP 唱片的唱纹密度 G.P.I 高达 444.4

再深入一点，了解一下声槽的构造（见图 3.64）。

声槽的剖面是一个“V”字形，V 形槽的夹角（Included Angle）也被称为包含角，这个夹角是 90°。根据 RIAA 在 1963 年发布的数据，78r/min SP 唱片的声槽夹角为 80° +10°；LP 唱片和 EP 唱片的声槽夹角为 90° +5°，RIAA 在 1978 年发

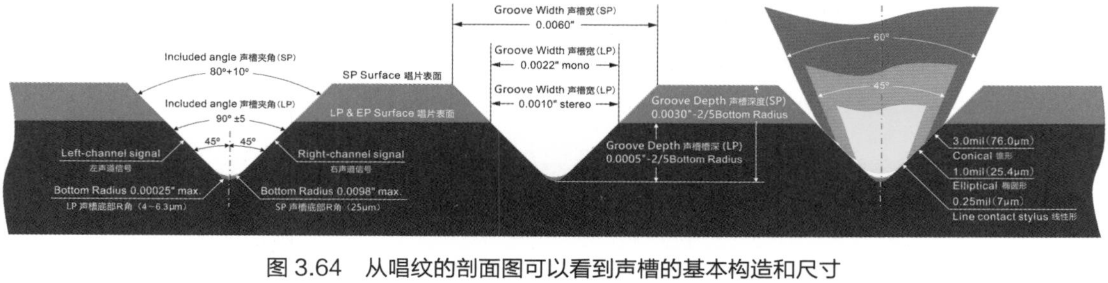

图 3.64　从唱纹的剖面图可以看到声槽的基本构造和尺寸

布的修正后数据是 90° ±5°(LP 唱片和 EP 唱片)。

1963 年 RIAA 规定 LP 唱片和 EP 唱片的 V 形槽口宽度为 81μm(MONO)/25μm(Stereo)，1978 年修订的新标准为 56μm(MONO)/25μm(Stereo)。单声道声槽因为只有一个信号，刻纹时，V 形槽口的宽度和深度是恒定的。而立体声声槽两壁的信号不同，V 形槽口宽度是个变量，而且两壁不对称。

V 形槽的高度是 V 形槽宽度的 1/2，两者之间为正比关系。

V 形槽底部不是锐角，而是圆角。这个圆角被称为“Bottom Radius”，用半径 R 表示。单声道和立体声的 R 角是一样的。1963 和 1978 年，RIAA 规定 V 形槽底部半径 R 是 6.3μm。1980 年之后立体声唱片的 V 形槽底部的半径 R 减小到了 4μm。V 形槽底部半径 R 越小对唱针循迹越有利。因此我们在使用中要十分注意唱纹底部的清洁，保持唱针两翼与唱纹良好的接触。

立体声唱片唱纹的 V 形槽壁以 Y 轴线 ±45° 分布。不同的左、右声道横向和纵向信号会使得 V 形槽的形状(俯视声槽)变得有些复杂。虽然如此，立体声唱纹的 V 形槽形状仍然有规律可循(见图 3.65)。

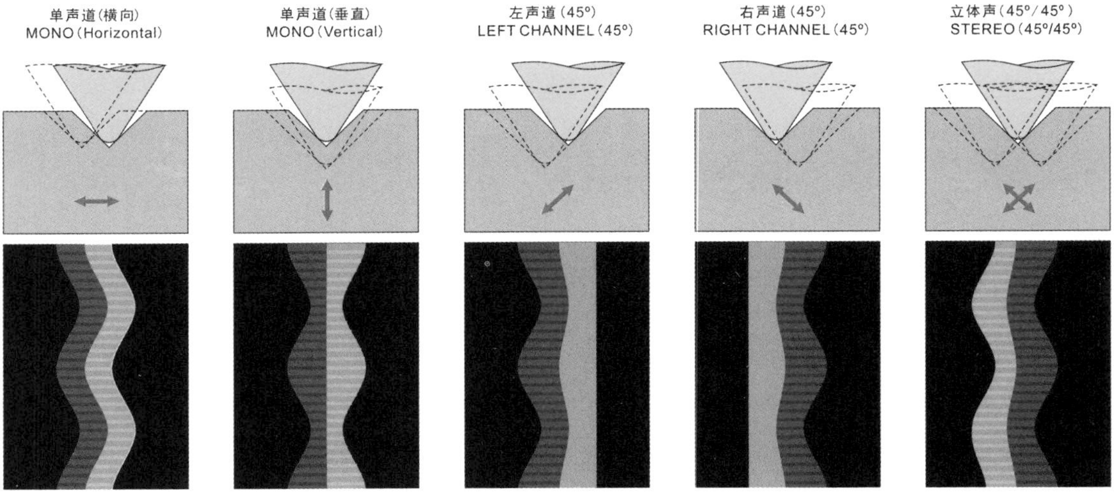

图 3.65　唱纹循迹路径的剖面图和俯视图

LP 唱纹声槽的另一项尺寸规格，就是声槽间距。声槽间距是唱纹密度的最小单位，指在两个声道的平均信号电平下，声槽法线之间的径向距离。早期 RIAA 标准声槽间距为 120μm。但这个声槽间距现在也缩小了，尤其是在 DMM 刻纹技术出现后，声槽间距进一步缩小到 75 ~ 90μm。原因是 DMM 刻纹的金属母盘的铜质刚性要比传统母盘表面漆膜的刚性高得多，刻纹时，缩小声槽间距不会导致相邻的声槽变形和串音。例如，20 世纪 80 年代初，德国 EMI 采用 DMM 刻纹技术制作了一张德沃夏克的交响曲唱片，唱片 A 面是卡拉扬指挥的 1977 版的德沃夏克《来自新世界》全曲，4 个乐章的时间长度分别是 9'35"—12'04"—8'21"—10'55"，全曲约 41min。唱片 B 面是卡拉扬指挥的 1979 版的德沃夏克《第八交响曲》，4 个乐章的时间长度分别是 9'38"—11'20"—5'38"—9'44"，全曲约 37min。这张唱片并没有因为唱纹密度高而动态受限。

LP 唱纹声槽还有一项非常重要的参数——

VCA（Vertical Cutting Angle），即垂直切割角。VCA 指声槽壁面正弦波纹与垂直面向前倾斜的角度。简单来说，就是刻纹刀前倾的角度。VCA 还有一个叫法，即 CRA（Cutter Rake Angle），叫法不同，但与 VCA 含义相同。1958 年，立体声唱片发展初期，RIAA 确定唱片的漆盘 VCA 为 15°。1975 年后，RIAA 更新了该标准，漆盘 VCA 为 20°。唱头的垂直循迹角（VTA）就是根据 VCA 来定的，唱头的垂直循迹角就等于垂直切割角，即 VTA=VCA（见图 3.66）。在我们了解了漆盘的 VCA 之后，对不同时期的唱片如何调整 VTA 就能够做到心中有数了。

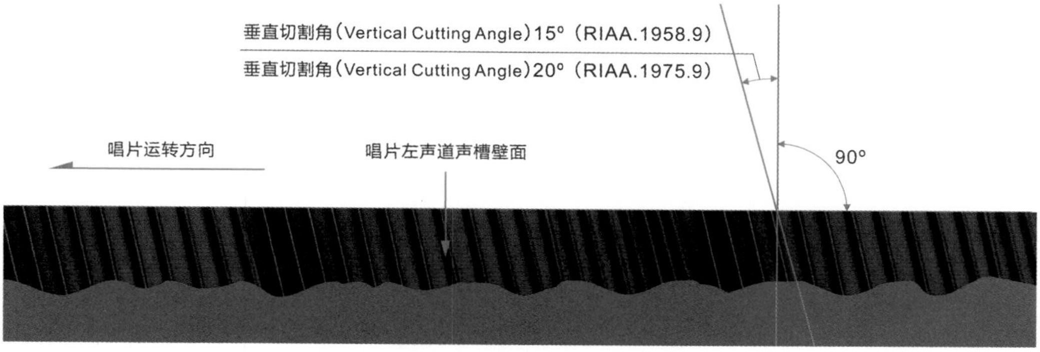

图 3.66　VTA=VCA

第 5 节　黑胶唱片立体声格式

立体声录音技术始于 20 世纪 30 年代，在第二次世界大战前德国就进行了立体声录音研发工作并在广播录音中使用。当时的立体声技术是采用两套相同的单声道设备同步录音，播放的时候也一样，用两套系统播放。

1931 年 12 月，年仅 28 岁的英国电气工程师艾伦 · 道尔 · 布卢莱因（Alan Dower Blumlein）在 EMI（百代唱片公司，原名电气与音乐工业公司，由 HMV 留声机公司和哥伦比亚留声机公司合并组成）研发出了立体声录音技术和将两个音频通道刻录到一个声槽中的立体声唱片 45° /45° 刻纹技术（此项技术于 1933 年获得专利，专利号为 394325）等多项音频技术（见图 3.67）。这就是立体声唱纹结构，今天我们使用的立体声 LP 唱片都是用此项技术制作的，这是黑胶唱片历史中最为巧妙的设计和伟大的发明之一。

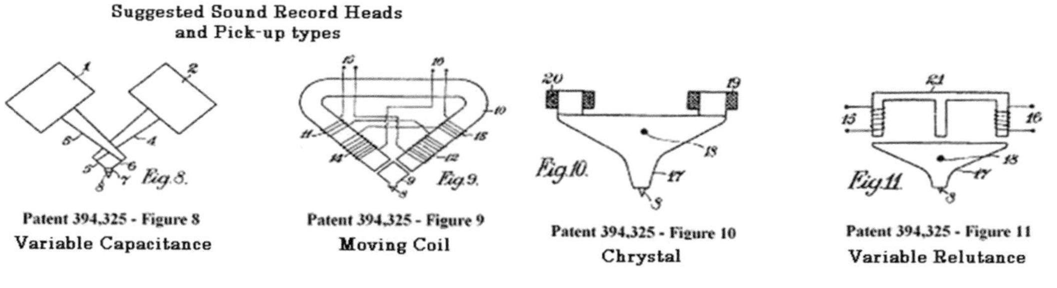

图 3.67　布卢莱因设计的立体声唱片 45° /45° 刻纹刀头

1942 年 6 月 7 日，布卢莱因在测试 H2S 机载雷达时，所乘坐的哈利法克斯（Halifax）轰炸机意外着火后坠落，布卢莱因不幸逝世。享年仅 38 岁的布卢莱因在他短暂的一生中获得了 128 项技术专利。遗憾的是在第二次世界大战期间，布卢莱因的 45° /45° 刻纹技术没有得到应用，但布卢莱因的立体声技术对音频和电气工程界作出的贡献是巨大的。2015 年 4 月 1 日，电气与电子工程师学会（IEEE）为这位天才电气工程师制作了里程碑纪念奖牌。2017 年 7 月 12 日，艾伦·道尔·布卢莱因之子西蒙·布卢莱因（Simon Blumlein）在纽约培根剧院（Beacon Theatre）接受了美国国家录音艺术与科学学院为布卢莱因追授的格莱美技术奖（见图 3.68）。

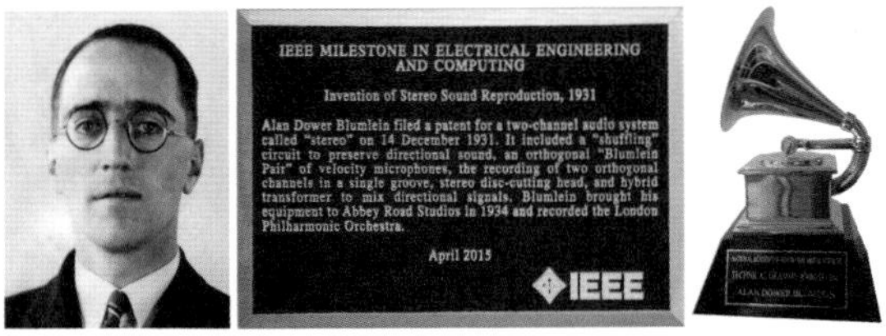
IEEE MILESTONE IN ELECTRICAL ENGINEERING AND COMPUTING
Invention of Stereo Sound Reproduction, 1931
Alan Dower Blumlein filed a patent for a two-channel audio system called "stereo" on 14 December 1931. It included a "shuffling" circuit to preserve directional sound, an orthogonal "Blumlein Pair" of velocity microphones, the recording of two orthogonal channels in a single groove, stereo disc-cutting head, and hybrid transformer to mix directional signals. Blumlein brought his equipment to Abbey Road Studios in 1934 and recorded the London Philharmonic Orchestra.
April 2015
IEEE

图 3.68 立体声唱片 45° /45° 刻纹技术发明人——布卢莱因

在布卢莱因逝世 10 年后的 1952 年，美国波士顿的音频工程师埃默里·库克（Emoly Cook）研制出了世界上最早的立体声 LP 唱片。库克实验室（Cook Laboratories）把这种立体唱片定义为双耳唱片（Binaural Records）。双耳唱片的唱纹分成内、外两个音轨，分别刻录左、右声道的声音。如上所述，一个声槽起点是从唱片外缘一直延伸到中间，另一个声槽起点是从中间开始最终到达唱片标芯附近。为了刻录双耳唱片的母盘，库克选用了一台高精度斯卡利（Scully）刻纹机床，并对机床进行改装，改装后的机床并行安装了两个高频响应达 15 kHz 的 Cook F7 刻纹刀头，两个刀头间隔距离为 $1^{11}/_{16}$ 英寸（约 42.86mm）。

美国新泽西州利文斯顿（Livingston）电子公司的高级工程师约翰·霍尔（John Hall）按照库克的双耳唱片的技术要求设计了专用的唱臂，这是一个既时尚又有趣的设计。利文斯顿的“Y”型唱臂酷似两头蛇，两个唱臂座上安装了两个单声道唱头，两个唱头分别对应读取播放双耳唱片左、右两个声道的音频信号，当然这两个唱头的针尖间距也是 42.86mm，与库克双耳唱片唱纹间距相吻合。最后通过两套放大器和两只音箱播放，双耳立体声唱片是立体声唱片最初的形式（见图 3.69）。

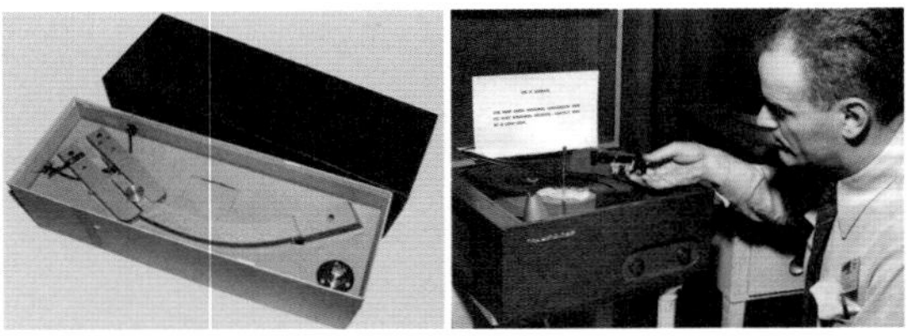

图 3.69 埃默里·库克在用“Y”型唱臂播放双耳唱片

1952 年，库克开始发行他发明的立体声双耳唱片，先后总共发行了大约 50 张，其中编号为 COOK 1060、两张装的唱片收录的曲目是勃拉姆斯的《c 小调第一交响曲》，由美国指挥家威利斯·霍华德·佩奇（Willis Howard Page）指挥波士顿新交响乐团（The New Orchestral Society Of Boston）演奏。唱片封套由柯特·约翰·威特（Curt John Witt）设计，两张唱片的第 1 面是第一乐章——不太快的快板（First Movement Un Poco Sostenuto-Allegro）；第 2 面是第二乐章——持续的行板（Second Movement - Andante Sustenuto）；第 3 面是第三乐章——温雅而略快的快板（Third Movement - Un Poco Allegretto E Grazioso）和第四乐章——不快而灿烂的快板（Forth Movement - Adagio Piu Andante）；第 4 面是第四乐章（Forth Movement - Allegro Piu Allegro）。美国《高保真》（*High Fidelity*）杂志主编伯克（C.G. Burke）在听了这张双耳唱片播

放的勃拉姆斯《c 小调第一交响曲》后评述说:“聆听双耳唱片的版本像是一场伟大的音乐表演，而这种演奏的标准碟片（指传统的单声道唱片）却无法做到。”（见图 3.70）

图 3.70　双耳唱片录制的勃拉姆斯《c 小调第一交响曲》

库克双耳唱片的立体声效果是显而易见的，彻底改变了单声道的“匙孔”效应带来的听觉感受。在一段时间内双耳唱片受到热烈欢迎。但这种设计最大的问题是对两个唱头的各项几何尺寸等距调整的要求很高，如果距离不够准确，唱针就无法落在音槽的中央位置，就会产生失真。另外，左、右声道唱纹的半径大小不同与线速度的差异，使得左、右两声道的音质也有差异。两个唱头尺寸的一致性调整，对用户来说的确是一件困难的事情。20 世纪 50 年代末，随着 Westrex 45° /45° 立体声切割技术的迅速发展，单一声槽格式立体声的商业化逐步普及，库克的双耳唱片最终还是退出了市场。

无论如何，双耳唱片的立体声聆听体验把人类从单声道带入一个全新的立体声高保真时代。我们要向这位立体声唱片的先驱者库克先生致以崇高的敬意!

20 世纪 50 年代初，一些大牌唱片公司都已经开始进行立体声录音工作，但因为在制作立体声唱片的格式问题上存在一些分歧，相互竞争的格局使得立体声唱片迟迟未能进入市场。到了 20 世纪 50 年代中后期，立体声才真正应用到黑胶唱片上。

希德尼 · 弗雷（Sidney Frey，1920—1968）在第二次世界大战后开始了他的唱片事业，担任犹太民间唱片的发行人。1955 年，弗雷在纽约市创建的 Audio Fidelity 是一家小型唱片公司。Audio Fidelity 发行唱片的唱片编号从 10 英寸的 AFLP-900 系列唱片开始，从 1954 年开始发行，AFLP-900 系列唱片皆为单声道制作。12 英寸的 AFLP-1800 系列唱片，从 1955 年开始发行，1969 年结束发行，AFLP-1800 系列唱片也都是单声道制作，在这个系列中唯独编号为 AFLP-1872 的唱片例外，它是弗雷使用 Westrex 45° /45° 立体声切割技术制作的第一张立体声唱片，Audio Fidelity 称之为“Stereo Disc”。1957 年 12 月 13 日，在纽约时报礼堂向公众介绍并演示他的立体声唱片，获得了强烈反响。唱片的 A 面收录的是传统的爵士乐《迪克西兰公爵》（*Marching Along with the Dukes of Dixieland*），内容摘选自同系列唱片 AFLP-1823；B 面收录的是铁路蒸汽机车和内燃机机车运行的音效，内容摘选自同系列唱片 AFLP-1843。AFLP-1872 唱片的封面设计有别于同系列其他唱片的封面设计，单一的黑底，左上角是金色 Logo，右下角贴了金底黑字的大标签，属于典型的新产品、新技术的推广设计。最醒目的是“立体声唱片”“STEREO DISC”“示范碟”“COMPATIBLE STEREOPHONIC DEMONSSTRATION RECORD”字样（见图 3.71）。

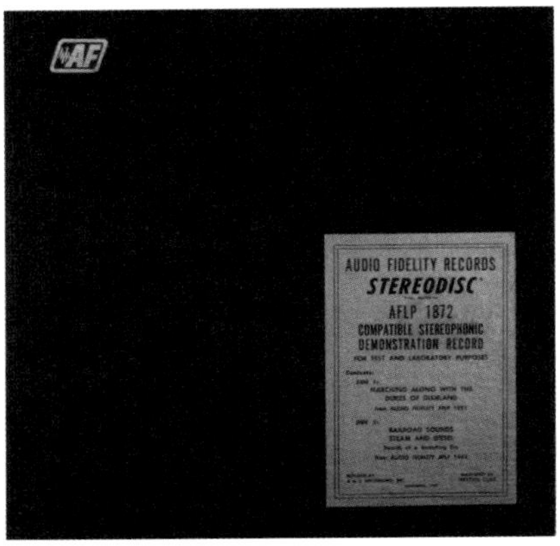

图 3.71　世界上第一张 12 英寸，转速 33$\frac{1}{3}$ r/min 立体声密纹唱片：Audio Fidelity AFLP-1872 唱片

由于 AFLP-1872 唱片总共就压制了 500 张，现在市场难寻踪迹。笔者奋力搜寻，只找到了 AFLP-1872 唱片封面的照片，标芯是金底色还是银白色？神秘模样无从知晓。不过有幸找到了 AFLP-1872 唱片所选内容的两张原始唱片 AFLP-1843 唱片和 AFLP-1872 唱片的照片（见图 3.72）。

在 1958 年 5 月 8 日发行的日本《无线电与实验》杂志中报道了在日本东京的六本木会馆举行的一次立体声唱片欣赏活动。活动的主持者是福代先生，用于演示的立体声唱片正是 Audio Fidelity 发行的编号 AFLP-1872 的立体声唱片。

图 3.72　Audio Fidelity AFLP-1823 唱片和 AFLP-1843 唱片

1958 年的 3 月，Audio Fidelity 正式在市场发售新制作的 4 张立体声唱片，其唱片编号分别为 AFSD 5830、AFSD 5843、AFSD 5849、AFSD 5851。

1958 年夏天，Audio Fidelity 在伦敦的 Walthamstow 市政厅录制了 13 张古典 LP 唱片。曲目包括勃拉姆斯的《第四交响曲》、柴可夫斯基的《第六交响曲“悲怆”》、柏辽兹的《幻想交响曲》、威尔第的歌剧序曲和施特劳斯的圆舞曲等曲目。

之后 Audio Fidelity 公司重新制作老系列 AFLP-1800 唱片的录音，都采用了 Westrex 45°/45° 立体声切割技术，以新的 AFLP-700 和 AFSD-5000 系列唱片开始了立体声唱片的批量生产发行。由于弗雷在推进立体声唱片发展中所做出的贡献，希德尼·弗雷在那个时代被人们亲切地称为“立体声先生（MR.STEREO）”（见图 3.73）。

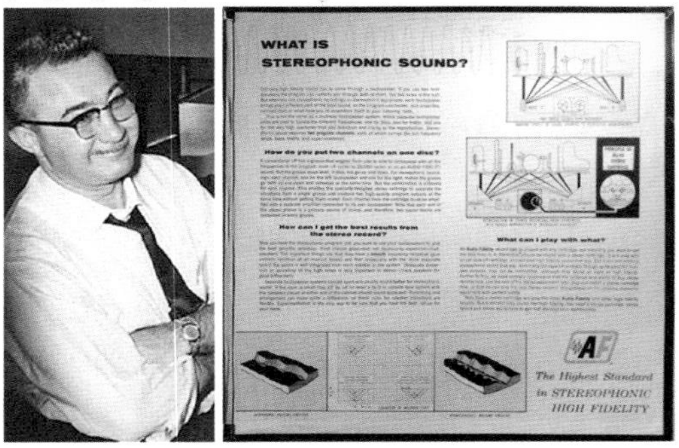

图 3.73　有“立体声先生”美誉的希德尼·弗雷

与此同时，世界各大唱片公司争先恐后地加入了制作发行立体声唱片的行列。

1958 年，在立体声唱片的格式确定后，欧美大牌唱片公司先后开始发行立体声唱片。1967 年，单声道 LP 唱片逐步停产。到了 1973 年，几乎所有唱片公司都步入了发行立体声唱片的行列。这是黑胶唱片的发展历史上又一次巨大变革，黑胶唱片真正进入了高保真时代。

由于立体声音响系统的硬件市场普及迟缓，考虑到还没有购买立体声设备的用户需求，欧美大牌唱片公司都是先发行单声道唱片，随后再发行立体声唱片。例如英国 Decca 唱片公司和美国 RCA Victor 唱片公司在 1950 年中后期发行的两张唱片，就很好地说明了这个问题。

1954 年 9 月 22—26 日，英国 Decca 公司在巴黎互助之家录制了里姆斯基－科萨科夫的《天方夜谭》管弦乐组曲。瑞士指挥家安塞美（Ansermet）指挥巴黎音乐学院管弦乐团（Paris Conservatoire Orchestra）演奏，小提琴独奏是皮埃尔 · 尼里尼（Pierre Nerini）。这张唱片的制作人是维克多 · 奥洛夫（Victor Olof），录音师是詹姆斯 · 布朗（James Brown），封面设计师为汉斯 · 怀尔德（Hans Wild）。这张唱片的单声道首版（唱片编号 LXT 5082）在 1955 年 6 月 9 日完成制作后上市发售。而立体声首版唱片在 1958 年 11 月完成制作（唱片编号 SXL 2082），1959 年正式发售。这张唱片从立体声 SXL 2000 系列编号排序看并不是第一张，但从录音时间的先后看，这的确是 Decca 公司的第一张立体声唱片（见图 3.74）。

图 3.74　英国 Decca 公司录制的第一张立体声唱片

在美国，RCA Victor 公司在 1954 年设立了两个录音部门，一个是单声道录音组，另一个是立体声录音的实验小组。两个小组各自使用一套设备进行录音工作。与其他唱片公司原因相同，这些双重录音只得先行发行单声道版的黑胶唱片和单声道、立体声的开盘录音带（Reel-To-Reel）。

立体声唱片在立体声播放系统逐步投放市场后才跟随发行。比如，匈牙利籍指挥大师弗里茨 · 莱纳（Fritz Reiner）于 1954 年 3 月 8 日在芝加哥音乐厅指挥芝加哥交响乐团演奏的是理查德 · 施特劳斯（Richard Strauss）的管弦乐作品《查拉图斯特拉如是说》（*Also Sprach Zarathustra*），录音监制是 John Pfeiffer，录音师是 Leslie Chase。这个录音作品是 RCA Victor 第一个立体声录音。1954 年 7 月 10 日刊登发行广告，1954 年 8 月 20 日正式发行了立体声开盘录音带，规格是 7 英寸 2 轨立体声，录音带编号为 TCS-1。和立体声录音带同时发行的是单声道唱片，唱片编号是 LM 1806（见图 3.75）。

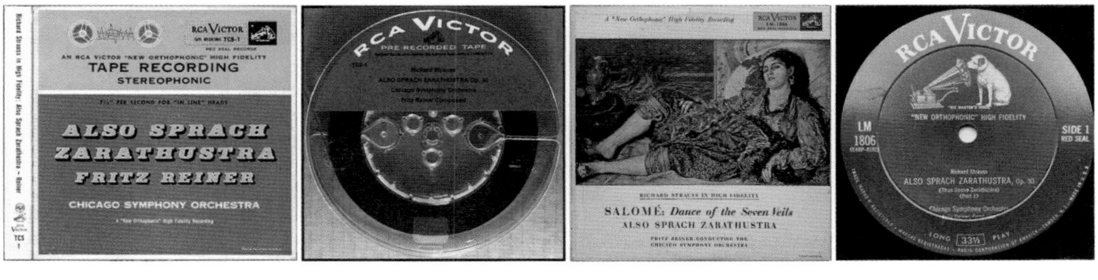

图 3.75　RCA Victor 率先发行的立体声开盘录音带和单声道唱片

这个录音的立体声版唱片编号是 LSC1806，数年之后才发行，发行时间大概在 1958 年底（见图 3.76）。

图 3.76　美国 RCA Victor 公司录制发行的第一张立体声唱片

1. 黑胶唱片的参数

黑胶唱片在进入立体声时代后，制作漆盘刻纹的机床性能有了很大的提升，刻纹技术也在不断地提高。刻纹刀头的音频指标已经达到了很高的水平。以纽曼刻纹刀为例，其频率范围和信噪比如下。

15Hz ～ 16000Hz ± 0.5dB

10Hz ～ 20000Hz ± 1dB

7Hz ～ 25000Hz ± 3dB

S/N 72dB

从以上参数我们可以看出，黑胶的频宽是不压缩的，尽管低于 20Hz 和高于 20kHz 的频率人耳听不见，但乐器会发出次声波和超声波。有资料提到 Telarc 录制的《1812 序曲》LP 唱片的低频达到 8Hz。人的肌肤和神经系统会感受到次声波和超声波的刺激。完整的频率回放才能还原乐器完整的音频信息，乐器的质感和真实性才得以保证。这就是黑胶唱片音质优异的秘密所在。

2. 黑胶唱片的装帧

唱片的装帧包含唱片的标芯（Label）、唱片内外套和说明书。

唱片的标芯上印有唱片的品牌和唱片的系列、编号，还印有音乐内容、段落、放唱时间、演奏者、演唱者、录音年代、发行时间、唱片播放的转速及立体声 / 单声道的识别标记等，为使用者提供了唱片的主要信息。

唱片的包装通常有内外两层。外包装有单封套、双折封套、三折封套及盒装等多种形式。单封套、双折封套、三折封套的外包装材质一般是卡板纸，部分盒装的外包装采用布面作为纸盒表面的装饰材料，更有豪华的唱片外包装采用皮质、木质材料点缀，使得唱片更加精美、更具艺术观赏性和收藏价值（见图 3.77）。

图 3.77　豪华的唱片外包装

唱片的封面、封底与唱片的标芯具有大致相同的功能，记录了唱片的相关信息。由于面积充裕，因此所提供的内容更详细一些。唱片的包装封面除了实用性外，还有一个很重要的功能就是装饰性和观赏性。唱片套的封面有近千平方厘米的面积，唱片封面的设计也体现了唱片厂家的艺术审美取向和风格。设计精致典雅的封面会给人带来极大的视觉艺术享受，提高了唱片的艺术价值和收藏价值。有些唱片的内容未必是用户想要或喜欢的，但其精美的封面就具有足够的吸引力了。唱片的封面设计有几种类型。使用与唱片音乐内容有关的人物（作曲家或演绎者）照片作为唱片封面是最常见的封面设计（见图 3.78）。例如作曲家的画像、雕塑或照片；歌唱家、舞蹈家、演奏家、指挥家的画像、雕塑或照片；乐团、剧院的演出剧照等。

图 3.78　作曲家或演绎者画像或照片是最常见的封面设计

图 3.79　绘画和风景照也是常见的封面设计

唱片封面也可以是绘画和风景照（见图 3.79），这些绘画和风景照当然与唱片里音乐内容有一定的关联性，可以是相同时代、相同风格、相同类型等关联，总之唱片封面和唱片音乐内容是协调一致的。

设计精美的唱片套封面对我们的心理影响非常大，记得 30 年前一位拉小提琴的同事来我处听勃拉姆斯的《D 大调小提琴协奏曲》，她手持唱片封套感慨道："如此漂亮的唱片封面，还未听就已经让人陶醉！"

唱片内套是唱片的内包装，就像人的贴身衣物，其主要作用是保护唱片的唱纹免受磨损和静电损伤，因此它的质量不容轻视。通过唱片内套，我们可以从侧面窥视到各唱片厂家的整体水平与档次。普通唱片厂家发行唱片的内套只是一个粗糙纸套。稍讲究的唱片厂家发行唱片的内套分内外两层，外面是细致的白纸套，内里是透明的防静电薄膜内套。高档的唱片套外层用 120g 光洁的铜版纸，内套是有抗静电功能的柔软薄膜。豪华的唱片包装除了制作精良的内外套，还有防震垫（盒装）。一些大部头制作先由小盒包装，最后再由大盒包装。卡拉扬指挥和索尔蒂指挥的瓦格纳的歌剧巨作《尼伯龙根的指环》的唱片包装都是这种精良的制作（见图 3.80）。

图 3.80　卡拉扬指挥和索尔蒂指挥的瓦格纳《尼伯龙根的指环》唱片包装

唱片说明书是唱片的一个组成部分。少数单张唱片有单独的说明书，套装唱片的盒内有宽裕的空间，唱片厂家都会提供单页或多页的唱片说明书，其内容更加详尽，内容除了对乐曲的介绍外还包括演奏（唱）者、乐团和指挥的介绍并附有他们的照片。德国 DG 公司于 1977 年发行编号为 2740 172 的《贝多芬交响曲全集》（8LP），附有 40 页印刷精美的彩色说明书，其中自然少不了介绍贝多芬的九部交响曲和指挥卡拉扬的内容。这本说明书对乐队的介绍十分详尽，每个器乐组的演奏者都附有单独的彩色大照片，并依次标写出演奏者的姓名和席位（见图 3.81）。这不仅可供爱乐者进一步了解乐团，也体现了对乐团每一位演奏家的尊重。

更有少数豪华版的唱片甚至不惜成本附上乐曲的总谱或歌剧全剧的唱词。总之，好的包装设计会给唱片添色不少，让聆听者获得更多的艺术享受。

图 3.81　在《贝多芬交响曲全集》的唱片说明书中，每个声部演奏者都有单独的彩色大照片，并依次标出演奏者的姓名

EMT 948
45
33

Chapter 4 第4章 黑胶唱片的生产工艺

在初步了解了留声机的发展过程和黑胶唱片的基本常识的基础上，接下来我们来介绍黑胶唱片的制作生产工艺。

第 1 节 黑胶唱片的母带

一张黑胶唱片的制作，要从原始的素材母带制作开始，通过音频工程师对录音音频的均衡和编辑制作出录音母带（见图 4.1）。

图 4.1 原始母带的处理主要是编辑曲目和音频信号处理

录音母带又称为原始母带（Original Master），原始母带分为模拟录音和数字录音两种。原始母带是灌录黑胶唱片的起点。原始母带的质量取决于录音时磁带设置的速度，每秒 15 英寸的速度是专业音乐录制的基本带速，古典音乐的录音需要设置每秒 30 英寸的带速，以保证频宽和动态。

模拟录音的原始母带处理主要是编辑曲目和音频信号处理（数字录音的原始母带需要先进行 D/A 转换，将数字信号转变为模拟信号）。进行低频和高频 RIAA 曲线处理，设定录音电平，凹槽间距优化，之后再设定录音电平和编辑曲目。顺便说明一下，制作黑胶唱片时的电平设置为 −3dB，而制作激光唱片时的电平设置为 0dB。这也是在相同系统中播放 CD 时声音会比播放 LP 唱片声音更大的原因。

第 2 节 黑胶唱片的漆盘

第一模版（Lacquer Disk）又称为“漆盘”。制作母盘所使用的是一张空白漆盘，漆盘的尺寸有 3 个规格，直径分别为 14 英寸、12 英寸和 10 英寸（老尺寸规格还有 13 英寸和 16 英寸）。制作 12 英寸唱片要使用 14 英寸的漆盘，制作 10 英寸唱片要使用 12 英寸的漆盘，制作 7 英寸唱片要使用 10 英寸的漆盘。漆盘的厚度为 1/8 英寸。漆盘的材质是铝合金，漆盘片基的正反表面都带有漆膜涂层（通常只使用一面），这个涂层的化学成分为硝酸纤维。漆盘上有两个孔，距离中心孔 1 英寸处有一个小孔，它是用来定位、防滑的。

目前还有两家生产漆盘的厂家。一家是总部位于美国加利福尼亚州的阿波罗公司（Apollo Masters）（见图 4.2），于几年前收购了其竞争对手 Transco。遗憾的是本书稿还没有校对结束，2020 年 2 月 7 日就传来阿波罗公司的工厂被大火焚毁的消息。现在，只有日本的 MDC 生产漆盘了。由于近些年黑胶唱片市场的持续升温，意大利的 MV Masters 和法国的 M’Com Musique 两家公司计划开发生产漆盘。

图 4.2 阿波罗公司的漆盘

第一模版（主盘）的制作是信号源原始录音母带配合驱动放大器和刻纹机床等设备来完成的。信号源将音频信号输送给驱动放大器，通过对放大器的调整控制把信号输送给刻纹机床，再对刻纹的径向给进量进行控制，进行低频和高频 RIAA 曲线处理，电平调整设置，凹槽间距优化，同时还要调整信号电平，并进行刻纹深度控制。录音母带音频信号通过放大器的驱动，刻纹刀在铝质漆盘上刻下一道连续的螺旋线的有声凹槽，这是原始录音母带—主盘刻制流程（见图 4.3）。

图 4.3　录音母带—主盘刻制流程

在完成了主盘刻制之后，应立即将其送入暗室冷藏。因为漆膜非常柔软并且对光和温度非常敏感，漆膜是化学物质，不能长期保存，必须在 3 天内进入下一步工艺处理环节（见图 4.4）。

图 4.4　漆盘在完成刻纹之后成为主盘

漆盘刻制是一项技术含量非常高的工作，难度最大的环节是对刻纹的径向给进量进行控制。过去全凭刻纹工程师精密细心地调试，没有丰富的工作经验和足够的资历是无法胜任的。

自从计算机广泛应用以来，刻纹技术在计算机的帮助下，有了更进一步的提高。工程师们能够利用计算机对所要刻制唱片的音乐内容进行系统的音频数据分析计算，设置最优化的刻纹程序，更精准地掌握刻纹的径向给进量控制和刻纹深度控制。这是唱片刻纹工艺革命性的改变。

人们将 LP 唱片制作工程师视为将声音转换为物理波形的人，称他们是声音的雕塑家！

第 3 节　黑胶唱片刻纹机

黑胶唱片的刻纹机床（Cutting Lathe）也被称为刻纹机，是制作黑胶母盘的专业设备。生产刻纹机床的厂家主要有两个，一个是德国的 Neumann，另一个是美国的 Scully。

从 20 世纪 50 年代起至今，Neumann 共设计生产了 7 个型号的刻纹机床，型号包括 AM131、AM32B（1961 年生产）、AM62、VMS 66、VMS 70、VMS 80、VMS 82。

我们以 Neumann VMS 70 刻纹机床为例来了解其基本构造。Neumann VMS 70 是 20 世纪 70 年代设计生产的，大约生产了 200 台，现在仍在使用的有 150 台，还有约 50 台为博物馆收藏和私人收藏。Neumann VMS 70 是刻制黑胶唱片主盘的刻纹机床主力机型。1983 年日本一位发烧友购买了一台 Neumann VMS 70 刻纹机床，用于播放黑胶唱片。近些年中国也有许多发烧友先后购买了

Neumann 刻纹机床作为“超级唱盘”使用。十万分的“发烧”！

Neumann VMS 70 主机重达 136kg，转盘、刻纹臂、刻纹头和驱动放大器等是其最主要的部件。还有复杂的真空系统、用于冷却的氦气罐和许多控制装置（见图 4.5）。

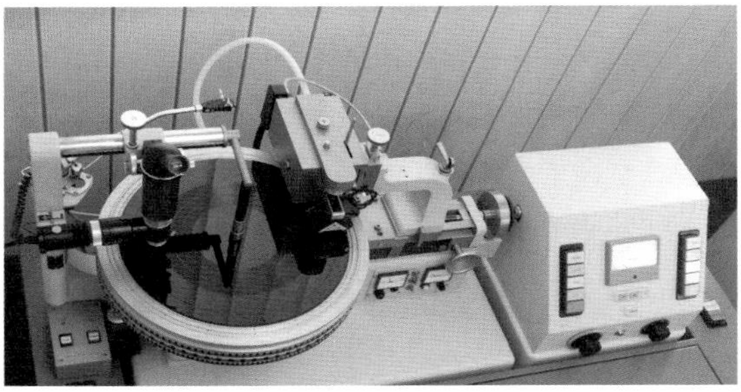

图 4.5　Neumann VMS 70 刻纹机床

刻纹机床的转盘与我们使用的唱盘有些类似，但其尺寸、重量、结构完全不同。Neumann VMS 66 的转盘直径为 16 英寸，厚度为 2.75 英寸，重 41kg。大直径的转盘是为能够刻制 16 英寸的母盘而设计的。同时，大直径的转盘还可以获得优异的惯量。转盘使用了两种材料，下面刻有频闪格的部分的材质是铜，上面是金属锑的盘面。Neumann VMS 70 转盘为直接驱动，AC 为 50Hz 时，使用 Lyrec 90 对极数交流同步电动机，AC 为 60Hz 时电动机极数为 108 对。直驱唱盘虽然转速精准，但并没有得到音乐爱好者的青睐，原因是电动机的机械振动没有很好地解决。Neumann 的工程师为了解决直驱轴承振动问题，在转盘和电动机之间加了一个液力耦合器。液力耦合器就是以液体为工作介质的一种非刚性联轴器。液力耦合器的非刚性连接有效隔离了电动机轴承和扭矩振动。液力耦合器需要足够的安装空间，还有油泵等配置比较复杂。总之，VMS70 有着直驱精准的转速和液力耦合器有效的振动隔离（见图 4.6）。

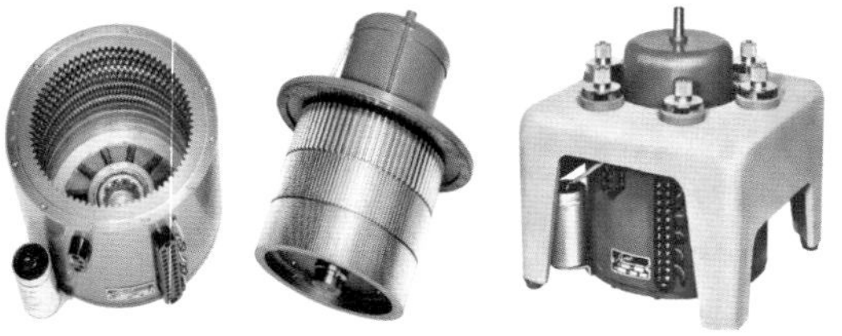

图 4.6　Neumann VMS 70 的直接驱动式电机系统

1976 年以后，Neumann 的刻纹机床改用日本松下 Technics 生产的 SP-02 晶体锁相直流伺服电动机。松下 SP-02 由电动机、驱动控制器及一个启停控制开关组成。转速分为 5 个挡位，转速为 $16\frac{2}{3}$ r/min 时转速误差为 0.011%；转速为 $22\frac{1}{2}$ r/min 时转速误差为 0.008%；转速为 $33\frac{1}{3}$ r/min 时转速误差为 0.07%；转速为 45 r/min 时转速误差为 0.005%；转速为 78.26 r/min 时转速误差为 0.003%。松下 SP-02 伺服电动机的功率消耗为 270W。松下 SP-02 是专门为 Neumann 的刻纹机床设计开发的，因此隔振液力耦合器已经组合在松下 SP-02 中了（见图 4.7）。

图 4.7　Neumann 的刻纹机床改用松下 SP-02 晶体锁相直流伺服电动机

回过头再看 Neumann VMS 70 的转盘。大直径的盘面有 18 圈凹槽。仔细看，其中 13 圈和 8 圈的凹槽内有 20° 和 40° 均分的小孔，这 204 个小孔是用于真空抽气的，漆盘刻纹时必须紧紧吸附在转盘的盘面上（见图 4.8），这样漆盘不仅可以获得平整的工作面，同时可以有效地避免漆盘在刻纹时产生谐振。看到这里，那些认为真空吸盘声音“不鲜活”的人是不是应该反思一下了。

在靠近 Neumann VMS 66 转盘轴的一侧，有一个“C”形槽，槽内有个小钮，它是用来调节真空槽工作挡位的，能看到“C”形槽外围标注的漆盘公制和英制尺寸，刻制不同尺寸的漆盘，选择对应的真空挡位，保证足够的真空度（见图 4.9）。

图 4.8　母版刻纹时必须吸附在转盘的盘面上

图 4.9　“C”形槽用来选择不同尺寸的母盘对应的真空挡位

Neumann VMS 66 共设有 4 个母盘尺寸挡位，即 10"(250mm)、12"(300mm)、14"(330mm)、16"(400mm)。抽真空动作是通过中空的转盘轴与抽气管的连接来实现的，与转盘轴连接的接头是一个可以回转的（滑配）专业气动接头，以此保证在气路密封的状态下，转盘可以顺畅地旋转（见图 4.10）。

图 4.10　转盘中心轴上有一根用来抽真空的黑色管子

第 4 节　唱片半速刻纹

Neumann VMS 70 刻纹机床的操作面板右侧是转速切换按钮。从上至下共排列了 5 挡转速，即 $16\frac{2}{3}$ r/min、$22\frac{1}{2}$ r/min、$33\frac{1}{3}$ r/min、45 r/min 和 78 r/min。转速为 $16\frac{2}{3}$r/min 和 78r/min 的唱片现在还在生产吗？现在应该不再生产了（最下面的红色按键上的 78r/min 已经没有印字了）。有转速为 $22\frac{1}{2}$r/min 的唱片吗？当然没有。Neumann VMS 70 的 $16\frac{2}{3}$ r/min 和 $22\frac{1}{2}$ r/min 转速挡位是为了提供母盘半速刻纹而设置的。$33\frac{1}{3}$ r/min 的半速是 $16\frac{2}{3}$r/min，45 r/min 的半速为 $22\frac{1}{2}$ r/min。在 Neumann VMS 70 的左侧显微镜支撑座上有个黑色小标牌，上面是 $33\frac{1}{3}$ r/min 对应的半速 $16\frac{2}{3}$ r/min，中间是 78 r/min，下面是 45r /min 对应的半速 $22\frac{1}{2}$r /min。Neumann VMS 70 刻纹机床的操作面板中间是螺纹间距表（LPI），根据唱片格式可以调节螺纹间距、设置唱纹密度。螺纹间距表下方有 3 个绿色按键，用于选择刻录唱片的尺寸（见图 4.11）。

半速刻纹（Half Speed Vinyl Mastering）是刻录漆盘的一种方式。以半速刻纹，线性频率范围高达 40 000Hz，而且盘的内圈失真较小。进行半速刻纹，磁带播放时也必须以半速运行。半速刻纹音质优异，但由于漆膜对刻纹刀的阻力较大，克服这个阻力需要对刻纹机的系统进行非常规的调

图 4.11　Neumann VMS 70 的操作面板的转速选择、刻录唱片尺寸选择及螺纹间距调整

整，操作精细且非常复杂。另外，半速运行时的音高变化，使得工程师在监听时很难准确地判断所听到音乐内容中的错误。半速刻纹的操作只有极少数经验丰富的工程师能够胜任。除了技术问题，半速刻纹的成本也很高。因此，业界使用半速刻纹的唱片公司寥寥无几。美国 MFSL（无比传真）和 RR（Reference Recordings）是使用半速刻纹技术最为著名的唱片公司。另外还有 RCA、CBS 等公司使用半速刻纹技术（见图 4.12）。

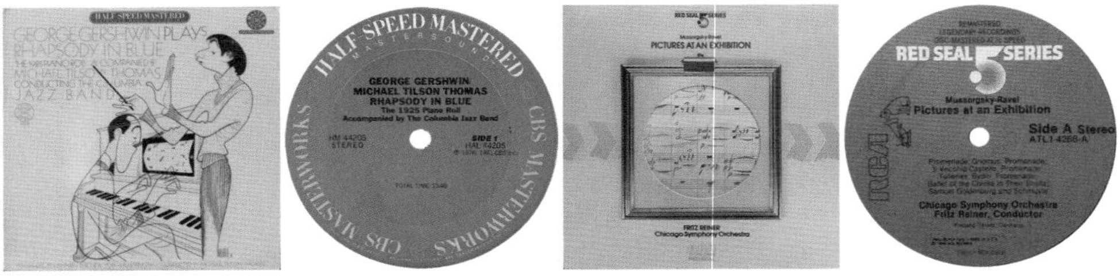

图 4.12　半速刻纹的 CBS 和 RCA 唱片

半速母盘刻纹技术是指刻纹车床转盘的转速，以及要刻录的音频母带的播放系统的速度（音高和时间）为半速。由于音频母带和刻纹转盘都以半速运行，当最终完成的唱片以正常速度播放时，音频也回到正常速度。再说得通俗一些，就是让刻纹机以 $16\frac{2}{3}$ r/min 的转速刻制 $33\frac{1}{3}$ r/min 模版。如果要刻制 45 r/min 模版，刻纹机以 $22\frac{1}{2}$ r/min 的转速工作。

进行半速刻纹时，刻纹头驱动放大器仅需原使用功率的 1/4，这意味着放大器系统有了 4 倍的宽松容量，放大器动态响应能力增加数倍。这使得刻录信号动态范围丝毫不被压缩，左右分离度大幅度提高。

有资料显示，进行标准转速刻纹时，在 17kHz 以上的曲线相对不够稳定，19kHz ～ 30kHz 有一定的衰减量。但进行半速刻纹时，17kHz 信号实际频率是 8.5kHz，因此避开了不稳定的频率范围。与正常速度刻录的唱片相比，半速刻纹的唱片的高频响应更加平直、准确和稳定。

半速刻纹，刻纹头是以两倍的移动时间量在进行刻纹，转盘惯量也减少一半，削切出的唱纹会更加准确，音源波形的细节损失非常小。即使在高频最容易滚降的唱片内圈，声音仍然可以仍然保持与外圈同样平直的高频曲线。

MFSL 唱片公司使用的是一种被称为超级乙烯基的材料。世界上唯一能够制造这种高品质乙烯基材料的公司只有日本的 JVC。超级乙烯基具有超静音的表面，它比普通乙烯基密度更高，所以更重也更硬。它没有“记忆”特性，你可以连续反复地播放同一张唱片，它不会像普通乙烯基压制的唱片那样，在重复播放时，凹槽壁会拉伸、扭曲并且声音会恶化。

MFSL 唱片公司严格控制每个模版压片的数量，保证首尾压片的品质完全一样。

半速刻纹和常速刻纹制作的唱片之间的声音差异非常明显，笔者收藏的半速刻纹的唱片多为美国 MFSL 唱片公司所制作。为了对比半速刻纹和常速刻纹制作的唱片之间声音的差异，我特意购买了和 MFSL 唱片版本完全相同的原厂头版唱片。A/B 比较之下，半速刻纹的唱片低频和高频两端延伸得更宽，全频圆润饱满。响应速度更快，动态范围更大，持续高电平时表现优异，各频段层次分明，稳定不乱。最令人着迷的是乐器和人声的质感，真实而且柔和细腻。可惜的是，半速刻纹的唱片数量实在太少！

图 4.13 所示是用于比较试听的几张 MFSL 半速刻纹的唱片和原厂头版唱片。个人认为，只要是喜爱的乐曲，MFSL 半速刻纹的唱片非常值得寻找和收藏。

图 4.13　半速刻纹的 MFSL 唱片和原厂头版唱片

刻纹机床另一个重要的部件是刻纹头。它是在由计算机控制的驱动放大器的作用下工作的。立体声刻纹头内部左、右侧有两个线圈，刻纹刀杆安装连接在左、右线圈管中。放大器发送音频信号使线圈通过电流，在电流驱动下，刻纹刀振动工作。工作时的刻纹刀要加热到额定温度，这样才能平滑地切割漆膜，获得最佳的漆膜刻纹塑性（见图 4.14）。

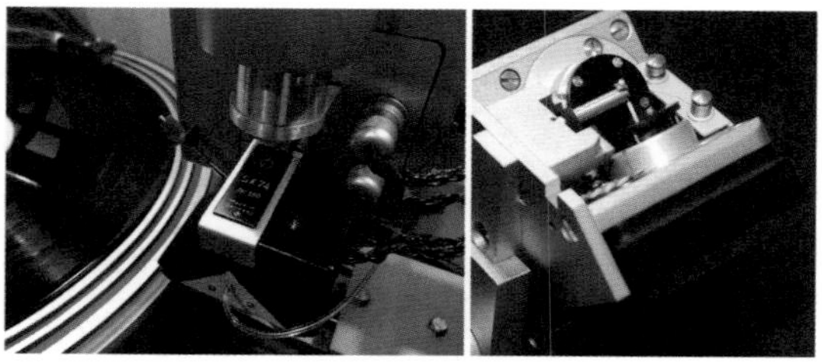

图 4.14　Neumann SX 74 刻纹头

刻纹头的刀头是由蓝宝石研磨而成的，刀头非常锋利耐用，刀尖的半径小于 4μm（见图 4.15）。在图 4.15 中，左侧是刀头基本几何尺寸和形状，右侧是 Apollo Masters 公司生产的一些刀头。

模拟时代使用最多的是 Neumann SX 68 和 Neumann SX 74 刻纹头，Neumann SX 68 是 20

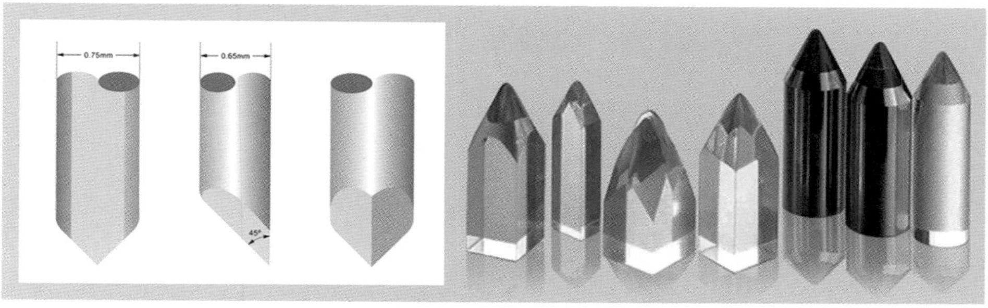

图 4.15　Neumann SX 74 刀头

世纪60年代末的产品，几十年后的今天，它仍然是一款非常珍贵的音频传感器，在母盘刻制方面的表现极为出色。Neumann SX 68的频率范围为40～16 000Hz±1dB，是非常平坦的。Neumann SX 74刻纹头诞生于20世纪70年代初，比Neumann SX 68晚几年诞生。两枚刻纹头具有相同的结构，但Neumann SX 74内部有一些改进，例如铁强度提高了28%，刻纹头内部刚性更强，频率响应拓宽了很多，变为7～25 000Hz（20～20 000Hz±2dB）。业界公认Neumann SX 74的刻纹头是现在最好的刻纹头之一！可惜我们并不知道哪些唱片是用Neumann SX 74刻纹头制作的。因为欧美的唱片封套上都没有标注这些信息。如果你细心，会发现在日本发行的唱片中，会有极少数唱片标注了录音制作的设备信息。当然没有标注这些信息并不影响我们欣赏音乐。

光有刻纹头还不能进行刻纹操作，刻纹头需要刻纹臂来支撑和运行。由于刻纹的路径是一条与转盘圆心相交的直线，所以刻纹臂座运行路径需要平稳地直线运行才能与之吻合。

Neumann VMS 70的刻纹头的臂架运行机构是由精密的燕尾滑轨与大直径、小牙距的电动滚珠丝杠构成的（见图4.16）。精密步进电机通过计算机预设的螺距给进量驱动刻纹头，有序地进行工作。在78r/min的时代，螺距给进量是一个固定值。进入LP唱片时代后，螺距给进量根据电平的变化进行预设，人工设定螺距给进量是一项对技术要求非常高的工作，只有通过多年的经验积累，才能胜任。Neumann VMS 70刻纹机床使用了计算机进行螺距控制，使得变量唱纹密度控制更加精准。这是科技进步带来的好处。

图4.16　刻纹头的臂架是由精密的燕尾滑轨与大直径、小牙距的电动滚珠丝杠构成

第5节　唱片直接刻纹

了解了半速刻纹技术之后，我们再介绍直接刻纹技术。

在20世纪70年代，现代化唱片刻纹设备在技术上已经相当先进。频率特性、信噪比、失真度、动态范围和静噪等主要技术指标都已达到很高的水平。为使唱片的这些电声指标进一步提高，唱片制造商研发出新的刻纹工艺，这就是“直刻唱片”。

在一些唱片封套或标芯上都标有直刻唱片的文字或图案，如“DIRECT METAL MASTERING”或DMM标志，还有“DIRECT DISC RECORDING”“DIRECT TO DISC”等文字标示。

那么这些文字或标志代表的“直刻”含义一样吗？它们的“直刻”工艺又是怎样的呢？与传统的漆盘刻纹又有什么区别呢？

唱片上的DMM标志（见图4.17）标示的是切割工艺，而不是公司名称。Direct Metal Mastering（DMM）是Teldec公司技术总监

图4.17　直刻金属母盘的专用DMM标志

Horst Redlich 博士于 1981 年研发出的新的刻纹技术。传统的母盘制作工艺是在漆膜上刻纹，完成第一模版之后要制作第二模版、第三模版和最后压片的第四模版。整个过程多次重复，使得高频坑纹产生一些损失。DMM 指直接进行金属母版刻纹制作，它跳过了漆盘刻纹的重复工序。

DMM 的刻纹模版不是传统漆膜盘，而是金属铜盘（见图 4.18），合金铜盘材质比漆膜硬度高很多，切削声槽时刀头所需驱动功率是漆盘刀头驱动功率的几倍，Neumann SAL 74b 切割放大器足以胜任。刀头也需要使用更硬的材质、更耐磨。DMM 母版制作，是在铜金属盘上进行刻纹，然后直接制作压片的凸模板。其过程比传统的漆膜刻纹

图 4.18　DMM 直刻工艺使用铜盘刻制母盘

减少了两个翻模环节，因此高频损耗进一步降低，本底噪声在整个频率范围内降低了 6dB，高频和瞬态响应都得到了改善。立体声分离度提高，测试数据表明低频在 100Hz 以下时，分离度大于 20dB。

另外，DMM 刻纹可以提高唱片的唱纹密度（不影响动态范围，可增加 15%录音时间），这是因为刻纹时铜盘的刚性高，缩小唱纹间距不会像漆盘那样导致前一道唱纹变形。

1982 年 Teldec 公司与 Georg Neumann 合作，设计生产出了 DMM 专用刻纹机床和刀头，即 Neumann VMS 82 刻纹机床和 Neumann SX 80 刻纹头（见图 4.19）。DMM 刻纹头采用高频载体系统和专用金刚石刀头，频率响应超过 40kHz。Neumann SX 80 刻纹头的切割角度是 20°，符合 1976 年 RIAA 制定的标准。DMM 刻纹的频率曲线范围为 2Hz ～ 23kHz，滚降极小。这使得习惯传统刻纹唱片听感（听觉惯性）的发烧友会觉得 DMM 唱片的高频过亮。Neumann VMS 80 和 Neumann VMS 82 刻纹机床是在 Neumann VMS 70 的基础上改进的，其母盘真空系统的管路改在转盘下方主轴上。直驱电机的驱动扭矩也提高了 4 倍，以此保证足够的转矩克服铜盘与刻纹刀头的削切阻力。

图 4.19　Neumann SX 80 刻纹头

DMM 刻纹机切削下来的铜丝比头发丝还要细得多，显微镜下拍摄的照片见图 4.20。

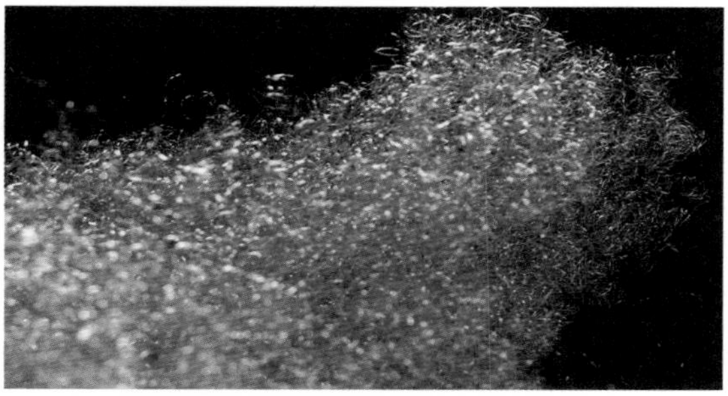

图 4.20　DMM 刻纹机切削下来的铜丝

DMM 刻纹工艺，只经过一道翻制过程，直接剥离出压片模版。一张 DMM 刻纹的母盘可以电镀 10 次，即一张 DMM 刻纹的母盘可以制作 10 张压片模版（见图 4.21）。

图 4.21　一张 DMM 刻纹的母盘可以电镀 10 次，剥离出 10 张压片模版

DMM 技术和设备推出以来，全世界至少有 40 家唱片公司配备了 DMM 的刻纹车床系统并投入使用。改进后的 Neumann VMS 82 DMM 刻纹车床只生产了 12 台，当年售价为 7 万美金。Neumann VMS 82 DMM 刻纹车床，德国有 5 台，捷克有 3 台，荷兰有 2 台，美国有 1 台，还有 1 台的所在处不详。

但使用 DMM 技术制作唱片的公司倒不少。在这些公司中，当然还是 Teldec 出品的唱片量最高。Teldec 公司不仅自己发行的大量唱片采用 DMM 技术刻制母盘，还为英国的 EMI、Chandos、AVS、Decca，瑞士的 BIS，美国的 RCA、TELARC、MHS 等很多唱片公司提供 DMM 刻纹技术服务（见图 4.22）。

图 4.22　Teldec、EMI、Chandos、AVS、Decca、BIS、RCA、TELARC、MHS 等唱片公司都使用 DMM 刻纹技术

通过分析比较，可以说传统的漆膜刻纹工艺和 DMM 刻纹工艺各有利弊，因此无法界定哪一种工艺更好。俗话说“条条大路通罗马”，无论使用什么样的技术，好声音才是目标。或许最终答案将由市场来给出。

黑胶唱片爱好者对俗称“喇叭花”公司的美国谢菲尔德实验室（Sheffleld Lab）一定不会陌生。音质优异的喇叭花唱片，也被称为直刻唱片（DIRECT DISC RECORDING，DDR）。那么喇叭花的直刻唱片与 DMM 有什么区别呢？它的直刻唱片的制作工艺又是怎样的呢。其实 DIRECT DISC RECORDING 唱片的制作过程极为“简单”，通过话筒和放大器系统（包括 RIAA 均衡电路）把音乐信号直接送给机床进行漆盘刻纹。在整个过程中不使用计算机或磁带，也不进行混音或修正，是最直接、最纯净的模拟录音形式。这种方式让我们想到了爱迪生把声音直接记录到锡膜圆筒的历史场景。而恰恰使用这种“简单”的方式制作的唱片最受发烧友喜爱。喇叭花唱片上注有限量发行（LIMITED EDITION）的字样。有些限量发行并不是人为的，由于没有原始母带，压片模版数量有限，模版一旦报废，那就绝版了。这也是喇叭花唱片会明确标示收藏版（COLLECTORS EDITION）的原因（见图 4.23）。

图 4.23　美国 Sheffield Lab LIMITED EDITION 直刻限量唱片

喇叭花直刻唱片的声音品质固然很好，但对制作工艺要求非常高，一般唱片公司不敢轻易染指，因此真正具备直刻工艺水平的唱片公司屈指可数，喇叭花唱片公司是直刻唱片的典型代表，虽然所录唱片不多，但张张皆为极品，很多唱片都已绝版，今天再想收藏，并不容易。数字时代的一些喇叭花翻版 CD 都是从黑胶唱片翻制得来的。还有一些唱片公司采用直刻方式制作唱片，音质同样不俗。比如美国的 M & K Realtime Records、Crystal Clear Records、Labyrinth Records 等唱片公司。多多留心收藏这样高品质唱片，一定不会后悔（见图 4.24）。

图 4.24　一些唱片公司用直刻方式制作唱片

讨论了直刻唱片，我们可以清楚地区分 DDR 和 DMM 这两种直刻技术之间的制作工艺的不同之处。

漆盘刻纹是黑胶唱片持续时间最长的工艺。20 世纪 70 年代后衍生出了半速刻纹工艺和直接刻纹工艺。20 世纪 80 年代，新的直刻金属母盘工艺诞生。40 多年过去了，还有没有新的工艺出现呢? 随着科技的飞速发展和近十多年的黑胶唱片市场的升温，奥地利 Rebeat Innovation 公司的 Guenter Loibl 在 2016 年研发出高清（分辨率）黑胶唱片（High-Definition Vinyl，HD Vinyl）。HD Vinyl 唱片彻底放弃了漆盘刻纹和机械切割工艺，母盘制作利用高科技和新材料，激光切割过程避免了机械切割的一些弊病，噪声和全频段失真非常低。激光切割进一步缩小了声槽的间距，提高了 30% 的唱纹密度。更为重要的是，播放时间的增加不但没有削弱电平，反而将输出提高了 30%；激光切割陶瓷模盘能够获得 100kHz 的频率，这是一个惊人的数据。HD Vinyl 唱片的音频质量得到了大幅度的提高，这些都得益于刻纹方式的改变。

HD Vinyl 的母盘制作过程仅需以下两步。

第一步，Mastering Studio 工作室使用 Perfect Groove 软件（见图 4.25）对音频信号和播放时间等参数进行优化设置，然后将处理好的音

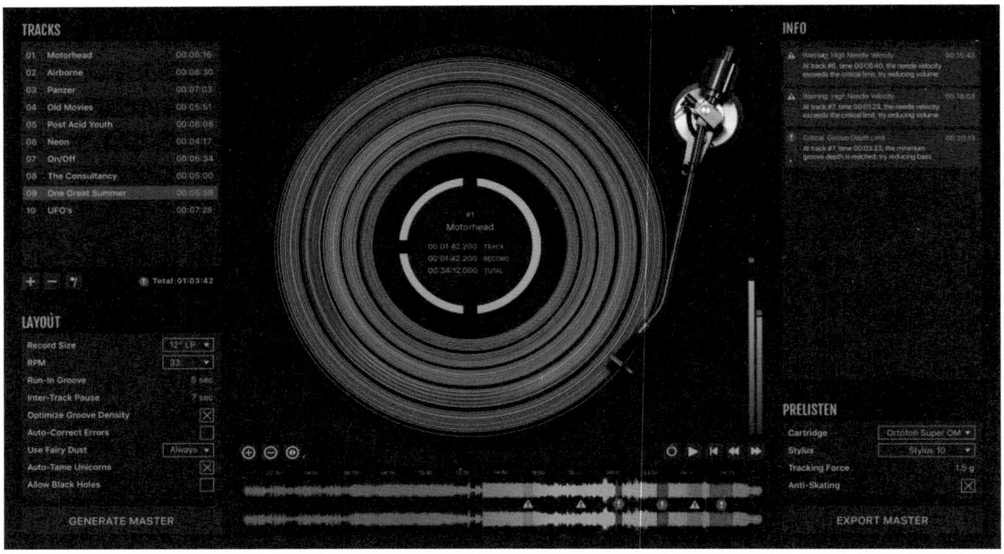

图 4.25　Perfect Groove 软件界面

频文件转换为压模凸膜的 3D 图形文件。

第二步，高速激光机的光束以纳米级精度对陶瓷模盘进行 3D 图形切割，切割后的陶瓷模盘为凸版，直接用于压片，完全避免了电镀和翻模造成的声槽变形和损耗。

由于陶瓷的物理特性优异，耐高温，一张陶瓷压盘可以压制 10 000 张品质一样的黑胶唱片。

HD Vinyl 的发明，无疑给我们带来了一个好消息。我们期待 HD Vinyl 能够具有名副其实的优异音质，并迅速地普及。

第 6 节　黑胶唱片压片

黑胶唱片的压片工厂在收到主盘后要立即处理。由于涂有硝酸纤维的漆盘的不导电性，模版声槽表面无法直接电镀金属模版，必须在母盘表面先进行化学镀银（见图 4.26）。要尽量降低模版的唱纹信息在制作时产生的损耗，镀银膜要非常薄，那么要薄到什么程度呢？银离子是非常微小的，它要用比纳米还小的“埃”为单位计量。因此母盘表面银镀膜不会影响声槽原型。镀了银膜，第一模版的“主盘”制作即告完成。主盘是凹版，不能直接用于压片，需要翻制凸版，下一步为翻模工序。

图 4.26　完成了化学镀银的主盘

从原始录音母带制作主盘只是完成了刻纹，第二步是翻模。翻模工艺（电镀）的过程是：第一模版（主盘）→第二模版 Master（凸版）→第三模版 Mother（凹版）→第四模版 Slave（凸版），最后再进入压片工序（见图 4.27）。

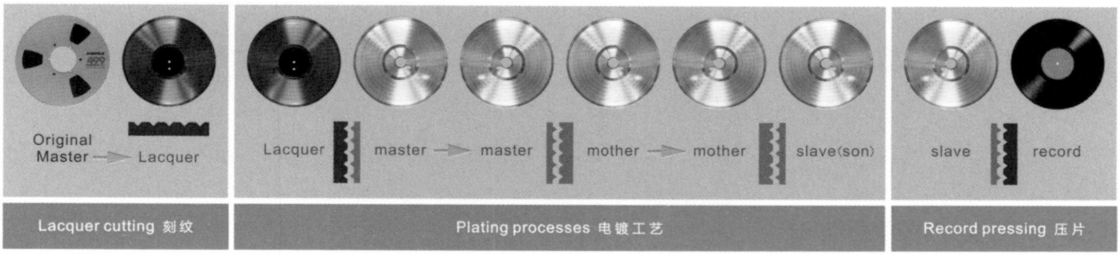

图 4.27　用母带制作的母盘是不能直接用于压片的，还要继续翻模

通常第一模版都是单面制作，要压制一张可以双面播放的唱片，需要刻制两张主盘，分别对应唱片的 A、B 两面。

第二模版至第四模版的制作，相对第一模版来说，工艺要简单一些。当第一模版表面形成了银膜之后，把它放到电解槽中电镀，几个小时之后，母盘上镀上了一层金属镍，这个电镀膜的厚度为 0.012 英寸（0.3mm）。

主盘从电解液中取出后先行清洗，然后把镀层从母盘表面剥离，即成为第二模版。这时母盘的使命已经结束，同时母盘也基本已经损毁了（见图 4.28）。

图 4.28　主盘电镀后剥离出第二模版——凸版

第二模版是凸版，按说可以直接用来压制唱片，但由于在剥离时母盘极易损坏，加上凸版压片数量有限，所以要用第二模版再翻制一定数量的凹版，这些凹版被我们称为第三模版，在翻制第四模版之前工程师会使用第三模版来监听刻纹质量。为什么不用主盘监听呢？因为主盘只有一个，并且容易受损。第一模版和第三模版是凹版，可以放唱试听，而第二模版和第四模版是凸版，不能放唱。然而，在日本的一家唱片制作公司的文件资料中，提及有人曾设计制作过一个可以播放压片凸版的唱头，业界把这枚唱头称为“超级疯子唱头”。但因第三模版是凹版，又不能用来压片，必须再由第三模版翻制较多数量的第四模版，第四模版是凸版，它是最终用来压制唱片的模版。压片模版的数量是根据唱片实际的生产量来确定的（见图 4.29）。

图 4.29　压片模版的数量是根据唱片实际的生产量来确定的

第四模版在安装之前，需要把直径修剪为 12.5 英寸，这样才能装入压片的模具盘内（见图 4.30）。

图 4.30　修剪第四模版，使其直径为 12.5 英寸

把修剪好的第四模版装嵌在压片模具盘内（也称压模壳体，侧翼柱面有回路接口，连接加热和冷却管道），然后就可以与压片机相组装了（见图 4.31）。

图 4.31　将修剪好的第四模版装嵌在压片模具盘内

安装压片模具盘是一个技术要求非常高的工作，同心度、平行度都要十分精确。同时还要十分小心，保证模版唱纹的绝对安全。在完成上、下两个压片模具盘的安装后，就可以进入下一步的压片工序了（见图 4.32）。

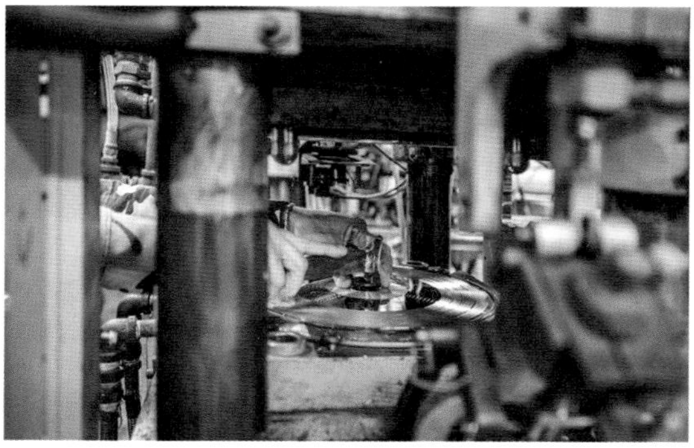

图 4.32　安装压片模具盘

压制唱片的工艺有两种，绝大部分厂家都是采用压缩成型的方式压制唱片，较少的厂家使用喷射成型的方式压制唱片。

压缩成型方式的压制机有用于加热和冷却的一对压膜壳体，将唱片的 A 面和 B 面的第四模版安装于压片机上，构成压膜。加上标签后进行预热，预热有助于声槽的成型。再把印刷好的 A 面和 B 面的标芯置于压膜中心。在调整好的唱片原料聚乙烯－醋酸乙烯共聚树脂中添加炭黑、固化剂等合成的料块，这种料块名为 Vinyl Biscuit(见图 4.33)。

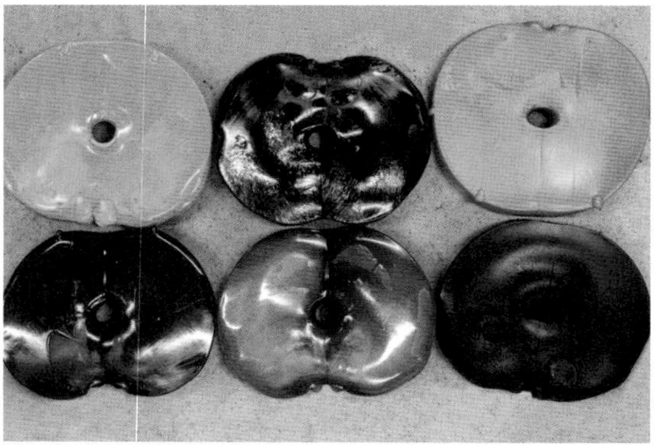

图 4.33　五颜六色的压片料块

先放上一面标芯，放上料块，再放上另一面标芯。常规唱片的料块重量大约为 150g(12 英寸唱片)，唱片在压制时，上、下模版盘被循环蒸汽迅速加热，料块溶解，加热温度为 180℃。唱片料块溶解后，压片机施压，压制的压力约为 15MPa，大概相当于 1.06 吨（t）(见图 4.34)。

图 4.34　压片机压制唱片时的压力约为 15MPa

每张唱片压制的时间约 20s，压膜盘经循环冷却系统工作约 15s 后，就可以取出压制好的唱片。唱片压制时，外缘会有被挤压出的多余边缘。进行外缘切割后，唱片的压制工序就算完成了（见图 4.35）。

图 4.35　唱片压制时外缘会有被挤压出的多余边沿

压制完的唱片需要自然冷却 8 ～ 10h，方可进入包装环节。这么长的冷却时间是为了防止唱片变形。

最后唱片接受质检。质检包括目测和音频检测试听、还要检查印刷和包装部分（标芯、内袋和封套），以确保唱片的高质量出库标准（见图 4.36）。

通过以上讲解，我们应该对黑胶唱片的一些基本常识和概念有了一定的了解。下面的章节将对黑胶音源系统的每个环节逐一进行介绍，读者在正确地认识和了解了模拟系统每个组件的功能与特性后，可以尝试搭配出一套适合自己的黑胶音源系统。

图 4.36　唱片检测后装袋

Chapter 5
第5章
黑胶音源系统的构成

第 1 节 黑胶音源系统的构成

音响系统主要由音源、放大器和音箱三大部分组成（当然还有一些配件和辅件）。而音源的主要形式只有两种：模拟音源和数字音源。数字音源由日本 SONY 公司和荷兰 PHILIPS 公司于 20 世纪 70 年代末开发，1980 年左右投放市场；而模拟音源自爱迪生在 1877 年发明留声机至今已经有了一百多年的历史。

数字音源（见图 5.1）经过 40 多年的发展，形式和格式可谓琳琅满目，多种多样。激光唱机（CD）、DAT、DVD AUDIO、SACD、MD、 数字播放器、MP3/MP4……

客观地说，数字音源是一个巨大的音响革命，音频数字化带来的方便、快捷和经济性，是模拟音频无法相比的，数字音源对音响产业的推动和用户的普及率贡献功不可没。

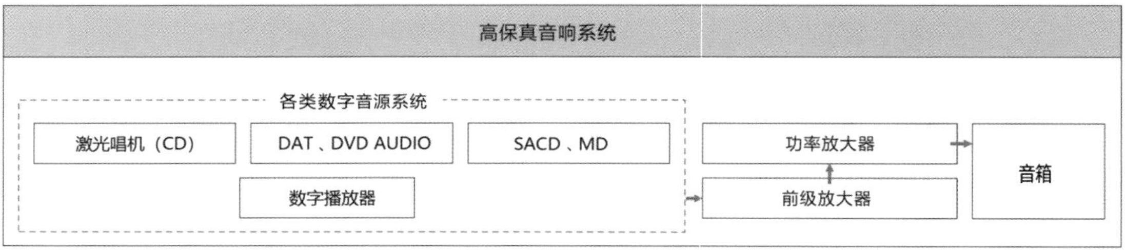

图 5.1 形式和格式多种多样的数字音源

模拟音源除了黑胶唱盘之外还有开盘录音机（Tape Recorder）、盒式录音机（Cassette Tape Recorder）、调谐器（Tuner）等。模拟音源相对数字音源形式要少得多（见图 5.2）。

图 5.3 框图中蓝色虚线框内是黑胶音源系统，主要由四个部分组成，即唱盘、唱臂、唱头和唱头放大器（含升压变压器）。通过图 5.1 ～图 5.3 三个框图的比较，我们了解到，在各类音响系统的音源中，黑胶音源部分的构成相对其他音源要复杂一些。

黑胶音源在模拟音源中所占的比例是比较高的。

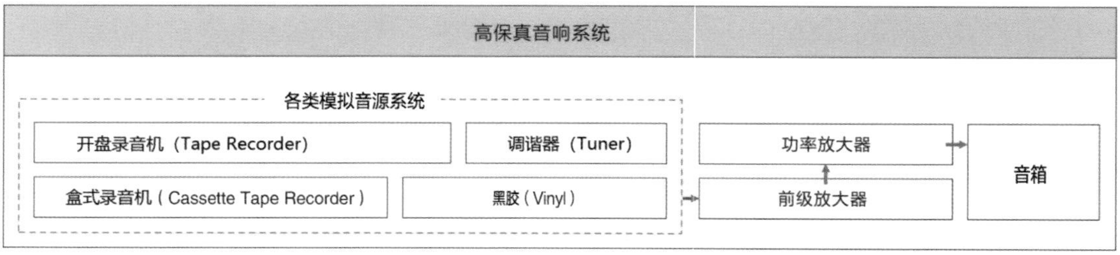

图 5.2 模拟音源相对数字音源形式并不多

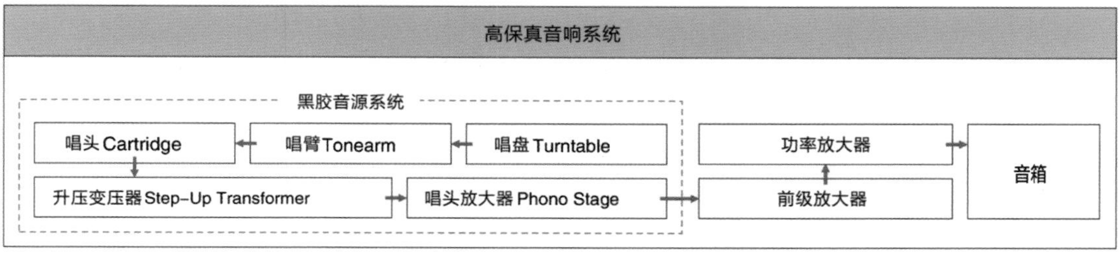

图 5.3　黑胶音源系统由四个主要部分组成

第 2 节　黑胶音源系统的配置

黑胶音源的选择、搭配以及使用与数字音源不同，不是买来就可以使用的。这是因为黑胶音源的四个主要部件唱盘、唱臂、唱头和唱头放大器（简称唱放）相互之间都存在一定的搭配关系，这些配合关系包括机械结构、安装尺寸、输入输出端子、增益、阻抗等。所以我们在计划构建一套黑胶音源的系统时，一定要把这些配合关系进行统筹、细致的考虑。

黑胶音源系统的各个部件相互之间的配合关系尤为重要，我们可以通过表 5.1 查看，明确购买黑胶音源系统时需要注意的一些问题。

表5.1　黑胶音源系统各部件的搭配关系

唱头	与唱臂有顺性关系	与唱放增益和阻抗有关系	与升压变压器增益和阻抗有关系
唱臂	与唱头顺性有关系	与唱盘尺寸安装有关系	与唱放输入端子有关系
唱盘	与唱臂尺寸有关系	/	/
唱放	与唱臂端子有关系	与唱头输出和内阻有关系	与升压变压器增益和内阻有关系

这个表格为我们购买黑胶音源时，提供了一个各个器材部件配置关系的基本参考。详细搭配关系请参照唱盘、唱臂、唱头、唱放和配件等章节中的有关论述。

黑胶音源的配置是一个系统工程，不是购买最高端的器材部件就可以得到好的效果。只有了解和掌握了器材的参数和特性，才能进行合理的选择和搭配，加上精心的安装和调整，最终才能获得理想的音质。

第 3 节　黑胶音源系统推荐

做任何一件事都会有从简入繁的过程，配置音响系统和黑胶音源也是如此。当然，如果您有着丰富的经验和不错的经济条件，一步到位也是无可厚非的。我这里把黑胶系统大致分为四个等级：入门级、中级、高级、极品级。

入门级黑胶系统推荐 1（价位 1500 ~ 2600 元）

初入门的朋友可以购买一体式黑胶唱盘，比如铁三角 Audio-Technica 的 LP60XBT 黑胶唱机。这台黑胶唱机把黑胶音源构成的四个部分，即唱头、唱臂、唱盘和唱头放大器合为一体（见图 5.4）。LP60XBT 唱机的所有环节厂家都已经设定好，省去了繁琐的调整步骤。操作上非常简单，单键启动，自动回臂。用户只要接上一对有源音箱就可以聆听自己喜爱的黑胶唱片了。这是一个既经济又没有复杂配置且易于调整的美好开端。

图 5.4　LP60XBT 黑胶唱机接上一对有源音箱就可以聆听黑胶唱片了

入门级黑胶系统推荐 2（价位 5000 ~ 10000 元）

铁三角的 AT-LP120XBT 直驱黑胶唱机价格上具有很强的竞争力。这台黑胶唱机的功能和特性与松下 SL1200 系列非常相像，不同的是 AT-LP120XBT 保持了四合一的功能，即唱盘、唱头、唱臂和唱头放大器合为一体（见图 5.5）。该唱机可以调整针压，具有可调动态防滑功能和 S 形唱臂，不仅配置了 MM 唱头，同时也可以更换更高级的 MC 唱头，输出可以跳过内置唱头放大器直接输出，与外置唱头放大器连接，以获取更高的播放质量。

自主选配的 MC 唱头有很多品牌和型号可选，比如高度风 Ortofon 的 Quintet，天龙 Denon DL-103R，还有铁三角 Audio-Technica 的 AT-ART20（见图 5.6）等。

外置唱头放大器可选型号很多，宝碟 Pro-Ject Phono Box S2、君子 Rega 的 Fono、音乐传真 Musical Fidelity 的 LX2LPS（见图 5.6）等。

图 5.5　Audio-Technica 的 AT-LP120XBT 唱机

图 5.6　AT-ART20 唱头和 Musical Fidelity LX2LPS 唱放

这个入门级黑胶音源，除了唱盘和唱臂，唱头和唱头放大器做了选配。配置后的总投入约为 1 万元。唱头的调整并不复杂。搭载初中级的音响系统可以获得很不错的播放效果。

进入了这个级别，您一定能够感受到黑胶唱片的特有音质。

入门级黑胶系统推荐 3（价位 2 万～ 3.5 万元）

到了这个价位带，唱盘、唱臂、唱头和唱头放大器都可以自由选配组合了。资金分配建议的比例是：唱盘 30%，唱臂 20%，唱头 25%，唱放 25%，这个价格分配比例仅供参考，实际购买过程中，每件器材因考虑日后升级等因素，投入会有不小出入，实属正常。

推荐的唱盘有以下两种：

（1）宝碟 Pro-Ject Audio X2（见图 5.7）；

（2）意大利金乐 Gold Note Valore 425 Lite，包含唱臂（见图 5.8）。

宝碟 Pro-Ject Audio X2 和金乐 Gold Note Valore 425 Lite 两款唱盘都是包含唱臂的机种，因此省略了唱臂选择和安装。两款唱盘驱动方式都是皮带传动，转盘的振动相对直驱唱盘而言得到了一定的缓解。

虽说两款都是皮带传动，但结构上还有些不同。Pro-Ject Audio X2 唱盘是主盘、附盘的分装结构，电动机隐藏在转盘的下方；而 Gold Note Valore 425 Lite 转盘和轴杆是一体式结构，电动机在转盘的外侧。

无法说哪一个结构更好，关键要看结构设计的合理性以及加工的精度。

两款唱盘配置的唱臂都是 I 型支点直臂，材质上 Pro-Ject Audio X2 的碳纤维臂杆更优异一些，当然价格也高一些。

图 5.7　Pro-Ject Audio X2 唱盘

图 5.8　Gold Note Valore 425 Lite 唱盘

这个价位的唱头选择还是比较多的。美国 Mofi Ultra Gold MC 唱头（见图 5.9），英国 Linn Krystal MC 唱头（见图 5.10），日本 Kiseki Blue MC 唱头，丹麦 Ortofon SPU Synergy G MC 唱头，瑞士 Benz Micro Wood SL MC 唱头等。

这些唱头都具备一定的素质，有着自然柔和的音色。只要和唱臂顺性、唱放阻抗和增益搭配适当，都会有不俗的表现。Mofi Ultra Gold MC 唱头表现全面，播放大型交响乐作品饱满、精准；Linn Krystal 柔美细腻，聆听室内乐非常出色。我们可以按照自己偏爱的音乐类型和需求来选择不同的唱头。

推荐的唱头放大器：

（1）挪威 HEGEL V10 唱头放大器（见图 5.11）；

图 5.9　Mofi Ultra Gold MC 唱头

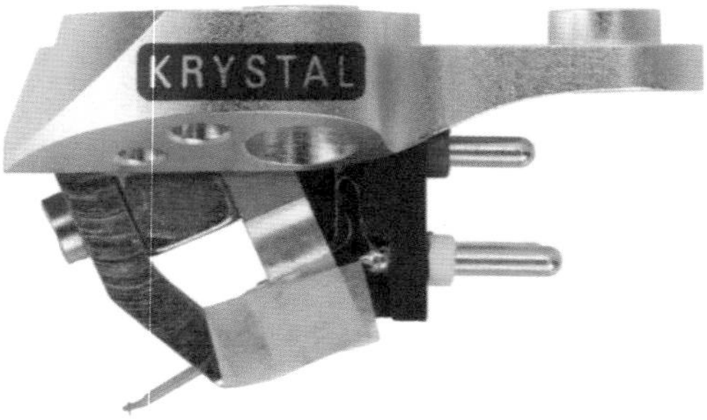

图 5.10　Linn Krystal MC 唱头

（2）德国 ASR Mini Basis MKIII 唱头放大器；

（3）丹麦 PRIMARE R15 唱头放大器；

（4）英国 EAR Yoshino 834P 唱头放大器（见图 5.12）。

这些唱头放大器中的前三部是晶体管机，最后一部是电子管机。它们都设有MM和MC输入端口，EAR 的 MC 输入端内置唱头升压变压器。

三部晶体管唱头放大器都具有多挡位的阻抗选择、增益调整功能，这为唱头的选择提供了更多可能性。

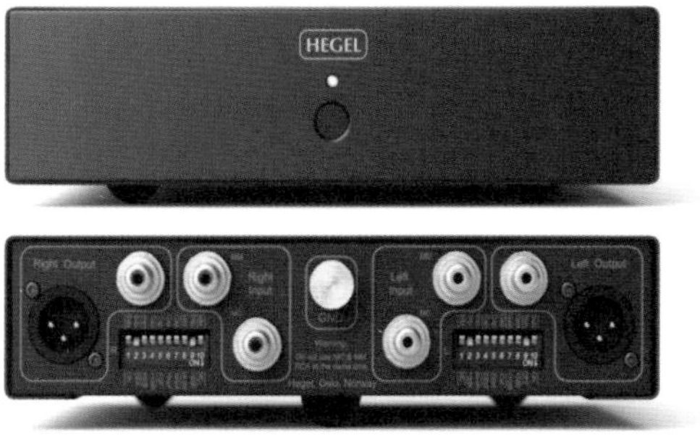

图 5.11　挪威 HEGEL V10 唱头放大器

图 5.12　英国 EAR Yoshino 834P 唱头放大器

中级黑胶系统推荐 1（价位 5 万～ 10 万元）

推荐唱盘（1）日本 LUXMAN PD-171 唱盘 + 唱臂（见图 5.13）。

LUXMAN PD-171 外形设计非常传统。日本的工艺细致周到，PD-171 使用高扭矩交流同步电机。用宽皮带驱动转盘，消除了不必要的振动，转盘转速精准稳定。高灵敏度的 S 形唱臂省去了唱臂安装的繁琐工作。可惜没有设置真空吸盘系统（VDS）。

推荐唱盘（2）美国 SOTA Nova VI（见图 5.14）。皮带传动唱盘，裸盘，需要另行购买唱臂。SOTA Nova VI 是木质底座，但给人粗犷沉稳的厚重感。审美不同，风格各异。

SOTA Nova VI 的减震方式是气囊悬挂。除此以外，SOTA Nova VI 亮点在于转盘设有真空吸盘。发售时，真空吸盘是作为附件单独发售，价格约 1500 美元。

图 5.13　日本 LUXMAN PD-171 唱盘 + 唱臂

图 5.14　美国 SOTA Nova VI 唱盘

推荐唱臂（1）立陶宛 Reed 2G（见图 5.15）。

Reed 2G 有着精密调整机构，VTA 调整范围 28 ～ 48mm，分辨率 0.2mm。木质臂杆有效抑制谐振而且具有观赏性。平衡砣也设计得非常科学和美观。抵消向心力采用的是无接触的磁力抗滑。输出端子选用了航空级的 LEMO 连接器。

推荐唱臂（2）英国 SME 309（见图 5.16）。

老品牌 SME 的 309 是一支动平衡唱臂，炮筒臂杆沿于旗舰 V 的设计理念。声音表现深沉有力。可调旋转的唱头壳设计，为调整方位角提供了方便。轨道结构是 SME 使用的招牌设计，它是获得精确超距的保证。

这两支唱臂各有特点，与 SOTA Nova VI 搭配都是不错的选择。当然还有很多其他的唱臂可以选择，这里就不一一介绍了。

图 5.15　立陶宛 Reed 2G 唱臂

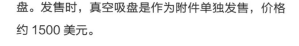

图 5.16　英国 SME 309 唱臂

推荐唱头（1）日本 Koetsu Rosewood Signature MC 唱头（见图 5.17）。

日本 Koetsu 光悦是大家都非常熟悉的唱头品牌，中性、准确、优雅的高贵音色和极低失真是我对它的认知。Rosewood Signature 是 Koetsu 中间产品。

推荐唱头（2）瑞士 Benz Micro LPs MC 唱头（见图 5.18）。

LPs MC 是瑞士 Benz Micro 的旗舰唱头，全面、真实的音色值得拥有，调整得当音质表现相当出色。铜质框架，净重较大，购买时要注意唱臂的平衡适重范围。

推荐唱头（3）德国 EMT JSD VM MC 唱头（见图 5.19）。

德国大牌 EMT 的 JSD VM 是一款高输出 MC 唱头，蓝宝石针杆使得 JSD VM 具有宽泛的高频响应。它有一点与众不同之处，唱头发售时，包装内附有三对由不同材料制成的唱头螺丝，用户可以根据唱臂规格调整改变共振频率，以获取最好播放效果。

图 5.17　日本光悦 Rosewood Signature MC 唱头

图 5.18　瑞士 Benz Micro LPs MC 唱头

图 5.19　德国 EMT JSD VM MC 唱头

推荐唱头放大器（1）丹麦 Gryphon Sonett 唱头放大器（见图 5.20）。

Gryphon Sonett 唱头放大器采用双单声道纯 A 类零回授设计以及精密的 RIAA 电路。Gryphon Sonett 的供电选用了两枚 Talema 环形变压器，容量达 22400μF 电解电容阵，为音频放大线路提供了充足的超低噪声动力源。

Gryphon 的声音的一贯风格是丰厚、温暖、细腻，Sonett 唱头放大器亦然。

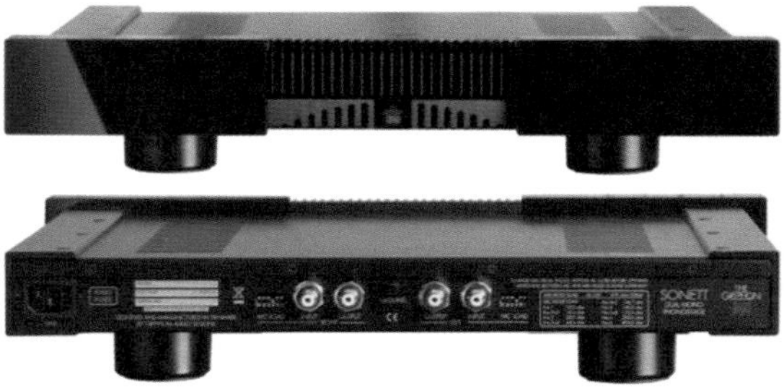

图 5.20　丹麦 Gryphon Sonett 唱头放大器

推荐唱头放大器（2）Linn Uphorik 唱头放大器（见图 5.21）。

Linn Uphorik 唱头放大器精美秀气的外形与其声音风格十分吻合。左右声道 RIAA 和放大电路各自设置在两个屏蔽盒内，丰富的阻抗和增益调整可以适用任何一款唱头。调整开关设置在机箱的底部，虽说使用有些不便，但对电路设计有利，我们没有理由排斥。LINN 的电源始终选择高效率的开关电源（Switch Mode Power Supply），相信有他的独门秘籍。

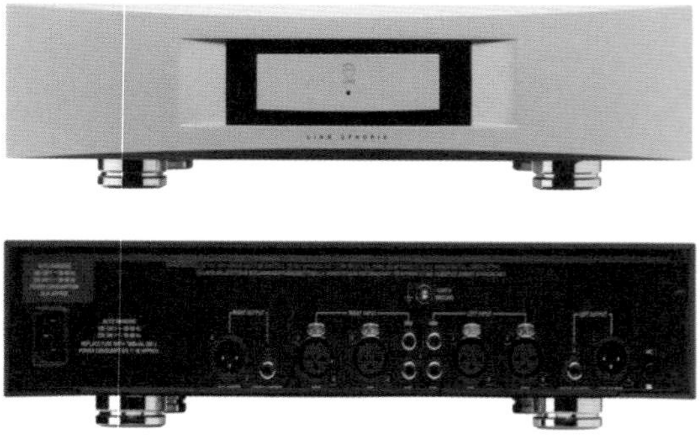

图 5.21　Linn Uphorik 唱头放大器

中级黑胶系统推荐 2（价位 10 万～ 16 万元）

推荐唱盘（1）意大利 Gold Note Mediterraneo 唱盘 + 唱臂（见图 5.22）。

图 5.22　Gold Note Mediterraneo 唱盘 + 唱臂

当看到 Gold Note Mediterraneo 木质底座的优美曲线时，不禁让人理想到意大利 Sonus Faber、Chario、UNISON，意大利人的设计总是富有浪漫的艺术美感。

推荐唱盘（2）斯洛文尼亚 Kuzma Stabi R 唱盘 + 唱臂（见图 5.23）。

图 5.23　Kuzma Stabi R 唱盘 + 唱臂

斯洛文尼亚 Kuzma Stabi R 唱盘的风格完全不同，精密重磅设备始终是 Kuzma 给人的第一印象。

两款唱盘都有较高的品质，也都配有唱臂。这对动手能力稍弱的用户来说，应该是很好的选择。

推荐唱头（1）日本 Koetsu Rosewood Signature Platinum MC 唱头（见图 5.24）。

Rosewood Signature Platinum 是 Koetsu Platinum 系列中价格最低的一款，Platinum 系列的机芯都一样，只是外壳材质不同。Rosewood Signature Platinum 价格上要经济一些。

推荐唱头（2）斯洛文尼亚 Kuzma CAR 40 MC 唱头（见图 5.25）。

Kuzma CAR 40 MC 唱头是 Kuzma 中高价位的唱头，与 Kuzma Stabi R 唱盘、唱臂处于一个价位带，这样的组合无需担心搭配问题。

图 5.24　Koetsu Rosewood Signature Platinum MC 唱头

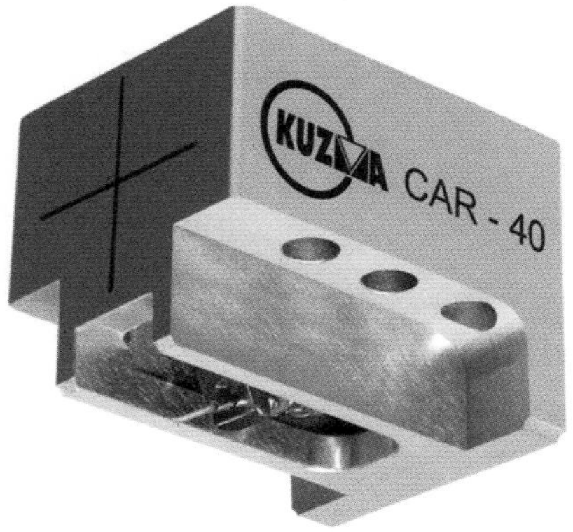

图 5.25　Kuzma CAR 40 MC 唱头

推荐唱头放大器（1）意大利 Gold Note PH-1000 唱头放大器（见图 5.26）。

PH-1000 还是一部多功能 A 类唱放，输出设置了音量控制。输入和输出都具备 RCA 和 XLR 端口。Gold Note PH-1000 虽然是一体机种，但厂家为它配有可选 PSU1000/1250 外置电源和

TUBE-1006/1012 两部电子管输出级，可自由组合成两件套或三件套的分体唱放！

图 5.26　意大利 Gold Note PH-1000

推荐唱头放大器（2）日本 Phasemation EA-550 唱头放大器（见图 5.27）。

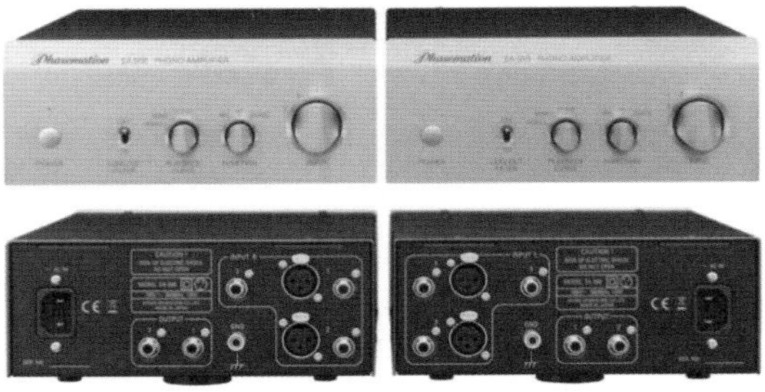

图 5.27　日本 Phasemation EA-550 唱头放大器

Phasemation EA-550 唱头放大器内敛、中性、柔和的个性音色与其精美的外形十分合拍。非常少见的左右声道完全对称设计的单声道机箱，对减少相互干扰，提高分离度十分有利。电源虽然没有采用分体设计，但在箱体内做了屏蔽隔离。RIAA 和放大电路的元器件分布非常漂亮养眼。三组 RCA 和两组 XLR 输入端子（其实两组 XLR 输入是与 RCA 并联的），一组 RCA 输出。阻抗和增益调整开关设置在机箱内部。面板旋钮较多，输入选择钮、MM/MC 切换钮、非常实用的消磁档、单声道 / 立体声切换钮，还有低频滤波开关等。

中级黑胶系统推荐 3（价位 16 万~ 35 万元）

推荐唱盘（1）日本 TechDAS Air Force V 唱盘（见图 5.28）。

技术上源于 MICRO SEIKI 的 TechDAS 唱盘。TechDAS Air Force V 唱盘外形比 MICRO SEIKI 时髦很多。Air Force V 虽然分量不大，但它拥有高端唱盘的配置——气浮转盘和真空吸盘。

图 5.28　TechDAS Air Force V 唱盘

推荐唱盘（2）丹麦 Bergmann Modi 唱盘（见图 5.29）。

丹麦 Bergmann Modi 唱盘的外形风格极为简洁，与丹麦的家具设计风格同出一辙。Modi 也是气浮轴承转盘。

图 5.29　丹麦 Bergmann Modi 唱盘

推荐唱臂（1）美国 Graham Phantom III 唱臂（见图 5.30）。

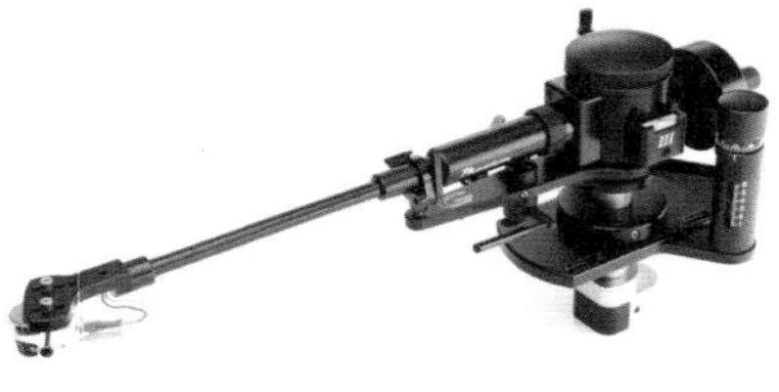

图 5.30　美国 Graham Phantom III 唱臂

美国 Graham 的唱臂一直是单点轴承唱臂领域的佼佼者。高灵敏度、低谐振、精密调整机构都是 Graham 唱臂的亮点。Graham phantom III 唱臂的价位平稳，是单点轴承唱臂爱好者最佳的选择。

推荐唱臂（2）丹麦 Bergmann Odin 气浮直切臂（见图 5.31）。

Bergmann Odin 气浮直切臂与原厂 Bergmann Modi 唱盘是“搭档”，没得说啦！

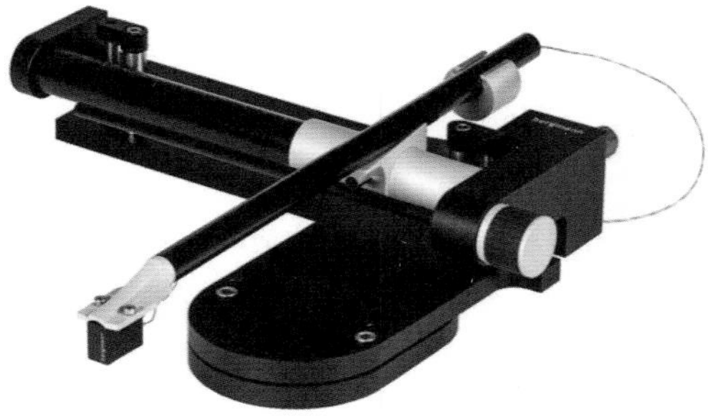

图 5.31　丹麦 Bergmann Odin 气浮直切臂

推荐唱头（1）日本 Air Tight PC-1 Coda MC 唱头（见图 5.32）。

Air Tight 是大家熟悉的日本电子管放大器品牌，PC-1 Coda 唱头的音色与其放大器风格十分相似，如果一直在使用或喜欢 Air Tight 放大器音质，PC-1 Coda 唱头加入您的黑胶系统理所当然。

图 5.32　Air Tight PC-1 Coda MC 唱头

推荐唱头（2）丹麦 Ortofon Anna Diamond MC 唱头（见图 5.33）。

丹麦 Ortofon 一个老牌唱头生产厂家。Ortofon MC5000 给我留下了深刻的影响，细腻柔和是其特点。Anna Diamond MC 唱头在同价位唱头中表现不俗。

图 5.33　丹麦 Ortofon Anna Diamond MC 唱头

推荐唱头放大器（1）德国 Burmester 100 唱头放大器（见图 5.34）。

Burmester 100 唱头放大器，具有非常中性、高品位的音质。这台唱头放大器不禁让人联想到德国 DGG 唱片的录音制作风格。

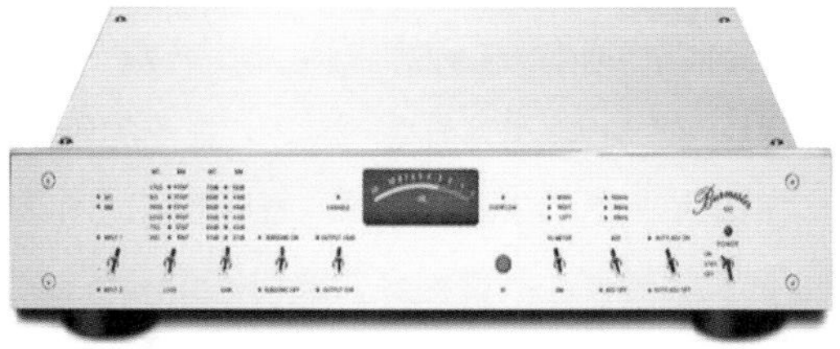

图 5.34　德国 Burmester 100 唱头放大器

推荐唱头放大器（2）英国 AVID Pulsare 唱头放大器（见图 5.35）。

英国 AVID Pulsare 唱头放大器采用分体电源设计，丰富的调整功能可以适应任何类型的唱头。输入和输出都设有 RCA 和 XLR 端子，无论和什么设备连接都没有障碍。个人认为外观设计略微普通了一些。

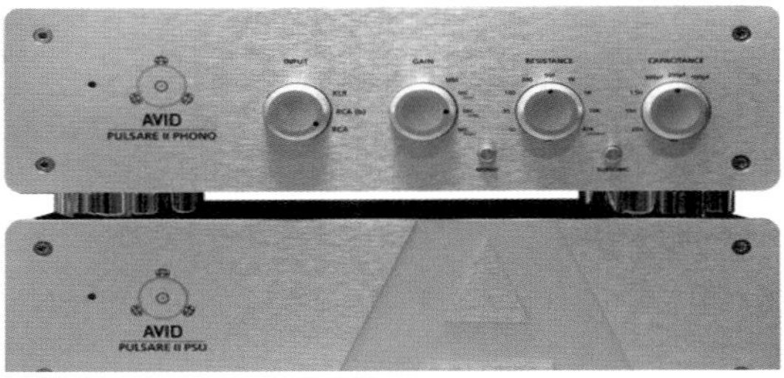

图 5.35　英国 AVID Pulsare 唱头放大器

高级黑胶系统推荐 1（价位 35 万～80 万元）

推荐唱盘（1）美国 Walker Audio Black Diamond 唱盘 + 唱臂（见图 5.36）。

图 5.36　美国 Walker Audio Black Diamond 唱盘 + 唱臂

Walker Audio Black Diamond 唱盘 + 唱臂属于世界顶级的唱盘系统之一，原厂搭配的气浮唱臂让用户免去唱臂搭配的烦恼。气浮转盘、气浮唱臂、陶瓷唱臂管、气囊减震脚垫……差不多把最顶级的技术都运用了。日后如果能够再加上真空吸盘，Black Diamond 就可以跻身超级唱盘的云端。

推荐唱盘（2）日本 TechDAS Air Force One 唱盘（见图 5.37）。

TechDAS 的唱盘这些年比较热门，Air Force One 空军一号是其主打产品，它具备了高级别唱盘的所有要素，是高端黑胶玩家选择之一。

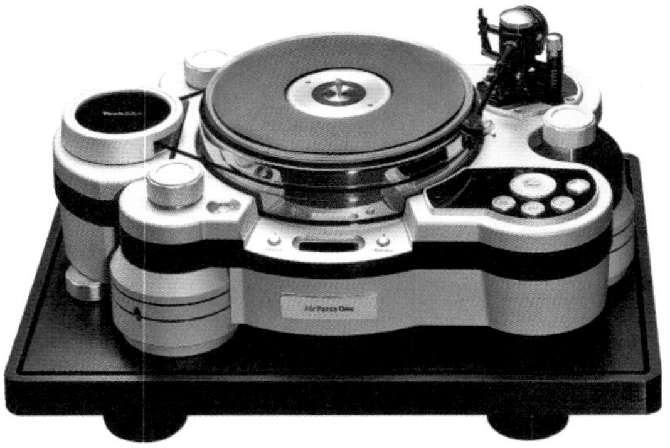

图 5.37　TechDAS Air Force One 唱盘

推荐唱头（1）日本 Koetsu Onyx Platinum MC 唱头（见图 5.38）。

Koetsu Onyx 是光悦唱头传统型号，如今的型号是 Koetsu Onyx Platinum，增强的铂合金磁铁以及更高纯度线圈，使得这枚唱头不仅保持了 Koetsu 优美的音色，而且细节更丰富，低频更清晰。这是一枚让人爱不释手的高品位唱头！

图 5.38　Koetsu Onyx Platinum MC 唱头

推荐唱头（2）日本 LYRA Atlas SL Lambda MC 唱头（见图 5.39）。

Atlas SL Lambda 是一枚只有 0.2mV 输出的唱头，单层绕组线圈使得移动质量减少一半，从而提高了高频细节的分辨率。Atlas SL Lambda 需要一个增益为 64dB 的高品质唱头放大器与之匹配。

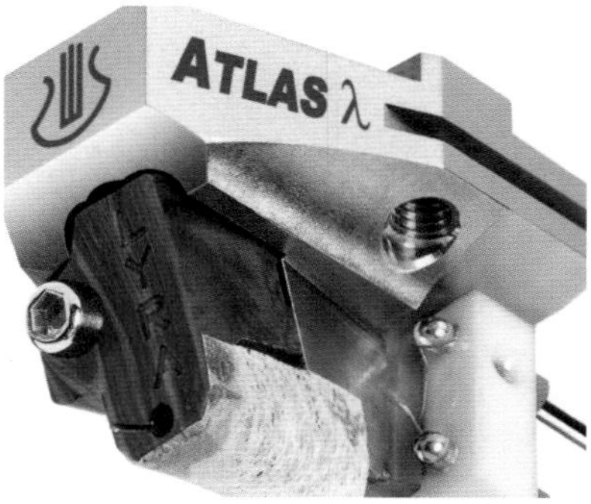

图 5.39 LYRA Atlas SL Lambda MC 唱头

推荐唱头放大器（1）瑞士 Nagra Classic Phono 唱头放大器（见图 5.40）。

Nagra 在发烧友心目中始终是顶级品牌。在 Hi-Fi 领域的器材外形设计保持了其一贯风格，精致、典雅、高端，与众不同的识别属性。MC 输入级使用了增益达 16dB 的升压变压器，输入级电子管的放大增益为 38 dB，输出级 10dB。64dB 总增益可以满足大多数 MC 唱头驱动放大。这是一部低失真，高度柔和又细腻的唱头放大器，聆听巴洛克和古典时期的音乐美轮美奂，令人陶醉其中！

图 5.40 瑞士 Nagra Classic Phono 唱头放大器

推荐唱头放大器（2）瑞士 Soulution 755 唱头放大器（见图 5.41）。

Soulution 755 有极为简洁的外观设计和超一流的加工工艺。

Soulution 755 是一部双单声道设计的唱头放大器，总增益超过 80dB，可以使用超低输出的 MC 唱头，以最大限度地还原唱片的信息，让黑胶系统播放达到最理想的效果。

图 5.41 瑞士 Soulution 755 唱头放大器

高级黑胶系统推荐 2（价位 80 万～ 120 万元）

推荐唱盘（1）美国 Rockport Technologies System III Sirius 唱盘 + 唱臂（见图 5.42）。

Rockport 唱盘是技术含量最高的唱盘，加上原厂搭配的气浮唱臂以及自水平气浮减震支架，是黑胶玩家终极追求的系统。可惜现在已停产，由于产量极少，二手市场也极罕见。

图 5.42 美国 Rockport Technologies System III Sirius 唱盘 + 唱臂

推荐唱盘（2）日本 MICRO SEIKI SZ-1T+SZ-1M+BA-100 唱盘（见图 5.43）。

图 5.43　日本 MICRO SEIKI SZ-1T+SZ-1M+BA-100 唱盘

MICRO SEIKI SX-8000II 是市场上还是能够找到的高档唱盘，但是 SX-8000II 并非旗舰，早年出品的 SZ-1T 才是 MICRO SEIKI 真正的旗舰：气浮转盘、真空吸盘、气浮电动机、气浮减震台。与 Rockport Technologies System III Sirius 一样，生产量极小，市场上有钱也难求。

Rockport Technologies System III Sirius 和 MICRO SEIKI SZ-1T+SZ-1M+BA-100 都有原厂唱臂匹配，这里不再另行推荐其他唱臂了。可以这么说，Rockport Technologies System III Sirius 和 MICRO SEIKI SZ-1T+SZ-1M+BA-100 是黑胶唱盘历史上的里程碑，问世虽然已有 20 ～ 30 年，今天仍然是最好的产品！

推荐唱头：日本 Koetsu Onyx Platinum Diamond MC 唱头（见图 5.44）。

图 5.44　Koetsu Onyx Platinum Diamond MC 唱头

Koetsu 光悦唱头旗舰型号是 Koetsu Onyx Platinum Diamond。这枚玛瑙唱头使用了钻石针杆，高频延伸和瞬态响应实在是太好了。Koetsu Onyx Platinum 已经非常优异，再使用钻石针杆绝不是锦上添花，而是如虎添翼！拥有 Koetsu Onyx Platinum Diamond，今生无憾！

推荐唱头放大器（1）瑞士 FM Acoustics 223 唱头放大器（见图 5.45）。

FM Acoustics 唱头放大器具有金字塔尖地位，FM 223 唱头放大器毋庸置疑是笔者听过最接近真实的唱头放大器。越真实就越好听、越耐听。什么“音乐性好的不 Hi-Fi，Hi-Fi 的音乐性不一定好”的观点是完全没有科学依据的。所谓“音乐性”只能说是个人对声音的偏好而已。

图 5.45　FM Acoustics 223 唱头放大器

推荐唱头放大器（2）日本 Kondo Audio Note GE-10i 唱头放大器（见图 5.46）。

Kondo 是顶级电子管品牌，其产品以低噪声、低失真、高档次在业界处于领军地位。Kondo Audio Note GE-10i 唱头放大器采用分体设计，用料极致、奢华。之所以推荐这部放大器，是因为它呈现的乐器和人声非常精准，尤其是形体比例和瞬态响应可以与顶级晶体管相比。

图 5.46　Kondo Audio Note GE-10i 唱头放大器

Chapter 6
第6章
黑胶音源系统的唱头

无论什么样的黑胶唱片，如果没有对应的硬件播放系统，就无法将唱片里存储的音乐信息传递给我们的听觉系统。模拟唱盘系统就是与黑胶唱片同步发展的基础硬件。在这一章节里，我们将对模拟唱盘系统进行一些概念性的介绍。

“模拟”一词是相对“数字”而言的，它表示成品软件的记录和播放形式。换句话说，模拟唱片是以机械能的形式存储信息，播放时通过模拟唱盘系统把唱片信息从机械能转换为电能（电声信号）；CD 唱片则是以数字 0-1 的组合存储信息，播放时再通过 D/A 转换器将数字信号还原为电声信号。

在第 5 章中，我们已经了解到黑胶音源系统主要由 4 部分组成，分别为唱头、唱臂、唱盘和唱头放大器。

一些已普及的普通模拟唱盘系统，生产厂家考虑到经济性和用户使用的方便性，出厂时就已经把唱头、唱臂与唱盘配置好，我们通常将这种配置好的系统称为电唱盘或电唱机。电唱盘或电唱机包含了唱头、唱臂和唱盘，用户购买之后就可以将电唱盘或电唱机直接接入唱头放大器使用。

中、高档的模拟唱盘系统相对就要复杂一些。它由唱头、唱臂、唱盘和附件等组合构成，每个部分都由各自独立的部件构成，用户可以根据自己的喜好和需求，自由选择配置，进行系统的组合。

为了全面、细致地了解模拟唱盘系统，我们将唱头、唱臂、唱盘、唱头放大器和附件分为 5 章进行论述。

第 1 节　唱头的分类

唱头（Cartridge）是用于读取唱片唱纹信息的传感器件。

唱头（旧称为拾音器）是模拟唱盘系统最重要的部件之一，它如同万里江河的源头，唱头的品质影响着整套音响系统的最终表现。在分析唱头工作原理与结构之前，先简单对唱头类型进行介绍。

唱头类型有电磁式唱头、压电式唱头、电容式唱头和光电式唱头（见表 6.1）。

表6.1　唱头类型

电磁式唱头			
序号	中文名称	英文名称	英文缩写
1	动圈式	Moving Coil	MC
2	动磁式	Moving Magnet	MM
3	动铁式	Moving Iron	MI
其他类型唱头			
序号	中文名称	英文名称	英文缩写
1	压电式	Piezoelectric Crystal	PC
2	电容式	Capacitive	
3	光电式	Photoelectric	

无论哪一种类型的唱头，都是把机械能转换为电能的换能器，只是换能的方式有所不同。接下来介绍不同唱头的工作原理。

第 2 节　唱头的工作原理

电磁式唱头工作时，由于唱针的针尖和唱纹的相对运动而产生振动，针尖通过针杆带动线圈、磁铁或铁芯振动并切割磁力线，从而产生电流信号。不同强弱、不同音高、不同快慢的音乐信号构成不同的振动，这些复杂的振动转换为不同的电流信号。

压电式唱头对压电组件施加压力后产生电流信号。电容式唱头利用电极间电容量的变化产生电流信号。光电式唱头则利用光通量产生电流信号。压电式唱头有两种，一种是以酒石酸钾钠晶片为材料制作的，其优点是唱头输出电平高，但热稳定性和湿度耐受性不佳；另一种是以铌镁酸铅和钛酸锆钡陶瓷压电片为材料制作的，唱头的热稳定性和湿度耐受性都很好，但输出电平比较低。

光电式唱头也是通过唱针的针尖和针杆的振动来传输信号，与电磁式唱头不同的是，光电式唱头不是用线圈和磁铁换能，而是使用光电传感器来获得信号。在针杆上装有一片只有约 100μm 厚的遮光片，这个遮光片在 LED 发光管与 PD 光电管（用于光接收）之间振动位移，PD 光电管根据光通量变化来检测音乐信号。

电磁式唱头在工作中，会产生一定的磁阻，磁阻影响微弱信号的拾取，这是电磁式唱头的弱点。光电式唱头则不会产生磁阻，这是光电式唱头的优点。

那么是不是光电式唱头一定就优于电磁式唱头呢？这要整体分析唱头工作环节，才能说明问题。

电磁式唱头的工作虽然存在磁阻的影响，但输出的信号最直接，没有光电转换环节，电声指标高。光电式唱头工作时不产生磁阻，信号损失小，但光电转换环节会对信号产生一定的影响。两种工作方式皆有利有弊。只要把握好关键环节都会获得理想的效果。

目前，生产光电式唱头的厂家少之又少，原因是光电式唱头需要配套使用专用的唱头放大器，这无形中限制了光电式唱头的普及。而传统的电磁式唱头由于通用性强，搭配自由，选择范围大，它仍然是市场上的主流。压电式唱头由于循迹力过大，很容易损伤唱片。电容式唱头的输出特性很难与刻纹刀的输出特性取得一致，检波器的调整也比较困难。因此本书不再介绍压电式唱头、电容式唱头和光电式唱头。

第 3 节　唱头的结构

电磁式唱头通常有 3 种：MM 唱头、MI 唱头和 MC 唱头。

唱头个头虽小，构架却复杂。唱头总成主要包括的部件有针尖、悬臂（针杆）、阻尼悬挂、磁铁、导磁体、线圈、输出引线、输出端子、壳体等部件。

MM 唱头的结构是线圈固定于唱头外壳上，磁铁安装在针杆尾部（见图 6.1）。MI 唱头的磁铁和线圈都是固定的，在两者间隙之间有一块与针杆末端相连的铁芯。

MC 唱头与 MM 唱头相比，磁铁与线圈的安装正好相反，磁铁固定在唱头外壳上，线圈固定在针杆末端（见图 6.2）。MM 唱头的振动体是磁铁，MI 唱头的振动体是铁芯，MC 唱头的振动体是线圈。因此它们是根据唱头的振动体来命名的。

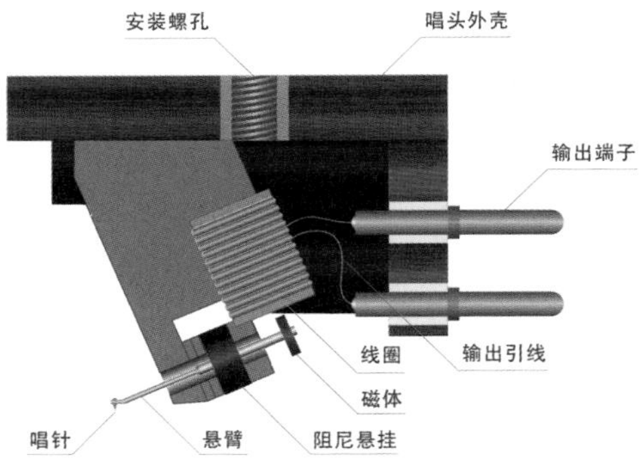

图 6.1　MM 唱头的结构

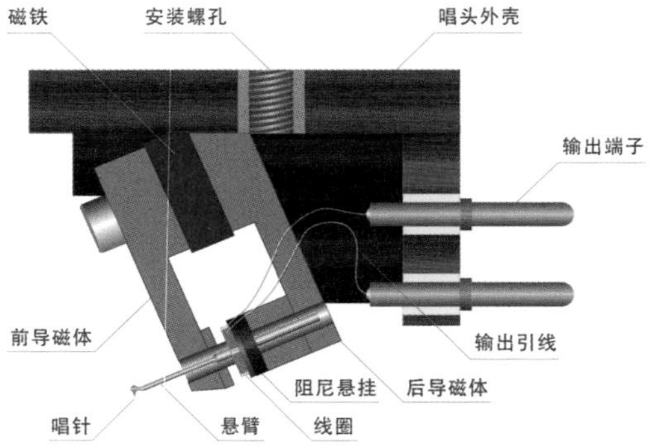

图 6.2　MC 唱头的结构

光电式唱头是遮光板安装在针杆上，针杆振动带动遮光板来改变通光量（见图 6.3）。

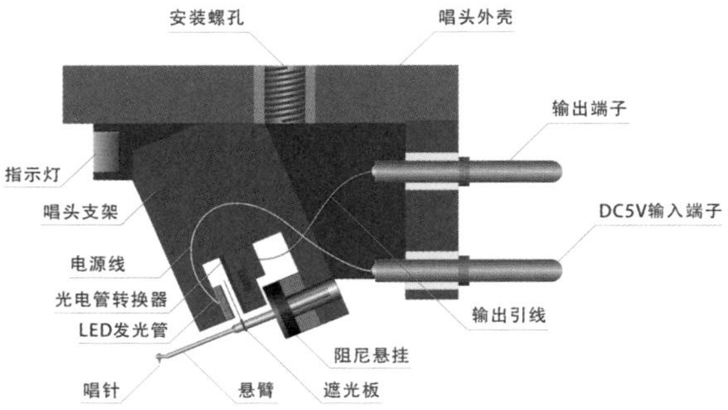

图 6.3　光电式唱头的结构

针尖是唯一直接与唱纹接触的部件，它的品质是决定一个唱头优劣的主要因素。针尖可以说是唱头的“眼睛”。针尖是跟随唱片的演变而发展的。唱片的唱纹单元非常小，因此对针尖的要求自然也非常高。针尖的形状和针尖材料是针尖最重要的两个要素。

针尖的设计有两大类，即点接触型针尖和线接触型针尖。点接触型针尖基本形状是圆锥形（Conical Stylus）和椭圆形（Elliptical Stylus）。线接触型针尖的基本形状是线性接触型（Line Contact Stylus）和超线性接触型（S.A.S Stylus）（见图 6.4）。

转速为 78 r/min 的 SP 唱片声槽宽度是 LP 唱片的 3 ～ 4 倍。要播放 78 r/min 的唱片，必须使用专用的唱头（市场上仍然有售），其针尖半径应至少为 2.0 密耳（1 密耳为 1/1000 英寸，约 25.4μm）。如果使用播放 LP 唱片的唱头，信号会非常低，并且会产生非常大的噪声，甚至会损毁 LP 唱头。

圆锥形针尖在设计加工上没有什么难度，其成本低廉，适合一些中、低级别的唱头。圆锥形针尖与唱纹的横向接触面较宽，如图 6.4 所示，我们可以看到圆锥形针尖 *R* 很大，在与唱纹（尤其是高频）接触时，针尖瞬时振动的分辨率不够，读取的信息量有所损失，相位当然也不精准，音乐表现打折扣在所难免。早期的圆锥形针尖的 *R* 是 7 密耳，改进为 2.5 密耳后，在高频的再现上有所改善，但输出又有所降低。

椭圆形针尖（也被称为双径向针尖）具有两个曲面尺值，前后 *R* 大，两侧 *R* 小。各厂家生产的椭圆形针尖的尺寸略有不同，一般为 0.2 密耳 × 0.7 密耳、0.3 密耳 × 0.7 密耳或 0.4 密耳 × 0.7 密耳。第一个数字是两侧半径。两侧半径较小，针尖与唱纹的横向接触面积缩小了 60% 以上，而垂直接触面积增加了 30%。嵌入声槽越深，读取的信息量越大，并且失真较小。由于椭圆形针尖与唱纹的垂直接触面积比圆锥形针尖与唱纹的垂直接触面积大，因此相对压力减小（相同循迹力的情况下），

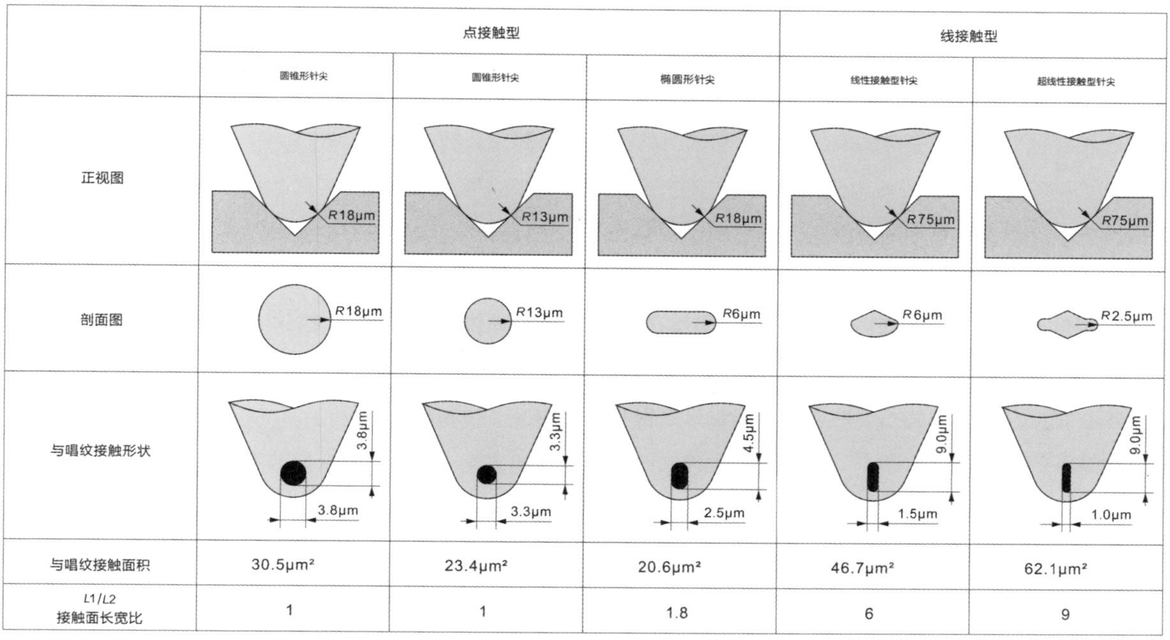
点接触型
线接触型
圆锥形针尖
圆锥形针尖
椭圆形针尖
线性接触型针尖
超线性接触型针尖
正视图
R18μm
R13μm
R18μm
R75μm
R75μm
剖面图
R18μm
R13μm
R6μm
R6μm
R2.5μm
与唱纹接触形状
3.8μm
3.8μm
3.3μm
3.3μm
4.5μm
2.5μm
9.0μm
1.5μm
9.0μm
1.0μm
与唱纹接触面积
30.5μm²
23.4μm²
20.6μm²
46.7μm²
62.1μm²
L1/L2
接触面长宽比
1
1
1.8
6
9

图 6.4　点接触型针尖和线接触型针尖比较

这将减少唱片唱纹的磨损。椭圆形针尖是针对圆锥形针尖的缺陷而改进设计的产品，采用了双曲线双轴向结构。椭圆形针尖的出现是针尖设计的重大变革，它从根本上改变了唱头的品质。

新型的线性接触型针尖把针尖设计和加工水平提高到了更高水平。线性接触型针尖在椭圆形针尖的基础上进行了更精细的制作。它与唱纹的纵向接触曲面的面积很小，因此线性接触型针尖拾取振动的还原特性十分理想。凡使用线性接触型针尖的唱头都有宽阔平坦的频率曲线。更有甚者，一些极品唱头使用的是由多个曲面组成的超线性接触型针尖（也称 Micro-Ridge、Micro-Line 或 Fine-Line），非常接近唱片刻纹刀的侧翼半径。超线性接触型针尖高频响应宽至 100kHz，这是针尖设计加工领域的一个极致水平。

从各种不同唱针两翼与唱纹声槽接触的方式来看，我们可以得出一个结论，点接触型针尖的 VTA 相对来说不太敏感，而线接触型针尖的 VTA 则比较敏感，越是细长的针形，VTA 调整越要精确（见图 6.5）。

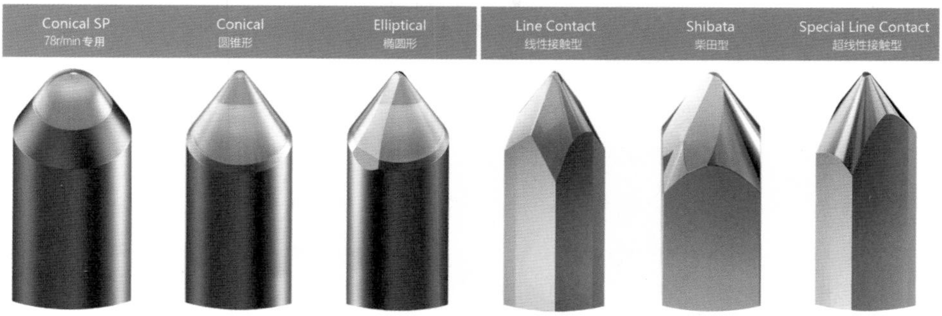

图 6.5　点接触型针尖和线接触型针尖两类针型比较

针尖使用的材料大都是钻石。钻石又分为人造钻石和天然钻石，无论是人造钻石还是天然钻石都存在硬度级别差。目前人造钻石已普遍使用，但硬度还不够理想，用在中档和高档唱头上有较高的性价比。天然钻石虽然都被划分为最高硬度的莫氏硬度十级，但是其实不同级别的钻石之间还是存在一定差异的。既然钻石是世界上硬度最高的物质，那该用什么来切割、打磨钻石呢？细究之下，在结晶学中，钻石是以八面体、十二面体、六八面体等形态存在，八面体的钻石硬度最高。据说开采出八面体钻石的概率只有 30%，因此使用八面体钻石制作的唱头一定非常昂贵，如果细心观察的话，你会发现极个别牌子的唱头说明书上标有该唱头使用八面体钻石制作。

钻石的莫氏硬度是影响钻石价值的最重要因素，硬度越高越昂贵。对针尖而言，钻石硬度越高，针尖半径就能研磨得越小，越小的针尖半径获得的频率越宽。高硬度的钻石加工难度很高，加之钻石材料珍贵等因素，唱头价格昂贵也在情理之中。

针杆（Cantilever）也被称为悬臂，针杆与针尖、线圈（或磁铁）相连接，中间由阻尼悬挂作为支撑。能否将针尖振动准确地传输给线圈（或磁铁），针杆起着承上启下的作用。影响针杆品质的两大要素是针杆的形状和材质。

针杆的长短、粗细、形状都会影响其传输特性。长针杆振幅大，可以获得较好的低频，信噪比高，动态范围大。短针杆振幅虽小，但刚性高，对频宽有利，有很好的顺性。针杆过长也有谐振点宽的缺点，针杆过短效率太低。合理的针杆长度设计取决于和唱头其他各部件的综合特性的协调。同理，针杆的粗细也是各有利弊，设计时也要遵守和唱头其他部分的综合特性协调的原则。

针杆的形状设计非常有讲究，等径针杆是最普通的设计，针尖安装处为鸭嘴状。圆杆有较好的刚性和抗外界干扰能力，易于加工。为了减轻针杆的质量，一般采用空心杆，在保证足够刚性的前提下，尽量减小针杆的壁厚。任何材料都有自身的谐振频率，针杆也不例外。为了有效地减少针杆谐振频率的干扰，改变针杆形状是一个方法。设计成不等径针杆，以致针杆的壁厚不同，从而谐振频率分散且相互抵消，现在很多唱头都采用这种设计。还有采用异型截面的 U 字形针杆设计、两种不同金属材质的复合型针杆设计、在针杆内填充阻尼材料的设计，也有实心针杆设计。无论针杆形状如何，设计目的是一致的：拥有足够的刚性、尽可能低的质量及极佳的振动传导特性。

日本 Ikeda 有一款无针杆设计的唱头，构思来源于 Decca 公司的唱头理念。这个唱头主要的特点就是模拟刻纹刀头的结构。无针杆结构唱头的特色是具有正确速率和醇厚的质感。与 Decca 公司生产的唱头（London）不同的是 Ikeda 唱头有 3 个悬挂系统，控制线圈的左、右、中的运动，Ikeda 唱头由于采用无针杆结构，拾取的信息要比有针杆结构的唱头丰富，声场的表现非常突出。这一无针杆结构的唱头在全世界似乎独此一家，Cello Audio 看中了这个设计，请 Ikeda 代工生产了 100 枚无针杆结构参考唱头（见图 6.6）。

图 6.6　3 款无针杆结构唱头 (Cello、London 和 Ikeda)

针杆的材料对针杆的性能有着重要影响（见图 6.7）。针杆的主流材料是铝合金、金属硼和铍合金。铝合金的比重约为 $2.7g/cm^3$，金属硼的比重是 $2.34g/cm^3$，铍合金的比重最轻，只有 $2.0g/cm^3$ 左右。铝合金制作针杆的成本较低，物化特性也不

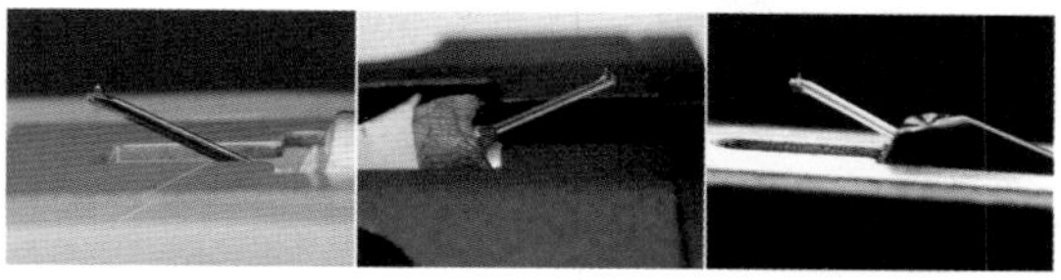

图 6.7 唱头针杆材料有硼合金（左）、红宝石（中）、钻石（右）

错，适合普通唱头针杆的制作。金属硼和铍合金的物化特性要比铝合金好得多，用于中高档的唱头针杆制作，效果非常显著。不过这 3 种材料有一个共同的特点，就是其分子结构都是平齐排列，一旦折弯就无法复原，一经折回即刻断裂，在使用中一定要加倍小心。除了以上常见的针杆材料，还有一些特殊材质的针杆。极少数高档名贵唱头的针杆材料使用红宝石、蓝宝石，甚至动用钻石来制作，其豪华程度可见一斑。宝石和钻石的振动传导特性当然很好，尤其是高频延伸极其自然、细致，至于声音是否与其高昂的价格同步并进，就无法得知了。

总而言之，针杆材料的选择与针杆形状的设计宗旨一样，都是围绕着刚性、轻质及振动传导特性作文章。唱头生产厂家在设计唱头时，针杆形状设计与针杆材质的选择是同步进行的。

唱头的针杆悬挂（Rubber Suspension）很细小，很不起眼，它的作用是负责针杆的支撑与阻尼，是唱头非常重要的部件之一。针杆悬挂的设计与制作要求非常高。针杆悬挂的制作材料主要是橡胶，无论是天然橡胶还是合成橡胶，都要求其耐高温、耐老化、具有稳定少变的弹性系数。针杆悬挂是我们不太注意，也无法知晓其具体参数的唱头部件，但从使用经验来看，高档唱头的针杆悬挂寿命可达 5 年、10 年，甚至 20 年，而中、低档唱头的针杆悬挂寿命只有 2 ～ 3 年。这足以说明针杆悬挂材料的差别。针杆悬挂材料的好坏具体表现在：唱头在使用过程中，悬挂橡胶过软，有时在额定的循迹力下，唱头的壳体底部已经蹭到唱片，即使减小针压也无济于事；相反，也有悬挂橡胶过硬的例子，失去应有的阻尼弹性，时常跳槽；这是悬挂橡胶劣化的两种典型表现。环境温度不断变化，也会产生上述两种现象。具体到声音的表现上，前者会导致音像模糊，后者会导致声音干涩尖锐。而好的针杆悬挂橡胶不仅经久耐用，而且在大温差下仍然保持稳定的阻尼弹性，音质自然就有保障。

无论是哪一种结构的电磁式唱头，自然都离不开磁铁，磁铁是换能器件必不可少的部件。随着新型材料的日益发展，磁铁的磁场均匀性和效率有了很大的提高，这对唱头指标的提高有着很大的意义。唱头使用的磁铁有不少种类，包括钕磁铁、钕铁硼磁铁、铝镍钴磁铁、钐钴合金磁铁、铂合金磁铁等。无论这些磁铁的成分如何，其设计目的是一致的，磁体效率高、磁场均匀性好、温度系数稳定，因为环境温度上升的时候，磁场强度会下降。

唱头线圈是直接产生电流和输出电流的重要部件。线圈的材质、线径与设计要求有着直接关系。高纯度无氧铜是最基本的线圈材质，纯银线和镀银线是一些高档唱头的首选，但这不代表铜线不好，好的唱头要看综合设计的合理性，当然价格的合理性也是一个决定因素。不同形式的唱头对线圈的要求是不一样的。MM 唱头和 MI 唱头因为线圈为固定安装结构，线圈可以粗一些，绕组可以多一些；MC 唱头则相反，缠绕在针杆上的线圈不能过重，要满足这个要求，线圈绕组要少，线径不能太粗。一般 MC 唱头线圈使用的线径只有 0.05mm，最细的线径只有 0.02mm，还不到头发直径的一半。由于 MC 唱头的线圈又细又少，对所用线材的材质要求非常高，极低的线阻是首要要求。由于纯银线和镀银线具有优良的导电特性，所以成为 MC 唱头线圈的主要选择。我们知道，MC 唱头的线圈是缠绕在针杆上的，但实际上并非直接缠绕，线圈需要一个与针杆连接的骨架，线圈是缠绕在骨架上的。

一个唱头的针尖、针杆、针杆悬挂、磁铁、线圈再完美，如果忽视了引出线和输出脚，那将前功尽弃。一般密封式唱头的线圈引出线就是线圈线头直接和输出脚焊接，一些裸式设计就要另用一段略粗一些的线来连接线圈线头与输出脚。因裸式设计，太细的引出线很容易碰断，引出线的直径通常为 0.1 ～ 0.3mm，材质一样不能马虎，与线圈应该相当。输出脚是唱头的最后“出口”，高纯度无氧铜、镀银和纯银是不同档次唱头的选择。因为更换拔插，输出脚需要镀层保护防止氧化。为输出脚镀银和镀金是通常的做法，镀铑比较理想，只是成本要高一些。

唱头壳体，有点像汽车的轿壳，既要有合理的物理结构特性，又要求整体外观具备一定的观赏性。唱头壳体的外观多姿多彩，造型各异，它体现了厂家和设计师的审美理念。我们无法对艺术进行绝对界定与评判。喜欢什么样外观的唱头壳体，只有自己选择了。唱头壳体的材料主要有两大类，即金属和非金属。金属包括铝合金、不锈钢、金属钛、铜等；非金属包括 ABS 工程塑料、乌木、玻璃钢、玛瑙石和翡翠石等。这些琳琅满目的唱头壳体材料，都与厂家的设计有关，主要看谐振点的设置，还有唱头总成的质量，这与唱臂的配合有关。除此以外，唱头壳体的加工精度尤其重要，唱头壳体顶部的平面度对唱头方位角和垂直循迹角有直接的影响。

1979 年，日本的 JIS C5503 标准对唱头的尺寸和质量有过规定。唱头的宽度是 20mm；唱头的安装螺孔至唱头前端距离是 15mm；唱头的安装螺孔间距是 12.7mm；唱头的高度是 20mm；唱头的长度是 40mm；唱头的针尖与安装螺孔的距离是 9.5mm(国外将这个距离称为 Mounting Hole to Stylus Tip，即 MHST)；唱头的输出脚的直径是 1.25mm。IEC 标准与 JIS 标准有些差别，唱头的高度是 22mm；安装螺孔至唱头前端的距离是 18mm；针尖距离安装螺孔的距离是 9.53mm。按日本的 JIS C5503 标准唱头的质量（净重）规定在 12g 以内。在实际产品中只有唱头的安装螺孔间距 12.7mm 是固定不变的，而唱头的其他尺寸和质量都因不同厂家的设计而有所出入，我们在安装时应当注意不同厂家、不同系列和不同型号唱头尺寸上的差异，进行相对应的调整（见图 6.8）。

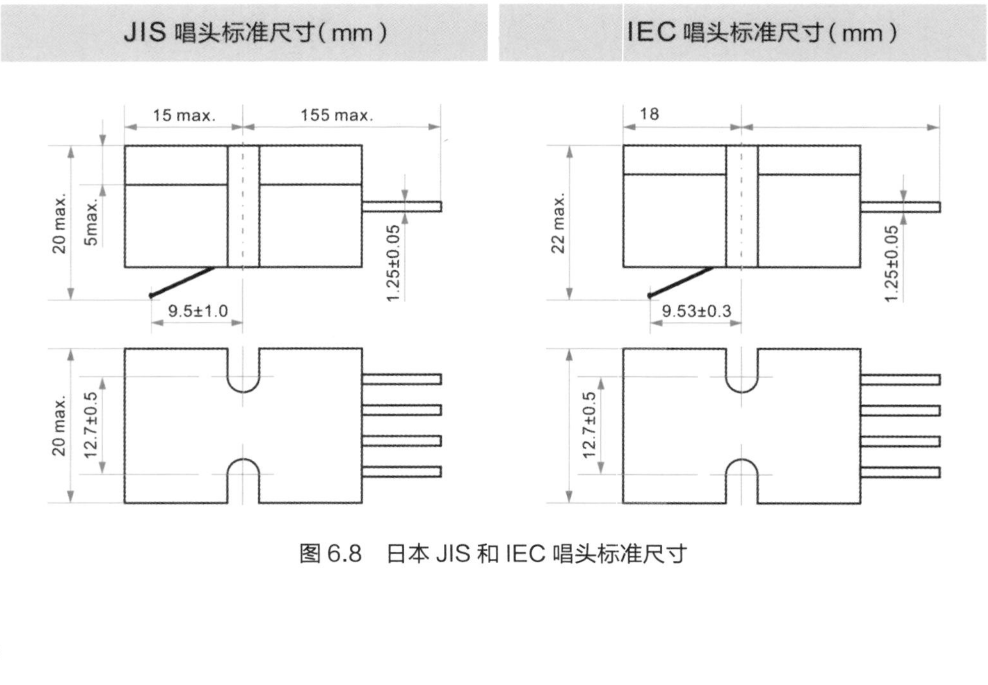

图 6.8　日本 JIS 和 IEC 唱头标准尺寸

第 4 节 唱头的选择

如何选择唱头可能是初入门者最难决定的事情，即使是有经验的玩家也常常会举棋不定。这是因为唱头除了两个安装螺丝孔的间距是标准的 12.7mm 外，其他所有部分的设计，不同厂家都是各行其道。针尖的形状多种多样，针杆的形状、粗细、长短和材质也是五花八门，即使是同一厂家生产的唱头，也有不同型号、不同系列。

面对令人眼花缭乱的唱头结构与数据，我们只要把握两点，选择起来倒也不太难。真正决定唱头选择因素的是电声指标和几何尺寸。电声指标包括的内容不少，与系统有直接关系的主要是输出电平、输出内阻、负载阻抗和顺服度；几何尺寸包括唱头的高度、长度、安装螺丝孔圆心与针尖的水平间距。

我们所说的唱头选择，是建立在已经有了唱盘、唱臂和唱头放大器的基础上的，因为唱头、唱臂和唱头放大器之间有着配合关系。

在中、低端唱盘和唱臂组合系统中，部分系统是不能进行垂直循迹角（VTA）和有效长度（或超距）调整的。这就是说，唱头的高度是一个额定值，唱头针尖与唱头安装螺丝孔圆心的水平间距也是额定值。按照这个尺寸购买唱头是非常困难的，除非买原厂出品的原配唱头。还有唱头的质量（指唱头自重）与唱臂的平衡调整范围有关。唱头过轻和过重都会超出平衡配重的调整范围，以至无法获得需要的循迹力。在中高档唱盘与唱臂的组合系统上，大都有 VTA 和超距调整功能，唱头的选择范围要大得多。除此以外还有唱头顺服度与唱臂有效质量上的配合，我们会在唱臂章节中详细论述。

第 5 节 唱头的参数

唱头与唱臂之间是尺寸和机械特性的配合，唱头与唱头放大器之间是电气特性上的配合。先说电平匹配，电平如果匹配不好，会使电平不足或过载，从而产生严重失真。按 IEC 标准，音频系统通常有额定输出电平或额定输入电平、最大输出电平或最大输入电平、最小输出电平或最小输入电平，一般按有效值标注。要做到电平匹配，即不仅使信号在额定状态下电平匹配，而且在信号出现尖峰时也不发生过载。唱头与唱头放大器的输出与输入电平并非统一，详情见唱头输出电平列表（见表 6.2）。简易唱头放大器的增益多数是固定的，当然也有多挡选择的设计。唱头的输出电平必须与唱头放大器设计的输入电平相同或接近。唱头的输出电平过低，信噪比会恶化，动态范围会压缩。反之，唱头的输出电平过高，唱头放大器会产生过载失真。所以 MC 唱头必须有 55 ～ 70dB 增益的唱头放大器与之配合，MM 唱头只要有 40dB 左右增益的唱头放大器与之配合就可以正常工作了。如果 MC 唱头与只有 40dB 左右增益的 MM 唱头放大器连接，中间必须增加 20 ～ 30dB 的增益。升压变压器可以胜任这个工作。当然也有为数不多的 20 ～ 30dB 增益的唱头放大器，例如 Mark Levinson ML JC-1、McIntosh MCP-1 就是典型代表。图 6.9 是各种不同的 MC 唱头。

唱头的输出电平有高有低，这里对唱头输出电平的高、中、低进行一个大概的划分，仅供参考（见表 6.2）。

前面对 MC 唱头、MM 唱头、MI 唱头的线圈有过论述，MC 唱头的线圈很少，因此输出阻抗

图 6.9　各种 MC 唱头

表6.2　唱头输出电平列表

输出电平	动圈式（MC）/mV	动磁式（MM）/mV	动铁式（MI）/mV
低	0.05~0.15	1.00~2.00	1.00~2.00
中	0.15~0.45	2.00~4.00	2.00~4.00
高	0.45~0.90	4.00~8.00	4.00~8.00

比较低，MM 唱头和 MI 唱头则相反。从理论上讲，当负载阻抗与信号输出内阻相等时，负载从输出信号获得的电功率最大，此时被称为阻抗匹配。然而，在音响系统中阻抗匹配具有更为广泛的意义，如果信号源的输出阻抗和负载的输入阻抗能使设备及整个系统满意地工作，就可以视为达到了阻抗匹配。这里，信号源和负载之间并非最大功率传递。在音响系统中，通常情况下，信号电平低，为了进行高质量传输，要求负载阻抗应远大于信号源内阻，因为如果信号源内阻小，则信号源内阻消耗的功率低，输出同一电平值时要求信号源的开路输出电压也较低。更重要的是信号源内阻较小时，有利于较大信号的有效传输距离，改善了传输的频率响应。IEC 标准规定，信号源内阻（输出阻抗）与负载阻抗之比应为 1∶5，或者信号源输出阻抗更小一些。唱头输出阻抗和放大器输入阻抗可以遵循这一原则，但一定要确定唱头放大器都是全电路放大。有些唱头放大器并非全电路放大，初级放大是内置升压变压器，如果没有多绕组输入，唱头的输出阻抗就要等于或略低于初级输入阻抗。当 MC 唱头的输出阻抗与升压变压器的输入阻抗相差过大时，就会出现输出曲线变形。在中高档的电路中，MC 唱头放大器设有从几欧姆至几百欧姆的输入阻抗供选择，唱头的选择范围就要宽松许多。唱头输出阻抗列表中的内容是 MC 唱头、MM 唱头、MI 唱头输出阻抗的常规数据。有的 MC 唱头输出阻抗与 MM 唱头的输出阻抗接近，比如 Ortofon 的 SPU-GT 唱头的输出阻抗就接近 MM 唱头的输出阻抗，这是为何呢，其实在 SPU-GT 唱头壳内安装了一个小型升压变压器，因为是一体结构，参数标示的输出阻抗实际上是升压变压器的输出阻抗（见图 6.10）。

现在一些高输出 MC 唱头的内阻很大，表 6.3 为唱头常规输出阻抗，仅供参考。

唱头顺服度（Compliance），又称顺性，前面我们在论述唱头部件时，讨论过唱头针杆与针杆悬挂。“悬挂”是有弹性的物质，而弹性的大小就是唱头顺服度。唱头顺服度的表示单位为 10^{-6}cm/dyne。唱头顺服度的数值有一定的范围，12 × 10^{-6}cm/dyne 和低于此值的属于低顺服度，中顺服度的范围是 13 × 10^{-6}

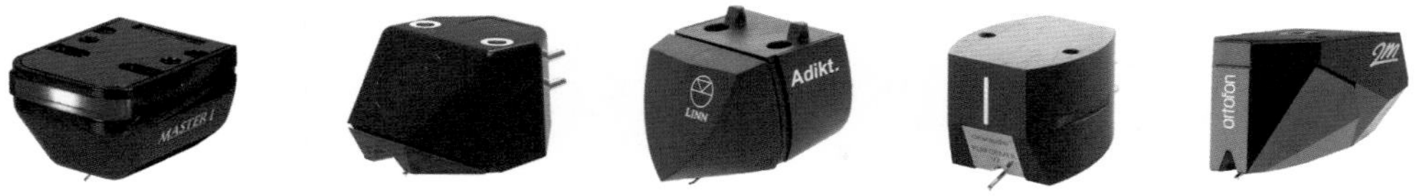

图 6.10　光电式唱头和几款 MM 唱头

表6.3　唱头输出阻抗列表

唱头输出阻抗			
唱头类型	动圈式（MC）	动磁式（MM）	动铁式（MI）
唱头输出阻抗	1.5~15Ω	50~1000Ω	50~1000Ω

～ 25 ×10^{-6}cm/dyne，而 25×10^{-6}cm/dyne 以上就属于高顺服度了。顺服度在唱头的说明书里还有一种常用的表示单位——μm/mN。5 ～ 10μm/mN 属于低顺服度，10 ～ 20μm/mN 属于中顺服度，20 ～ 35μm/mN 属于高顺服度。为什么要提及唱头顺服度呢？这是因为不同的唱头顺服度与不同有效质量的唱臂搭配会形成不同的谐振频率。谐振频率高于 20Hz 时，会调制音频信号在某个频率点高出 3 ～ 6dB 甚至更高，使正常的放音曲线畸变，造成声音染色。谐振频率如果接近或低于 1.5Hz 也会与转盘的旋转频率重合形成超低频哼声。因此对已知的唱头顺服度和唱臂有效质量进行计算，进行合理的配合，把谐振频率的范围控制在 2 ～ 18Hz，如果能把谐振频率范围缩小到 8 ～ 12Hz 就比较理想了。

唱头与唱臂的谐振频率计算公式是：$F=\frac{1000}{2\pi\sqrt{MC}}$。公式中，$F$ 为谐振频率（单位：Hz），M 为唱臂有效质量（单位：g），C 为唱头顺服度（单位：cm/dyne）。

通常来讲，MC 唱头的顺服度都比较低，而 MM 和 MI 唱头的顺服度比较高。比如 Ortofon 的 MC 唱头的顺服度大都在 10μm/mN 以下，而 MM 唱头都是高顺服度的。

唱头顺服度究竟高好还是低好呢？这是个很难回答的问题。因为事物总是包含着矛盾的两面，我们如果能抓住主要矛盾，问题也就不难解决了。高顺服度唱头的悬挂弹性比较大，对唱纹的阻尼特性比较好，即循迹能力比较强，这是高顺服度唱头的优点，但由于弹性幅度大，对高频振动不敏感，因此高频响应能力比较差，这也是 MM 唱头的声音总是不够细致、缺少质感的主要原因。但 MM 和 MI 唱头的制作经济适用性较强，在中、低端产品中被广泛使用。MC 唱头则正相反，其悬挂弹性比较小，循迹能力不及 MM 和 MI 唱头。牺牲一定程度的循迹能力，是为了获得宽阔的高频响应。为了补救循迹能力，可配合质量大的唱臂，使循迹的顺服度又得以修复。MC 唱头的设计思维是运用辩证法一个很好的范例。

唱头顺服度常常被我们忽视，以至调整不好声音，却找不出原因所在。这里对唱头顺服度的介绍是要提醒大家，购买唱头时不要忘记考量唱头顺服度参数。如果您对唱头顺服度的概念还是很模糊，那只要遵循高顺服度的唱头配质量小的唱臂，低顺服度的唱头配质量大的唱臂这一原则也是可以的。

唱头选择的原则要根据实际情况，根据音响系统的指标和档次进行购买，即唱头的各项指标要和唱臂、唱放相配合，价格也要在同一个水平线上。

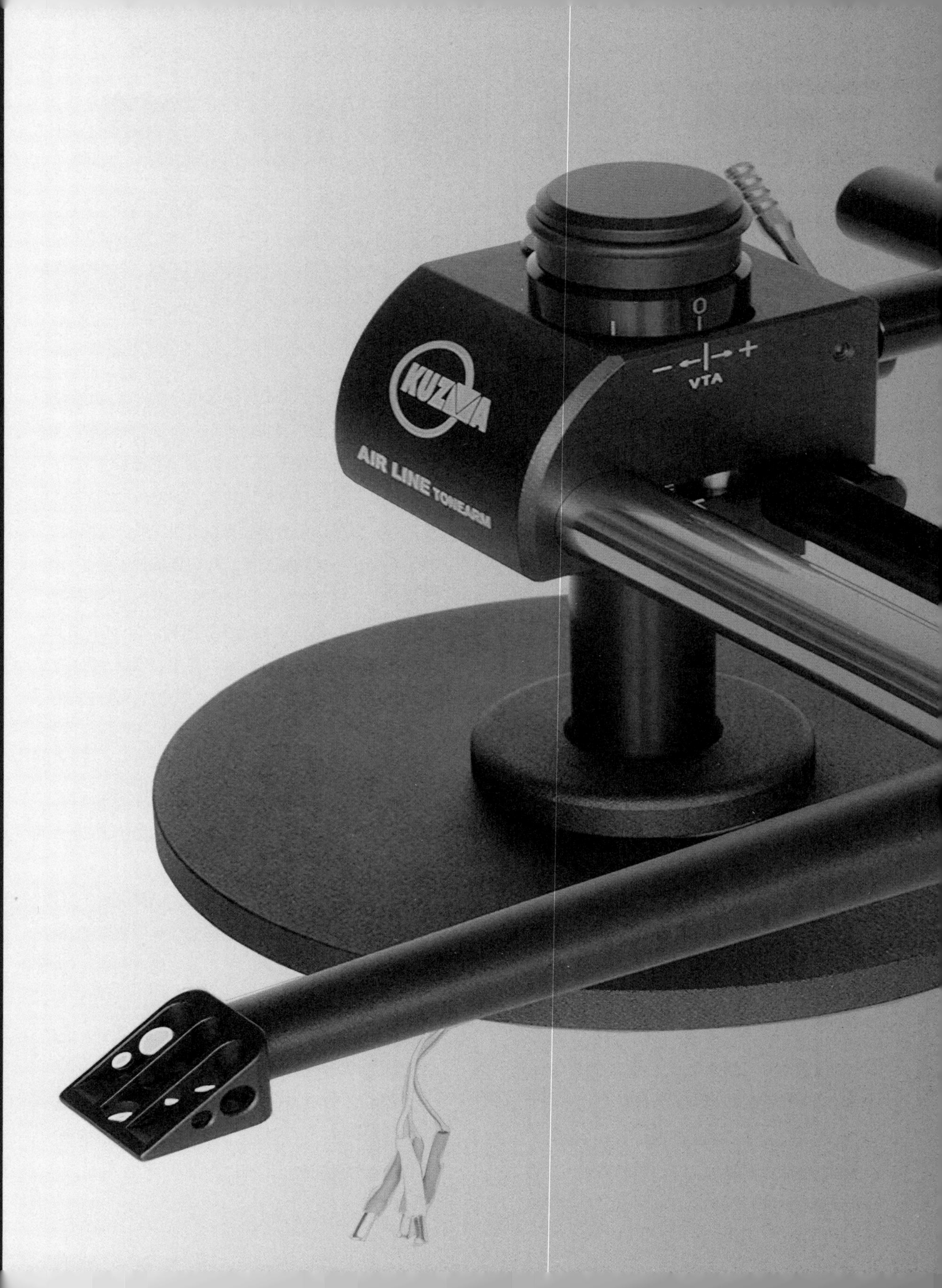
KUZMA
AIR LINE TONEARM
VTA

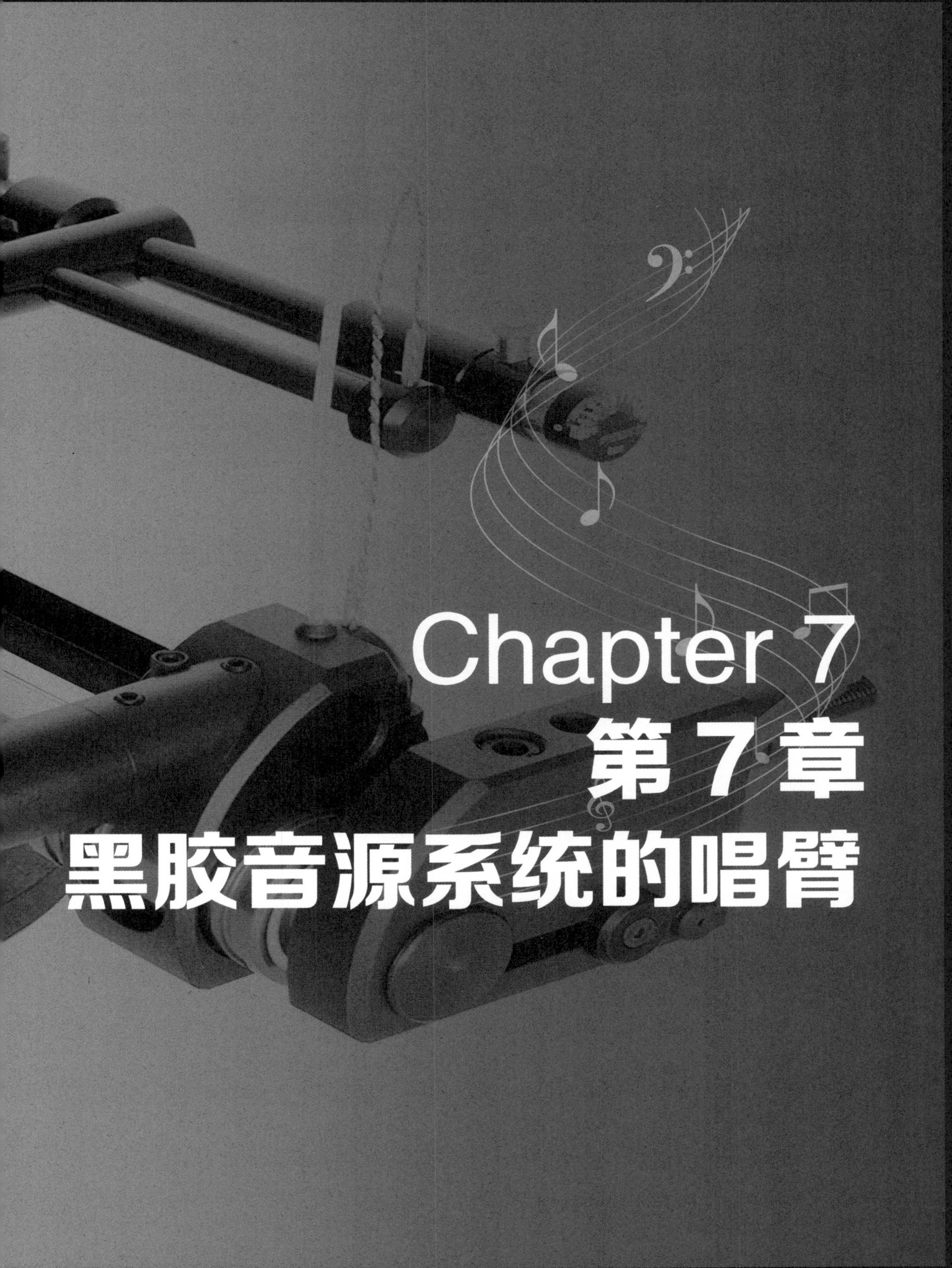

Chapter 7
第7章
黑胶音源系统的唱臂

唱臂（Tonearm）也被称为音臂，是模拟唱盘系统四大组件之一。唱臂是搭载唱头进行循迹的机械装置，将唱针拾取的信号传输给唱头放大器。

第 1 节　唱臂的类型

唱臂的循迹方式有两种。一种循迹方式是固定支点旋转循迹，采用这种循迹方式的唱臂叫旋转唱臂（也称固定支点唱臂）。另一种循迹方式是支点做直线移动进行循迹，唱臂的循迹路径为直线，因此采用这种循迹方式的唱臂叫做直线循迹唱臂或正切直线循迹唱臂。

因为旋转循迹方式的唱臂的运行轨迹是一条圆弧线，所以在整个循迹过程中唱针与唱纹相交的一系列点中只有一个点是正切，其他都有一定的循迹角误差。我们尝试把唱头分别在外圈、中间和内圈与唱纹相交，得到的循迹误差曲线是不同的。无论唱头在外圈、中间还是内圈与唱纹相交，都存在不同的循迹角误差。但通过设计合理的有效臂长、唱头补偿角和超距，循迹角误差可以降低。旋转循迹方式的唱臂虽然有一定的缺点，但加工相对简单，成本低廉，所以它还是被消费者普遍接受的，有着较大的市场。3 种臂管的旋转唱臂的结构分析在唱臂调整中有详细的论述，供读者参考（见图 7.1）。

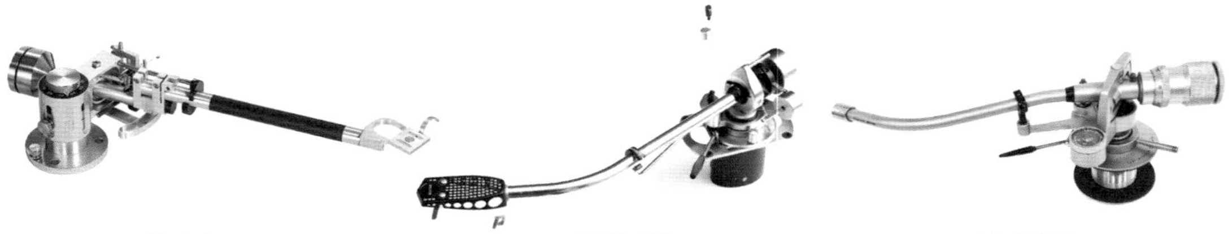

I 形旋转唱臂　　J 形旋转唱臂　　S 形旋转唱臂

图 7.1　3 种臂管的旋转唱臂

直线循迹唱臂是沿唱纹的切线进行直线运行，理论上没有循迹角误差，这是最理想的循迹方式。直线循迹唱臂与唱片刻纹机刀头的运行路径是完全一致的，因此直线循迹唱臂的还原特性非常精确。有关直线循迹唱臂的结构分析在唱臂调整中有详细的论述，供读者参考（见图 7.2）。

机械滚动直线循迹唱臂　　气浮直线循迹唱臂　　机械光电传感直线循迹唱臂

图 7.2　3 种直线循迹唱臂

第 2 节　唱臂的结构

唱臂由多个部件组成，这些部件主要包括唱头架（Headshell）、唱臂管（Arm Tube）、臂杆架、臂杆线、平衡砣（Counter Weight）、循迹力调整钮（VTF Adjuster）、轴承、唱臂座、抗滑调整钮（Anti-Skate Adjuster）、唱臂升降架（Cueing Lever）及输出端子。

（1）唱头架。

唱头架是用于安装唱头的部件，它与唱臂的臂杆前端相连接，也被称为唱头适配器。唱头架有分体插口式的设计，也有唱头架与唱臂杆一体成型的设计，还有介于两者之间的设计。我们不能武断地说哪一种唱头架的设计更好，这是因为它们在结构上各有优缺点（见图 7.3）。

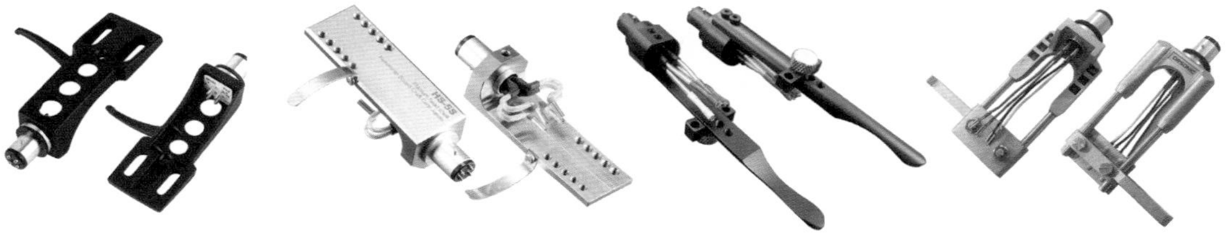

滑槽式唱头架　　多螺孔式唱头架　　螺孔式唱头架　　滑杆式唱头架

图 7.3　不同结构的唱头架

分体插口式唱头架的结构更复杂一些，它主要由壳体、公插头和接线 3 个部分组成，SME Series 3000 唱臂就是这样的设计。分体插口式唱头架的最大好处是使用十分方便，更换唱头时可以卸下唱头架进行操作。如果使用多个唱头，可以一个唱头配一个唱头架，事先将每个唱头都调整好（超距、水平循迹角），更换唱头时只要松开唱臂，并将唱头架的锁母拔下，再插上另一个唱头，锁紧锁母，调整一下 VTA 和循迹力即可。拆卸唱头架虽然方便，但由于公母接口之间的间隙误差，会造成唱头架与臂杆的直线度和同心度的误差。另外，部件增加，唱臂的整体刚性也会有所下降。

唱头架与唱臂杆一体成型的唱臂是整体压铸而成的，唱头架与臂杆的直线度和同心度非常好。唱头架与唱臂杆一体成型唱臂的刚性高，因此调整后的稳定性也很好，同时谐振频率可以得到有效控制。SME Series V/IV 唱臂是一体成型设计的典范。一体成型设计在使用上不及分体设计那么方便，由于唱臂架不可拆，每次更换唱头必须卸下唱头螺丝，拆下唱臂与唱头的连线，对于有多个唱头又常常喜欢更换唱头的使用者来说，确实比较麻烦。还有一点，一体成型式设计的方位角是不能调整的，必须调整时，只能在唱头螺丝的两侧添加垫片，这是一个无奈之举，既麻烦又很难精准。

介于分体和一体成型之间的折中方式是一个不错的设计，它在一定程度上综合了两者的优点且规避了两者的缺点。SME Series 300 唱臂就是这种设计的代表产品。如图 7.4 所示，唱头架结构简单，套在唱臂管上用一颗螺丝锁住。由于配合紧密，唱头架与臂杆的直线度和同心度都比较好，并且可以调整方位角。

介绍 3 种唱头架与唱臂结构时，之所以反复强调直线度和同心度，是因为它们的精度直接影响唱臂的方位角、补偿角及垂直循迹角的精度。好的唱臂精度是唱臂调整的的基础，相关内容在唱盘、唱头、唱臂的调整中将详细叙述。

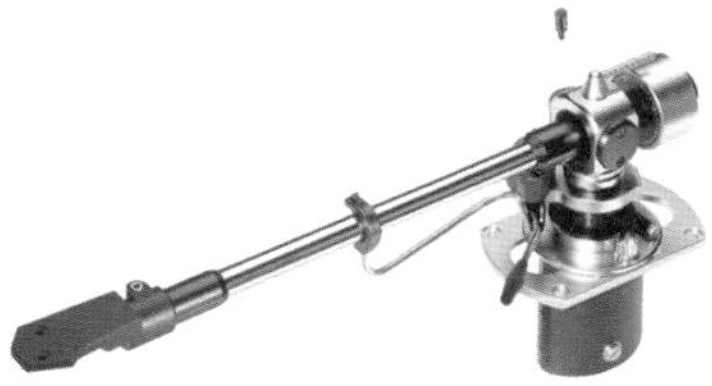

可调方位角唱臂

唱头架臂杆一体式唱臂 1

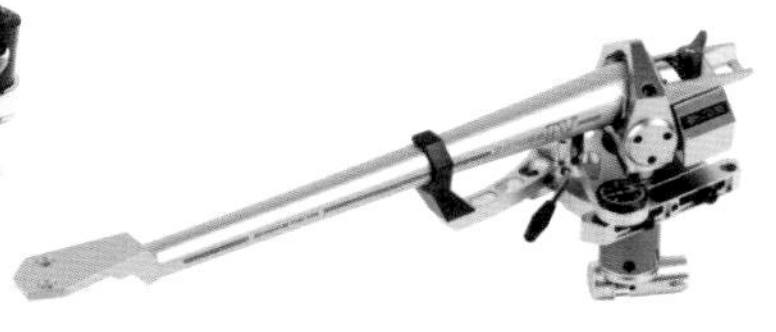

唱头架臂杆一体式唱臂 2

图 7.4　可调方位角唱臂和唱头架臂杆一体式唱臂

唱头架与唱臂杆一体成型的唱臂参照基准水平直线调 VTA 非常容易，而唱头架与唱臂杆分体设计的唱臂唱头架轴线与唱臂杆轴线多少都有一定的同轴度误差，如果以唱臂杆来进行基准水平直线调整，VTA 肯定是不够准确的，必须以唱头架轴线来进行校准。我对不少唱头架与唱臂杆分体设计的唱臂做过测量，唱头架轴线与唱臂杆轴线的同轴度误差在 1°～ 2°。大家在使用、调整分体唱头架设计的唱臂时应该注意这点。

唱头架的主要尺寸是孔距和孔径。唱头架安装孔的标准间距是 0.5 英寸，换算成公制是 12.7mm，这与唱头上的安装螺孔间距是一致的。安装孔有螺孔和通孔两种，螺孔规格为 M2.5，通孔直径是 2.7mm。螺孔有单孔和多孔设计，通孔也有单孔和多孔设计，还有最常用的槽孔设计。槽孔长度没有标准的规定尺寸，一般为 8 ～ 12mm。多螺孔、多通孔和槽孔都是为了有效长度的调节，前二者是有级调节，后者是无级调节。螺孔唱头架和通孔唱头架是分别为无螺孔唱头和有螺孔唱头而设计的，唱头安装孔有螺纹可以选择通孔唱头架，不可用螺孔唱头架，因为唱头架和唱头的螺孔、螺牙不可能同步，安装时会产生间隙；而唱头安装孔无螺纹则可以选择有螺纹的唱头架，也可以选择无螺纹的唱头架，选择无螺纹的唱头架时需要用螺帽固定。这是选择唱头和唱臂时应该注意的问题。带槽孔的唱头架，无螺孔和有螺孔唱头都可以使用。槽孔唱头架是目前市场上的主流，因为它不仅使用方便，而且可以精确调整有效长度。槽孔唱头架有没有缺点呢？当然有，当我们调整有效长度时会影响水平循迹角，反过来，调整水平循迹角时又会影响有效长度。所以调整时需要极度耐心和细心。

有一种可拆卸唱头架值得推荐，这种唱头架由两部分组成，唱头架与插口之间是用螺丝锁定的，松掉或锁紧螺丝就可以进行旋转和前后的调节，这种设计在调节有效长度时，水平循迹角不会因受到影响而变动。另外，调节有效长度的同时也可以同步校正方位角。铁三角唱头架大都是这样的设计。

还有一种唱头架，可以以较高精度调整有效长度。这种唱头架设计了两个滑轨，滑轨上的唱头安装板可以在滑轨上前后位移，调节非常方便，调整精度也很高。不过这种唱头架的价格很高。ORSONIC 是生产这种唱头架的代表者。

其实这两种唱头架设计都会有人偏好，长期使用一个唱头并讲究稳定和精度的人会选择一体设计，时常想感受各种不同唱头音色的人固然会倾心于分体设计。如何选择就看自己的需求了。

唱头架的材质、质量与唱臂的有效质量有关，与唱臂的谐振点也有关。唱头架的材质可谓五花八门，有不锈钢、铜、锌合金、镁合金、铝合金、ABS 塑料、碳纤维、金属、名贵木材混合等材质。这些材料的使用都是为了和唱臂耦合出一个理想的谐振点。因此购买唱头架最好是购买原厂原配的，购买不同厂家的唱头架，需要有一定的经验并花一番功夫去尝试搭配。

（2）唱臂臂杆。

常见的固定支点唱臂主要有 3 种，即 I 形臂、J 形臂、S 形臂。3 种形状的唱臂杆无法评定孰优孰劣，设计者各有理论，市场上平分秋色的使用概率说明 3 种形状的唱臂杆各有优缺点。水平循迹角（Horizontal Tracking Angle），英文缩写为 HTA。

唱臂杆的作用有些像扁担，它一边连接唱头、唱头架，另一头连接着平衡砣，中间由装有轴承的唱臂座支撑着。

直线循迹唱臂循迹路径是一条直线，因此直线循迹唱臂不需要补偿角，一根直竿即可解决问题，外形上没有太多花样。如果一定要归类的话，直线循迹唱臂应该属于 I 形臂。

固定支点旋转唱臂之所以有极为丰富多变的结构与外形，是因为设计者都十分关注补偿角。现在 I 形臂、J 形臂、S 形臂的设计各有一席之地。客观地说 3 种臂竿的设计都有各自的优缺点，关键看运用的合理程度。

在 3 种臂竿设计中，I 形臂的形式最简单，加工相对容易一些，由于直线臂竿的全部质量都通过唱臂的轴心，因此轴承的受力基本是平衡的，可以有效避免摩擦振动。关于轴承平衡的问题对初入门的朋友来说，可能在理解上会有一点困难，我们用单点轴承唱臂来解释一下。用过或看过单点轴承唱臂的朋友会发现，当唱臂落在唱片上时，唱头在左右晃动后才停下来，由此可见，即使是 I 型臂，其质量分布也不可能做到两边完全平衡，也存在轴承两侧受力不均等的问题。十分精密的单点轴承唱臂 GRAHAM 2.2 就是 I 形臂，为了获得平衡，它也配有平衡微调装置。单点轴承唱臂的另外一个代表 Audiocraft，其 I 形臂也装有平衡调节装置。I 形臂尚且如此，J 形臂和 S 形臂毫无疑问都存在两侧不平衡的问题。我们知道，唱臂的有效长度是指唱臂旋转支点到针尖的水平直线距离。那么，I 形臂的臂竿长度基本上就是唱臂的有效长度，也就是说在相同条件（同材质、同尺寸、同有效长度）下，与 J 形臂、S 形臂相比，I 形臂的臂竿质量最小，那么它的惯动量也就最小，从平衡度和有效质量两点来说，I 形臂占有一定的优势。

J 形臂是针对补偿角而产生的设计。在臂杆前段折弯一定的角度，这个角度就是补偿角。以前的 J 形臂设计，将注意力集中在补偿角的问题上，对轴承的平衡并没有足够的重视，比如 Ortofon 早期的 RF-297 和 RF-309 等唱臂。

在唱臂失重的一侧设计配重装置，是解决唱臂平衡的一个办法。SME Series 3000 J 形臂，把调整循迹力的平衡砣设计在唱臂右侧，同时平衡砣也可以横向调整，这样就可以让唱臂两侧获得平衡。

S 形臂是针对 J 形臂轴承不平衡的问题而改进设计的。它不仅解决了轴承的平衡问题，去掉了过重的配重系统，降低了唱臂的有效质量，同时也保持了 J 形臂精确的补偿角设置。但是，不同重量的唱头（过轻或过重）会破坏 S 形臂的轴承平衡，因此有些 S 形臂也设计有平衡调节机构。

无论是直线循迹唱臂还是固定支点唱臂，唱臂杆的长短、直径、壁厚、形状等因素都会对唱臂的工作产生影响。

我们已经知道唱臂与唱盘对质量的要求正好相反。唱盘的质量越大越好，而唱臂的有效质量越轻越好。因此在相同条件下，唱臂的长度与唱臂的有效质量成正比，即唱臂越长，有效质量越大，反之，唱臂越短，有效质量越小。所有的直线循迹唱臂的唱臂长度都要比固定支点圆弧循迹唱臂的唱臂长度要短。这是为什么呢？因为对于固定支点圆弧循迹唱臂来说，过短的臂长会使循迹角误差增大，这显然对音质不利。为了让循迹角误差降到最低，常见的两种方式是加长唱臂、配合适当唱头补偿角。理论上唱臂设计得越长，所循迹的圆弧就越趋近于直线，此时循迹角误差会变小。但是唱臂过长同时会使唱臂的质量增加，这对唱臂的水平循迹灵敏度又会产生不利的影响，所以旋转唱臂的长短需要综合多方面的因素去考虑，通常设计在 9 ～ 12 英寸。如果你的唱盘有足够的安装空间，当然还是用长一些的唱臂为好，因为一只 12 英寸的唱臂最大角度误差要比 9 英寸唱臂减小 27%左右。相对而言，水平循迹灵敏度对唱臂工作的影响要比水平循迹角小得多。

那么，是不是所有的旋转唱臂都存在水平循迹角误差问题呢？当然不是！瑞士人 Micha Huba 利用泰勒斯定理设计了一款名为 Thales Statement 的旋转唱臂，它采用四边形的机械联动技术，有效地解决了旋转唱臂水平循迹角误差大的问题，水平循迹角误差达到了 0.006°。这是旋转唱臂的极限值，我们完全可以把它视为水平循迹角 0 误差。中国的发烧友给这只唱臂取了一个昵称——“筷子臂”。这只唱臂由 100 多个零件组成，加工精度非常高，即使这样还是在所有的轴承内部增加了橡胶元件的校正球，以补偿所有的轴偏差，并平衡两个轴承之间最小轴的误差。轴承单元是完全封装的，轴承的表面使用了耐磨、耐氧化的钌、金、铑等镀层来处理。当然售价也不菲，次旗舰 Thales Simplicity II 在日本发售价格已近 140 万日元！

还有一款旋转唱臂值得一提——日本的 Dynavector DV 507MKII，Dynavector 的这款唱臂是 1984 年的产品，距今已有 30 多年，设计师对唱片播放系统有着超出常人的洞察力，让人敬佩。Dynavector DV 507MKII 的唱臂杆是整个唱臂的核心所在，不同于普通唱臂的地方是，Dynavector DV 507MKII 采用了主臂杆和副臂杆的双臂杆结构，构思绝妙！ Dynavector DV 507MKII 是针对唱片弯曲问题而设计的。主臂杆负责水平循迹和唱臂的主平衡，副臂杆负责唱头的 VTA 跟踪和循迹力的动平衡设定。当唱片弯曲起伏时，副臂杆的支点轴承开始运转，使得副臂杆始终保持水平状态，由此获得不变的 VTA。主臂杆也不是简单的静态平衡，而是设计了一种动态阻尼器系统，就是在平衡砣的上下方安装了两块钕磁铁，主臂杆的任何微小的起伏运动，都会在平衡砣处引起涡流，而涡流在磁场的相互作用下，阻尼了平衡砣，抑制了主臂杆谐振，让臂杆快速地回到无谐振的静止状态。这样的唱臂结构非常复杂，对加工精度要求也非常高，尤其是副臂杆上的轴承，游隙要小，摩擦系数要小，安装精度更是要高。总之，这个 Dynavector DV 507MKII 唱臂是旋转唱臂历史上的经典之作（见图 7.5）。

因为在直线循迹唱臂中没有补偿角问题，唱臂越短越好，大部分厂家都把唱臂支架设计成紧贴转盘，这样唱臂的长度（指唱臂轴承中心到唱头安装孔的距离）可以控制在 170 ～ 190mm。Clearaudio 的直线循迹唱臂的臂长可能是世界上最短的设计了，它的臂架设计突破了一般的形式，像一座天桥横跨在唱盘之上，将唱臂的运行轨道移到几乎是切线的位置，唱头的长度几乎就是唱臂的长度。极短唱臂的设计得到了超轻的唱臂质量，这对唱头水平循迹灵敏度的提高大有好处。极短唱臂的另一个好处是唱臂的整体刚性也大大提高了，这对抑制谐振极为有利。那么短唱臂有没有缺点呢？当然有。这座“天桥”必须是“吊桥”，否则唱片无法取放。“吊桥”是一个活动结构，重复一致性

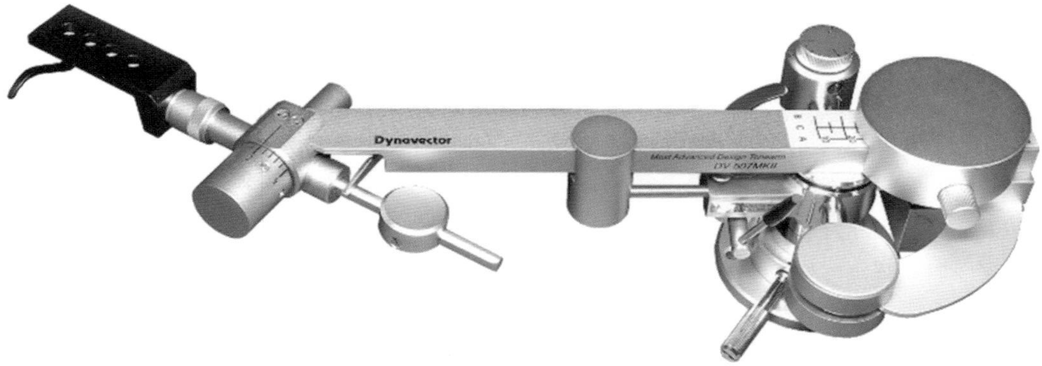

美轮美奂的旋转唱臂 Dynavector DV 507MKII

图 7.5　播放弯曲唱片仍然可以保持 VTA 不变的唱臂 Dynavector DV 507MKII

是“吊桥”的关键。所谓的重复一致性又叫重复精度，即唱臂移开（吊起）再返回原地后的位置是否能够保持不变。重复精度包括唱臂的水平高度（左高右低或左低右高）、水平循迹角及循迹路径。要保证很高的重复一致性，吊桥的轴点需要有足够的质量（MASS）、刚性和精度。要做到这一点非常难，重复精度不佳会给唱臂工作带来负面影响，这些负面影响包括对左、右声道的循迹力平衡、方位角、水平循迹角及循迹力等因素产生的影响。唱臂越短，垂直循迹角变化和循迹力变化越大。垂直循迹角变化是由唱臂长度和唱头垂直起伏高度的几何关系决定的，循迹力变化是由唱头在弯曲唱片上运行时产生的垂直运动惯性造成的。垂直循迹角变化和循迹力变化会使唱片的播放音质劣化。解决这个问题的方法有两种，一种方法是使用唱片镇和唱片外压环，让唱片尽可能地平整一些，这是一个治标不治本的方式。那么有什么更好的方法呢？有，那就是使用真空吸盘。使用真空吸盘可以让唱片完全、平整地吸附在转盘上，可以使垂直循迹角变化和循迹力变化最小。唱片没有弯曲就没有起伏，没有起伏就没有 VTA 变化，循迹力也就不会发生变化。真空吸盘会在后面的转盘章节中再详细地论述。

唱臂臂杆的形状与声音好坏有一定的关系。在材质完全相同的情况下，不同的唱臂臂杆形状，例如粗细、截面形状、不等径、不同壁厚、不等壁厚等，都会对臂管的物理特性产生至关重要的影响。这些物理特性表现在唱臂刚性、质量、质量重心、谐振频率等方面。由于唱臂臂杆的形状不同，和唱臂其他零部件组合后的声音自然也就不同。正因为如此，唱臂臂杆的外形才会千奇百怪，这些造型无论怎样普通或如何奇特，它们的目的是一致的，就是要获得最好的物理特性，高刚性、低质量、低谐振。SME 的 V 系列、VI 系列及 300 系列唱臂就是前细后粗的不等径臂杆设计，这种臂杆刚性好，声音的低频厚重扎实，播放大型作品的规模感好。上文提及的 Dynavector 唱臂的主臂杆是方形的，这是因唱臂的结构需要而设计的。

唱臂臂杆的材质对声音存在影响也已是不争的事实。唱臂臂杆材质的选择，常规有金属材料和非金属材料两大类。金属材料有铜、不锈钢、铝合金、钛合金及镁合金等；近年来新型的非金属材料不断问世，也被运用到唱臂上。非金属材料包括碳素纤维、ABS 工程塑料、特种陶瓷等。除了人工合成的非金属材料外，天然材料也尝试性地使用在唱臂上，如竹子、名贵木材等。

唱臂臂杆的材料选择还是应以对声音有利为基

本原则。铝合金具备了良好的物理特性，最适合中低档的唱臂，它有较高的刚性、质量较小、谐振低、易于加工，可以说价廉物美。奥地利 ProJect 生产的 Essential III 唱盘配的唱臂臂杆就是用铝合金材料加工的。镁合金是非常理想的唱臂臂杆材料，它的密度很低，比重约 1.8g/cm^3，与铝合金相比，强度更高，弹性模量更大，散热更好，减振性更好，承受冲击载荷能力更强，刚性比钢更高；适当的合金成分，就可以获得理想谐振频率特性，尽管材料和加工成本都比较高，但它始终是高档唱臂最热衷的选择。SME 的部分唱臂的臂杆就是采用镁铝合金制作的。钛是非常好的唱臂臂管材料，它有极高的刚性，拉伸性非常好，它可以加工得非常薄，加上自身比重又不大，因此质量可以制作得比较小。德国的 Brinkmann La Grange 唱盘配的唱臂臂杆就是用钛合金制作的，还有英国老牌 LINN Ekos SE 的唱臂也使用了钛合金臂杆，实际聆听两只唱臂的播放效果都相当不俗。碳纤维是一种含碳量在 95% 以上的高强度、高模量纤维的非金属材料。碳纤维具有优良的理化性能，密度低，耐疲劳性好，无蠕变，热膨胀系数小，高导电性，电磁屏蔽性好等特性。这些特性非常适合制作唱臂杆，因此，现在广泛使用碳纤维材料制作唱臂臂杆。特种陶瓷也称“刚玉”，它也是制作唱臂臂杆不错的材料，由于加工特性受限，使用陶瓷制作臂杆的唱臂很少。木质臂杆也有不少唱臂选用，美国的 Durand 生产的 Talea II 唱臂，所用的臂杆材料就是木质，这只唱臂在业界也有很好的口碑，只可惜还无缘赏听。无论是金属材料还是非金属材料，都有其优缺点，需要科学的结构设计和合理组合，才能真正获得更好的结果。

（3）唱臂轴承。

唱臂轴承安装在唱头架和平衡砣的之间的唱臂杆上，它是唱臂的中心。唱臂轴承以支撑结构分类，有机械轴承和空气轴承两大类。机械轴承大多用于旋转唱臂。唱臂的机械轴承包括单点支撑、三点支撑、四点支撑、两点和滚珠支撑的组合、单刀和单点（或滚珠）支撑的组合、双刀和单点（或滚珠）支撑的组合。旋转唱臂在工作时进行两维运动，即左右的水平循迹的旋转运动和上下的垂直循迹两个动作。单点支撑轴承是以一个支撑点完成了两个方向的运动，由于单点支撑结构的支撑点只有一个，高硬度的材料经过精密的加工，摩擦系数非常小，其振动也非常小，因此音染也就很低。单点支撑轴承虽然好，但它有不够稳定的缺点，方位角的调整相当不易，设计时将整个唱臂的重心降低，会获得比较好的稳定性。为了彻底解决这一问题，高明的设计师给空心轴套安置一个油槽（轴套的直径过大会降低水平循迹灵敏度，太小又不足以保持稳定），由于液体的张力和重力作用，唱臂偏摆被有效控制了，稳定性大大提高。还有一种单点支撑轴承的形式，是美国 Well Tempered 的线吊式轴承，这种单点支撑结构的轴承采用了全新的设计理念，突破了单点支撑轴承的素质极限。瑞典生产的线吊式单点轴承唱臂，以奥地利作曲家 Mozart 为名，设计思路源于 Well Tempered。三点支撑轴承是最常见的旋转唱臂的轴承设计，两个支撑点上下运动，另一个支撑点与轴套配合支撑整个唱臂。这种设计，水平循迹灵敏度相对差一点，但方位角没有问题。四点支撑轴承设计是针对三点支撑轴承的缺点而改进诞生的。四点支撑轴承与三点支撑轴承的不同之处在于减轻了整个唱臂的有效质量，提高了水平循迹的灵敏度，现在四点支撑的轴承结构被唱臂厂家广泛使用，日本松下、德国 DUEL 的产品都是四点支撑轴承运用的典范。使用四点支撑唱臂的朋友千万不要因好奇而去调节松动唱臂上轴承锁定螺帽，因为双向轴针与轴套的安装间隙很难控制调整。刀式轴承唱臂是以极小的直线边为支撑结构的唱臂，刀式轴承具有灵敏度高、工作稳定的两重优点，SME 是运用刀式轴承比较成功的厂家，从单刀式轴承到双刀式轴承的 3009R、3010R 和 3012R 获得了世界范围内的广泛赞誉。

将空气轴承运用在正切直线循迹唱臂的滑竿上，应该说是唱臂史上的一次设计革命。以空气作为摩擦介质，理论上可以把它的摩擦系数视为零，唱臂的二维运行非常顺畅。由于空气介质的悬浮，传统轴承的接触式摩擦振动完全没有了，外来的其他振动（高频部分）也被隔离了。因此空气悬浮直线循迹唱臂的音染极低，这是任何高级机械轴承唱臂都不能比拟的。可以认为空气轴承唱臂是最高品质的唱臂。

机械轴承的材料多为轴承钢，随着现代材料科学的发展，出现了新型的轴承材料，如陶瓷、聚四氟等材料都逐步应用在唱臂轴承上。一些高档唱臂的轴承支点采用红宝石，其精密程度已与高档手表看齐。空气轴承对加工精度的要求非常高，对材料的耐磨性要求并不苛刻，这是因为空气轴承没有接触摩擦的缘故。

（4）平衡砣。

平衡砣是用于保持唱臂平衡的配重。平衡砣的结构、尺寸、材质、质量及工作方式是多种多样的。平衡砣的设计有三个要点。第一，与唱臂的组合重量匹配。第二，平衡砣和其他部件一样，需要考虑与各部件相互耦合出最佳的谐振点。第三，平衡砣的外形和尺寸应符合整体设计的统一性。

常见的平衡砣外形是圆柱形，根据不同需求，平衡砣可以是扁圆形和长圆形。扁圆形的平衡砣由于重心集中，调节较短的行程便能得到较大的平衡匹配。而长圆形的平衡砣调节特性正相反，调节行程较大，可以获得较精细的平衡匹配。除了圆柱形的平衡砣，其他平衡砣被称为异形平衡砣，异形平衡砣包括方形的、扁形的……平衡砣的尺寸有大有小，有长有短。平衡砣的材质通常是相对密度高的金属，比如不锈钢、铜合金、铅合金、锌合金等。

最简单的平衡砣结构是用紧顶螺丝将平衡砣固定在唱臂尾部，调节时松开紧顶螺丝，前后移动平衡砣直至获得适当配重后，再锁定。静态平衡唱臂的平衡砣有两个作用：平衡唱臂和设置循迹力。日本生产的很多唱臂上都采用了这种设计。使用时对调整好（有效长度、超距）的唱臂先进行平衡调整，再把平衡砣前端带有循迹力刻度的旋钮校零，最后扭动整个平衡砣，直至让循迹力刻度与唱头标称循迹力相符。

平衡砣和循迹力设置采用分离式设计，在结构上相对要复杂一些。SME Series 3000 唱臂是平衡砣和循迹力的设置分离式设计的一个典型范例。这种分离式设计，是平衡砣和循迹力的设置各负其责，使用时先把设置循迹力的小砣归零，再用大砣对调整好有效长度和超距的唱臂进行平衡调整，当整只唱臂完全平衡，最后将调整循迹力的小砣向前移动，直至与唱头标称循迹力相符。

动态平衡唱臂都是平衡砣和循迹力设置分离式设计，比如英国的 LINN Ekos 唱臂和 SME V 唱臂。调整的方式与静态平衡唱臂步骤基本一样，先把循迹力的弹簧旋钮置于零位，再调整唱臂平衡，最后调整循迹力旋钮，直至获得需要的循迹力。

（5）静态平衡与动态平衡。

从循迹力（针压）的角度对唱臂进行分类，可分为静态臂、半静（动）态臂、动态臂。从质量（有效质量）的角度对唱臂进行分类，可分为轻质量臂与重质量臂。所谓静态与动态，指的是给施加压的方式。通常，唱臂都是借着末端的一个可旋转的重锤来同时进行平衡与施加针压的工作，我们称其为静态平衡。如果不管唱臂两端是否平衡，纯粹以弹簧或磁力来施加针压，我们就称其为动态平衡。 静态平衡的问题出在当唱臂遇上不平的唱片而被抛上抛下时，它的针压随时在改变。而动态平衡的问题则出在针压的精确性与持久性。后来，有人想出了半动态平衡，先用重锤来进行唱臂两端的平衡工作，再以更精密的弹簧或磁力来施加针压。

最后对旋转唱臂补充说明一点。唱臂转轴的轴承灵敏度有水平循迹灵敏度和垂直循迹灵敏度两项，这是唱臂的两项指标，但是这两项指标只有极少数的唱臂手册上有标注。唱臂轴承的灵敏度单位是 mg，一般情况下，唱臂轴承的灵敏度应该低于 25mg。

（6）机械式与气浮式。

正切直线循迹唱臂与旋转循迹唱臂相比，品种和产量都要少得多，由于正切直线循迹唱臂结构复杂、造价昂贵，因此只出现在高档唱盘系统上。

正切直线循迹唱臂的工作方式概括起来只有两种：机械式和气浮式。机械式又分为主动式与被动式。早期的机械式直线循迹唱臂都是主动式的，所谓主动式就是有一个伺服系统控制唱臂循迹的整个行程。采用光电感应伺服系统控制电动机使唱臂活动与唱针在唱纹中活动速度同步，当唱臂循迹角出现偏差时，就会出现一个微小的光束照在光敏电阻上，这个信号驱动伺服系统控制电动机稍微移动唱臂，直到光敏电阻不再受到光束照射为止，但因为电动机矫正唱臂活动和停止的时间总存在一点延迟，所以不可能保持偏差绝对为零。这个动作周而复始直至播完整面唱片，因此我们也可以这样理解，伺服式直线循迹唱臂工作状态是错误 / 修正 / 再错误 / 再修正。人们对这种设计并不满意。于是很多厂家便完全放弃了直线循迹唱臂的开发生产，重新回到传统的圆弧循迹唱臂。德国 Clearaudio 公司仍然坚持直线循迹的方式，但废弃了主动的伺服驱动，采用被动的滑竿方式，德国人的超精密加工令人赞叹，其石英滑竿横向阻力之小让人难以置信，循迹能力令人刮目相看。将空气轴承运用到正切直线循迹唱臂的滑竿上，应该说是唱臂史上的一次设计革命。

空气悬浮正切直线循迹唱臂也有多种结构形式，主要是套管式气浮滑竿，套管式又有动气套和静气套之分。动气套就是将气管安装在唱臂上，而静气套则相反，将气管安装在固定杆上。那么哪一种方式更好呢？下面我们通过分析来了解几种供气方式的特点。

动气套就是在滑动的轴套上供气，气管有一定的刚性，或多或少会给横向运行带来阻力。静气套是在固定滑竿上供气，环境不洁会遭堵塞，影响气浮滑动。不过，我还是倾向静气套设计，注意听音环境卫生即可。另外有半圆气浮滑竿，还有 90° 铝气浮滑轨——两者的设计由于只有向上支撑的力，在空气压力出现波动时会产生窜动现象，生产加工要求相对不是太高，适合 DIY 制作，有精密机械加工经验的朋友不妨尝试一下。

有一点需要提醒的是，正切直线循迹唱臂的切线校准非常重要，如果没有调整好，它可能始终在“错误工作”的状态，它的表现会大打折扣。使用直线循迹唱臂对切线的调校决不可大意，必须反复校验，确保准确无误。

空气悬浮正切直线循迹唱臂的供气方式有两种，其结构可以说各有利弊。下面我们对这两种结构方式进行简要分析，了解其工作原理。

唱臂轴套供气设计，气管（白色半透明细管）与轴套相连，轴套是复层空腔结构，内层有气眼分布，这种设计的轴套壁很厚，但长度较短（轴套的工作面尺寸为 20×50mm，直径 × 长度），可以通过图 7.6 中唱头的尺寸和轴套比较看出。轴套短，则相对有效行程就比较长（滑竿长 184mm），唱臂的总长度可以缩短 40 ～ 50mm。由于轴套短，空气轴承的支撑面积就小，在负载不变的情况下，就要将气压提高，以保证负载能力。供气压力为 0.4MPa（60psi）。这种设计的优点是高气压的轴承刚性很高。轴套短加工相对容易些，唱臂总长度短，节省安装空间。唱臂轴套供气设计的缺点是气管安装在轴套上对唱臂的循迹灵敏度和均匀性有一定的影响（见图 7.6）。

图 7.6　气浮轴套上送气的气浮唱臂

唱臂滑竿供气设计，气管与滑竿相连，滑竿是空心结构，表层有气眼分布，这种设计的轴套无须充气，因此壁厚可以很薄，一般为 0.8 ~ 1.2mm。轴套长度可长可短，根据气压高低来决定。唱臂滑竿供气设计大都采用中气压：0.05 ~ 0.1MPa（14 ~ 30psi），轴套的长度为 75 ~ 95mm（轴套的工作面尺寸约20×75mm至20×95mm，直径 × 长度），我的这款唱臂轴套尺寸——直径为 18.5mm/ 长度为 79mm。直线循迹唱臂的工作行程为 93mm 以上，预备行程为 25 ~ 45mm（根据转盘直径确定），不得小于 120mm，即滑竿的长度应为轴套长度 + 工作行程 + 预备行程。那么这支唱臂的滑竿长度应为 205mm（93mm+33mm+79mm）。由于轴套长，空气轴承的支撑面积就大，在相同负载的情况下，对气压的要求不高，只要 0.04 ~ 0.08MPa（14 ~ 25psi）的压力，唱臂就可以工作得非常顺畅。这种设计的优点是，中低气压支撑大面积轴承，刚性也很高。轴套上没有气管，唱臂的循迹灵敏度和均匀性非常好。这种设计的缺点是，滑竿上没有被轴套覆盖的地方始终在泄气，气泵的工作效率低于 50%（见图 7.7）。

图 7.7　气浮轴杆上送气的气浮唱臂

权衡之下，个人认为第 2 种供气方式对循迹最有利。滑竿供气的唱臂没有气管阻力问题，也没有重心偏移问题，对气源与气压的要求适中。在设计时，对于没有覆盖的气流对唱臂（轴套循迹）的干扰，进行过一些计算和实验，完全没有问题。被轴套覆盖的气流（15 束 / 行）分别向轴套两边横向溢出，其压力是未覆盖单孔压力的 10 倍以上，在这个压力下，接近轴套的气孔几乎没有阻力，轴套内横向溢出的气流就像开路机一样，为轴套“铺平道路”，让其平稳地循迹。

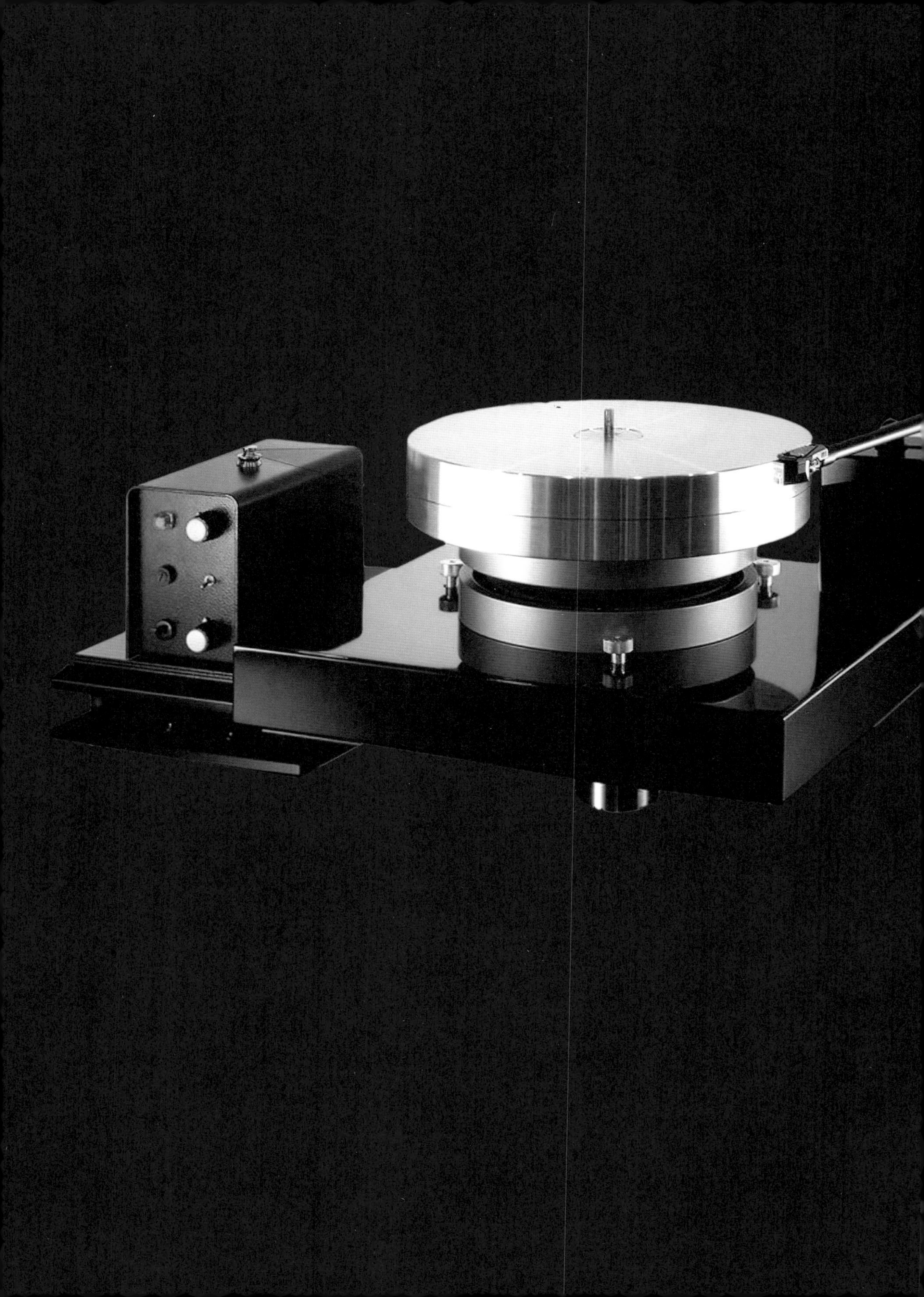

Chapter 8
第8章
黑胶音源系统的转盘

第 1 节　唱盘的构成与作用

唱盘与电唱机或电唱盘不同，电唱机或电唱盘通常包含唱臂、唱头在内，而唱盘是不包含唱臂、唱头的独立部件。唱盘主要由 3 部分组成：转盘、基座和电动机。转盘与基座由轴承连接，电动机通过皮带驱动转盘或者直接驱动转盘。它是黑胶音源系统的基础组件之一。当然还有其他一些驱动的方式，我们后面将逐一讨论。

在我们没有对黑胶音源系统进行深入了解之前，总是认为唱盘在一套系统中扮演的只是一个次要角色。从表面上看似乎是这样，唱盘只是让唱片转动和支撑唱头唱臂工作的工具而已，对声音的影响会有多大呢？答案是唱盘对声音的影响非常大！

转盘是唱片的承载台，它不仅为唱片提供精确的转速，它还有一个潜在的又极其重要的作用，那就是在提供精确的转速的同时保持高度的宁静，即转盘运转时不应有任何振动，因为转盘的振动会引起唱片的振动，唱片的振动不是唱纹中的音乐信号，它必然会与音乐信号一起通过唱头被送入唱头放大器，造成严重的音染。我们当然不希望转盘产生振动，令人遗憾的是，转盘的振动不仅存在，而且非常严重。有朋友会说有这么严重吗，是否言过其实了？不然！为了说明这个问题，我们来分析一下唱片的唱纹，当得知唱纹的微小程度后，您就会认同这一观点。转速为 $33\frac{1}{3}$ r/min 的唱片，每秒钟只有 0.5555 转，以唱片外圈的唱纹周长计算，每秒钟唱头循迹读取唱纹的长度约为 52cm，20 000Hz 的音频信号唱纹正弦波坑距只有 0.026mm，以此计算最内圈唱纹正弦波坑距约为 0.01mm，只要转盘振动的频率在声频范围内，唱盘的振动就会影响唱针正常读取唱纹，使音频信号遭到破坏，尤其是高频信号处于低电平时，转盘的振动会将弱小音乐细节“偷食”一空，难怪我们时常感觉乐器的质感不好，声场的空间不够宽、不够深，音乐的表现缺乏活生感，转盘的振动是音质劣化的根源。

相信大家都会发现，无论是讨论唱盘的设计制作还是调整唱盘使用，话题总是围绕着“振动”二字。转盘的振动产生的原因，归纳起来有以下几个因素：轴承摩擦振动，电动机振动，地面振动，声波振动（声反馈），唱片的振动（谐振）。

要制造出一台坚固、无振动、平整和转速稳定的好唱盘，在设计制作上有哪些要求呢，用户在调整使用时又该注意哪些问题呢？为了深入探讨这些问题，我们需要对唱盘的基本结构和常识进行进一步的了解和学习。

第 2 节　唱盘的结构与尺寸

转盘的直径没有硬性的规定，一般设计为 300mm，这是对应 12 英寸唱片的尺寸。也有一些转盘的直径要大一些，例如 310mm、320mm，甚至接近 400mm。转盘直径越大，飞轮效应越好，获得的惯量越大，对转速稳定更有利。大直径转盘虽然好，但不能无节制，这是因为转盘直径与唱臂的长度成正比，即转盘直径越大，唱臂就越长，过长的唱臂也会衍生一些问题。因此转盘的直径在 300 ～ 310mm 比较合适。

转盘的厚度（高度）的差异很大，没有明确规定，薄的可能只有十几毫米，厚的达上百毫米。为了加大质量，提高惯性，增加转盘的厚度是一个好办法。常规的转盘厚度在 20 ～ 40mm，厚度超过 50mm 的转盘属于大质量设计，少数超级转盘的厚度超过 150mm，这样的转盘已经属于极限产品。转盘的质量还要与轴承荷载、电机扭矩配合设计，过大的转盘质量会使轴承难以承受，电动机也存在启动负荷问题，因此转盘的厚度取决于轴承的承载能力和电动机的启动力矩。其实飞轮效应不仅与直径大小有关，尽量把质量分布在转盘外缘也是有效减小飞轮效应的举措。当然质量分布少的地方要保证足够的刚性，否则会产生谐振，导致顾此失彼。

唱片的孔径是 7.24mm，唱片轴轴径的标准尺寸是 7.15mm，为什么轴径要小一些呢，当然是为了放置和取下唱片更顺畅。轴头的高度不一，一般在 12 ～ 16mm；轴头的形状各异，多为半球头，也有倒角和锥形。

第 3 节　转盘材料

转盘材料主要分为金属和非金属两大类。金属转盘的材料以合金铝为主流，铝合金有比较好的加工特性，表面处理多元化，价格适中，是中档和中高档转盘的主要选材。不锈钢和合金铜也是制作转盘的好材料，其比重要比铝合金更高，因此体积相同的转盘的质量比铝合金转盘要高出两倍以上。一些高档金属转盘都使用特殊合金作为材料，使用不同成分的合金，是为了改善材料的谐振特性，比如加入铅、钨等高质量材料。

亚克力是目前非常流行的非金属转盘材料，亚克力材质的转盘外观非常符合现代审美的流行趋势。由于亚克力的密度比较低，转盘要制作得比较厚，保证足够的质量。用于制作转盘的非金属材料还有玻璃、陶瓷、碳纤维、木材、石墨等。

为什么会有这么多的材料选择呢？原因是不同的材料有不同的物化特性，我们不能绝对地说哪一种材料最好，因为每一个厂家的设计思维和美学理念都不尽相同，加工工艺和成本的差异也会是选择不同材料的一个重要因素。无论如何，材料应该是低谐振频率的。我们希望转盘没有振动，遗憾的是无论哪一种材料都有固有的谐振频率，只是频率和幅度不同而已。

采用合成材料或多层结构（三明治式）是很好的思路，不同谐振频率的材料组合，可以非常有效地阻尼自身的谐振频率，对外来振动的吸收也有较宽的频率范围。无论选择何种材料，采取何种方式进行组合，设计者都是根据各自的理论在其产品中实施，最终要看使用者的甄别能力。

第 4 节　转盘结构

转盘的结构与驱动方式和轴承有着直接的关系。转盘的结构主要有 3 种，单盘结构、主副盘结构和多盘结构。单盘结构是指转盘与轴为整体结构或直接配合结构，单盘加工的同心度和刚性相对来说比较好。主副盘结构是指转盘由两个盘组成，主盘为外缘，副盘与轴相连，主盘套在副盘上。主副盘结构的好处是转盘安装电动机的调整非常方便。近年流行的磁悬浮使得转盘结构又有了新的变化，这就是多盘结构。多盘结构的转盘由主盘和两个驱动盘组成，3 个盘需要一定高度的空间（将在驱动部分详细论述），所以多盘结构的转盘比一般转盘要高得多。

第 5 节　转盘的质量

转盘转动惯量是唱盘的一项技术指标。转动惯量，又称惯性距、惯性矩（俗称惯性力距、惯性力矩，但不是力矩），转动惯量是指物体转动惯性大小的物理量。

简单来说，转动惯量可以描述为物体转动的难易程度。有两个条件会改变转动惯量：一个是旋转物体的质量，另一个是旋转物体质量中心与转轴的距离。转动惯量与质量成正比，与质量中心到转轴的距离的平方成正比。

表 8.1 是一些典型转盘材料的转动惯量。转动惯量的单位是 $kg \cdot m^2$。假定转盘体积相同、质量分布相同，直径 30cm，厚 3cm。

表8.1　典型转盘材料与转动惯量的关系比较

材料名称	亚克力	铝合金	青铜	钨合金
比重（g）	1.2	2.7	8.3	18.5
质量（kg）	2.54	5.72	17.60	39.23
转动惯量（$kg \cdot m^2$）	145	326	969	2236

从表 8.1 中我们可以清楚地看到，转盘的质量越大，转动惯量越大。举个例子，行走中的大象，无论你用多大的力气去推它，几乎都无法改变它的行走方向和速度（运动状态），而用相同的力推小松鼠，它立刻就会改变行走速度和方向。转动惯量的原理告诉我们，在相同的驱动条件下，质量大的转盘要比质量小的转速要稳定。

转盘质量的分布也与转动惯量有关，应尽可能把质量分布到转盘的外缘，让有限的质量获得更高的转动惯量，转盘在旋转时就可以获得更加稳定的转速。

第 6 节　转盘精度

转盘的加工精度指标及转盘和轴承的配合精度至关重要。转盘的加工精度包括转盘的真圆度、同心度、同轴度（与轴承的配合）、平面度和垂直度的精度。这些精度影响转盘旋转时的稳定性，同时还会影响循迹力（Tracking Force）、垂直循迹角（VTA）和抖晃率（Wow and Flutter）。

第 7 节　转盘轴承

轴承在转盘结构中扮演的角色是主角，毋庸置疑。轴承的优劣直接影响转盘的运转特性，那么转盘都有哪些形式的轴承设计，这些轴承都有什么特性呢?

轴承可划分为机械式和非机械式两类。机械式轴承分类很多，用于转盘的轴承基本上都是机械式径向止推轴承，这种轴承也被称为向心推力轴承，它可以同时承受径向载荷和轴向载荷。径向载荷指轴承对电动机皮带侧向拉力的支撑，轴向载荷指轴承对转盘向下重力的支撑。

机械式径向止推轴承可分为滑动轴承和滚动轴承两类。唱盘使用的全部是轴套轴承，轴套轴承属于滑动轴承（摩擦系数为 0.01 ～ 0.2），其摩擦系数大于滚动轴承（摩擦系数为 0.0010 ～ 0.0015）。既然摩擦系数大，为何还要使用滑动轴承呢？因为转盘转速很低，转盘轴承的径向载荷皮带侧向拉力非常小，实际运转时摩擦阻力并不大。重要的是轴套轴承的游隙小。游隙是专业用语，指轴承轴与轴套的间隙。轴承间隙有径向间隙和轴向间隙，径向间隙可以非常小，而轴向间隙是靠转盘自重形成，因为转盘是垂直于地面安装的，受地球引力作用，转盘越重轴向窜动越小，轴向窜动越小，轴向间隙就越小。另外一个影响轴向间隙的因素是轴向摩擦点精度，轴的底端是个球面，轴套底端是平面，轴和轴套底端的精度绝对值之和就是轴向间隙值。还有轴承材料的物化特性，比如材料的膨胀系数等也都会影响到轴承游隙。

转盘轴承的径向荷载相对轴向要小得多，轴向的荷载几乎是转盘的全部重量（还有唱片垫、唱片镇和唱片的重量）。为了降低轴向的摩擦阻力，轴的底端的球面精度和光洁度必须非常高。在理论上，轴套轴承的底端是点接触，实际上在重力作用下轴套轴承的接触点是两个相互拟合的球面，这样使得轴向支撑点的压强非常大，轴底球面非常容易被磨损。为了进一步降低轴向支撑点的摩擦同时提高耐磨性，轴承底部球面的摩擦点通常使用高硬度的轴承钢，极少数高档的转盘使用更高硬度的金刚石、宝石，甚至钻石。轴套底部止推端与轴头球面接触，对这个止推面的材料也同样要求有很高的耐磨性和光洁度，但止推面通常不使用金属材料，而是用聚四氟乙烯（PTFE），这是一种高分子化合物，俗称“塑料王”，这种材料具有优良的物化特性，耐腐蚀、耐高温、耐磨、高润滑。使用聚四氟乙烯做轴承止推还有一个好处，就是他的弹性可以有效地吸收振动。

轴套轴承有两种结构。第一种结构是轴与转盘（或副盘）相连，轴套固定于唱盘底座，轴向支撑点在下方。第二种结构是轴套与转盘（或副盘）相连，轴固定于唱盘底座，轴向支撑点在上方。这两种结构各有特点，轴向支撑点在下方的结构的轴承润滑很好处理，定期添加润滑剂即可。轴向支撑点在上方的结构的轴承润滑需要在轴上加工一条左旋来福线，把润滑剂带到轴上部，保证轴承上轴向支撑点和轴套的润滑。轴向支撑点在上方的结构使得转盘重心比轴向支撑点在下方的结构要低，对运转的稳定性有一定的好处。随着现代材料科技的进步，新型的自润滑轴套材料应运而生，石墨铜套就是一种非常好的自润滑轴套材料，这种材料的轴套在与转轴摩擦时自然生成超细的润滑粉末，可以长久使用而不需要添加任何润滑剂。

在机械式轴承中，单点轴承的摩擦系数是最小的，这是因为单点轴承的径向没有轴套的大面积摩擦，同时也是因为单点轴承的径向没有轴套支撑造成轴向摆动，克服轴向摆动全靠转盘自身平衡，所以极少在转盘上使用单点轴承。但是也有特例——法国的 AUDIOMECA 运用单点轴承设计的 ROMANCE 唱盘就有不俗的表现，运转非常顺滑，轴摆动也比较小。仅就其高频延伸和细致度这一点而言，要好过众多名牌唱盘，其缺点是声像的稳定性（精确度）要差一点。

机械式轴承在唱盘上的使用，从某种意义上说已经处于极限状态，由于轴与轴套是接触产生摩擦，所产生的振动无法根除。为了解决机械式轴承的振动问题，高档唱盘的设计采用了先进的非机械式悬浮轴承技术。悬浮轴承是指将轴向或轴向和径向接触支撑改为非接触支撑。轴向悬浮是单向悬浮，轴向和径向悬浮是双向悬浮。轴向悬浮是指轴承在轴向采用了非接触的悬浮技术，径向还是有接触的机械轴承方式；轴向和径向悬浮是指轴向和径向都采用了非接触的悬浮技术，双向悬浮技术是完全没有接触摩擦的，理论上摩擦系数接近于零。悬浮技术的原理基本一样，但悬浮使用的介质不同。

目前，悬浮的方式有 3 种，即磁悬浮、油悬浮和气悬浮。

磁悬浮有 3 个基本方式。第一个基本方式是当靠近金属的磁场改变时，金属上的电子会移动，并且产生电流。第二个基本方式是电流的磁效应，当电流在电线或一块金属中流动时，会产生磁场，通电的线圈就成了一块磁铁。第三个基本方式的原理是磁铁间会彼此作用，同极性相斥。

用于转盘的磁悬浮轴承基本上都是第 3 种方式。磁悬浮在轴承上的运用，是利用磁体同极性相排斥的原理，将两块磁铁分别安装在转盘的轴与轴套上，磁体同极性相对，产生的排斥力使得转盘被向上托起，这样轴向的摩擦就没有了，轴向的摩擦振动随之消除。相对机械式轴承的轴向摩擦振动而言，磁悬浮轴承转盘振动要优异很多。那么磁浮转盘有没有缺点呢，当然有。首先是磁性会对唱头产生干扰，这要求磁悬浮转盘的磁屏蔽要做得非常彻底，否则就会顾此失彼。历史上最早利用磁悬浮技术设计制作转盘的是法国 JC VERDIER，型号为 LA PLATINE 的转盘至今仍然有很多黑胶发烧友在使用。

市场上的磁悬浮转盘为数不少，从国产中低档的 AMARI 到德国高档的 Clearaudio 和 JR Transrotor。发烧友可选的范围大了不少。

油悬浮轴承也被称为油膜轴承，油膜轴承有静压油膜轴承和动压油膜轴承之分，用于转盘的是静压油膜轴承。静压油膜轴承是靠润滑油在转轴周围形成的静压力差与外载荷相平衡的原理进行工作的。工作时，轴与轴套之间被压力油液隔离，使得轴套在轴向上的接触被完全消除，体现在转盘上就是压力油膜托起转盘。油悬浮转盘的刚性要优于磁悬浮转盘，荷载能力强，精度高。缺点是油路容易堵塞，易产生污染。

采用油悬浮技术制作转盘的厂家少之又少，目前似乎只有 JC VERDIER 一家（见图 8.1）。

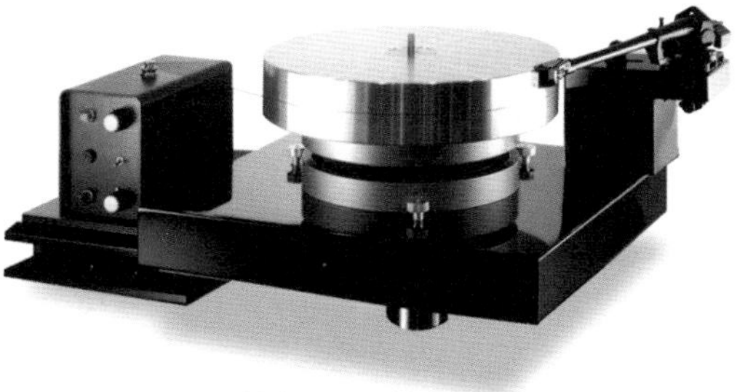

著名磁悬浮转盘

超重量级的液压油悬浮转盘

图 8.1　磁悬浮转盘和油悬浮转盘

空气悬浮轴承的原理与油膜轴承是一样的，只是介质不是压力油，而是压力空气。在航空和机械测量领域使用的空气悬浮轴承结构非常复杂，空气悬浮轴承在民用音响转盘上应用时，其结构已经进行了简化，单向空气悬浮轴承就是悬浮轴承技术和机械式轴承技术相结合的产物。

目前国外的磁悬浮唱盘和气悬浮唱盘采用的都是半机械半悬浮的单向气悬浮轴承。MICRO SEIKI、FORSELL、Rockport Technologies 是单向气悬浮唱盘的典型代表（见图 8.2）。

空气悬浮轴承的优点与磁悬浮轴承是一样的，有着非常低的摩擦系数，转盘运转时产生的机械振动极小。空气悬浮轴承其他优点是没有磁悬浮的磁性干扰问题，也没有油悬浮的油污染问题。缺点是额外增加了气泵，成本相对要高一些。

尽管单向空气悬浮轴承比机械式轴套轴承要优异很多，摩擦系数仅有机械式轴承的 1/10，但仍然存在着径向摩擦。能不能把径向的摩擦也根除呢？双向气悬浮轴承可以解决这个问题（见图 8.3）。利用压力空气作为介质，对轴向和径向进行悬浮，彻底隔离了轴与轴套轴向和径向接触，使转盘完全悬浮于空气中，杜绝了机械摩擦，转盘的振动降低到了极限值。这个结构被称为双向气悬浮轴承。双向气悬浮轴承的摩擦系数非常小，在相同质量的转盘负载下测试摩擦阻力，双向气悬浮轴承的摩擦系数约为单向气悬浮轴承的 1/25，是机械式轴承的 1/320。

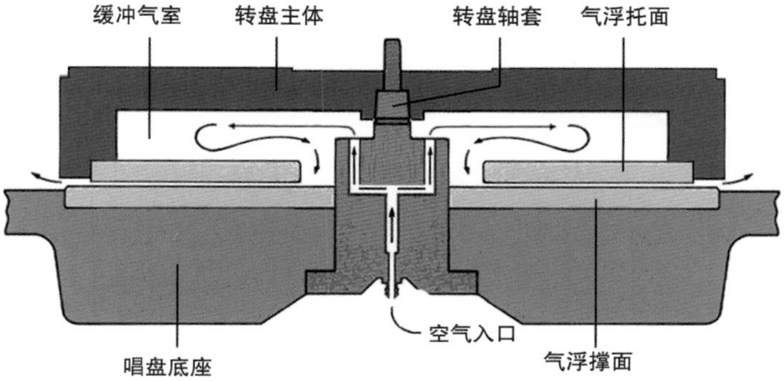

图 8.2　单向气悬浮轴承的转盘

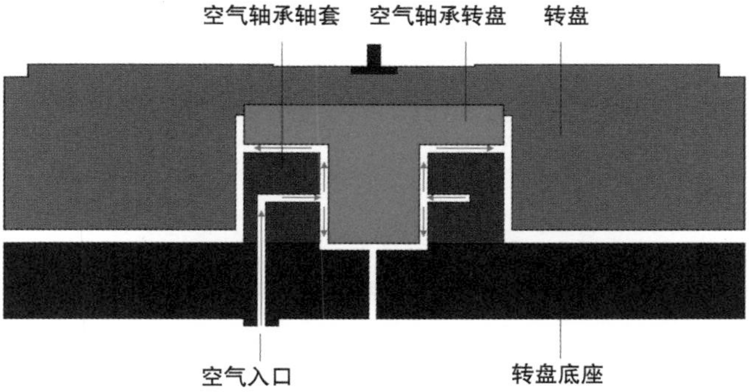

图 8.3　双向气悬浮轴承的转盘

第 8 节　唱盘底座

唱盘底座（Turntable Plinth），又称基座，是唱盘系统的基础结构，它承载着转盘、唱臂和电动机（分体电动机除外），稳固和抗振是唱盘底座的两大要素。

唱盘底座的尺寸完全没有定式可循，但尺寸都比转盘要大，作用是稳固重心。在相同厚度、相同材质的条件下，面积大的唱盘底座刚性不如面积小的唱盘底座，因此底座的尺寸大小也要适当。唱盘系统是由不同材质、不规则几何尺寸的物体构成的，因此唱盘底座尺寸需要依据转盘（包括轴承）、唱臂、电动机的尺寸与位置及质量重心来确定。

转盘与唱盘底座的质量比值为 1∶2 ～ 1∶3。如果不计成本，把唱盘底座设计得更重一些当然更好，很多超级唱盘系统还配备专用的唱盘机架，机架重达几十甚至数百公斤。唱盘机架可以被视为唱盘底座的延伸，唱盘底座的质量越大，抵御和吸收振动的能力就越强。

唱盘底座的结构主要依照避振系统形式来确定的。换句话说，唱盘底座是围绕着弹簧悬挂和避振脚来设计的。唱盘分为软盘和硬盘两大类，软盘的底座是一个箱体，转盘和唱臂安装在一个托板上，托板与底座的顶板通过弹簧悬挂连接，电动机安装在箱体的顶板上。3 个弹簧（或气囊）有效地把来自电动机、地面的振动与转盘、唱臂隔离开来。这种结构的底座就是所谓的软盘底座。硬盘的底座结构要简单一些，底座可以是一个箱体，也可以是一个实体。转盘和唱臂直接安装在这个箱体或实体上。避振脚安装在唱盘底座的底部。高档硬盘的电动机都是分体设计，独立于唱盘之外。

前面我们讨论过唱盘产生振动的几个因素，除了来自转盘轴承和电动机的振动之外，还有来自地面的振动。地面的振动频率虽然较低，但能量较大。振动通过器材架传导至转盘，这是危害较大的振动之一。为了避免地面的振动，采取的措施是在转盘和底座之间或者在唱盘底部用弹簧、气囊、橡胶脚、角锥来隔离和吸收振动。无论采用什么样的避振方式，在唱盘上具体实施时只有两种结构，即软盘和硬盘结构。

那么为什么会有软盘和硬盘之分呢，它们的避振都有哪些优缺点呢?

最简单的避振结构是弹簧避振器，常用的弹簧有拉伸弹簧避振器和压缩弹簧避振器两类。软盘使用的就是压缩弹簧避振器，压缩弹簧受外力时向下压缩，并保持有向上回弹的伸张力。弹簧避振器在唱盘中俗称弹簧悬挂，弹簧悬挂的优点是阻隔和吸收转盘托板以外的振动的效果良好。压缩弹簧通常是圆柱形的，容易产生固有频率的共振而造成音染。转盘受电动机皮带的牵引，弹簧会发生径向位移变化形成水平摆动，影响唱针循迹。因此直接使用圆柱压缩弹簧效果不太理想。把压缩弹簧柱形改为宝塔形，把弹簧的等步距改为渐变步距，结果不仅降低了弹簧固有频率的谐振，还有效地抑制了水平摆动幅度。美国 Acoustic Research 是三点弹簧悬挂设计的鼻祖，英国 Linn 和瑞士 Thorens 后来者居上，成为唱盘生产厂家中软盘生产者的领军者。使用气囊做悬挂唱盘的厂家极少，美国 SOTA 可能是唯一的厂家。令人费解的是，SOTA 的气囊悬挂设计是四点结构，调整水平不太容易。气囊与弹簧相比刚性要好得多，荷载也比较大，稳定性更好，调整好之后可以较长久地使用。

硬盘主要是利用唱盘自身的质量和安装在底座底部的避振脚来抑制外来的振动。硬盘底座的避振脚的设计也是多种多样，但也只有硬避振和软避振两种。无论是硬避振还是软避振，避振脚在底座的分布位置和荷载要根据转盘质量的重心和总质量来确定。如果分体式电动机与唱盘分别安装在两个独立的器材架上，电动机的振动对唱盘的影响几乎为零。倘若在硬盘上安装电动机，那是不理智的。笔者曾用过的 MICRO SEIKI F-777AIR 这款硬盘，电动机就是和转盘唱臂安装在同一个底座上的。使用医用听诊器监听底座，电动机运转的振动噪声清晰可闻。为了验证这个振动对重放声音的影响，进行了如下实验：取下传动的皮带，将唱针落在唱片上，把放大器调整到正常的聆听音量，耳朵贴近扬声器，这时只有微弱的放大器本底噪声。启动电动机后，噪声明显增大了 2 ～ 3dB。这个实验告诉我们，电动机的振动是客观存在的。

用于硬盘的避振脚分为刚性和柔性两类。刚性避振脚又叫硬避振，是利用压强原理工作的。角锥向外（锥尖向下），抵御外来（来自地面）的振动。

硬避振多为质量较大的转盘所采用，避振脚的结构简单、易于操作、系统调整后持久稳定（指转盘水平）是其特点。

柔性避振脚也被称为软避振，利用弹性材料如弹簧、橡胶、气囊等材料的阻尼特性来吸收外来振动。软避振的设计要点在于避振器的阻尼值，即在压缩（Compress，或称 Rebound）时可产生多大的阻力，这要根据转盘总质量分布到避振脚的荷载量来确定。

软避振脚最多使用的是弹簧，效果良好，价格低廉。橡胶避振较为多见的是与弹簧组合使用。

气囊避振器是软避振的高级方式，分为固定式、可调式和自水平式。固定式就是由 3 个或 4 个气囊组成避振器。气囊内的气压是固定的，在转盘质量不变的情况下，谐振点基本上也是固定的。可调式也是由 3 个或 4 个气囊组成的，气囊像车内胎一样，每个气囊都有气嘴，可以独立输入气压，根据不同的荷载调整出合适的刚性强度和阻尼值，以获得理想的避振效果。

软避振比硬避振的避振效果更好，但是水平调整精度和稳定性不是十分理想。自水平气囊避振器就是针对这一问题而研发的高级系统。自水平气囊避振器又被称为自水平气浮隔振台，它由 3 个基本部分组成，即双气室复合膜片气囊、控制传感器和气源气路。自水平气囊避振器的固有谐振频率极低，垂直方向为 1.1Hz，水平方向 0.5Hz，振幅约 2μm，在可控制范围内。当放置唱盘的台面受外力作用产生变化时，传感器的开关动作把台面的振动和水平变化反馈到伺服系统中，气囊自动校正阻尼，瞬间达到初始的平衡状态，减振、水平调整一并完成。显然，自水平气囊避振器是目前最理想的避振系统。可惜的是这类系统造价极其昂贵，无法普及使用。

底座的加工和安装精度在这里需要提及一下，因为底座与转盘这两个平面之间的平行度和唱臂垂直于转盘的垂直度有直接的关系，这个垂直度对旋转唱臂的抗滑、垂直循迹角的调整精度有着重要的意义（这点将在系统安装与调整中详述）。

不少黑胶爱好者至今对唱盘的软硬设计仍然争论不休，各执一词的原因是对唱盘设计原理的理解存在一些误区，希望读者通过以上的论述能对唱盘有进一步的了解。其实无论软盘还是硬盘只要设计合理都能获得好的效果，正所谓“条条大路通罗马”。

第 9 节　唱盘驱动

唱盘驱动系统的作用是把电动机的转动传递到转盘。电动机的传递（驱动）方式分为间接驱动和直接驱动两种。在唱盘的发展历史中，是先有惰轮驱动（Idler Wheel Drive），再有皮带驱动（Belt Drive），最后出现了直接驱动（Direct Drive）。20 世纪 50 年代的唱盘大多是惰轮驱动方式，其中英国的 Garrard 301、401 和瑞士的 Thorens TD-124 为佼佼者。到了 20 世纪 60 年代，皮带传动的唱盘盛行起来，美国的 AR 唱盘是先导者，英国 Linn LP12 后来居上。在之后的 20 年间，几乎所有厂家都在设计生产皮带驱动的唱盘。1970 年，日本松下公司以 Technics 品牌发售了世界上第一台直接驱动唱盘 SP-10，轰动了音响界。这个为广播专业设计的直驱唱盘扭力强劲、转速精确，性能非常优异。很快，直驱唱盘成为乐迷们的新宠。到了 20 世纪 70 年代末，日本生产的唱盘几乎都采用了直接驱动的方式。人们在细心、反复的比较之下发现直驱唱盘存在的一些问题，在音质上总会缺失一些柔顺和细致。20 世纪 80 年代，皮带驱动的唱盘再度复出，至今仍然是唱盘的主流驱动方式。

惰轮驱动是比较古老的驱动方式，其工作原理是在电动机与转盘之间夹有一个惰轮，通过机械装置将惰轮施压在电动机和转盘之间，由于转盘和电动机不是直接接触，而是由惰轮间接驱动，所以我们把惰轮称为中介轮。惰轮驱动的优点是启动迅速，更换唱片时只要将惰轮移开，而电动机不用停止转动。20 世纪 60 年代是惰轮驱动的盛行期。惰轮驱动方式的缺点是电动机的振动与晃动比较容易传递到转盘而产生“辘”声，因此现在转盘基本不再采用惰轮驱动方式了（见图 8.4）。

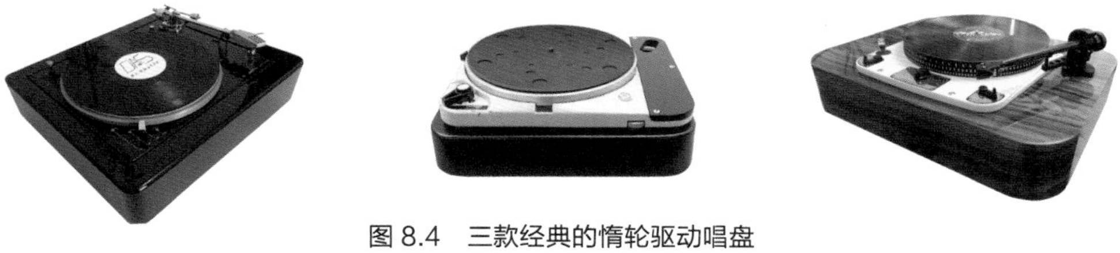

图 8.4　三款经典的惰轮驱动唱盘

皮带驱动相比惰轮驱动，在减少振动和转速精度方面都有了很大的提高，原因是电动机与转盘可以安装在各自独立的器材架上，彻底隔离电动机的直接振动，电动机与转盘之间通过皮带的缓冲也有效地吸收了间接振动。比较之下皮带驱动的启动速度稍微慢一些，并且需要运转几圈后才能稳定转速。一些一体式唱盘选择的都是小力矩的电动机，因为功率小，振动就小。分体电动机的唱盘由于隔振效果好，电动机可以选择力矩大一些的，更好控制转盘的转速。转盘的皮带是电动机与转盘的纽带。在转盘所有的部件中，皮带很不起眼，不过皮带的功能不容轻视。皮带的长短、截面积形状、橡胶材质、软硬度、弹性及摩擦系数都与转盘的工作有关。

皮带驱动的主要缺点是，皮带与转盘两侧的张力差对抖晃有一定的影响。为了解决这个问题，一些重量级转盘则在皮带的结构上花工夫，解决方法是降低皮带的弹性，皮带的张力平衡得到了明显的改善。后来出现的皮带几乎没有弹性，驱动精度和张力都非常理想。除了皮带的弹性，皮带的形状结构对皮带驱动也有一定的影响。一般转盘的皮带多为普通橡胶，有较大的弹性，扁平带状。带状皮带生产工艺简单，成本也低，适合普通唱盘使用。这种皮带的优点是带面宽、摩擦系数较大，即使电动机轴很细也不易打滑。由于皮带有弹性，对电动机与转盘的安装距离精度要求不是很高。断面为圆形的皮带也是由橡胶材料制作，使用特性与扁平带状的皮带基本相同，它的轮轴槽口为 V 字形。如果你的转盘电动机没有调速系统，在更换皮带时就要注意皮带的断面直径，它直接影响转速，因为皮带的断面直径的大小会改变转速比。皮带的长短应该根据转盘与电动机之间的间距来确定，过紧、过松都不合适。皮带的断面面积要由电动机轴头的形状来确定，它可以是圆形的，也可以是扁方形的。皮带的材质应该耐老化，抗拉强度高，最好的材质选择应该是氟胶。硅胶是一种过于柔软、弹性较大的材料，并不适用于皮带的制作。橡胶皮带不宜过细，过细的皮带拉力小，易抖动。一般断面为圆形的皮带直径为 1.8 ～ 2.0mm 为好。断面为扁方形的皮带厚度为 0.5 ～ 1.0mm，宽度为 5.0 ～ 8.0mm 为宜。皮带的软硬度和弹性要适当，皮带过软，摩擦力足够，但拉力会降低；皮带过硬，拉力好，但与轴头摩擦力过低，容易打滑。

还有一种带状皮带的带基非常薄，从皮带的结构看，橡胶里有一层布基，这层布基使得皮带的弹性大大降低，这种构思融合了橡胶扁带和线带的优点，使用效果好并且易于调整。

其他材质的皮带还有线带。线带多为日本美歌和瑞典 FORSELL 所使用。线带最大的优点是弹性小，张力大，启动快，传动精度高。缺点是，打结麻烦，电动机与转盘之间的线带张力要大，否则容易打滑。

线带是针对皮带的缺点而设计的，线带与橡胶皮带的特性相反，几乎没有弹性，这样线带两侧的张力非常接近，线带与电动机轴头的接触面非常小，因此电动机的轴径不能太小，对电动机与转盘的安装精度要求很高。如果线带松了，会因摩擦力太小打滑而无法带动转盘，线带过于紧又会加重电动机轴承的负荷而不易启动。因此一些高档唱盘的电动机底座都设有调节装置，可以精细地调节线带张力。线带的好处是，安装得当时，线带两侧的张力差很小，电动机的抖动很难通过线带传到转盘上。问题是由于线带的安装张力大，使得电动机轴承和转盘轴承的负荷加重，这要求电动机轴承和转盘轴承的摩擦系数非常低，同时电动机的力矩也不能太低。中、低价位的唱盘都不具备这样的条件，线带几乎都是用在重型或气悬浮转盘系统上。线带接头的好坏会影响驱动质量，MICRO SEIKI 线带打节方法的图解见图 8.5。

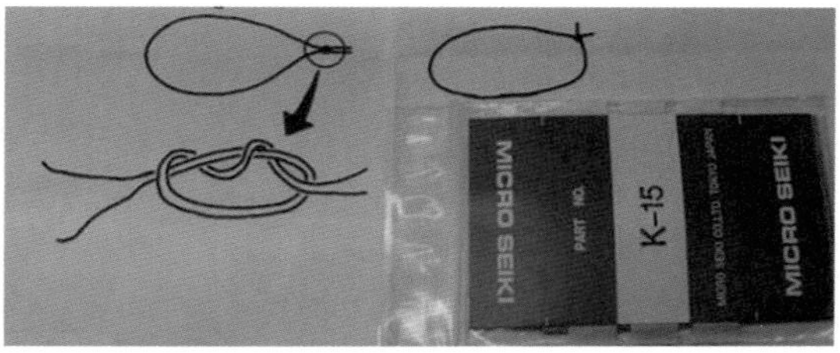

图 8.5　MICRO SEIKI 线带打结方法的图解

皮带和线带的材质很有讲究，橡胶皮带的种类有很多，包括丁腈橡胶、氢化丁腈橡胶、硅橡胶、氟橡胶等，它们的物化特性各有不同（见表 8.2）。

表8.2　各类橡胶的物化特性

皮带材料	丁腈橡胶	氢化丁腈橡胶	硅橡胶	氟橡胶
抗拉强度	一般	良好	较好	好
抗老化	差	一般	较好	好
价格	低	中	中	高

从表 8.2 中可以看到，硅橡胶和氟橡胶的物化特性比较好，它们都有较高的抗拉强度和较长的使用寿命。容易老化的皮带都是使用丁腈橡胶制作的，抗拉强度不佳，容易断裂。3 款皮带驱动唱盘见图 8.6。

线带使用箱包或皮革制品的缝制用线较好，这些线有较高的抗拉强度或长久的耐腐性。线带的线径为 0.15 ～ 0.3mm 比较适中。

可以说，直接驱动唱盘的电动机效率是最高的，在理想状态下甚至可达到 100%。在电动机效率级别相同的情况下，直接驱动唱盘的转速也是最准确的，这是因为直接驱动唱盘没有间接驱动的损耗误差。

前面我们提到了直接驱动唱盘也存在一些问题，起初人们并不了解直接驱动转盘音色不好的原因，随着人们对直接驱动转盘与皮带驱动转盘进行深入的研究与比较测试后才发现，直接驱动转盘的电动机的振动无法完全被吸收，直接传导给转盘后导致信号失真（见图 8.7）。

随着直接驱动转盘的风潮渐退，人们又将目光转回皮带驱动转盘。虽说皮带驱动转盘比直接驱动转盘音质更好，但皮带驱动转盘也有一些缺点，最突出的就是轴心偏移。什么是轴心偏移？轴心偏移的坏处是什么？解决轴心偏移问题的方法是什么？

转盘的轴承几乎都采用轴套轴承。轴套轴承是由轴套和轴杆组成的，轴套与轴杆之间有一定的间

图 8.6　3 款皮带驱动唱盘

图 8.7　3 款经典的直接驱动唱盘

隙。当皮带牵引转盘时形成侧向拉力，使得轴杆靠向电动机方向的轴套一边，这就是轴心偏移。由于轴杆与轴套的直径差，轴是以滑动和滚动两种方式进行交替的周期性运转。这个周期性运转产生的振动被称为抖晃，轴杆的抖晃联动转盘的抖晃，这是轴心偏移的坏处。轴杆与轴套的直径差越大，抖晃也就越大，反之越小。那么把轴杆与轴套做成一样的可以吗？回答是否定的。因为轴杆与轴套之间没有间隙，轴就会被抱死。要想轴杆与轴套之间的间隙小，在加工轴杆与轴套时必须要有很高的同轴度、直线度和光洁度。无论间隙有多小，皮带的侧向拉力导致的转盘抖晃都无法完全去除。当然，高精度的轴承的抖晃要小得多。不过，转盘轴承参数越高加工费用越高，价格自然也就越高，这就是不同档次转盘之间的差别所在。使用平衡带动的方式是解决轴心偏移问题的好方法。产生轴心偏移的原因是轴承仅一侧受力，只要让轴承受力平衡，问题就能得到解决。解决轴承受力平衡问题的方法有许多种，最简单的方法是在与电动机对称的一边设置一个轴承，两边皮带对转盘的侧向拉力是对称的。也可以在转盘两侧分别安装轴承，电动机通过其中一个轴承带动转盘，这样不仅转盘轴承可以获得平衡的侧向拉力，同时介于转盘和电动机间的轴承还能缓冲电动机的振动。比这种形式更复杂一些的是使用 3 个轴承，围绕转盘 120° 均匀分布，VPI 就有这样的机型。除了以上使轴承受力平衡的方法，还有一种方法是直接用 3 个电动机围绕转盘 120° 均匀分布来驱动，Clearaudio 是这样的机型的推崇者。

在唱盘发展的整个过程中，皮带驱动方式占据着主导地位，今天唱盘的驱动方式还会有新的发展吗？可喜的是转盘的驱动方式不仅有了新发展，而且有了突破性的发展。德国的 JR Transrotor 公司就设计并生产出了新的磁力驱动转盘，磁力驱动技术（Transrotor Magnetic Drive，TMD）的原理是利用磁力的非接触驱动，在转盘的底部安装一个磁性圆盘，圆盘下方装有电动机带动的磁性圆盘，电动机转动时，由于两个磁盘的磁力作用，转盘被驱动。只要做好磁屏蔽，磁力驱动应该是一种非常好的唱盘驱动方式。有一点需要说明，磁力驱动不是磁悬浮，它与转盘轴承没有直接的关系。

电动机是唱盘系统的重要部件之一，它是转盘的动力源。作为转盘使用的电动机，有 3 项重要指标，转速、扭矩和振动。这 3 项指标要求电动机转矩要有一定余量，能轻松地驱动转盘；稳定的转速，保证音乐的音准；保证尽可能低的机械噪声和电磁干扰。

交流电动机在普及产品上是直接利用市电频率控制转速的，市电的频率应该是稳定的，电网的频率变化范围是 ±1Hz。电压变化对交流电动机的影响可以忽略不计。没有转速切换专用电源的电动机，电动机的转速切换是通过变换轴头（俗称宝塔轮）来实现的。交流电动机属于线性设备，依靠频率工作，频率高、低都会影响转速（即使电压正常），并且电动机的输出扭矩也会因频率而发生变化。因此如果交流电动机完全靠市电频率工作，转速势必会受影响，以电动机 500r/min 的转速，市电的频率 ±1Hz 的频率误差计算，电动机的转速误差就是 ±1r/min。那么推算到转盘的速度误差就是 ±0.25%。具体到时长 30min 的音乐时，误差为 ±4.5s。这还是在不考虑其他误差因素（电动机自身转速、电动机轴与转盘转速比）的情况下的误差值。使用交流电动机的高档转盘采用专用的变频电路来控制和改变转速，并能进行细致的转速调整，VPI 的 SDS 就是为唱盘的交流电动机专门设计的电源，是用变频电路控制唱盘转速的典型设备。SDS 电源的输出频率可以以 0.01Hz 的精度调整，即 SDS 对电动机转速的调整分辨率是 0.01r/min（见图 8.8）。

图 8.8　交流变频电动机唱盘

直流电动机需要与之配套的电动机驱动电路和控制电路才能把电动机控制在一个稳定的工作状态。直流电动机与交流电动机相反，驱动电路需要非常稳定的电压。对电动机的控制是通过传感器反馈给控制放大器来修正实现的。

电动机的主体结构包括电磁和机械两部分。在机械方面包括轴承的同心度、同轴度和游隙，以及转子动平衡等因素；电磁方面主要考虑电源电压的稳定性，转子气隙均匀度，气隙磁通平衡等因素。这些因素的优劣都会对电动机振动产生直接的影响。唱盘电动机在转动时，由于以上因素会产生振动，或许我们并非能够直接听见这个振动，但当振动传递到唱盘上时，就会形成低频隆隆声，低频隆隆声还会调制音频信号使音质劣化。唱盘的电动机不同于一般家电的电动机，它对机械和电磁的加工制造有非常高的精度和工艺要求。因此，一些高档唱盘的电动机制造成本很高，可能会是普通家电电动机的几十甚至上百倍。

空气电动机可能是唱盘电动机的最高级形式。1983 年日本美歌 MICRO SEIKI 推出了旗舰唱盘系统 S-Z1T & S-Z1M，S-Z1M 使用空气电动机驱动（见图 8.9）。身为外科医生的瑞士人 Dr. Peter Forsell 起初是音乐音响爱好者，FORSELL AIR FORCE ONE 是他追求极致的必然结果。FORSELL AIR FORCE ONE 的电动机也是空气电动机，结构上与 MICRO SEIKI 推出的 S-Z1M 虽有些不同，但异曲亦可同工妙。可能 MICRO SEIKI S-Z1T & S-Z1M 和 FORSELL AIR FORCE ONE 是世界上仅有的使用空气电动机驱动的唱盘系统。在转盘轴承章节中我们已经讨论和了解了空气轴承，现在我们再次讨论它。电动机并不直接连接转盘，那么有必要使用空气轴承吗？通过对空气电动机进行测试和试听，发现空气电动机在运转过程中避免了机械轴承摩擦振动产生的转速

MICRO SEIKI 空气电动机唱盘

FORSELL 空气电动机唱盘

图 8.9　MICRO SEIKI 和 FORSELL 空气电动机唱盘

波动，因此更加宁静和平滑，听感也就产生了质的变化，实际效果是令人震惊的。

第 10 节　真空吸盘

真空吸盘（Vacuum Disc Stabilizer）是高端黑胶唱盘的一项功能，这项功能只在极少数顶级唱盘上才能见到，可以说真空吸盘是唱盘的“高配”。

真空吸盘将唱片紧紧地吸附在转盘表面，使得唱片在非常平整的状态下播放。真空吸盘的工作原理是利用大气的压力差，把唱片固定在转盘上。它需要在转盘的外缘和内圈安装橡胶密封圈，用真空泵通过空心转轴把唱片和转盘之间的空气抽出，形成唱片上、下表面的压力差（唱片上面是正压，唱片下面是负压），让唱片吸附在转盘上。那么唱片吸附在转盘上，需要多大的真空度呢，我们先来了解一下真空度，真空度是指处于真空状态下的气体稀薄程度。若下面的压强低于大气压强，可以通过真空表读取真空度数值。真空度的数值表示的是系统压强实际数值低于大气压强的数值，即真空度 = 大气压强 – 绝对压强，绝对压强 = 大气压强 + 表压（ – 真空度）。通俗地说就是负压大小。唱盘上设有真空吸盘的国外厂家中，只有美国的 SOTA 和日本的铁三角在使用手册上标注了真空吸盘的真空值，SOTA 唱盘的真空值是 3.0" Hg ± 0.2" Hg（7.62cm Hg ± 0.5cm Hg）；日本铁三角 AT-666 外置真空吸盘的真空值是 8cm Hg，换算成英寸应该是 3.15" Hg，真空度比 SOTA 略高一点。

好了，当我们了解了真空吸盘的基本工作原理后，再来讨论真空吸盘的用处就容易了。我们在前面的章节中已经对唱片的基本构造进行了介绍，其一，由于唱片直径大、厚度薄，唱片无法做到非常好的平整度。因此在播放唱片时，弯曲的表面使得垂直循迹角不断发生变化，唱针读取到唱片弯曲的高点时 VTA 变小，唱针读取到唱片弯曲的低谷时 VTA 变大。VTA 的变化在长唱臂上的表现要轻微一些，在短唱臂上表现尤为严重。其二，由于唱片弯曲形成的峰与谷，使得循迹力也随之变化，这就像开车一样，在不断起伏的路面上行进，车胎抓地的力量在不断变化。唱针读取到唱片弯曲的高点时循迹力变大，唱针读取到唱片弯曲的低谷时循迹力变小。VTA 变化和循迹力变化会导致音质劣化，抖晃增大。LUXMAN 公司在相同条件下对转盘进行的测试（3000Hz）显示，没有真空吸附的转盘抖晃率为 0.12%，真空吸附的转盘抖晃率只有

0.02%。其三，唱片在播放时，唱针与唱纹摩擦产生振动信号（音乐信号）的同时，唱片会产生谐振，谐振的信号会混入音乐信号输送到放大器，以致造成失真。

为了避免上述因唱片弯曲而产生的失真，一般转盘会使用唱片镇（Disc Stabilizer）和外压环（Outer Ring）来改善，但是效果并不理想。因为唱片镇不能平均地对唱片施压，外压环也不能真正把弯曲的唱片变得平服，使用时也很不方便。

而真空吸盘可以让唱片平均受力，完全服帖地置于转盘上，保证了 VTA 和循迹力恒定不变。同时 100g 以上的唱片与转盘精密地结合为一体，此时唱片的质量与转盘质量是一样的，假设转盘的质量是 10kg，在真空吸附的状态下，唱片的质量由 100 多克变为 10kg，10kg 的唱片想要产生谐振是非常困难的（见图 8.10）。

在和黑胶爱好者交流的过程中，常常会有人说到："使用真空吸盘，声音会死，不鲜活。"在讨论这个问题之前，我想先聊一聊盒式录音机，这个话题或许会给我们提供一个思路导向。

20 世纪 80 年代中期，公司进口了大量的音乐盒式录音带。使用盒式录音机播放盒式录音带，爱乐的朋友们聚集在一起聆听音乐，多么美好的场景。在购买盒式录音带的过程中，我发现大多数录音带上都标有两个半圆相对的标记，这个标记就是杜比（Dolby）。起初不明白这个"杜比"是什么意思，它是干什么的。后来在拜读了李宝善先生的文章后，才明白"杜比"一词的含义，于是开始寻找带有"杜比"功能的录音机。运气不错，不久找到了一台有杜比降噪功能的日本三洋录音机，型号为 M-9998K 。拿到机器之后，我迫不及待地插入磁带，打开杜比开关，按下播放键，声音一出傻眼了，高频沉闷，令人无法接受，打开带仓，清洗磁头和压带轴轮，再听依然如故。所有的朋友和我的听感一样，不能接受如此沉闷的声音。当关闭杜比开关后，又恢复到我们平时所听到的"正常"的声音。我再次复读李宝善先生有关杜比降噪的文章。理论上没有问题，于是我每天强迫性地用有杜比功能的录音机听杜比磁带，随着时间的推移，逐步地接受了"沉闷"的声音，而且越听越觉得顺畅、耐听和真实。反过来再听没有杜比降噪功能的录音机播放杜比磁带时，感到高频过量和不平衡。

其实，杜比磁带录制时，为了降低磁带的本底噪声，把高频提升了若干 dB，播放时再用电路对高频信号进行对应的衰减，还原正常的播放曲线。我们长期使用没有杜比降噪功能的录音机播放杜比磁带，习惯把不平衡的声音视为"标准"。

如今，播放黑胶唱片也是如此。使用没有真空吸盘的唱盘，唱片播放时多少会产生谐振，我们把谐振的信号错误地认为是信息量"丰富"。爱好摄影的朋友都知道，拍摄时相机是要尽可能地避免抖动，因为抖动会产生重影，原本拍摄物像是一个，因为抖动出现了一个或多个物像（重影），这样拍摄后的物像信息不是一个，而是几个，这样的物像重影信息是"丰富"吗？当然不是！唱片播放过程和摄影非常类似，唱片播放时产生的谐振与摄影时相机的抖动一样，会产生声音"重影"，信息"丰富"是一个假象，这个假象往往使得很多人为之痴迷而不能自拔。希望爱乐者多去音乐厅，听一听现场的声音，虽然现场演奏和唱片录音不能直接进行比较，但对正确理解声音还是有一定帮助的。

图 8.10　美国 SOTA、日本 LUXMAN 和 MICRO SEIKI 出品的 3 款真空吸附唱盘

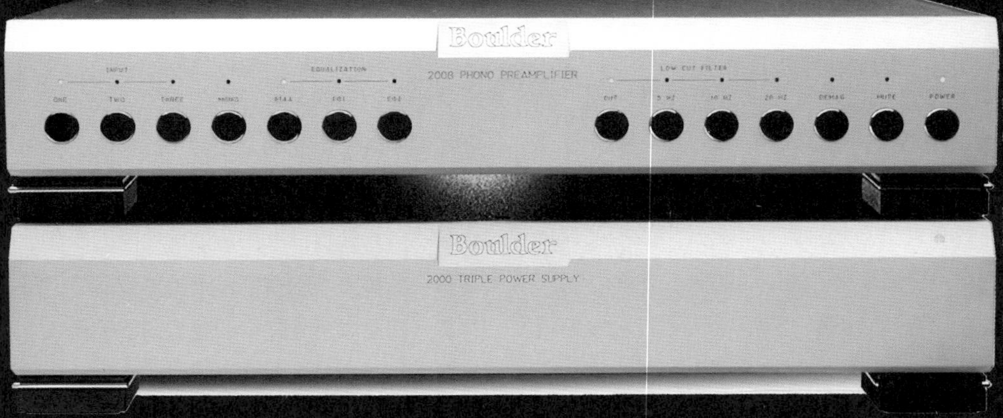
Boulder
2008 PHONO PREAMPLIFIER
Boulder
2000 TRIPLE POWER SUPPLY

Resolution Series

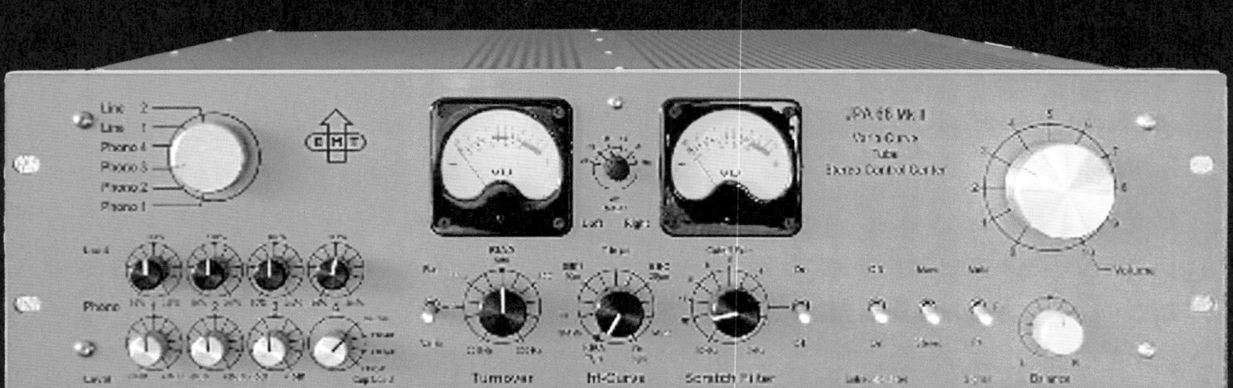
Phono 4
Phono 3
Phono 2
Phono 1
Turnover
Scratch Filter
Balance

Chapter 9

第 9 章
黑胶音源系统的唱头放大器

唱头放大器（Phono Amplifier）是用来提升唱头输出信号增益的放大器。

唱头放大器由两部分电路构成，即放大电路（增益 35 ~ 64dB）和 RIAA 等化（均衡）电路。

第 1 节　唱头放大器的增益

在介绍唱头的章节中，已经对唱头的一些常识进行了详细介绍，我们知道唱头输出信号很低，通常 MM 唱头的输出电平为 2 ~ 5mV，MC 唱头的输出电平更低，为 0.08 ~ 0.6mV，平均只有 MM 唱头输出电平的 1/10 左右。这么低的输出电平如果直接使用，增益只有 10 ~ 28dB，前级放大器是无法工作的，因此需要一个增益在 35 ~ 64dB 的唱头放大器。MM 唱头的 3mV 输出电平需要约 40dB 增益的放大，放大倍数约为 100，MC 唱头的 0.3mV 输出需要约 66dB 增益的放大，放大倍数约为 2000。通过这一级放大才能将唱头的输出电平提升到正常驱动前级放大器的电平水准。

20 世纪 50 年代至 20 世纪 70 年代的唱头放大电路基本上是电子管的，放大器的增益通常设计在 38 ~ 45dB，这个放大倍数与 MM 唱头构成了合理的搭配。唱头放大电路多数设置在合并放大器中或前级放大器中。随着 MC 唱头的出现，电子管唱头放大器无法满足 MC 唱头的增益要求，因此在唱头放大电路之前用升压变压器进行放大，增益约为 20 ~ 30dB。为什么不用电子管直接放大 MC 唱头的信号呢，这是因为电子管的噪声非常难控制，2000 倍放大会使噪声陡增，而使用唱头升压变压器就可以获得很好的信噪比，并且失真也更小。

晶体管的出现突破了唱头放大电路的噪声极限，即使面对 70dB 的增益（放大倍数约 3000），也可以保证良好的信噪比。因此晶体管唱头放大电路可以直接使用 MC 唱头信号驱动。当然，晶体管放大电路也可以配合唱头升压变压器工作，只要把增益降到 38 ~ 45dB 就可以了。

早期的晶体管唱头放大电路也都是设置在前级放大器电路中的。20 世纪 80 年代之前，电子管和晶体管的唱头放大电路都只是前级放大器的一部分，之后，唱头放大电路逐步独立于前级放大器之外，唱头放大器成为音频系统中的一个独立设备。不仅如此，高端唱头放大器还采用了两件套式分体电源，让弱信号远离电源的干扰，进一步提高了唱头放大器的信噪比。正是这个原因，现在两件套唱头放大器已经非常普遍了。

很多使用黑胶音源系统的发烧友可能会不惜花费重金购买前级放大器，而不太注重对唱头放大器投资，他们认为前级放大器很重要，其实这是个误区。前级放大器固然重要，但唱头放大器也同样重要，甚至更重要。因为唱头放大器的放大倍数要比前级放大器更大，还有 RIAA 等化电路，唱头放大器的设计和制作难度要比前级放大器困难得多。坦率地说，笔者也曾有过这样的错误观念，但在购买和使用了高品质唱头放大器之后幡然醒悟。

第 2 节　唱头放大器的 RIAA 等化电路

讨论电平放大我们还是比较容易理解的，那么 RIAA 等化电路是什么样的电路呢？为什么要使用 RIAA 等化电路呢？其作用又是什么呢？接下来我们一起来了解唱头放大器的 RIAA 等化电路。

一张黑胶唱片是用一条阿基米德螺旋线的声槽记录声音的，这个声槽俗称唱纹，声音的振幅与频率是反比关系，即频率越高振幅越小，频率越低振幅越大，在唱片上就是高音唱纹窄，低音唱纹宽。

在黑胶唱片发展的初始阶段，大约在 1950 年之前，限于技术、材料和设备上的限制，刻录唱片时因低音振幅过大，占据了唱盘大部分的面积，以致唱片每面载录信号的时间非常有限，比如 SP 唱片，通常每面只能刻录 3 ～ 5min。不仅如此，还因为高频信号振幅过小，使得声音重播失真较大。另外，唱头和唱臂也因唱纹振幅过大，唱针循迹更加困难，同时过大的振幅很容易损坏唱纹。

为了提高唱片的播放质量，延长唱片的记录时间，在各唱片公司的音频工程师们的不懈努力下，利用等化曲线的刻录方式应运而生。等化曲线就是在刻录唱片时对低频信号进行压缩，减小低频刻纹的振幅，反之对中高频段的振幅进行提升。在中高频段，尤其是高频段，唱针循迹会产生一种高频噪声，这种噪声类似录音磁带的本底噪声，刻录唱片时将中高频的电平进行提升，在播放时可以获得更好的信噪比。原理与录音磁带的杜比降噪电路原理类似。

最后刻录的唱纹，低频、中频、高频有较为平衡的机械特性。在播放唱片的时候，唱头放大器的等化曲线正好相反，这样就对声音的曲线进行了还原。最早的等化曲线的运用大约在 20 世纪 50 年代初，等化曲线的出现，应该是模拟唱片史上的一个里程碑。

在 RIAA 等化曲线统一之前，各个唱片公司各自为政，所使用的等化曲线各不相同，这给使用者带来了极大的不便，因为使用者不可能只买一家公司的唱片，如果聆听数家公司的唱片，就要使用不同的唱头放大器来聆听。

早在 1953 年，美国唱片业协会（Recording Industry Association of America，RIAA）就提出了 RIAA 等化曲线。1953 年至 1956 年，RCA Victor 唱片公司和世界各地的几家唱片公司率先采用了 RIAA 等化曲线，当时 RIAA 等化曲线并没有被认可为标准。1958 年，美国唱片业协会正式引入统一 RIAA 等化曲线草案，通过不懈的努力，直至得到世界所有唱片公司的一致响应，终于在 1965 年将全世界的唱片等化曲线统一为 RIAA 等化曲线。

我们今天使用的唱片和唱头放大器的等化曲线就是 RIAA 等化曲线。RIAA 等化曲线的统一，使得黑胶唱片的播放规格得到规范化，这也促使后来各大厂商生产的唱头放大器普遍采用一致的 RIAA 等化曲线。

在 1976 年，国际电工委员会（IEC）针对 RIAA 等化曲线进行了一次修正，通过引进一个极端低频下的新时间常数 7950μs（约 20Hz），这个特性曲线被称为 RIAA/IEC 等化曲线，其修正的理由是要减少由于唱片扭曲和转盘隆隆声引起的唱头放大器的次声波输出。结果顾此失彼，利用 RIAA/IEC 等化曲线刻录的唱片在播放过程中引入了相当大的振幅及低频响应的相位误差。期间有少数唱片公司采用了这个修正后的曲线，而大多数唱片公司对此曲线持不同看法，在持续争议长达 30 多年后的 2009 年 6 月，IEC 撤销 RIAA/IEC 等化曲线修正案。如今广泛使用的仍然是 1965 年统一的 RIAA 等化曲线（1976 年有所修正，曲线没有改变，仅对刻纹角度进行了调整，请参阅第 2 章）。

图 9.1 所示的红线是唱片刻录时的 RIAA 等化曲线，绿线是唱头放大器的 RIAA 等化曲线，0dB 处的蓝线是还原后的回放曲线。

刻录唱片的 RIAA 等化曲线和唱头放大器 RIAA 等化曲线值是有规定的。刻录唱片的 RIAA 等化曲线，高频提升 20dB，低频降低 20dB。唱头放大器的 RIAA 等化曲线，提升低频 20dB，同时降低高频 20dB(见图 9.1)。

不论是电子管唱头放大器还是晶体管唱头放大器，都必须设置反 RIAA 等化曲线电路，才能被称为唱头放大器。唱头放大器也被称为唱头等化放大器或唱头均衡放大器，其实“等化”和“均衡”就是“RIAA”，所以我们会看到一些唱头放大器被标注为“Phono EQ Amplifier”。

一些“较真的”黑胶发烧友错误地认为各家唱片公司的刻录等化曲线都不一样，我们所使用的 RIAA 唱头放大器均不能正确地播放唱片。有一点值得肯定，他们知道有不同的刻录等化曲线，但使用这些不同的刻录等化曲线刻录的唱片都是在 1954 年之前刻录发行的，这些使用不同等化曲线刻录的唱片大都是 78r/min 的唱片，而之后的单声道 LP 唱片和立体声唱片基本上都是使用 RIAA 等化曲线制作的。当然，也有个别例外，比如德国 Telefunken 和 Decca 成立了的一家名为 Teldec 的唱片公司，自 1957 年 7 月起一直使用的是德国 DIN 标准的等化曲线，它与 RIAA 等化曲线非常近似，低音和中音的时间常数是完全一样的，但高音的时间常数要低 25μs。如果您手上有 Teldec 的唱片，不妨试听一下，看看高频部分的播放效果如何。如果您是一位单声道唱片的簇拥者，并且收藏的单声道唱片也是 1954 年以前发行的版本，那又另当别论了。现如今，一些高档唱头放大器为了全面满足黑胶发烧友，在唱头放大器的等化曲线电路上也是做足了功夫，不仅有统一标准的 RIAA 等化曲线电路，还设置了单声道时代的一些主要的非标准等化曲线电路。最有代表性的晶体管机种有美国 BOULDER 2008 旗舰唱头放大器，还有瑞士 FM Acoustics 222 旗舰唱头放大器。代表性的电子管机种是德国的 EMT JPA-66，这是一台前级放大器，其中唱头放大电路尤为出色。多数用家都是把 EMT JPA-66 作为唱头放大器使用，这样似乎有些浪费（见图 9.2）。

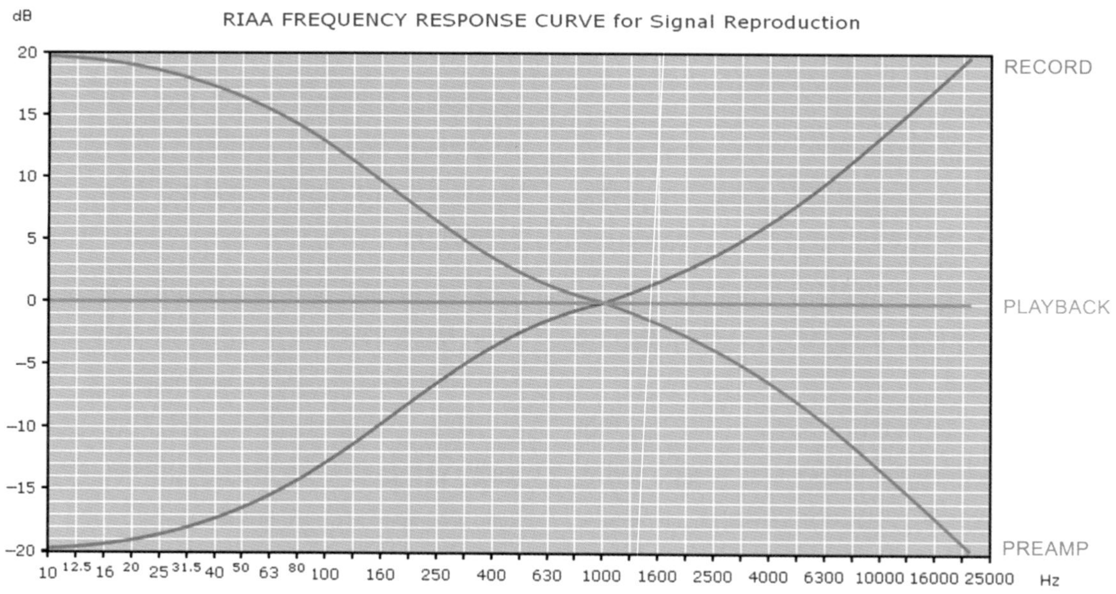

图 9.1　RIAA 等化曲线

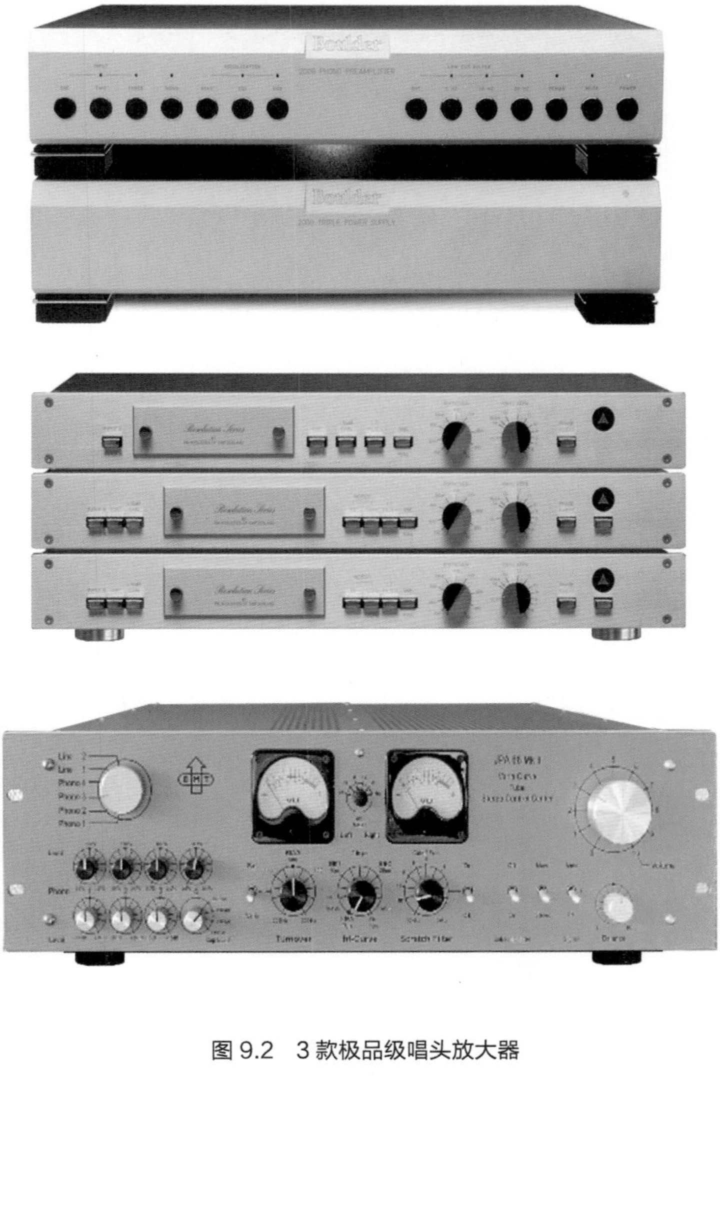

图 9.2　3 款极品级唱头放大器

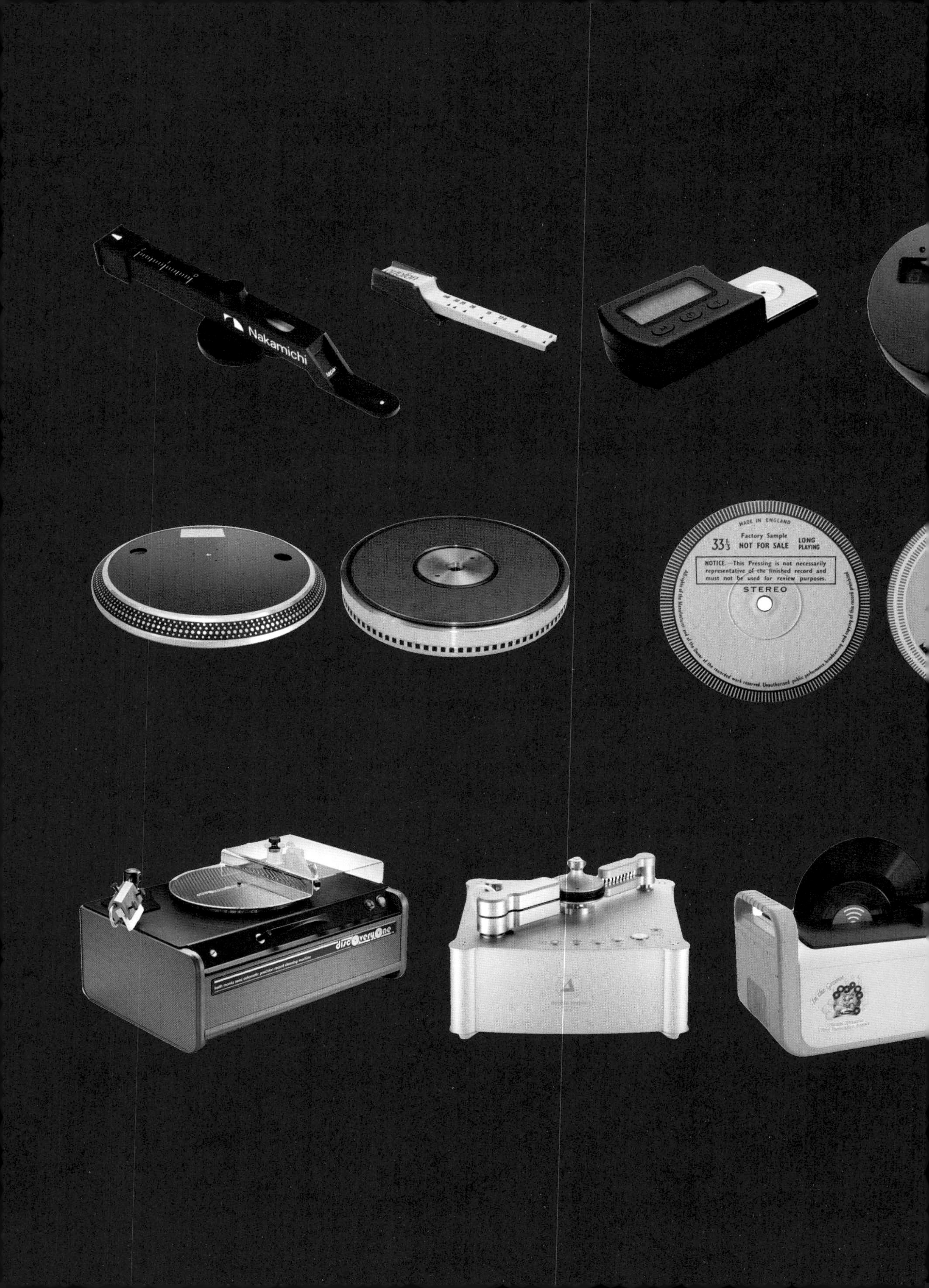
Nakamichi
MADE IN ENGLAND
Factory Sample
33⅓
NOT FOR SALE
LONG PLAYING
NOTICE.—This Pressing is not necessarily representative of the finished record and must not be used for review purposes.
STEREO

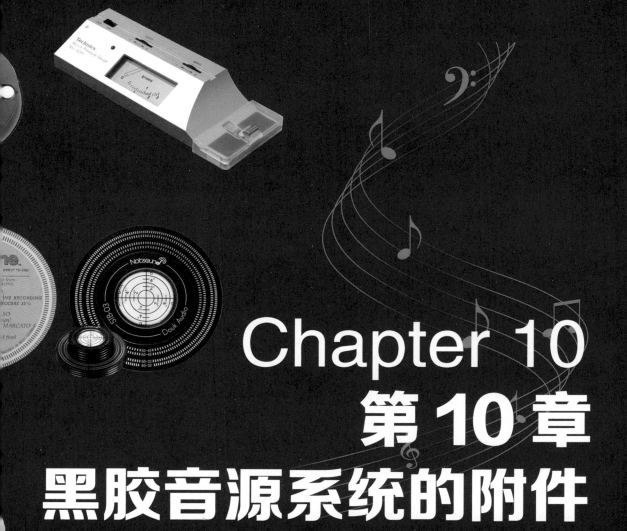

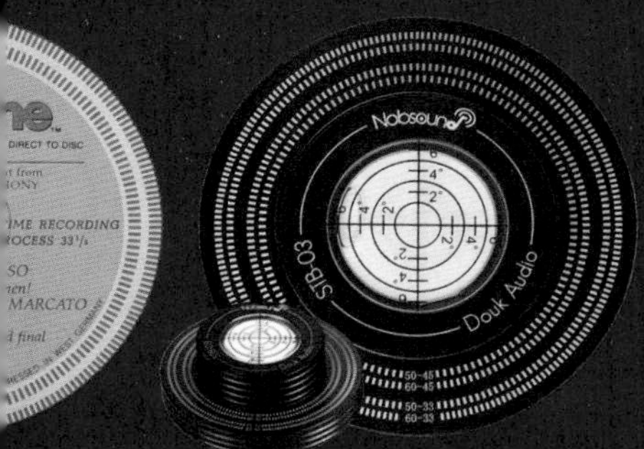

Chapter 10
第10章
黑胶音源系统的附件

通过阅读前面的章节，我们已经对唱片、唱头、唱臂和唱盘有了初步了解。在实际操作和使用中还需要一些配件和工具，我们把这些配件和工具归类为黑胶音源系统的附件，附件中的辅件是配合模拟系统工作的部件，附件中的工具分为调校工具和保养工具两类。

第 1 节　设备辅件

转盘辅件包括：唱片垫、唱片镇、外缘唱片压环、真空吸盘、转盘飞轮、转盘皮带、减振脚、减振垫板等。

唱臂辅件包括：唱头架、可调整配重唱头架、唱头架接线、唱头线接口、直径 1.0mm 的唱头母接口（用于老唱头，现在的唱头母连接销标准直径为 1.2mm）、唱臂五针公插、唱臂五针母插、唱臂配重、唱臂杆连接器、唱臂输出线等。

唱头辅件包括：唱头安装螺丝、VTA 垫片、唱头配重等。

不同设计、不同材质、不同尺寸、不同功能的唱片垫可谓五花八门。最常见的是橡胶唱片垫，差不多所有厂家都生产发售过。金属与橡胶混合的唱片垫数量不多。金属唱片垫有铝合金材质的唱片垫和不锈钢材质的唱片垫，还有铜材质的唱片垫（见图 10.1）。

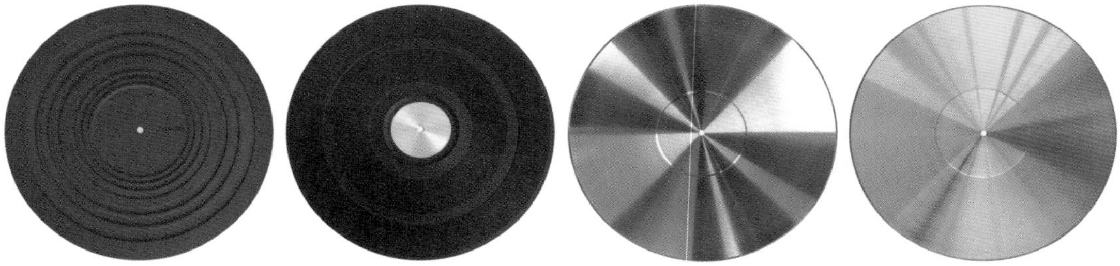

橡胶唱片垫　　金属与橡胶混合唱片垫　　不锈钢唱片垫　　炮铜唱片垫

图 10.1　不同材质的唱片垫 1

碳纤维唱片垫是近些年出现的新型唱片垫。毛毡唱片垫也是最常见的传统唱片垫。软木唱片垫有一定的生产数量。皮革唱片垫通常配给高档唱盘，制作最讲究的要数 MICRO SEIKI，他家生产的皮质唱片垫不是直接加工真皮，而是先将优质真皮粉碎后再合成，其唱片垫软硬度适中，尺寸精确，不易变形，经久耐用（见图 10.2）。

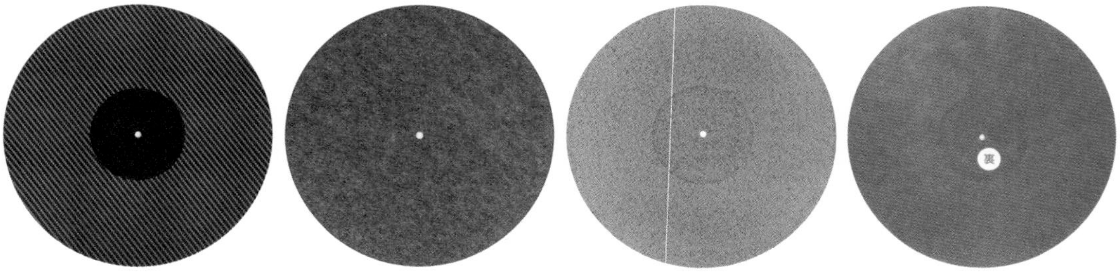

碳纤维唱片垫　　毛毡唱片垫　　软木唱片垫　　皮革唱片垫

图 10.2　不同材质的唱片垫 2

还一些其他材质的唱片垫，比如石墨唱片垫、玻璃唱片垫及亚克力唱片垫等。无论什么材质的唱片垫，都是用来垫唱片的，它可以减少唱片在放唱过程中的滑动，厚度合适的唱片垫可以补偿 VTA 调节范围不足的问题。唱片垫最主要的功能是减少唱片播放过程中产生的谐振。质量大的金属唱片垫还可以增加转盘的惯量，对稳定转速有一定的作用。在了解了唱片垫这些功能和特性的基础上，我们就可以理性地选择合适的唱片垫。

唱片镇的主要作用是压镇唱片，压制唱片的谐振，同时也可以有效地防止唱片在放唱过程中的滑动。唱片镇的直径是有限的，通常直径不能超过 80mm。唱片镇的高度没有限制，当然也不能无限高。唱片镇的结构设计多种多样，材质也不尽相同。为了有效地压制唱片谐振，唱片镇需要有一定的重量，因此多数唱片镇都选用金属材料制作，这些金属材料包括铜、不锈钢、铝合金、锌合金等材料（见图 10.3）。

铝合金唱片镇　混合材质唱片镇 1　混合材质唱片镇 2　不锈钢唱片镇　炮铜唱片镇

图 10.3　金属材料制作的唱片镇

使用非金属材料制作的唱片镇种类更多，亚克力的、玻璃的、陶瓷的、木材的、碳纤维的、石墨的等。这些唱片镇有一些是非金属材料与金属材料复合而成的（见图 10.4）。

碳纤维唱片镇　陶瓷唱片镇　石墨唱片镇　混合材质唱片镇　乌木唱片镇

图 10.4　非金属材料制作的唱片镇

外缘唱片压环（Outer Periphery Ring Record Clamp）的功能是降低唱片外圈的谐振和不平整。外缘唱片压环的材质都是金属的，产量和型号要比唱片镇少得多（见图 10.5）。

炮铜压片环　不锈钢压片环　铝合金压片环

图 10.5　不同材质的外缘唱片压环

真空吸盘有非常重要的功能，它彻底解决了唱片的谐振问题，同时还保证了 VTA 和循迹力的准确性。

被动式真空吸盘是一种外置辅件，是为没有真空吸盘功能的唱盘设计的。但由于密封环太大，空气容易泄漏，以致唱片吸附后维持真空的时间不足。主动式真空吸盘彻底解决了这个问题（见图 10.6）。

外置式真空吸盘（顶部抽气）

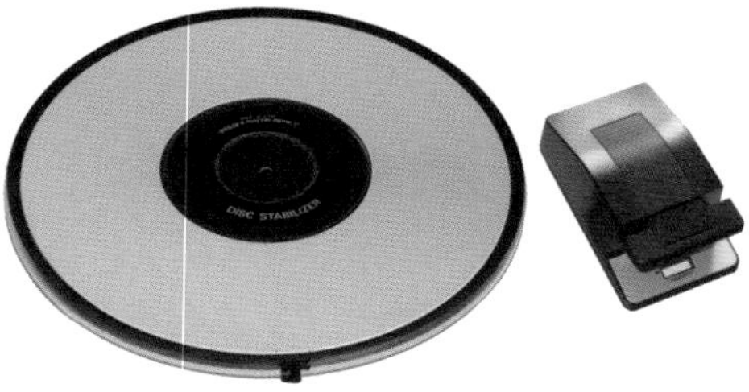

外置式真空吸盘（侧翼抽气）

图 10.6　外置式真空吸盘

转盘飞轮是为了给转盘增加惯量的一个重型辅件。转盘飞轮属于高端唱盘的配件，只有极少数厂家生产。转盘飞轮分为主动式和被动式。从结构上分为机械式被动转盘飞轮（见图 10.7 左图）、电动机皮带飞轮（见图 10.7 中图）和主动式同轴电动机飞轮（见图 10.7 右图）。

机械式被动转盘飞轮

电动机皮带飞轮

主动式同轴电动机飞轮

图 10.7　3 种转盘飞轮

转盘皮带虽然“其貌不扬”，但是作用非同小可，设计优异、制作精良的皮带不仅能够准确地传递转速，而且经久耐用（见图 10.8）。图 10.8 是布基橡胶皮带和丝线皮带。

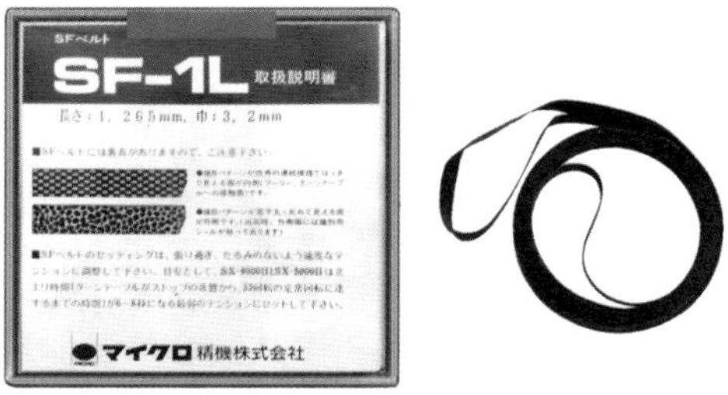

布基橡胶皮带

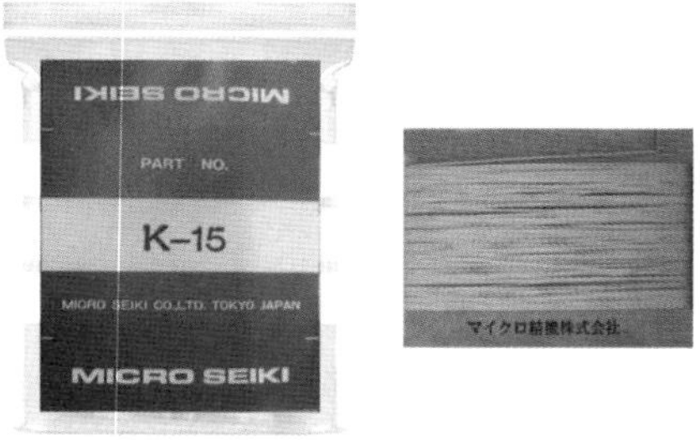

丝线皮带

图 10.8　布基橡胶皮带和丝线皮带

唱盘减振脚（Isolation Feet）的主要作用是隔离和吸收来自地面和空气中的振动，另外还有调节唱盘水平的功能。唱盘减振脚的结构设计有弹性阻尼式、压强式、弹性阻尼和压强组合式。弹性阻尼分为机械弹簧、磁浮、气囊等。压强式都是锥钉方式。唱盘减振脚材质可谓多种多样，包括金属、石材、木质、碳纤维等材质（见图 10.9）。

橡胶圈减振脚　气囊减振脚　红木铜锥减振脚　弹簧减振脚　磁浮减振脚

图 10.9　不同设计、不同材质的唱盘减振脚

减振垫板的功能与唱盘减振脚的功能相同，设计结构系统化，材质更高级，当然成本也更高（见图 10.10）。

45r/min 唱片适配器也被称为 EP 适配器，现在很少使用。45r/min 唱片适配器是使用 EP 唱片时定位唱片圆心的（见图 10.11）。

复合板减振垫板　气囊减振垫板 1　气囊减振垫板 2

图 10.10　复合板减振垫板和气囊减振垫板

图 10.11　款式各异的 45r/min 唱片适配器

第 2 节 调校工具

调校工具是唱盘系统必需的校准工具。调校工具主要包括水平尺（水平珠）、转盘转速测量工具、唱头和唱臂调整规尺、测试唱片、针压计等（有关水平尺的选择和使用请参考唱盘系统的调整章节）。

（1）水平尺的选购及使用方法。

唱盘的水平调整对唱盘系统的播放质量影响重大，我们应该予以足够的重视。唱盘水平与唱臂关系密切，唱盘水平是唱臂调整的基准，调整唱臂之前必须先进行唱盘的水平调整。

水平仪就是进行水平调整的仪器，水平尺是水平仪中的一种。如何选择适合唱盘调整的水平尺并非一件简单的工作，我们需要对水平尺有一些基本的了解。水平尺的精度级别和自身重量是选择购买水平尺时需要注意的两点（见图 10.12）。

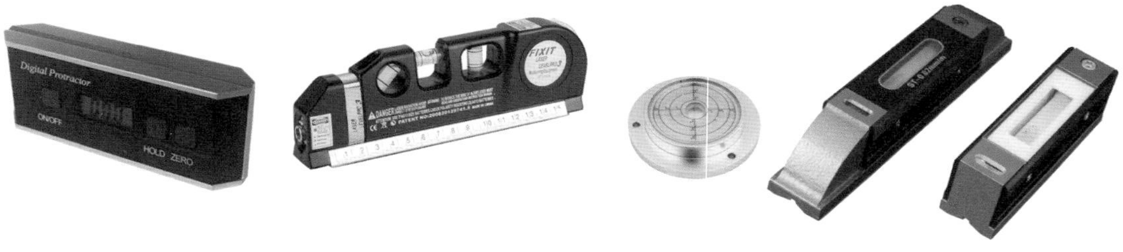

数显水平尺　　气泡水平尺　　水平珠水平尺　　专业条式水平尺

图 10.12　不同精度的水平尺

首先，水平尺的精度级别选择应该与唱盘的精度相对应。什么是唱盘的精度呢？我们知道唱盘工作时是一个旋转的动态工作面（盘面），而非静止的，因此就有回转精度的差值，即转盘在旋转时盘面的平面度是有一定变化的，这个变化就是唱盘精度。这个精度的高低与唱盘的轴承精度有关（同轴度、游隙），与转盘的精度有关（同轴度、平面度），与转盘和转轴的安装垂直度有关。

其次，要考虑唱盘的避振结构。唱盘有硬盘和软盘之分，对于硬盘，使用重量较大的水平尺基本不会影响调整精度；而软盘的弹簧却无法承载过重的水平尺，所以对于软盘，必须选择质量较轻的水平尺。目前市场上精度高的水平尺都是金属结构的，质量较重，而质量较轻的水平尺精度都比较低，因此，为软盘选择好一些的水平尺比较困难，这是一件令人遗憾的事。

水平尺的种类虽多，但基本可以归纳为两大类，即机械式水平尺和电子式水平尺。机械式水平尺是气泡水准工作方式，电子式水平尺是传感器工作方式。无论是机械式水平尺还是电子式水平尺，我们最好选择工业级的，不要购买民用产品（装修用的），这是因为民用产品的水平尺精度级别非常低（精度远远低于建筑用电子水平尺行业标准 JG142-2002，与工业级的精度级别差别有上百倍之多），以至产品说明书上都不标示参数，当然与价格因素不无关系。

工业级的水平尺的说明书上都有明确的精度级别标示，精度单位有 0.01mm/m、0.02mm/m、0.04mm/m、0.05mm/m、0.1mm/m、0.3mm/m 和 0.4mm/m 等规格。水平仪的分度值（角度值）

是以 1m 为基长的倾斜值，如需测量长度为 L 的水平尺的实际倾斜值，则可通过下式进行计算：实际倾斜值 = 分度值 ×L× 偏差格数。精度单位表示的含义是，水平尺在 1m 长的直线段，两端水平测量的灵敏度。如参数为 0.02mm/m，则表示该水平尺在直线或平面的两端点灵敏度为 0.02mm，换算成角度为 4'（角度单位：1°=60'，1'=60"）。

机械式气泡水平尺是普遍使用的水平尺。气泡水平尺里的长水准泡是将乙醇密封在高精度玻璃管内，并留有气泡。只有玻璃管保持水平才能使气泡维持在玻璃管中间。当玻璃管不水平时气泡会移向高的一侧。气泡水平仪正是利用这一物理特性来测量水平的。机械式气泡水平尺的外框架采用高级钢料制造，经精密研磨与加工后，框架底座有非常高的平面度，水准泡与框架平行安装，水准泡的玻璃管上均有刻度。机械式气泡水平尺分为条式水平尺、框式水平尺和合像水平尺。

电子式水平尺是采用传感器作为测量元件。常用的电子式水平尺有电感式水平尺和电容式水平尺两种。电感式水平尺的工作原理是：当水平尺的底座因被测工件倾斜而倾斜时，其内部摆锤随之移动，造成感应线圈的电压变化。电容式水平尺的测量原理为一圆形摆锤自由悬挂在细线上，摆锤受地心引力所影响，悬浮于无摩擦状况的摆锤两边均设有电极且间隙相同时电容量相等，若水平尺受被测工件影响而造成两间隙不同，距离改变，即产生的电容不同，形成角度的差异，水平尺通过数字屏显示出水平差值。

无论是购买机械式水平尺还是电子式水平尺，原则上水平尺的精度级别要高于唱盘的机械精度。由于唱盘说明书手册里几乎都没有转盘的机械精度的参数，因此无法选择购买对应精度的水平尺。以笔者多年对不同唱盘进行研究得到的数据和经验，水平尺最好在 0.01 ～ 0.1mm/m 的精度范围内选择，这样完全可以满足唱盘调整的精度要求。0.01 ～ 0. 02 mm/m 精度的水平尺适合气悬浮、油悬浮和磁悬浮转盘使用；0.05 ～ 0.1mm/m 精度的水平尺适合中高档机械式轴承转盘使用。以精度为 0.01mm/m 光合成像的水平尺在转盘上的使用为例（假设转盘机械精度误差为 0），可以让转盘的水平调整误差控制在 2μm 以内。

选择了合适的水平尺之后，我们来谈谈水平尺的使用方法。

进行唱盘水平调整不仅仅调整唱盘本身，还包括调整承载唱盘的台子（或音响柜）、唱盘底座、转盘、分体式电动机，如果唱臂座是独立于唱盘之外的设计，唱臂座也必须进行水平调整。这些水平调整项目的先后顺序是：承载唱盘的台子，唱盘底座，转盘，分体式电动机，唱臂座。当然在这些调整项目中，转盘和唱臂座的水平调整需要较高的精度，其他可以降低要求达到基本水平就可以了。需要提醒的是，三点弹簧悬浮结构的唱盘一定要在唱臂、唱头、唱片垫、唱片镇安装后，再进行水平调整，严格地说还要加上唱片的质量负载（110 ～ 220g），这样才能保证最终放唱时的水平精度。

每个唱盘的设计都有所不同，有 4 只脚的，也有 3 只脚的。通常硬盘的水平调整是通过对脚进行水平调整来完成的，软盘是通过对悬挂进行水平调整来完成的。三支撑点的水平调整比较好操作，而四支撑点的水平调整非常麻烦，还有些硬盘的脚是不可调设计。因此我推荐把唱盘安放在托板上，在托板的底部安装 3 个可调整角锥（角锥螺牙的牙距可以选择细牙，如果使用螺纹副就更加理想，那将大大提高水平调整的分辨率），角锥可以两前一后，也可以两后一前，当然也可以两左一右或一左两右。总之，3 个角锥可以根据唱盘重心的平衡，选择合理的支点位置。如此设置，水平调整就十分方便，而且可以获得比较高的水平精度。

机械式气泡水平尺中的条式水平尺比较适合中高档唱盘使用，操作也简单一些。用精度0.02mm/m的水平尺测量转盘，先取下唱片垫（橡胶垫、皮垫、毛垫等软质唱片垫都会影响水平测量精度，铜垫等硬质唱片垫除外），直接把水平尺横向放置在转盘上。水平尺长度的1/2处靠近唱片轴，这样可以让转盘左右重量尽量平衡。观察水平尺，如气泡向左偏移，则表示左边比右边高。调整唱盘托板右边角的高度，边调边观察气泡，直至气泡在刻度上居中，这时左右的横向水平就算调整好了。进行一次条式水平尺的测量后，测试的是水平线而不是水平面，需要旋转90°，使水平尺处于纵向（前后方向），再进行一次测量，观察气泡的位置，使用同样的方法进行对应的调整，直至纵向水平。至此转盘的水平面就算调整完毕。

用水平尺也可以检查转盘的机械加工精度，比如回转精度。在完成转盘的水平调整后，水平尺随转盘旋转180°，再看水平尺气泡，通过读数计算可以得出轴承的同轴度误差。日本*STEREO SOUND*季刊在1980年第55期中刊载了12款高档唱盘的技术指标测试结果，其中包含转盘的同心度测试和转盘平面度测试。测试方式是使用千分表测量转盘柱面和端面。

前面提及与唱盘水平调整的范围相关的仅是转盘自身，还有唱臂板的水平问题。唱臂板的水平非常重要，尤其是固定支点唱臂。我们知道固定支点唱臂有内侧力（向心力）的问题，如果唱臂板不水平，唱臂的*Y*轴就不能垂直于水平面，那么唱臂就会失去平衡，倾向唱臂板低的一边，形成一个力，这个力会破坏侧滑力的设定，同时方位角也会受到一定影响（尤其是在唱头座和唱臂是一体式设计的情况下），VTA也始终在变化。有时在唱臂的水平调整过程中还没有施加抗滑，唱臂已经向外滑动，这就是因为唱臂板右侧低于左边。

这里没有过多提及数字水平尺，并不代表它不好。一些进口的工业级数字水平尺与同级别的机械式水平尺相比，价格高出几倍甚至十几倍，其中一些数据输出功能对我们来说没有实际使用价值。而普通的数字水平尺精度比较差，其测量精度仅为0.1°，稳定性也不如机械式水平尺，因此这里就不推荐使用了。

（2）转速测量工具的选择与使用。

唱片的额定转速有33 1/3 r/min和45r/min两种规格。唱盘转速要对应唱片的额定转速，唱盘转速的重要性我们已在转盘电动机中论述过。在工业上，转速的测量方法主要分为3类：机械式转速测量、光电式转速测量和频闪式转速测量。

那么，什么测量方式比较好呢？什么测量方式更合适转盘转速的测量呢？下面我们一起来了解几种转速测量方式的特点和工作原理。

机械式转速测量是通过使用机械测量传感器采集数据，是传统的转速测量方法。机械测量传感器采集到的转速资料，还要通过仪器内部的分析。由于机械式测量方法在测量过程中是接触测量，如果将这种测量方法用于唱盘的转速测量，测量设备的传感器（橡胶轮）就要接触转盘，唱盘不像工业设备的电动机或驱轴惯动量巨大，一旦加载橡胶轮，唱盘的转速会发生变化，测量的结果肯定是不准确的。因此机械式测量方法不太适合唱盘转速测量使用。

光电式转速测量法采用反射原理。测量仪器发射出的红外光经固定在待测目标上的反射（光）条反射后，即获得有关转速信息。测量仪器接收到反射波后，经过处理即可得到转速。光电式转速测量法是非接触测量，它比机械式测量法先进，但由于测量时需要在唱盘上贴一个反射（光）条，使用时不够方便。另外测量精度也不够高，当然增加反射（光）条的数量就可以提高测量精度，比如由原来的一个反射（光）条增加到10个或100个反射（光）

条，读取数字的小数点向前移动一位或两位就可以了。不过 10 个或 100 个反射（光）条在粘贴时的分度是个问题，手工操作是没有办法保证分度准确性的。

频闪式转速测量法利用了人的视觉暂留效应和频闪原理。当高速闪光的频率和目标的转速（移动）同步时，在观察者眼中，目标是静止的。与机械式转速测量或光电式转速测量相比，频闪式转速测量法的优点显而易见。但工业上使用的频闪灯价格昂贵，在唱盘上使用很不经济，也不方便。

其实机械式、电磁式、电子计数式转速测量都需要专门的设备，这些设备都是为工业机电设计的，并不适用于唱盘转速的测量。而频闪方式是无接触测量，适合唱盘使用，但如果使用频闪灯也还是需要额外添加设备。有什么办法解决这一问题呢？利用市电的频率对唱盘进行频闪测速是一个既方便又经济划算的好方法，不过要配合设计一个与市电频率对应的频闪测速盘（见图 10.13）。

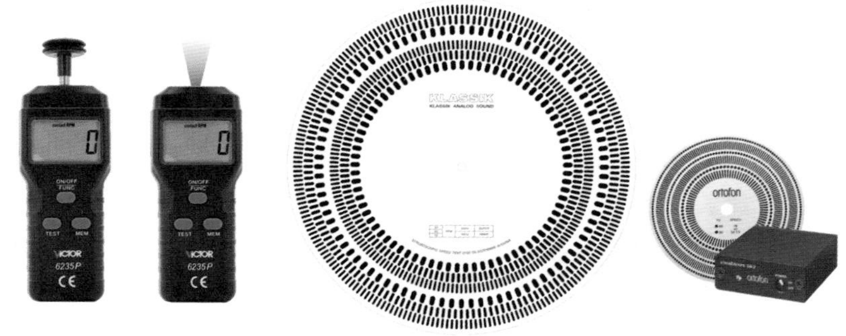

接触式测速仪　光电测速仪　频闪测速盘　方波频闪测速仪

图 10.13　一些转速测试工具

什么是频闪测速盘？市电的频率与频闪格是什么关系，其原理又是怎样的呢？频闪测速盘的工作原理是利用市电的频率和人的视觉暂留效应，当交流电照明的闪动频率与转盘转动速度完全同步时，频闪测速盘上的频闪格看上去像是静止不动的。市电的频率与转盘转速是额定的，那么频闪测速盘上的频闪格就要根据市电的频率与转盘转速来计算。欧洲和亚洲大部分地区的市电频率为 50Hz，美国和日本等国家的市电频率是 60Hz。因此频闪测速盘为了在世界各地都能通用，把 50Hz 和 60Hz 的频闪格都设置在仪器上。

市电频率分别为 50Hz 和 60Hz 时的频闪格算式如下。

频率（Hz）× 时间 / 转速（r/min）= 频闪格

$50\times60/33^{1}/_{3}=90$（×2，加入占空比）

$50\times60/45=66.67$（×2，加入占空比）

$60\times60/33^{1}/_{3}=108$（×2，加入占空比）

$60\times60/45=80$（×2，加入占空比）

交流电的占空比为 50%，因此频闪格需要乘 2。

通过以上频闪格计算的结果我们会发现，在 $33^{1}/_{3}$ r/min 时分别进行 50Hz 和 60Hz 市电频率的频闪格计算，频闪格几乎都接近整数，60Hz 的市电频率在 45r/min 时计算的频闪格是整数，而 50Hz 的市电频率在 45r/min 时计算的频闪格不是整数，因此制作的频闪格是一个近似值。在实际使用中，50Hz 的市电频率供电的地域使用频闪测试 45r/min 时，在频闪格不动的情况下，转速并不是 45r/min，进行精确计算的结果应该是 45.11r/min。我国的电网频率都是 50Hz，如果拥有 45r/min 唱片比较多且对转速（音高）又特别敏感的朋友，就需要购置一台有 60Hz 输出、频率精确的电源，专供 45r/min 唱片的转速测试，测试时要注意一定要看 60Hz 的频闪格。

有了频闪测速盘，再需要一个白炽灯就可以进行唱盘转速测试了。有朋友会问，市电的频率准确吗？市电频率的误差对转速的测量影响有多大呢？我国规定在电力系统正常运行的情况下，供电频率的允许误差范围为 ±0.2Hz ，这个误差是指在电网装机容量在 300 万千瓦及以上的情况下。电网装机容量在 300 万千瓦以下时，供电频率的允许误差范围为 ±0.5Hz。由此可见市电频率的误差客观存在，按照误差的最小值和最大值换算，33$^1/_3$ r/min 唱片的测试误差分别是：±0.067r/min 和 ±0.167r/min。

在使用频闪测速盘进行唱盘转速测量时，如果频闪格顺时针移动，说明转速快了，如果频闪格逆时针移动则说明转速慢了。我们可以通过对电动机速度的调整，直至频闪格静止不动，这时转盘的转速就准确了。频闪测速盘上的频闪格的数量是根据市电频率和转速来确定的。通用的频闪测速盘上有 6 圈频闪格，其中 3 圈为 50Hz 交流电使用，另 3 圈为 60 Hz 交流电使用。从外到内 3 圈分别对应 33$^1/_3$ r/min、45r/min 和 78r/min。

有一些唱片的标芯也印有两圈频闪格，分别对应 50Hz 市电频率和 60 Hz 市电频率地域使用，发烧唱片 M&K Realtime 的标芯几乎都印有这样的频闪格。还有一些测试唱片的标芯也印有一圈频闪格，需要注意的是，这圈频闪格是固定转速和频率的。还有些唱片镇的顶面也印有频闪格。标芯上和唱片镇上的频闪格可以随时监视唱盘的转速情况，使用十分方便，只是标芯和唱片镇的直径太小，观察频闪格时稍微吃力一些（见图 10.14）。

单圈频闪格测试标芯　　双圈频闪格唱片标芯　　唱片镇测速频闪格

图 10.14　单圈频闪格测试标芯、双圈频闪格唱片标芯和唱片镇测速频闪格

还有一些转盘边缘刻有频闪格，并配有照明灯，使用时观察转速非常方便。转盘频闪格设计有两种：一种是固定频率，变换频闪格测速；另一种是只有一圈频闪格，变换照明频率。请注意，有些转盘的照明灯的频率未必与市电频率相同，因此转盘频闪格不一定能使用市电照明来测试转速（见图 10.15）。

使用频闪测速盘校正转盘转速方便、直观、准确，是目前最普及最好用的转盘转速测量工具。通过前面介绍的公式计算得出频闪格，就可以自己制作频闪测速盘（78 r/min 唱盘已经不生产，算式中不再列出）。

为了更精确地调整转速，提高频闪频率是方法之一。国外设计有频率更高的（300Hz）频闪测速盘，配套有专用电池供电的频闪光源，频率越高，频闪格越密，测速精度也越高。300Hz 的频率还可以提高吗？可以，但是由于频闪格过于细密，依靠人的视觉能力已经不便直接观察了。

多圈频闪格转盘　　单圈频闪格转盘

图 10.15　转盘柱面的频闪格可随时监测转速

除此以外还有其他的转速测量方法吗？有的。你可以使用一台频率测试仪，但还要购买一张录有 3000Hz 或 3150Hz 信号的测试唱片。测量方法也很简单，正常播放测试唱片的 3000Hz 或 3150Hz 信号片段，把信号输入频率测试仪，当频率测试仪显示的频率数据与播放的频率一致时，转速就准确了。测试唱片的转速是 $33\frac{1}{3}$ r/min 的，那么测量 45 r/min 的唱片的转速又如何进行呢。通过计算 3000Hz 或 3150Hz（$33\frac{1}{3}$ r/min）在转速为 45 r/min 时对应的频率是 4050Hz 或 4252.5Hz。频率测试仪精度要选择高一些的，最好是 6 位数以上的（见图 10.16）。这种测速方式的最大好处是，唱盘的转速是在负载状态下进行测量的，数据最为精确。

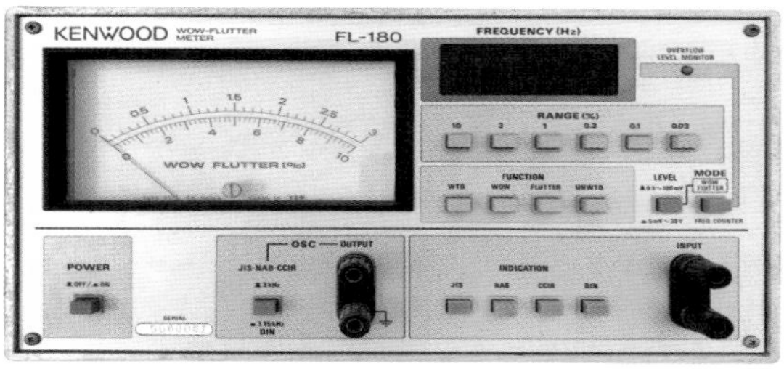

图 10.16　使用带有测试频率的唱片通过频率测试仪精确测定唱盘转速

（3）唱头和唱臂调整规尺。

唱头和唱臂调整规尺是测量整唱头和唱臂几何尺寸的工具尺。作为 Hi-Fi 器材，现在的唱盘系统几乎都是由独立部件组合而成的。组合安装过程中包含了唱头唱臂的调整，因此唱头和唱臂调整规尺必不可少。唱头和唱臂调整规尺和一般的工业量具是一样的，都是用来测量长度与角度的。不同的是唱头和唱臂调整规尺是根据唱头和唱臂特殊的调整需要设计的，唱头和唱臂调整规尺有与转盘轴吻合的基准孔，有额定的测量线盒测量点及校正平行线。

轴距尺是安装唱臂的专用尺。确定和准确定位唱臂的轴距非常重要，唱臂和唱头的其他尺寸调整都必须在轴距调整确定之后才能进行。轴距尺是以转盘轴心为起始点的，测量单位有公制和英制两种，使用时可以根据唱臂厂家提供的尺寸单位选择使用。一般厂家在唱臂的配件里附有卡纸制作的专用轴距尺，轴距尺除了测量轴距外还可以测量唱臂的有效长度。

唱头调整规尺可以调整唱头的超距、水平循迹角、方位角和垂直循迹角。唱头调整规尺也是以转盘轴心为起始点，通常水平循迹角的测量点为 66mm 和 120mm。由于每个唱臂的有效长度和补偿角设计不同，水平循迹角的测量点也会有所差异。使用时请尽量按照厂家的唱臂说明书提供的测量点进行调整。这样水平循迹角的误差值相对比较平均。详细调整方法将在安装调整中论述（见图 10.17）。

（4）针压计（Stylus Force Gauge）。

在日本，针压计也被称为唱臂负载仪（Arm

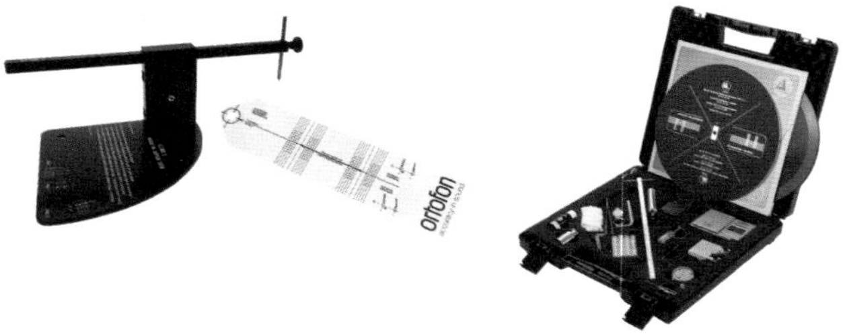

图 10.17　市面上有很多唱头和唱臂的调整规尺可供选择

Load Meter）。针压计是用于测定唱头循迹力的计量工具。由于每个唱头的设计不同，因此唱头的循迹力也是不同的。针压计分为机械式针压计和电子式针压计［数字针压计（Digital Stylus Force Gauge）］两类。机械式针压计利用杠杆原理工作，与我们生活中的杆秤相似。机械式针压计有两种款式，一种是固定测量点式，另一种是移动测量点式。例如，日本 NAKAMICHI FG-100 针压计就是固定测量点的设计，在使用时，唱针针尖落于测量点，将针压计支点另一侧的平衡砣调节到需要的循迹力刻度值，然后调节唱臂平衡砣，直至针压计两侧平衡，平衡观察是通过针压计上的水平珠来实现的。美国 Shure SFG-2 针压计也是类似设计，不同的是它有两个固定测量点，第一个固定测量点的测量值乘以 1 或直接读取，第二个固定测量点的测量值要乘以 2，这样 Shure SFG-2 的测量范围就扩大了一倍。Rek-O-Kut 针压计也是固定测量点式设计，但针压计另一端没有刻度值，而是用配给的不同质量的砝码来实现平衡的，其工作方式与天平完全一样。ORTOFON 针压计是典型的移动测量点式设计，使用时只要把唱针针尖放置到对应的刻度线上即可。移动测量点式针压计还有 Clearaudio Smart Stylus 等针压计。

数字针压计利用压力传感器工作，当唱针针尖置于针压计上时，压力传感器因受到压力发生形变，阻抗发生变化激励电压发生变化，输出变化的模拟信号经放大后输入模数转换器，处理的数字信号通过运算最终由液晶屏或数码管显示数据。数字针压计实际上就是一个微型电子秤，只是外形、秤盘及称重范围是按照唱头循迹力的需要设计的。目前数字针压计比较流行，这是因为传感器技术的飞速进步与普及。国外的数字针压计品牌主要有德国的 Clearaudio、日本的 Winds，还有英国的 Man。

其实并非近些年才开始利用传感器技术，早在模拟时代的鼎盛时期，日本大厂——松下公司就利用传感器设计了一款高档针压计——Technics SH-50P1，与现在的数字针压计不同之处是，显示部分用的是指针表头。Technics SH-50P1 的量程是 0.5 ～ 3g，在 1.5g 刻度处有一箭头，标示这里是校准点。在使用 Technics SH-50P1 前，用配给 1.5g 的砝码进行校准，这样再测量就可以获得比较高的循迹力精度。Technics SH-50P1 是一款非常美观、好用的针压计，它是介于机械式针压计和数字针压计中间的产品（见图 10.18）。

机械式针压计循迹力的刻度值有两种表示单位：g（克）和 mN（毫牛），数字针压计通常只有 g 单位的循迹力显示。这里需要说明的是，循迹力是力而不是质量，力与质量是两个不同的概念。因此严格地说循迹力的单位应该是 mN，而不能直接用质量单位 g 来表示。在一些唱头说明书里，用 g 来表示循迹力的参数是为了方便对应以 g 为单位的针压计。这里的 g 实际值等于 gf。gf 是通过 kgf-N 换算后获得的，工业上把 kgf 称为工程单位制力的

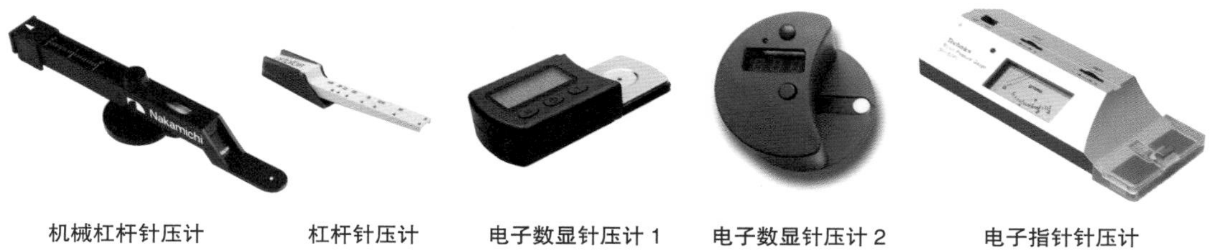

图 10.18　多种多样的机械式针压计和数字针压计

主单位。kgf-N 的换算关系是：1kgf=9.8067N。

下面我们进行一个实际举例计算。

VAN DEN HUL GRASSHOPPER III 唱头的循迹力是 16mN(最大)，我们要把 mN 换算为 gf。设换算后的循迹力为 X。

带入算式后，X=16/9.8067；

最后得 X=1.63gf。

即我们可以把 16mN 的循迹力换算为 1.63gf，也可视为 1.63g。反过来一些唱头的“g”数也可以换算为 mN，因为欧洲的一些机械式针压计的刻度值是用 mN 来标注的。

使用机械式针压计时应注意针压计支点的清洁，支点污垢会使针压计的灵敏度降低，影响测量精度。使用数字针压计要保证电池电压充足，因为大部分数字针压计有 4 种计量单位，有时不注意会误选，所以使用时必须先确认显示单位为 g，并用砝码校验，否则会发生误测。另外数字针压计的秤板是连接传感器的，不能用手触及和碰撞，否则就会损坏传感器，造成数字针压计报废。机械式针压计性能稳定可靠，而且不易损坏，但称重精度不是很高。数字针压计的称重精度比较高，有 0.1g、0.01g 的精度，以及 0.002g、0.001g 的高精度，购买时可以根据唱臂系统的精度级别进行选择。

测量循迹力要注意两点，第一点是唱臂安装要保证水平精度。无论是什么形式和结构的唱臂都要像转盘一样保证安装的水平精度。旋转唱臂的平衡砣，使唱臂处于零针压状态，无论唱臂往左还是往右都说明唱臂不水平，细心调整唱臂板，直至唱臂在零针压状态下完全静止不动。第二点是在测量旋转唱臂循迹力时，要在无侧滑补偿的情况下进行。保持唱臂水平和无侧滑补偿都是为了避免测量唱臂循迹力时产生分力，因为分力会使实际循迹力值发生变化。

（5）测试唱片。

测试唱片是校验唱头和唱臂调整结果的工具唱片。测试唱片包括音频测试信号唱片、音乐测试片段唱片、音频测试信号和音乐测试片段合集唱片 3 类。使用音乐测试片段唱片来测试和检验唱头和唱臂的调整结果依赖于主观判断，在经验不足的情况下不易进行正确判断。使用音频测试信号唱片来进行测试和校验，是通过各项电声指标对系统进行检测，实用、客观、易判断。如果配合测试仪器（示波器、抖晃仪等）效果更好（见图 10.19）。

图 10.19　购买测试唱片最好选择音频测试信号唱片

第 3 节　保养工具

模拟系统的保养分为唱盘系统保养和唱片保养两部分。

唱盘系统保养主要指唱头的保养。唱头的保养工作是要每时每刻进行的，这是因为要始终保持唱头清洁，有污垢的唱头无法正确读取信号。唱头保养的工具包括唱针刷、唱针清洁水、唱头消磁器。

（1）唱头保养工具。

我们的听音室再干净也无法保证无尘状态，因此灰尘和细小的绒毛在空气湿度的作用下会黏在唱针上，使唱头无法正常工作。唱针刷是保养唱头时使用频率最高的工具，每播放一面唱片都必须用唱针刷对唱针进行一次清洁，这是因为在播放唱片时，灰尘多少会吸附上去，唱针会像“锄地”一样把灰尘勾在针尖上，累积多了像个小绒球，放唱时不仅会产生失真，甚至会跳槽。唱头厂家在唱头的包装盒内都配有唱头刷，不过这些唱头刷的尺寸都非常小，并且毛刷也非常硬，使用时非常危险，操作不慎就会损坏唱针。以笔者的经验，买一支女士们化妆用的粉刷作为唱针刷，效果非常好。操作时放大器保持正常的音量，化妆粉刷的笔锋向着唱针针杆的根部方向，然后轻轻向前清扫唱针，音箱会发出扫唱针的声音，扫唱针声音的大小会传达两个信息，一是扫到唱针了，二是扫唱针力的大小。

另外一种清洁唱针的工具叫“ZERO DUST”，意为“零灰尘”。ZERO DUST 是一种类似不干胶的聚合物粘块，装在一个扁平的盒子里，使用时将唱针落在粘块上，唱针上的灰尘和绒毛就会被粘住，使唱针得到清洁。

ZERO DUST 的使用方法非常简单，打开装有粘块的盒子盖子，置于转盘上，将唱针对准盒子里面啫喱状物体的中部，放下唱臂，唱针上的毛絮和灰尘等污垢被粘住，用盒盖上的放大镜检查清洁完的针尖。

唱针刷的作用是清除唱针上的临时灰尘和绒毛，就像每天用鸡毛掸扫除家具上的浮灰一样。每放一张唱片之前必须用唱针刷清扫唱针针尖。养成这样的习惯，可以保证每次放唱的质量。

唱针清洁水是一种水溶剂，是专门用来清洁唱针的。与唱针刷不同的是，不需要每次放唱时都使用唱针清洁水，而是定期使用即可。唱针清洁水主要用来清洁唱针上的污垢，这种污垢是空气中油腻物质的分子与湿的空气分子混合产生的污垢，时间久了这种污垢就会慢慢地在唱针表面形成污垢，这种污垢像一层膜包裹在唱针上，唱针刷是无法清除的。污垢膜会使唱针的振动频率发生畸变，使音质劣化，严重时也会牢牢粘住绒毛让你无法清除，因此要定期用唱针清洁水清洗唱针，以保持唱针针尖的干净光滑。唱针清洁水清洗唱针的原理是溶解唱针上的油腻污垢，就像我们用洗洁精清洗锅碗一样。至于多久用唱针清洁水清洗一次唱针，要看唱头的使用频率和环境的洁净程度。在好的听音环境下，每 6 周清洗一次就可以了（见图 10.20）。

图 10.20　唱针清洁水

电动唱针刷是非常好用的辅件产品。电动唱针刷是用碳纤维制作的，由电机驱动，电动唱针刷通过在水平方向上高速摆动来擦除唱针上的污垢和灰尘。电动唱针刷配合唱针清洁水效果更好，在刷面滴一点唱针清洁水，放下唱针，按下开关，唱针的针尖被清洗得非常干净。使用电动唱针刷时应该注意其放置方向，有的电动唱针刷尾部有与转盘轴契合的半圆口，这样刷子的扫动方向与唱片声槽的方向一致。可惜生产电动唱针刷的厂家现在只有极少数了。要让您的黑胶音源系统播放出好的声音，电动唱针刷应该说是必备的工具（见图 10.21）。

新款电动唱针刷　唱针刷 / 唱针清洁胶泥　两款老型号电动唱针刷

图 10.21　电动唱针刷和唱针清洁胶泥

唱头消磁器是改善唱头状态的部件，通过消除唱头内金属部分的杂散磁场，保证唱头有好的工作状态。唱头消磁器的工作原理也很简单，那就是磁极交叠，然后磁场强度递减为零。唱头消磁器是通过交替改变直流方向进行磁极交叠，用电源控制电流形成磁场强度递减。唱头一般 2 周消磁一次就可以了。唱头消磁器的产品并不多，目前市场能够买到的牌子是 AESTHETIX ABCD-1 MC（见图 10.22）。

图 10.22　4 款唱头消磁器

唱盘系统的保养还有转盘轴承、电动机轴承和唱臂轴承等保养。在使用中注意环境的清洁，保持适当的温度和湿度。机械轴承的唱盘不要连续使用过久。这些都是保养唱盘系统的基本要求。

（2）唱片保养工具。

唱片保养的工具附件包括唱片刷、洗碟机、除静电剂、静电离子风机等。

唱片刷和唱针刷的使用频率一样，每播放一面都要对唱片进行清扫。唱片刷有丝绒制作的，也有碳纤维制作的（见图 10.23）。从使用效果看碳纤维制作的唱片刷效果比较好，价格也便宜，正常使用 5 年是没有问题的。还有一种唱片刷叫做臂杆唱片刷，是在一个类似唱臂的平衡杆子上安装小毛刷，播放唱片时与唱臂同时落在唱片上，在唱纹的引导下与唱臂同步移动。电动吸尘唱片刷是唱片刷中的高级唱片刷，使用时刷子部分是旋转的，在离心力的作用下灰尘和绒毛被吸入刷把的储藏盒内（见图 10.23）。以上几种唱片刷是用来清除唱片上的灰尘和绒毛的，并不能清除静电，只是操作过程中不会产生静电。还有一种唱片刷能够除静电，这个唱片刷手柄内有一个能够发生离子的装置，操作时一边扫灰一边按动手柄上的按键，按键是自发电装置，不需要电池，可以清除静电，扫除灰尘，高效又环保。

黑胶唱片在放唱时，最让人懊恼的就是静电声。为了解决这一问题，我们还是先了解一下静电的常识。

物质都是由分子构成的，分子由原子构成，原子由带负电荷的电子和带正电荷的质子构成。在正常情况下，一个原子的质子与电子数量相同，正负

碳纤维唱片排刷　　碳纤维唱片笔刷　　柔性胶泥唱片刷　　电动吸尘唱片刷

图 10.23　各款唱片清洁工具都挺好用的，碳纤维唱片刷可能更实用一些

平衡，所以对外表现出不带电的现象。但是电子环绕于原子核周围，一经外力即脱离轨道，从原来的原子 A 离开而侵入其他的原子 B，原子 A 因缺少电子而带有正电，原子 B 因增加电子而带负电。电子受外力而脱离轨道是造成不平衡电子分布的原因，这个外力包含各种能量（如动能、位能、热能、化学能等）。在日常生活中，任何两个不同材质的物体接触后再分离，即可产生静电。

当两个不同的物体相互接触时，就会使得一个物体失去一些电荷，如电子转移到另一个物体上，使其带正电，而另一个物体得到一些剩余电子，因而带负电。若在物体分离的过程中，电荷难以中和，电荷就会积累使物体带上静电。所以物体与其他物体接触后分离就会带上静电。通常从一个物体上剥离一张塑料薄膜时会产生静电，就是一种典型的“接触分离”起电。

固体、液体甚至气体都会因接触分离而带上静电。这是因为气体也是由分子、原子组成，当空气流动时，分子、原子也会发生“接触分离”起电现象。

静电在我们日常生活中很常见，比如冬天脱毛衣时会产生静电，用塑料梳子梳头时也会产生静电。

我们现在知道两个物体接触分离会产生静电。那么物体与物体摩擦是不是接触分离呢？实际上摩擦是一种接触分离、再接触再分离的循环过程，这种不断接触与分离的过程同样会造成两个物体的正负电荷不平衡。唱针和唱片不仅是两种不同的物质，而且唱针和唱片的工作状态就是一个不断接触与分离的摩擦过程，因此产生静电也是不可避免的。

静电是客观存在的，我们可以通过一些方法来控制和消除静电，具体可以从以下几点着手：接地，增湿，抗静电剂，静电中和器。

首先需要注意的是，静电具有蓄积特性，蓄积是因为物体与大地绝缘。另一种产生静电的原因是感应起电。当带静电物体接近不带静电物体时，会在不带电的物体两端分别感应出负电和正电。为了减少静电在音响设备中的蓄积，我们对所有的设备都要进行接地处理。

我国地域广阔，气候差别很大。因此在不同的地方唱片静电表现的程度不同。北方和高原地带的静电现象比较多一些，尤其是在干燥和多风的秋、冬季节。如果室内使用暖气设备或空调，静电现象会更加严重，原因是暖气设备或空调会使室内的空气更加干燥。为了减少静电的产生，在室内适当增加一些空气湿度，具体方法是使用加湿器加湿或用湿拖把拖地；如果房间里铺有地毯，可以用养花时使用的喷雾器在室内四周均匀地喷些水雾。这些方法的目的都一样——增加室内湿度。那么室内湿度为多少合适呢？我们可以买一个温度与湿度表来监督，一般湿度控制在 50% ～ 60% 为宜。

唱片除静电剂是水溶剂，溶剂中有一定比例的抗静电剂，喷涂唱片表面即可消除静电。唱片除静电剂还可以涂抹在唱片垫，以及转盘、唱臂上，效果更好。

针对唱片静电，音响厂家也设计、生产了一些唱片除静电的附件。唱片静电消除器是最主要的附件，利用除静电离子风机原理，直接对唱片进行静电清除，使用方法类似洗碟机的操作，不过运行时不用唱片锁母，一键操作，即放即拿，除静电效果非常好。简单一些的有除静电离子枪或除静电离子刷，使用时对唱片表面进行均匀“射击”即可。除静电离子枪或除静电离子刷有电源供电的，也有手动发电的。静电消除器除了可以进行唱片除静电的操作外，也可对我们的设备进行静电消除，解决的办法是用小型的除静电离子风机直接对唱盘系统进行静电清除（见图 10.24）。

唱片除静电清洁液　　除静电离子枪　　除静电离子风机　　电动唱片除静电器

图 10.24　唱片除静电工具

唱片的声槽里坑坑洼洼，很容易藏污纳垢。消除静电设备可以消除静电，但并不能把声槽里的污垢剔除，目前最有效的清洗唱片的方法是使用洗碟机。生产洗碟机的厂家比较少，只有几个唱盘大厂有配产。洗碟机虽然不是播放系统，但其作用非常大，不可低估，用户可以少买几张唱片，但绝不可以没有洗碟机。

清洗过的唱片和未清洗过的唱片的聆听效果不可同日而语。洗碟机由转盘和抽真空两个部分组成，工作原理是利用真空吸力抽出声槽里的污垢，使用洗碟机时需要注意的是，可以用纯净水浸泡唱片表面，但用除静电液浸泡效果更好，浸泡唱片表面需要一点时间，目的是让污垢与水充分溶解，之后再进行抽真空的操作，就可以清洗得更干净。

洗碟机的运行方式可以分为两种。高级的是线循环抽真空洗碟机，其真空吸嘴是一个很小的圆锥形，圆锥端的圆孔内穿有柔软的棉线，工作时棉线一边擦洗唱纹一边随真空吸嘴向管内循环运行。常用的洗碟机的吸嘴是管状的，吸口横跨整个唱纹，清洗方便迅速。线循环洗碟机的噪声比较小，大约在 36 ～ 37dB。线循环洗碟机还有更方便的双面洗机种，不过价格十分昂贵。超声波洗碟机也是不错的选择，清洗效果也非常好，噪声要比线循环洗碟机大一些，只要不连续操作，噪声还是能够忍受的。最常见的真空洗碟机的洗涤效果也不错，价格并不贵，黑胶爱好者差不多人手一个。只是真空洗碟机近似吸尘器，噪声让人难以承受。希望日后有分体洗碟机问世，让洗碟机工作得“绅士”一些（见图 10.25）。

个人推荐使用洗碟机时，只洗当天计划欣赏的几张唱片，好处是短时间接触噪声，减少对身体的伤害；及时清洗唱片后唱片表面保持一定的湿度，有利于与唱盘系统的静电中和。

线循环洗碟机　　真空洗碟机　　超声波洗碟机

图 10.25　洗碟机

Chapter 11
第11章 黑胶音源系统的调整

第 1 节　器材架水平调整

放置唱盘的器材架虽然不属于黑胶器材，但在这里还是需要介绍它。选择与调整器材架也是黑胶音源系统中一个不可忽视的重要环节。转盘是唱盘系统的基础，而承载唱盘的器材架更是基础中的基础。

唱盘系统对振动非常敏感，因此用户选择器材架时需要有足够的刚性和稳定性，才能确保唱盘的稳定工作。检查器材架的方法比较简单，水平方向前后左右推动器材架时不应该有晃动，顶部承载唱盘的承板要有足够的厚度与刚性，在长时间负重的情况下不会弯曲。薄而刚性不足的垫板在对唱盘和唱臂进行水平调整后会产生变化。

器材架腿部最好有可以调整的脚钉、脚钉垫。需要调整器材架基本水平，只有这样才能保证下一步唱盘的水平调整不至于幅度过大，影响唱盘的刚性。

放置唱盘器材架的地面应该选择硬质材料，比如花岗岩、大理石、瓷砖。选择硬质地面的目的是保证器材架安放稳定，尽量避免龙骨地板、软木地板等柔性地面。如果地面已经是柔性的，补救办法是，在器材架下面放置较厚的花岗岩板，以增加重量来减少地面的振动和水平变化。当然也可以添置专用的减振台来隔绝来自地面的振动。

通常情况下，器材架都是四脚设计。大家都知道三脚器材架的水平调整很方便，四脚器材架的水平调整就非常困难。这里介绍一个比较好的四脚器材架的水平调整方法（见图 11.1）。先把器材架左侧前、后两个脚钉 A 和 B 都调整至 1/2 螺纹处，再把右侧前、后两个脚钉 C 和 D 都调整至短于左侧脚钉约 3mm。确定好器材架安放的位置，将脚钉垫分别垫入 4 个脚钉下，用水平尺横向测量，一定是左高右低。准备一个临时用的可调节高度的脚钉，把这个脚钉置于右侧前、后两个脚钉之间的 E 点，调整这个脚钉，让右侧前、后两个脚钉悬空 3 ～ 5mm 即可。完成这些准备工作后，就可以进入器材架的水平调整了。

第一步，用水平尺纵向置于器材架台面中心处，观察水平珠后，调节左侧两个脚钉 A、B 中低的脚钉，直至器材架台面纵向完全水平（见图 11.1 左图）。第二步，将水平尺旋转 90° ，观察水平珠后，顺时针旋转或逆时针旋转临时调节 E 点的脚钉，直至器材架台面横向完全水平（见图 11.1 中图）。第三步，调节右侧前、后悬空的 C 和 D 两个脚钉，让这两个脚钉慢慢接触脚垫并落实，这一步调节工作需要更加细心一些，调节 C 和 D 两脚钉的力度要均匀适当（见图 11.1 右图），过松或过紧都会影响横向的水平精度。最后慢慢松掉临时调节用的 E 点脚钉，取下。用力按压器材架的台面四角，如果没有间隙性的晃动，器材架的水平调整基本完成。

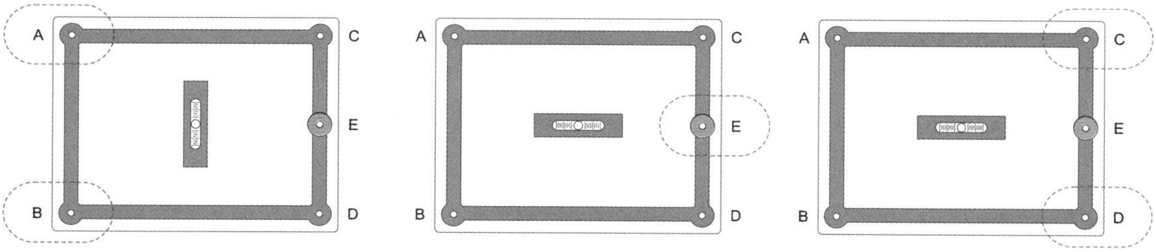

图 11.1　器材架水平调整不能马虎

这里提醒一下，选用的器材架脚钉不要选择锥尖太过尖锐的产品（球面锥尖为好），否则时间久了，过大的压强会使脚钉锥尖慢慢锥入脚钉垫，以致调整完成的水平产生变化。

第 2 节 唱盘水平调整

有了稳固水平的器材架，下一步就可以安装并调整唱盘了。首先要确定唱盘在器材架承板上的位置，因为一些拥有分体式电动机的唱盘很重，事先确定转盘和电动机的准确位置，可以避免不必要的重复劳动。

一体式的唱盘安装就比较简单了，把唱盘居中安放在器材架承板上即可。同样，我们先把唱盘的脚钉（或其他方式的调节机构）调节到螺纹 1/2 处，以备调节余量。

购买用于转盘调整的水平尺时应该注意精度级别。普通五金店售卖的装修用的水平尺是不合适的，因为精度级别太低，不能满足转盘调整的要求。那么什么样的水平尺合适呢？在仪器仪表商店或机械工具量具专营商店中都有售卖一种被称为条式水平尺的仪器。条式水平尺是用于机械设备水平测量的，精度很高，非常适合重量级转盘的水平调整。图 11.2 中左图所示的是条式水平尺，精度为 0.02mm。图 11.2 中右图所示的是光合成像水平尺，精度为 0.01mm，这是目前精度级别最高的水平尺。

转盘水平调整方法基本和器材架的水平调整方法差不多，只是对转盘的水平精度要求比较高，需要我们更加细心、耐心。

如果转盘的水平有误差，在机械方面转盘的转轴和轴套之间处于偏心状态，轴承的摩擦力增大，这样不仅会加速轴承磨损，转盘转速也会受到一定程度的影响，抖晃增大，这对音乐的音准和节奏都会产生不利影响。同时，因为转盘倾斜，唱臂的循迹也会出现问题，比如抗滑、循迹力、方位角都会受到影响，因此我们必须认真完成转盘的水平调整工作。

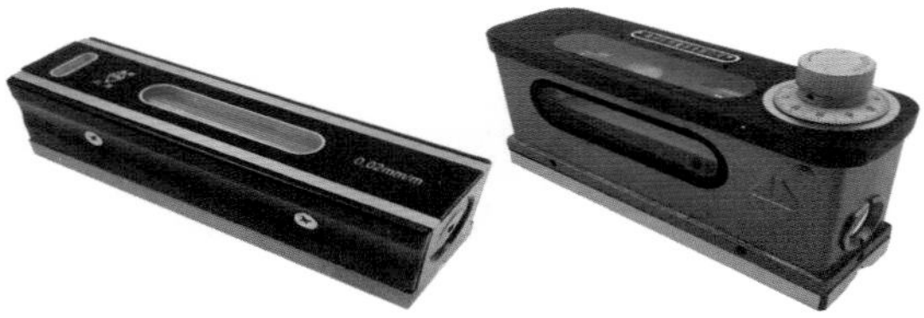

图 11.2　条式水平尺（左）和光合成像水平尺（右）

条式水平尺比较适合在硬盘上进行水平调整，先调整纵向水平，再调整横向水平，反向操作也可以。先将水平尺置于转盘靠近轴心的地方，再调整一个方向的水平。水平泡所在的方向表示这个方向偏高，降低水平泡所在方向的脚钉高度，或者提高水平泡相反方向的脚钉高度都是可以的。当水平泡置于水平尺玻璃管中间时，这个方向的水平调整基本完成。为了验证水平调整精度，可以将转盘旋转 180°，如果水平泡仍然处于水平尺玻璃管中间，则说明这个方向的水平调整得非常精确，同时也要恭喜您，您的转盘精度很高。如果旋转 180°，水平泡不在水平尺玻璃管中间，则说明转盘的回转重复精度不够好，这与水平调整没有关系，而是因为转盘加工精度不够好。接下来把水平尺旋转 90°，重复前面的水平调整方法，完成另一个方向的水平调整。这时，转盘的水平调整就告一段落了。

需要注意的是，一些拥有分体式电动机的唱盘，在进行唱盘水平调整时要把电动机与唱盘同步安放在器材架上，如果完成唱盘水平调整后再安放电动机，会因为电动机的重量影响唱盘的水平精度。

如果您使用的是弹簧悬挂结构唱盘，重量超过 1kg 的条式水平尺就不太适合使用了，因为弹簧悬挂系统无法承载这么重的水平尺。那么弹簧避振的软盘又如何进行水平调整呢？过去只能用轻质低精度的水平尺来调整唱盘水平，水平调整的精度当然大打折扣。那么有没有提高弹簧悬挂结构唱盘的水平调整精度的办法呢？当然有，现在可以在网点购买到条式水平尺专用配件——玻璃管水平泡，这个玻璃管水平泡只有十几克，我们可以直接使用玻璃管水平泡来调整弹簧悬挂结构唱盘的水平。裸玻璃管水平泡容易破碎，使用时注意轻拿轻放，细心一点就可以啦。水平调整的方法与硬盘是一样的，这里不再重复（见图 11.3）。

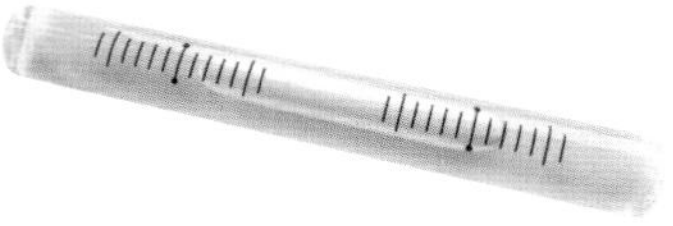

图 11.3　条式水平尺用的玻璃管水平泡

弹簧悬挂结构唱盘的弹簧悬挂上的螺丝会因转盘的转动而松动，影响水平精度。为了让弹簧悬挂结构唱盘的水平保持长久，有两个简单易行的解决方法。一个方法是在螺丝与弹簧垫片之间涂抹高浓度的阻尼胶，防止螺丝滑动；另一个方法可能更好一些，在弹簧调节螺丝下加一个手拧螺丝，用以锁定调节螺丝。

现在很多年轻人也纷纷加入黑胶唱片发烧友的行列，他们购买的入门级唱盘大多没有可以调整的脚钉。这里介绍 3 个调整唱盘水平的方法：第一个方法是购买可调脚钉，更换原有的脚钉或直接垫在原有脚垫的附近；第二个方法是裁制一块与唱盘底板相同大小的托板，托板的材质可以是厚一些的钢化玻璃、花岗岩、人造石、硬木和合成板材，板材底下安装可调脚钉，托在唱盘底部；第三个方法是一个既经济又简单易行的方法，就是在脚垫下垫上质地硬一些的名片。

第 3 节　转盘转速调整

转盘的转速调整至关重要，调整好转盘转速是保证播放音乐音准的基础。当转盘转速快了，音高会偏高；转速慢了，音高会偏低。为了音乐播放时能够有标准的音高，需要对转盘的转速进行精确的测定与调整。过去测试转盘转速基本上都是使用频闪技术，日本的很多唱盘把频闪格直接做在转盘的柱面上，配上频闪灯，转速一目了然。大多数欧美的唱盘都用频闪盘来进行测速。两者本质上没有区别，只是使用的方法不同而已。

近些年市面上流行使用光电测速器，方法是在转盘上贴一个反光点，利用光电测速器发出的光被反光点反射进行测速，液晶屏直接显示转速。很多人认为这属于数字技术，精度应该很好，其实不然，通过一个反光点所测的只是一圈转速的平均值，在没有通过反光点时的转盘转速变化光电测速器是无法测试的。因此这样的测速是不可靠的。

而频闪测速盘，$33\frac{1}{3}$ r/min 的频闪格每一圈是 180 个，45 r/min 的频闪格每一圈是 133 个，无论转速是快是慢，还是忽快忽慢（抖晃），转盘每一刻的转速都被精确直观地显示。还有一点需要说明的是，频闪测速盘的频闪格“顺时针移动”时，表示转速快了，相反，频闪格“逆时针移动”时，则表示转速慢了。

笔者在设计频闪测速盘的计算过程中发现，50Hz 频率的 $33\frac{1}{3}$ r/min 的频闪格是整数，50Hz 频率的 45 r/min 的频闪格不是整数。60Hz 频率的 $33\frac{1}{3}$ r/min 的频闪格是整数，45 r/min 的频闪格也是整数。这就是说，理论上用 50Hz 频率测试 $33^{1}/_{3}$ r/min 是精确的，用 50Hz 频率测试 45 r/min 是有误差的；用 60Hz 频率测试 $33^{1}/_{3}$ r/min 和 45 r/min 是精确的。

因此追求极致的黑胶发烧友可以用 50Hz 频率来测试 $33^{1}/_{3}$ r/min 的转速，用 60Hz 频率来测试 45r/min 的转速。问题是，我国的市电频率是 50Hz，用来测试 $33^{1}/_{3}$ r/min 的转速当然没有问题，如果您的要求很高，希望也可以对 45 r/min 唱片的播放转速进行精准的测速，可以购买有变频功能的再生电源（50Hz/60Hz 可切换）。

这里需要强调的是，用频闪测速盘测速，必须使用交流电源白炽灯或日光灯来照射频闪格。手电筒、手机照明灯、LED 灯是不能使用的，因为这些光源都是直流供电的。LED 灯虽然是交流电源供电，但内部电路已经转为直流供电。可能现在的家庭照明都已经使用了 LED 光源，白炽灯和日光灯早已被淘汰，在这种情况下，您就得购买一个专用的频闪测速器了。

当然还有一些更专业的唱盘转速测速方法，比如使用抖晃仪、频率仪。播放测试唱片的 3000Hz（JIS 日本标准）和 3150Hz（DIN 德国标准）信号作为转盘的信号输出，频率仪测得的频率和测试信号频率一致，转速就是准确的。频率低了说明转速慢，频率高了说明转速快。频率高低变化的大小可以换算为抖晃率。

The Ultimate Analogue Test 测试碟的第 10 轨是 3150Hz（DIN）的标准抖晃测试信号，连接抖晃仪，用唱盘播放测试碟，观察动态速度变化的百分比标称值的偏差。抖晃仪的指针表可以直接显示抖晃值，数字显示屏也会同步显示频率值。如果 $33^{1}/_{3}$r/min 的转速准确，读数会对应显示 3150Hz。测量 45r/min 时，测量正确的读数应该是 4252.5Hz（3150 × 45/33.3333）（见图 11.4）。

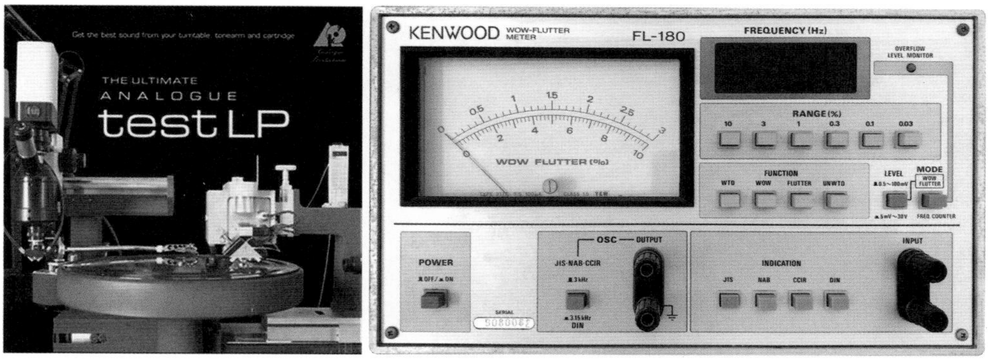

图 11.4　用专业抖晃仪测试转速需要有 3000Hz 或 3150Hz 频率信号的测试唱片

转盘的转速与电动机、皮带和转盘轴承有关系。如果我们的转盘转速出现了问题，可以从以上几个方面来判断问题源头。直驱转盘通常不会出现转速问题，直接驱动的转盘转速只与电动机和电动机驱动电路有关系。

皮带驱动的转盘出现转速问题多数是因为皮带问题。皮带老化导致皮带松弛，皮带与电动机轴头的摩擦力减少，造成皮带打滑，从而引起转速波动 / 转速偏慢。更换新的皮带后如果转速快了或者慢了，则说明皮带厚了或薄了（扁形），皮带的线径大了或小了（圆形）（见图 11.5）。如果唱盘有调速设计，那就方便了，通过调整调速钮达到额定的转速。如果唱盘没有调速钮，那就需要寻找与原装皮带相同尺寸的皮带了。

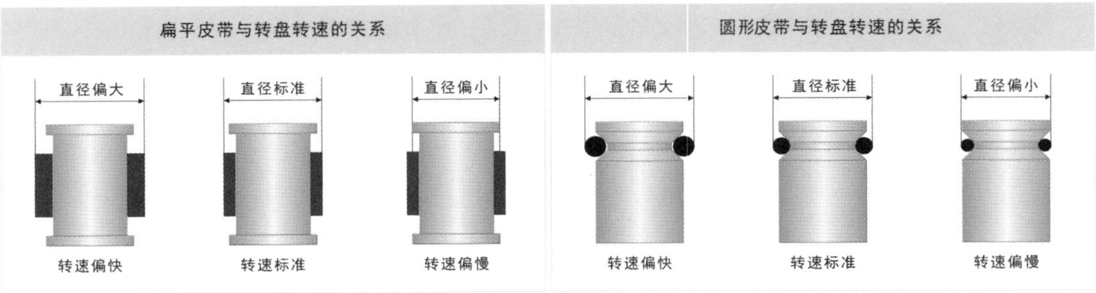

图 11.5　皮带的厚薄和粗细都会影响转盘转速

转盘轴承由于磨损导致转速出现问题的情况也是存在的。笔者曾经帮助朋友检修过一台唱盘，取下皮带，拨动转盘，旋转几秒就停了，取出转盘发现轴承底部球面磨损严重，轴套止推面也磨损严重。修整轴头和止推面后转盘运转恢复正常。

皮带和转盘轴承都没有问题，转盘转速仍然有问题，那就可能是电动机和驱动电路有故障，必须送修了。

第 4 节　唱臂轴距调整

我们已经对固定支点唱臂进行了详细的论述，现在我们来讨论一下固定支点唱臂的安装和调试问题。

安装固定支点唱臂的第一步就是要确定唱臂轴距。唱臂轴距指唱臂旋转轴心与转盘轴心的水平距离（图 11.6 中红色线段就是轴距），唱臂轴距是唱臂的一项重要参数，厂家都会在使用手册中标注，不过也有只标注有效长度和超距，而不标注轴距的情况。其实也是一样的，用有效长度减去超距就是轴距，一些二手的唱臂没有使用手册，可以参考查阅各个厂家生产的唱臂参数列表。调整唱臂轴距非常重要，我们应该认真细心地对待这个环节，如果唱臂轴距有误差，随后各项调整的误差都会随之增大（见图 11.6）。

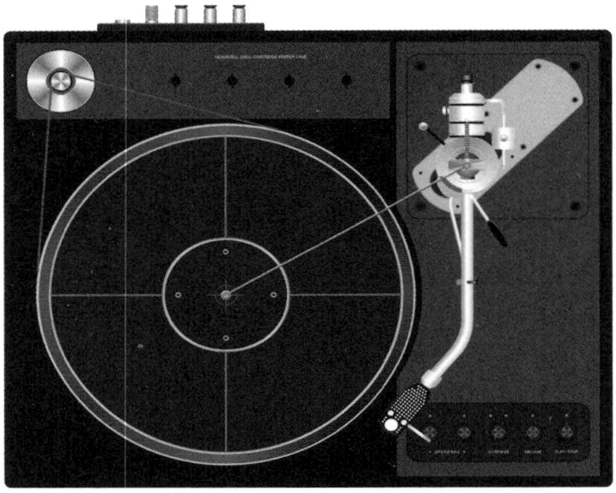

图 11.6　调整唱臂轴距非常重要

唱臂轴距的调整，可以借助唱臂专用调整工具。面对市场中各种各样的唱臂轴距调整规尺，如何选择呢？哪一种唱臂轴距调整规尺最好呢？由于唱臂是非标产品，每个唱臂的结构和尺寸各有不同，因此无法界定哪一种唱臂轴距调整规尺最好，而是某种唱臂轴距调整规尺最适合某种唱臂。

这里以笔者为 SME 唱臂设计的测量调整唱臂轴距的专用规尺为例说明 SME 唱臂的轴距调整。在使用唱臂轴距调整规尺时，松开 VTA 锁定螺丝，将 SME 唱臂轴套拨至最高处，旋转约 120°。松开唱臂座的两颗一字螺丝，并移至唱臂座后部。将唱臂轴距调整规尺对应的唱臂有效长度轴孔（9 英寸 /10 英寸 /12 英寸）套在转盘的唱片轴上，让规尺超距线另一端的内圆口对着唱臂轴套，把唱臂轴套向规尺内圆口推进并与之合紧，再锁紧唱臂底座的两颗一字螺丝，这时轴距就调整完毕了，这个轴距的精度可以控制在 ±5 丝（±50μm）左右（见图 11.7）。

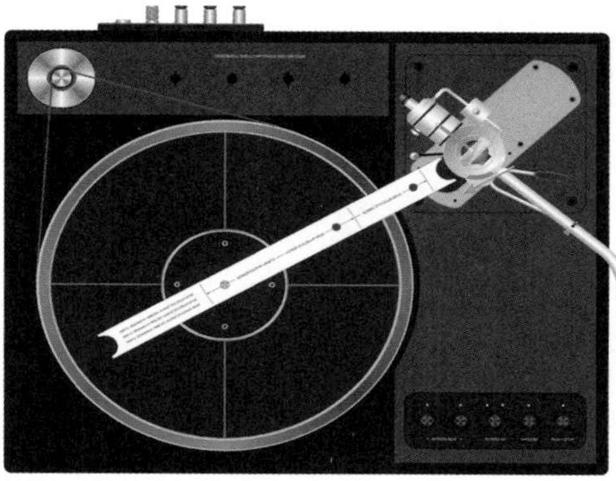

图 11.7　调整 SME 唱臂轴距示例

唱臂轴距调整与唱头没有直接关系，只要调整方法得当，调整并不太困难。尽管如此，这里再强调一下，无论用什么方法和工具调整唱臂轴距都是可以的，问题是我们一定要尽可能把唱臂轴距调整得精确一些，为我们后面的水平调整建立好的基础。

第 5 节　唱臂有效长度调整和唱头超距调整

有了精确的轴距，下一步就可以进入唱臂有效长度和唱头超距的调整了。

唱臂有效长度调整是利用唱头在唱头架上的安装孔槽，将唱头前后移动获得的。前后移动唱头的功能是唱头架设计的重要功能之一，图 11.8 所示的是几个不同的唱头架设计，左边唱头架有两个孔用来安装唱头，唱头安装后是不能进行前后位移调节的，而中间和右边的两个唱头架有两个孔槽用来安装唱头，唱头安装后可以进行前后位移调节，我们在实际使用中应尽量选择后者。

图 11.8　无法调整有效长度的唱头架与可以调整有效长度的唱头架

在安装好唱头之后，由于唱针向下，我们不易观察，加之唱臂轴套附近的起落架等机构的阻挡，使得测量调节唱臂有效长度非常不方便，同时也存在操作不慎损坏唱针的风险。因此我们可以变通一下，把唱头架轴向旋转 180°，也就是唱针向上把唱头架装入唱臂。这样我们就可以在唱臂上方直接测量唱针针尖与唱臂轴心的距离，调整好了有效长度后再把唱头架反过去，恢复正常的安装（见图 11.9）。

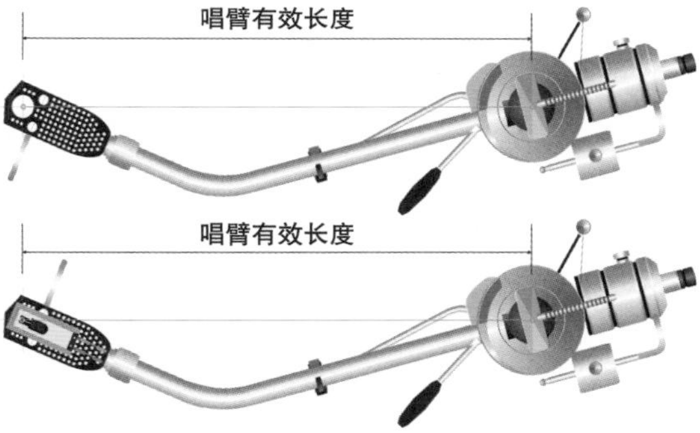

图 11.9　反过来安装唱头架，方便调整有效长度

如果您的唱臂是固定唱头架就无法使用这个方法了，我们可以换一种方法来调试。在超距、轴距、有效长度的关系中，只要确定 2 个数据值，第 3 个数据也就自然生成了。即我们在确认了轴距之后，可以通过调整超距来自然完成唱臂有效长度的调整。这样我们只要根据唱臂厂家提供的唱头超距值，用超距尺来调整就可以了。唱头超距调整比

较简单，松开固定唱头的两个螺丝，前后移动唱头，让针尖落在额定的超距刻度上就算调整完成了（见图 11.10）。

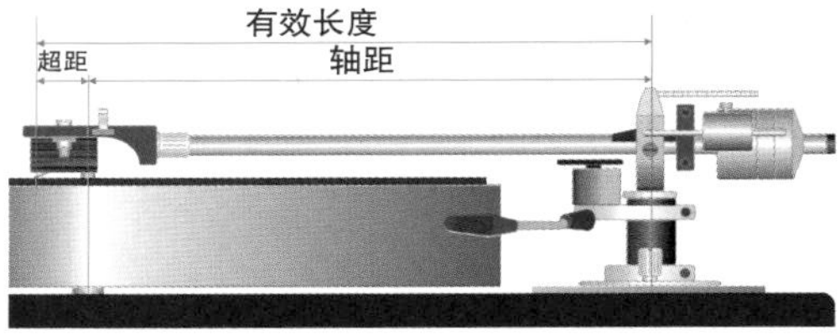

图 11.10　调整超距和调整有效长度是同一个目的

有些朋友可能又会提出问题，如果所使用的唱头架安装螺孔是固定的，不能前后移动怎么办？这的确是一个令人头疼的问题。如果是可拆装的唱头架就简单了，换一个可前后调节的唱头架即可。固定的唱头架怎么办呢？不得已，有些朋友就通过改变轴距来满足超距的需求。这个方法对吗？显然是不对的！在超距、轴距、有效长度的关系中，任何一个数值错误都会导致循迹路径误差。唱臂不能前后调节移动唱头，就意味着有效长度值存在误差（不同唱头针尖与安装螺孔的距离不同，误差值也不同）。在购买这样的唱臂时就要注意唱臂安装螺孔与哪个唱头配合后的有效长度最合适（与这个唱臂规定的有效长度误差最小）。这样会使唱头选择的范围缩小很多，个人认为这不是最好的选择，除非您非这个唱臂“不娶”。

当然，这样的唱臂不是没有“解药”，有一个鲜为人知的唱臂小配件就是针对这个问题设计的。这个配件的名称叫“唱头架滑块适配器”。具体用法：先把唱头装在唱头架滑块适配器上两个固定的螺孔上，然后把唱头架滑块适配器装在唱臂的唱头架上，这时唱头就可以在唱臂上前后滑动了。调节好唱臂的有效长度后，将唱头架的顶部螺帽锁紧即可（见图 11.11）。

调整好轴距、超距和有效长度后，我们应该进行校验。校验的步骤是，如果调整的是有效长度，那就测量一下超距是否正确。反之，如果先调整的是超距，那就测量一下有效长度。校验的结果有误差，那就说明轴距调整不够精确。校验的结果没有误差，或者误差很小，那就应该恭喜您了。

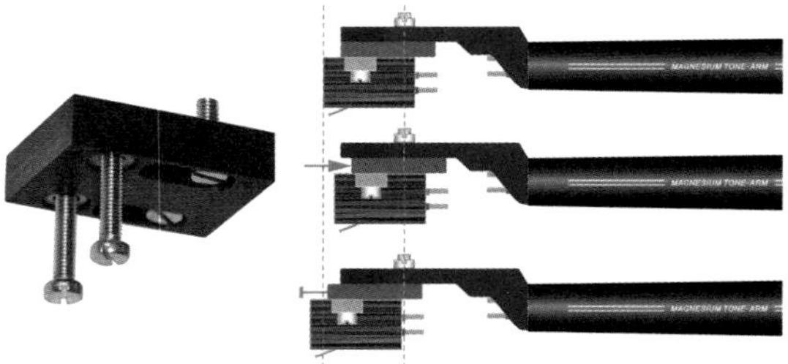

图 11.11　唱头架滑块适配器专门用于有效长度受限的唱臂

第 6 节　水平循迹角和方位角调整

完成了唱臂轴距、超距和有效长度的调整后，可以进行下一步的唱头调整了。

水平循迹角、方位角和垂直循迹角是唱头的三维角度，调整过程中不仅需要注意 3 个角度之间的关系，还要注意与唱臂有效长度、超距之间的关系。

先调整唱头的水平循迹角和方位角。每一个唱臂都有补偿角（偏置角），不同的唱臂补偿角不同，厂家会在使用手册中标注唱臂的补偿角。使用者未必一定要弄懂这个补偿角的来龙去脉，只要按照方法进行调整就可以了。那么如何调整水平循迹角呢？补偿角（偏置角）也被称为水平循迹角，就是当您俯视唱头时，确认唱头偏置角度与唱片声槽切线准确与否。如果稍有偏差，唱头输出的信号就会出现相位差。相位差是指两个频率相同的交流信号的输出时间超前和滞后的关系。

图 11.12 所示的是唱头唱针在声槽里的俯视截面图，图 11.2 A 所示的是水平循迹角调整正常的状态，唱针和声槽两翼触点连线唱针两翼与唱纹切线夹角为 90° 。水平循迹角调整不当，就可能出现唱针两翼触点连线与声槽切线不垂直的情况，唱针两翼触点连线与切线之间的夹角就是相位角，从而形成相位差。图 11.2 B 和图 11.2 C 所示的水平循迹角调整存在正、负误差，唱针两翼触点连线与唱纹切线夹角分别小于和大于 90° 。

相位差会导致相位失真，具体表现在低频信号偏弱，中高频漂移，左、右平衡度不佳，产生声像的“重影”，乐器和人声定位、结像不清晰，整个声场变模糊。相位差越大，这些现象越明显。

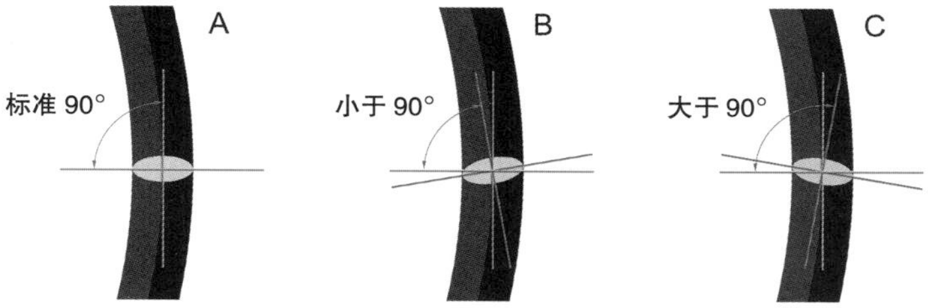

图 11.12　唱头水平循迹角调整示范

图 11.13 所示的是唱头左、右声道输出的曲线，蓝色线表示左声道的输出，红色线表示右声道的输出，左图是右声道正弦波相位领先左声道正弦波的相位。右图是左声道正弦波相位领先右声道正弦波的相位。中图是右声道正弦波相位与左声道正弦波的相位相同，蓝色线和红色虚线完全吻合。

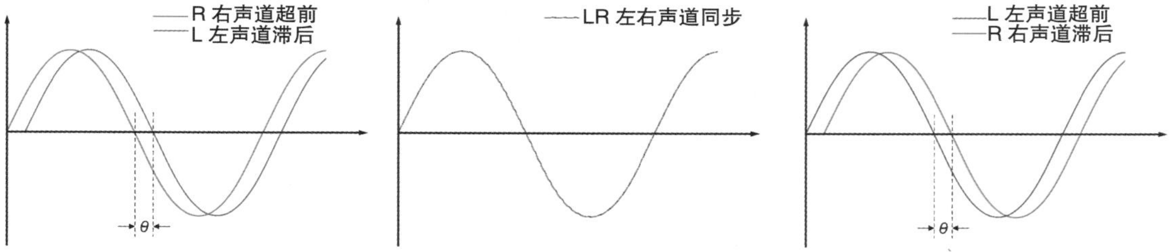

图 11.13　唱头水平循迹角对相位的影响

其实唱头的水平循迹角就是唱臂的补偿角。调整要点是唱头在两个零点的校准。有些唱臂说明书会提供水平循迹角调整的卡纸。市售的调整规尺有很多选择，其数据基本来自 Baerwold、Lofgren 和 Stevenson 3 个人的原始设计。瑞典人洛夫格伦在 1938 年就提出了唱臂补偿角的两个零点值是 70.285 和 116.604mm；Stevenson 提出的唱臂补偿角的两个零点值是 60.325mm 和 117.42mm；Baerwald 提出的唱臂补偿角的两个零点值是 66.998mm 和 120.891mm。

现在大部分市售的规尺都是采用 Baerwald 提出的两个零点值。无论这些规尺是什么形状、什么材质、什么价格，其原理都是一样的。调整水平循迹角时最容易影响已经调整好的唱臂有效长度（或超距），在调整过程中应该以唱头针尖为圆心来调整水平循迹角。当然，手工调整并不能很好地控制这两个尺度，要想获得理想的调整精度，需要对水平循迹角和超距的调整进行反复校验，直至满意为止。调整时把设有零点的规尺套在转盘转轴上，同时旋转规尺和唱臂，使唱头的针尖与规尺零点（Null Points）重合。零点上有与声槽相切的刻度线，俯视目测唱头的左、右两侧的边线与规尺的刻度线是否平行。观察偏差后，先轻轻松开唱头安装螺丝（不要太松，能够转动即可），然后慢慢逆时针或顺时针转动唱头（以唱针针尖为圆心旋转），直至唱头左、右两侧的边线与规尺的刻度线平行。通常水平循迹角的调整有两个零点，调整好一个点，按理说另外一个点不调整也应该是准确的，但我们可以通过验证另外一个点来验证之前的调整是否精确。如果验证的第二个点的调整不准确，则说明前面的调整过程中某个或某些环节不够精确（见图 11.14）。

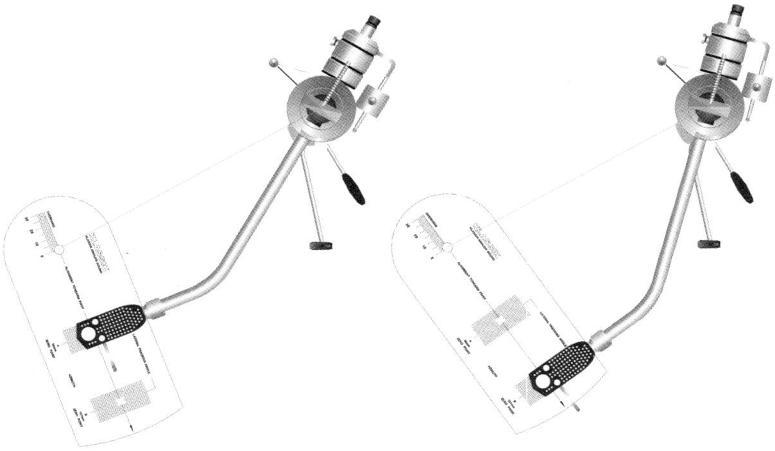

图 11.14　水平循迹角调整规尺两点测量

我们以SMEV为例，它的有效长度为233.15mm，超距为 17.8mm，补偿角为 23.635°，使用的唱臂补偿角的两个零点值分别为 66.04mm 和 120.9mm，在图 11.15 中红色线显示 SME V 水平循迹角变化曲线（见图 11.15）。

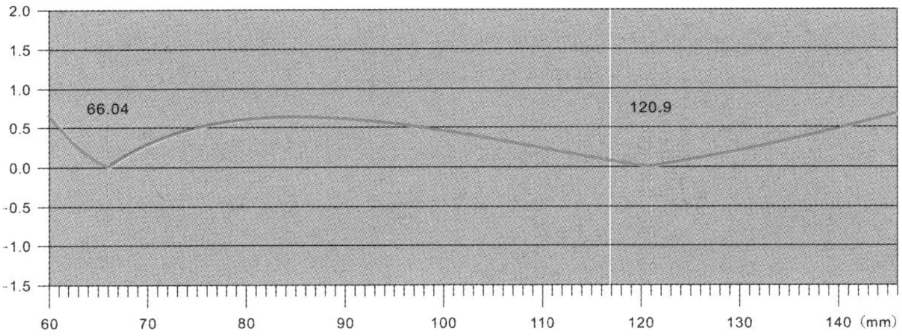

图 11.15　SME V 水平循迹角变化曲线

通过图 11.15 中的曲线图我们可以清楚地看到，固定支点唱臂的循迹路径是一条弧线，通过唱臂补偿角的设置，最大限度地减少了两个声道的相位差，但整个循迹过程中相位差始终存在。尤其在内圈零点 66.04mm 附近，相位差变化较陡。客观地说，固定支点唱臂的设计是有所妥协的。

唱头方位角比较好理解，调整起来也不是太难。简单地说，方位角就是正面看唱头，要让唱头垂直于转盘或唱片的水平面。这个角度调整对立体声信号的对称特性来说尤为重要（见图 11.16）。

先说可拆卸唱头架的唱头方位角调整。可拆卸唱头架与唱臂连接端口总是有一定的安装间隙，利用安装间隙可以进行方位角的调整。顺时针或逆时针旋转唱头架，观察唱头正面与唱盘的垂直

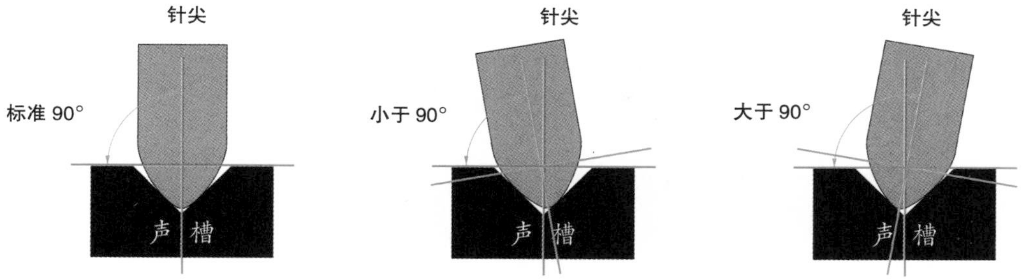

图 11.16　唱头方位角调整示范

度，肉眼可以观察，但不够精确，我们可以取一片 1 ～ 2mm 厚的小玻璃镜，置于转盘上，把唱头落在玻璃镜上，观察倒影，当镜像上下左右都对称了，方位角也就初步调整好了（见图 11.17）。

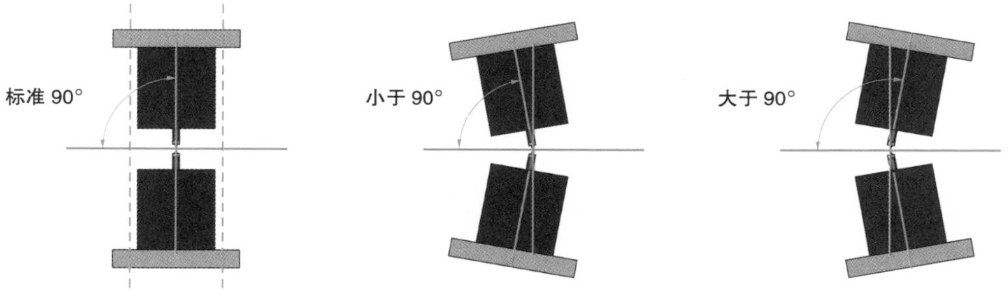

图 11.17　通过镜像调整唱头方位角的方法

如果唱头架的安装间隙不够调整方位角怎么办？有办法，唱臂与唱头架连接的锁母套有一个或两个固定小螺丝，位于唱臂杆下面。松开螺丝，顺时针或逆时针微微调整锁母套，直至获得需要的角度，最后拧紧固定的小螺丝（见图 11.18）。

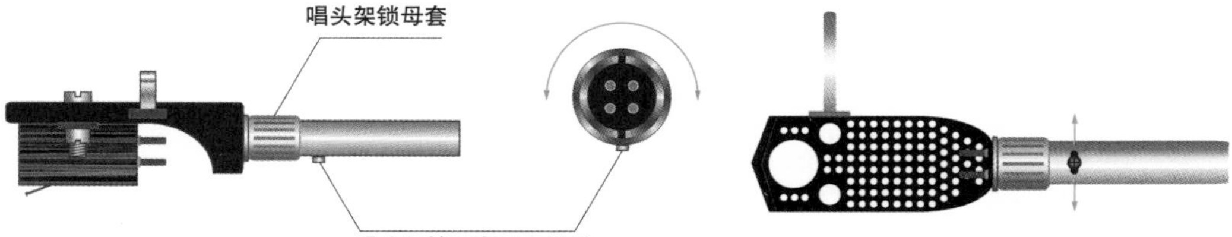

图 11.18　利用唱头架锁母套固定螺丝微调唱头方位角

如果不满意这样的调整方法，可以更换唱头架，购买一种可以调整方位角的唱头架。

那么固定唱头架的唱臂又如何进行方位角调整呢？说实话，没有太好的招，只有在唱头和唱头架之间安装螺丝处加装垫片。市场上可以购买到成品的 M2.5 超薄垫片（0.5mm），材质有不锈钢，也有厚一些（0.8mm）的尼龙材质的。这两种垫片厚度没有选择余地，可能会厚了，也可能会薄了，如果正好，就算是“中奖”了。

推荐一个万无一失的好调整办法，去工具量具专营店买一套塞尺，规格是 0.02 ～ 1mm。最薄的 0.02mm，每增加 0.01mm 厚度一个规格，一套 17 片，太完美了（见图 11.19）。

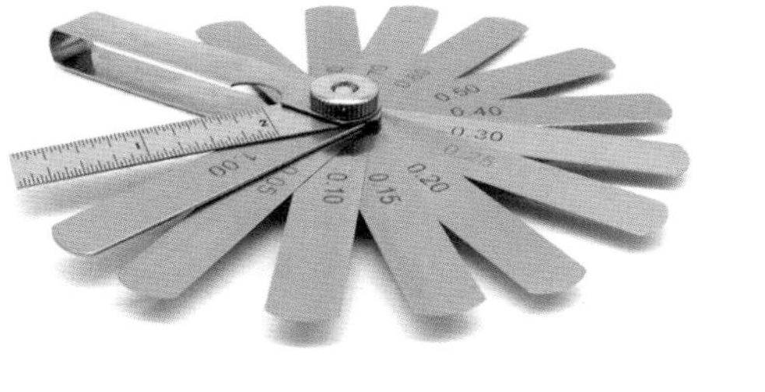

图 11.19　使用塞尺垫片调整唱头方位角

使用这套塞尺来调整方位角，可以获得 1 丝（10μm）的精度，绝对能满足要求苛刻的玩家。以我的经验来说，这套塞尺使用的厚度应该在 0.10 ～ 0.60mm，即固定唱头架唱臂的误差大多在 0.10 ～ 0.60mm，如果小于 0.10mm，使用者并不太容易看出来，如果大于 1mm，这个唱臂做工过于粗糙，真是应该扔进垃圾桶了（开玩笑了）。

用塞尺做垫片的方法很简单，先用不同厚度的塞尺试垫，选择好厚度最合适的塞尺后，剪成宽约 5mm、长约 15mm 的长方形片，用电钻打一个 3mm 直径的小孔，沿长的方向一剪为二，取一片垫上即可（见图 11.20）。

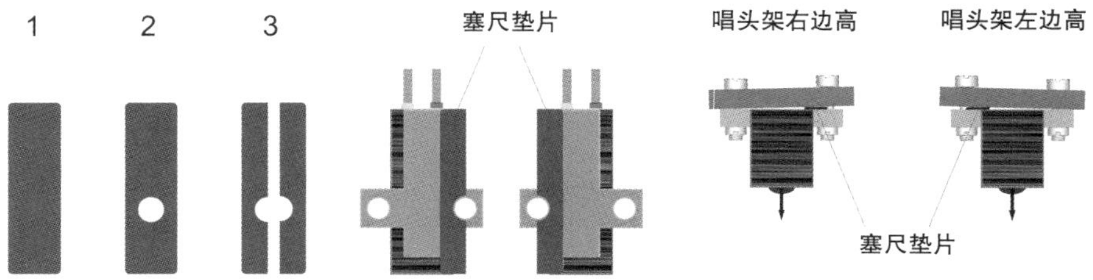

图 11.20　使用塞尺垫片调整唱头方位角示范图解

方位角调整好了，为什么前面要用“初步”这个字眼呢？因为补偿角的关系，调整垂直循迹角时，方位角会产生一定的变化。方位角和垂直循迹角之间是连带关系。在调整垂直循迹角和方位角的过程中应该反复校验。

第 7 节　唱臂转轴垂直度调整

固定支点唱臂的循迹路径是一条弧线，通过补偿角的设置，改善了水平循迹的误差。由于补偿角的设置改变了水平循迹路径，在运行过程中会产生一定的向心力（在唱臂术语中我们又称之为“侧滑”）。为了克服侧滑，多数唱臂设计了抗滑装置，用以抵消向心力。有关向心力和抗滑可以参阅“唱臂”相关内容，这里不再详述。

在唱臂的实际使用中，抗滑会出现很多令人困惑的问题，甚至有些现象和理论完全相反。我们在这里就此逐一进行讨论，寻求好的解决方法。

在抗滑调整这个环节，通常大家都把注意力集中在如何让抗滑与向心力获得平衡这个点上，这本身没有问题（见图 11.22）。问题是，如何知道抗滑和向心力是否平衡，为什么有些唱臂在没有施加抗滑的情况下，唱臂反而会向外滑动，甚至唱头刚落下就滑出唱片。出现这样的情况主要是因为两个原因。第一个原因是唱盘水平调整不当，左边高、右边低，导致唱头滑出唱片。这个问题容易解决，重新调整唱盘水平即可。如果唱盘水平没有问题，仍然有唱头滑出唱片的现象，我们就应该在唱臂自身寻找原因了（见图 11.21）。

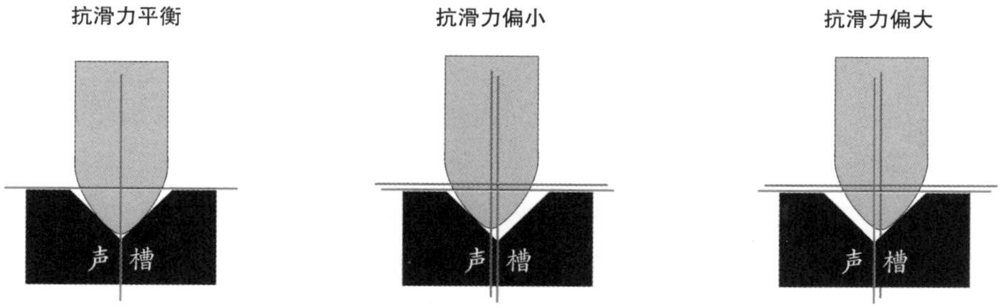

图 11.21　唱臂侧滑对循迹的影响

还有一个问题会被大部分黑胶发烧友忽视，那就是唱臂安装时，唱臂转轴与转盘平面的垂直度这是唱臂滑动的另一个原因。这个问题也让人无奈，因为所有市售的固定支点唱臂都没有唱臂转轴垂直度的调整功能。那么如何解决这个问题呢，又如何测定唱臂转轴的垂直度呢?

其实检测的方法也不复杂，也不需要什么设备和仪器。我们先把唱头保护盖套上，以免在测试调整过程中唱头受损。首先把侧滑钮拧至“0”位，如果是吊砣抗滑，就摘下吊砣，让唱臂不受抗滑的干扰。接着放下唱臂起落架，调整唱臂平衡砣，让唱臂处于平衡的天平状态，接下来观察唱臂是否移动，以及移动的方向和移动的快慢（见图 11.22）。

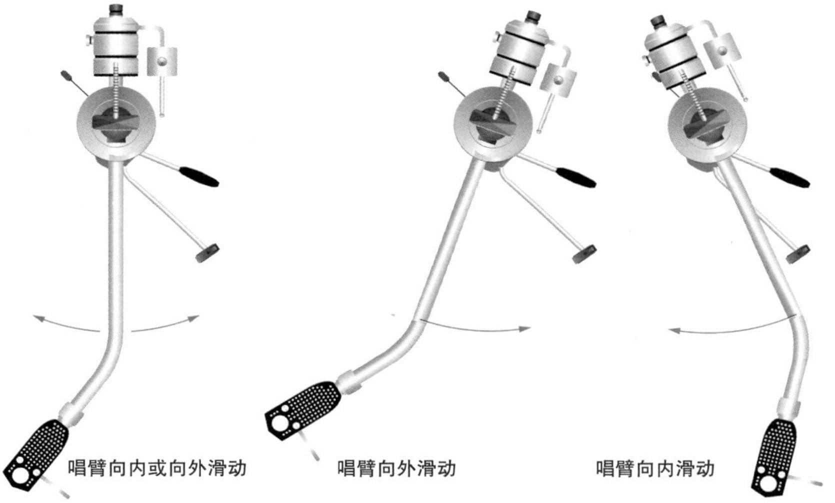

图 11.22　唱臂安装垂直度对侧滑的影响

假设唱臂安装的垂直度没有问题，唱臂放在运行轨迹范围内的任何一处都应该是静止不动的。为了检测更加准确，我们进行三点测试，先把唱臂置于唱片唱纹的中部（距离唱盘外缘 4.5 ~ 5cm）观察唱臂是否向内或向外移动；再把唱臂移至唱片唱纹的内圈处（距离唱盘外缘 9.5 ~ 10cm 处），观察唱臂是否向外移动；最后把唱臂移至唱片外缘（唱片导入槽的地方）观察唱臂是否向内移动。测试了内、中、外 3 个点，唱臂都不移动，说明这个唱臂安装的垂直度是非常精确的。

同样的 3 个测试点，唱臂只要在其中任何一个测试点位置有滑动，都说明唱臂安装的垂直度有问题。无论唱臂向哪个方向滑动，最终停留的那个点，表示唱臂转轴往那个方向倾斜。唱臂滑动速度的快慢表示唱臂转轴倾斜角度的大小。在我们的测试中，不少唱臂可能根本就不会产生移动，这不表示唱臂转轴的垂直度没有问题，而是因为唱臂水平转轴的轴承灵敏度指标不够好，已经大于 50mg。

经过这样的测试，我们明白了一件事，唱臂转轴的垂直度误差会破坏抗滑平衡的设定。这样，唱臂在没有施加抗滑的情况下，唱头有时为什么还会向唱片外滑动的原因也就找到了。

说到这里，大家会对唱臂的精度产生怀疑。其实这也不完全是唱臂精度的问题。转盘与唱盘底座之间有平面误差，唱臂板与唱盘底座之间有平面误差，唱臂与唱臂板之间也有平面误差，加之唱臂自身的误差，这些累积误差是造成唱臂转轴倾斜的原因。这些环节的误差，我们无法去一一去校正，只有通过唱臂转轴（终端）的校正进行补偿。

找到了唱臂转轴倾斜的原因，我们又如何解决这个问题呢？加垫片，这是唯一的解决方法。我们购买的塞尺又派上用场了。校正唱臂转轴倾斜的方法如下，先观察并找出唱臂转轴倾斜的方向和角度。唱臂在水平状态下，假设唱臂向唱片内圈（可以视为向左）移动，说明唱臂左边低，松开唱臂底座螺栓，在左边垫塞尺，注意，圆底座要在唱臂转轴倾斜方向两侧垫两个点，两个垫点和唱臂转轴倾斜方向对面的一个点形成三角支撑，保证唱臂的稳定性。根据唱臂移动的速度选择适当厚度的塞尺（为了减少选择塞尺的次数，我们可以采用华罗庚的优选法），直至调整到唱臂静止。这个调整工作比较精细，也许需要多次更换塞尺垫片，这需要足够的耐心（见图 11.23）。

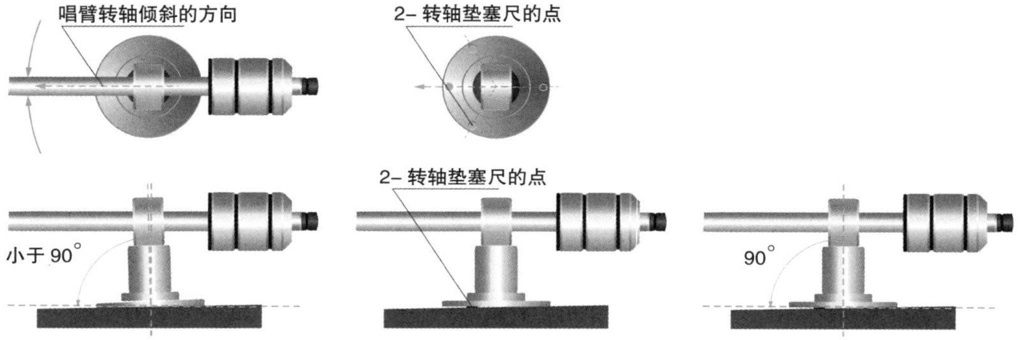

图 11.23　唱臂安装垂直度校正与调整示范图解

SME 唱臂的用家不用这么辛苦，因为 SME 唱臂的底座有 4 个橡胶垫，收紧或放松这 4 个橡胶垫的螺丝，就可获得理想的唱臂转轴的垂直度了。还有单点轴承的固定支点唱臂不用调整唱臂转轴的垂直度，只要调整左右平衡配重即可。

调整唱臂转轴垂直度的同时，轴距有可能会被移动，因此在调整的过程中应该注意控制轴距的位置，避免顾此失彼。

在调整唱臂转轴垂直度的同时，方位角也会随之变化，这个变化的大小与垂直度调整幅度成正比，再度校正方位角是有必要的。

第 8 节　唱臂的抗滑调整

唱臂转轴垂直度调整完成后就可以进入唱臂抗滑的设定调整了。

唱臂的抗滑钮和吊砣都有刻度，根据唱头的循迹力值，调整抗滑钮和吊砣的刻度的对应数值就可以了。按照抗滑钮和吊砣设定的调整，其抗滑是否平衡我们无法知晓。有一个简单的方法可测定，就是把循迹力调整为零，将唱臂推至内圈（距外缘 9.5cm 处）松开手，唱臂会在抗滑力的牵引下，缓缓向外缘移动。移动的时间约 2.5s，则表示抗滑力设置适当。移动时间太慢视为抗滑力设置过小，太快表示抗滑力设置过大。这是一个经验值，仅供参考。还有一个比较有效、可行的测试方法，就是用数字针压计来测试。具体方法是打开数字针压计的电源，横向立起来，置于唱臂循迹路径的中部，把秤盘的中心对着唱头的提手，轻轻将唱头扶手靠近秤盘中心，然后松手，让唱头扶手在抗滑力的作用下自然地顶在秤盘上，读取数字针压计的数值，如果是抗滑钮值的 1/10，抗滑基本准确。实际上，向心力是循迹力的 1/10，为了方便用户使用，就把抗滑力的刻度值标为与循迹力相同的值。为什么要在唱臂循迹路径的中部进行测量呢，这是因为向心力是一个变量，向心力与唱片的半径成反比，外圈向心力最小，内圈向心力最大。在唱臂循迹路径中间测量取的是中间值（平均值），如果您有兴趣也可以在唱臂循迹路径的内、中、外分别测试 3 个点，把获得的值相加再除以 3，看看获得的平均值是否与循迹力的 1/10 接近。

业余条件下还可以用声级计来测量抗滑。但限于听音环境的对称特性、环境噪声、播放设备的对称性等条件影响，所测试的结果有可能不是很精确。

如果您有双踪示波器或双通道毫伏表，用测试唱片的单声道信号播放，直接测量唱头输出，这样所测试的抗滑应该会更精确。

无论如何测量，最终的放音效果是靠我们的耳朵来验收的。期望大家都有一双“金耳朵”，调整出好的声音来。

第 9 节　唱头循迹力调整

接下来是调整唱头垂直循迹角的环节了。在调整唱头垂直循迹角之前，我建议先初步调整唱头循迹力，因为唱头循迹力的大小变化会对唱头垂直循迹角产生一定影响，循迹力与垂直循迹角之间是联动关系。

前文提到，循迹力 VTF（Vertical Tracking Force），俗称针压。

调节针压的第一步，就是把抗滑钮置于“0”的位置，吊砣抗滑的唱臂取下或托起吊砣，使之抗滑为零。因为抗滑力会产生水平方向力的分解，在施有抗滑的情况下调整的针压是不准确的。

因为唱头设计不同，针压也会不同。MC 唱头的针压大多数设计在 1.5 ～ 2.8g。MM 唱头的针压通常会比 MC 唱头的针压要大一些。市售的唱头厂家会提供一个针压值参数，我们在调节针压时应该严格按照厂家标定的参数来设定。例如某唱头，厂家给定了针压值参数，针压范围是 2 ～ 2.6g，推荐针压 2.3g。我们按照厂家的推荐针压值设置就可以了。有些唱头厂家给定的针压参数只标注了针压范围，没有具体推荐值。例如针压范围是 1.8 ～ 2.0g，我们可以按照针压范围值的平均值先将推荐针压值设定在 1.9g，然后微微增加或减少针压，调整出最佳的音质。

无论是静态平衡式的唱臂还是动态平衡式的唱臂，唱头针压的设定方法基本上是一样的。调整唱臂平衡状态之前要把抗滑置于“0”，然后调整唱臂至平衡状态（天平状态），设定针压，最后恢复设定对应的抗滑值。

有些唱臂设计了针压刻度，可以直接为这样的唱臂设定针压。

（1）静态平衡式唱臂（Technics EPA-100 MK2）：针压和平衡一体式唱臂的调整是先旋转唱臂平衡砣，唱臂调整平衡后，再轻轻拨动平衡砣前端的刻度盘归零（注意不要让平衡砣转动），最后旋转平衡砣并观察刻度，按照唱头需要的针压值设置针压。

（2）静态平衡式唱臂（SME 3010R）：针压砣和平衡砣是分体式设计。设置针压前，先把针压砣归零。旋转调节平衡砣，唱臂平衡后，就可以移动针压砣观察刻度，按照唱头参数设置针压值。

（3）动态平衡式唱臂（SME V）：首先把针压值归零，再移动唱臂平衡滑块，直至唱臂平衡，最后按照唱头参数设定针压值和抗滑值。

有针压刻度的唱臂可以直接设置针压，其针压值都是比较准确的，如果不放心，可以用专用针压计进行复核。无针压刻度的唱臂，必须使用针压计设置针压。“称重”的时候最好把唱片垫拿掉，因为针压计的秤盘高度和唱片垫差不多，这样唱臂“称重”的精度会好一些（见图 11.24）。

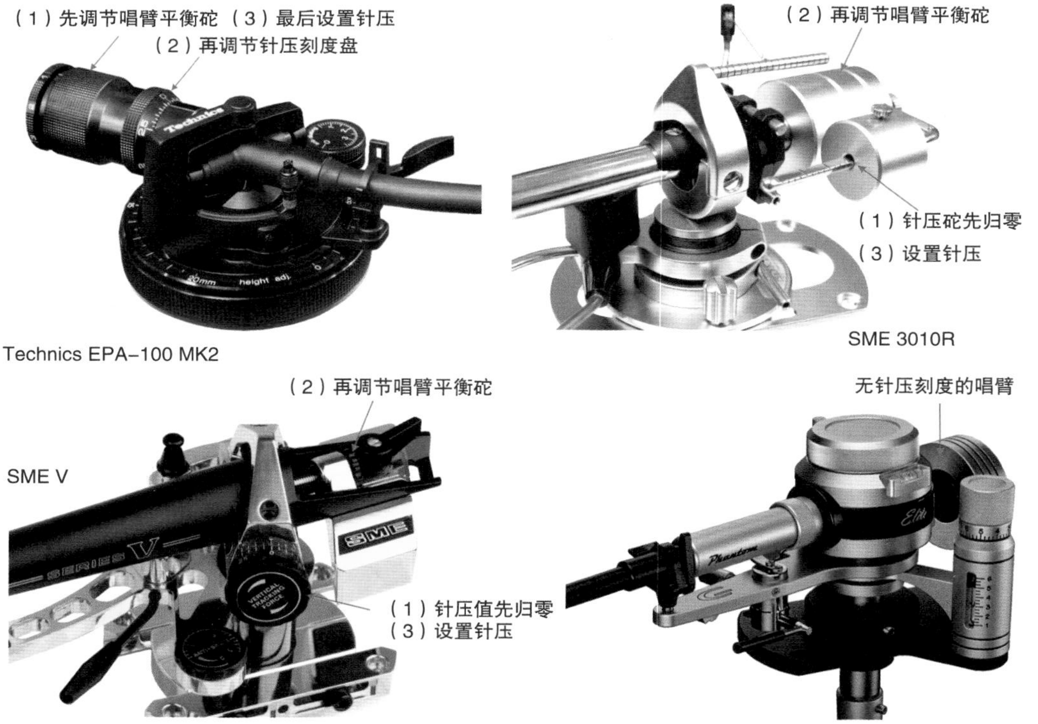

图 11.24　唱头循迹力的几种调整方法

针压设定存在两个误区。有的人认为针压轻可以降低唱针对唱片的磨损，这是不科学的。事实上正相反，针压过小反而会对唱纹造成更加严重的磨损。这是因为小针压唱针在循迹中遇到振幅较大的段落时唱针会在声槽中剧烈跳动，冲击唱纹造成声槽的损坏。

还有人认为：“把针压调轻，声音会更加鲜活”，这也是错误的想法。针压过轻会让唱针产生高频谐振，这个谐振失真被曲解为“声音鲜活”了。事事都有两个极端，也有人通过增大针压以获取“厚重”的低频。这些做法都是不可取的。不仅如此，过轻和过重的针压也会让唱头的VTA和SRA产生变化，造成一定的失真。这一点我们在下面的 VTA 调整中再详述。

现在市售的机械式针压计已经很少了，绝大多数市售产品都是数字针压计。数字针压计的价格已经非常便宜，使用也很方便。需要注意的是，使用前一定记得用砝码校验数字针压计，确认其工作状态正常后再使用。以免因电子秤内的传感器失常，误显针压值。调整好了针压，我们进入唱头调整的最后一个环节，唱头垂直循迹角调整。

第 10 节　唱头垂直循迹角调整

为什么厂家通常在唱头参数中只给出唱头的垂直循迹角（Vertical Tracking Angle，VTA）的数据，没有给出唱针倾角（Stylus Rake Angle，SRA）的参数呢？这是因为 SRA 是固定值，而 VTA 各厂家是不尽相同的。唱针倾角是 92°，这个 92° 角来自唱纹的刻制角度，即唱针倾角应该与唱纹的刻制角度尽可能一致，这样才能进行准确的唱纹信息读取。

唱头的 VTA 也好，SRA 也罢，普通用家是无法精确测量这两个角度的。

那么我们如何来调整唱针工作时与唱片的角度呢？其实厂家设计唱头的 VTA 时是以唱片的平面为基准的，无论 VTA 的角度设计值是多少，设计师都要保证 SRA 为 92°，而唱头与唱头架的安装面（唱头的顶部平面）是与唱片基准平面平行的，因此只要我们调整唱头的顶面与唱片基准面至平行，VTA 和 SRA 都随之完成了“调整”。一味地纠结 VTA 和 SRA 的测量是没有必要的。

图 11.25 标示出了唱头的 VTA（红线）、SRA（绿线）和唱针悬挂轴心（Pivot of Cantilever）。

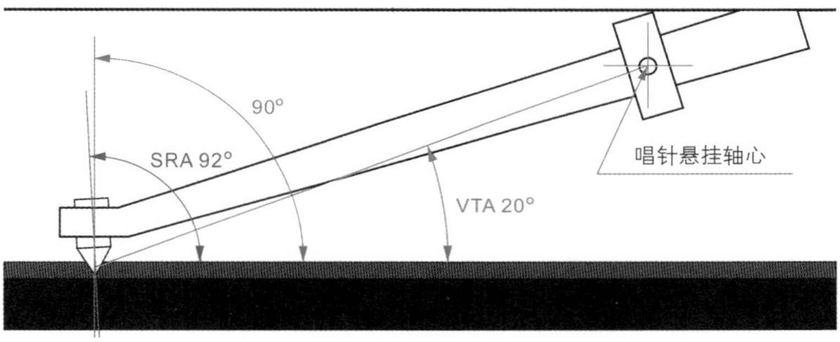

图 11.25　唱头 VTA、SRA 和唱针悬挂轴心

需要提醒读者的是，有些唱臂厂家在唱臂杆上标有测量 VTA 的横线，理论上这个设计是没有问题的，但在实际使用中会有出入，因为唱臂加工精度会有误差，尤其是唱头架可拆式的唱臂误差更大，唱头架与唱臂杆之间未必平行。所以我们在调整 VTA 时一定要以唱头架和唱头之间的平面来调整，这样可以避免唱臂调整出现问题却还不知道原因所在。

在图 11.26 上图中，红线段 AB 表示唱臂杆与唱片是平行的，但唱头架和唱头的顶部与唱片并不平行，那么 VTA 是不准确的。图 11.26 下图中，以唱头架和唱头的顶部与唱片校准平行，但绿线段 AB 表示的唱臂杆与唱片不平行。所以我们在调整 VTA 时应该以唱头架和唱头的顶部作为基准面来调校。

在调整 VTA 的过程中，需要再一次强调的是，VTA 的调整还要与唱头循迹力调整同步交替进行，反复校验。过轻和过重的针压也会让唱头的 VTA

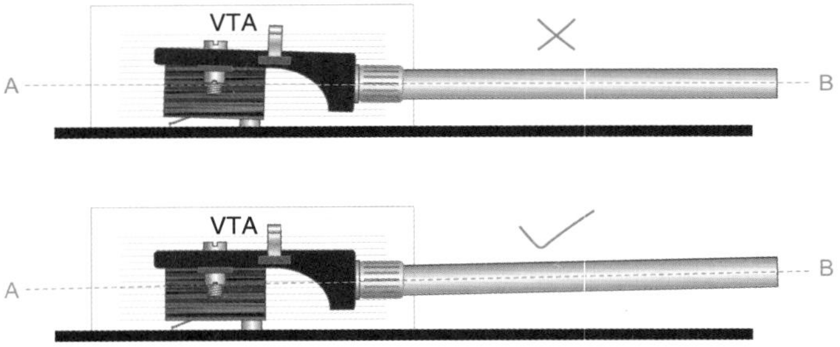

图 11.26　唱头 VTA 调整示范

和 SRA 产生变化。

图 11.27 是简化的唱头在工作状态下，标准针压（红色）、过小针压（蓝色）、过大针压（绿色）下 VTA 和 SRA 变化的 3 张图。唱头针杆的悬挂是柔性的，悬挂是一个转轴，针尖支撑在唱片上，这个支点的水平高度不会变化，但随着针压的变化，VTA 和 SRA 会产生变化。针压越大，VTA 越小（SRA 同步变小），针压越小，VTA 越大（SRA 同步变大）。这是非常简单易懂的力学和几何学原理，相信大家都明白。这个 VTA 的变化量或许不是很大，但对极为微小的唱纹和敏感的唱头来说还是会产生一定的影响，我们在实际调试中应该注意并重视这个细节。

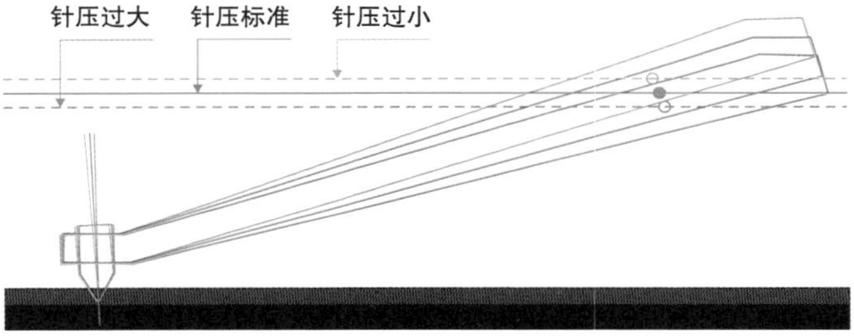

图 11.27　循迹力对唱头 VTA 的影响图解

还有一点要说明一下，不同温度下，唱头悬挂硬度不同，这也是冬季和夏季声音不同的原因所在。唱头厂家是在标准的温度和湿度（18 ～ 22℃ / 湿度 50% ～ 60%）测试下获得的参数，即在标准的温度和湿度下声音的表现是最好的。

完成了 VTA 的调整，最好再复查一下方位角，如果没有问题，唱盘系统的调整基本算是告一段落了。接下就是在试听中辨别声音的趋向，对 VTA（SRA）进行最后的精调，这个过程的调整幅度不可以太大，最好请有丰富经验的发烧友共同监听。

通过以上讨论我们得知，唱头的针尖要获得精准 92° 的 SRA，需要唱头调整各个环节的协调才能完成。

第 11 节　直线循迹唱臂的调整

直线循迹唱臂又称正切直线循迹唱臂，其调整过程大致分为 6 步。

（1）唱盘的水平调整，前面已经介绍过了（见图 11.28）。

横向水平调整
纵向水平调整

图 11.28　唱盘的水平调整

（2）唱臂杆的水平调整。唱臂杆有好几种工作方式，这里以气浮唱臂杆为例。将唱臂的平衡砣调至接近零针压，使唱臂杆处于天平状态。由于气浮唱臂极低的摩擦力，唱臂自行滑向气浮唱臂杆低的一边，如果唱臂位置如图 11.29 中蓝色虚线“B”所示，唱臂会滑向左侧；如绿色虚线“C”所示，唱臂会滑向右侧；顺时针或逆时针旋转水平调整钮，让气浮唱臂杆处于红色实线“A”时，唱臂既不向右滑行也不向左滑行，静止在气浮唱臂杆上，此时气浮唱臂杆就已经调整到了水平状态（见图 11.29）。

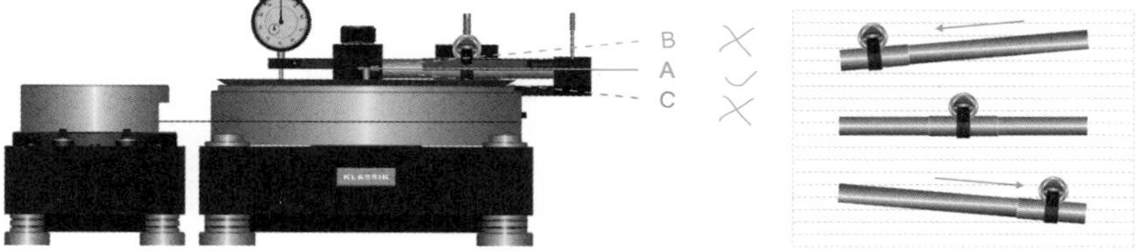

图 11.29　气浮唱臂杆水平调整

（3）调整气浮唱臂杆与循迹路径的平行。如图 11.30 所示，在转盘上放上直线循迹唱臂专用的调整规尺，使规尺测试线的延长橙色线“D–D”与唱盘外框前沿线“E–E”平行，让唱臂位于规尺的“c”点，观察唱头安装架顶端距离规尺测试线的距离，再将唱臂移动至规尺的“a”点，观察唱头架顶端距离规尺测试线的距离，与“c”点距离规尺测试线的长短进行比较。反复调整比较“a”与“c”点与测试线的距离。直至“a”点与“c”点和测试线的距离完全一致。气浮唱臂杆与循迹路径的平行就算调整完成（见图 11.30）。

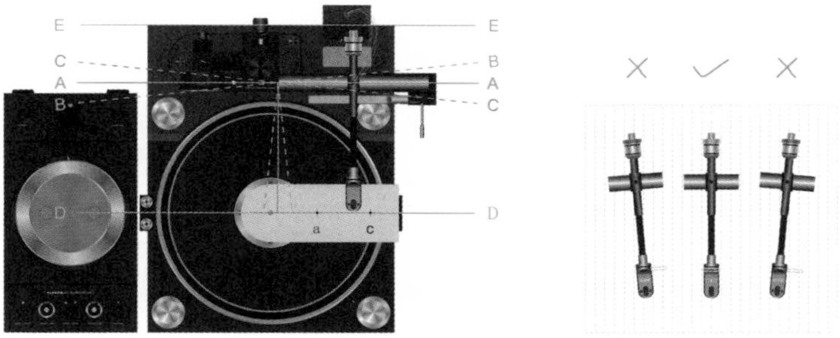

图 11.30　气浮唱臂杆与循迹路径的平行调整

（4）唱针切点调整。唱针切点调整必须在气浮唱臂杆水平调整和气浮唱臂杆与循迹路径的平行调整之后才能进行。唱针切点的调整会因为气浮唱臂杆水平调整和气浮唱臂杆与循迹路径的平行调整产生变化。唱针切点调整相对比较简单。先把唱头对准“c”点或“a”点，观察唱针的针尖离测试线的距离，前后移动唱头，边调整边观察，直至针尖与规尺中间通过轴心的测试线相重合，换另一个点再观察，同样应与测试线重合，唱针切点才算调整完成。有一点需要注意，如果后一步的 VTA 调整幅度较大，唱针切点调整需要复查，这是因为三角形的夹角相邻的两个边长不同（见图 11.31）。

（5）唱头 VTF 调整与唱头 VTA 调整。这两步的调整过程与固定支点唱臂是一样的，这里不再复述。

相信广大的黑胶爱好者经过细心、耐心、按部就班的调整后，一定能够获得优美动听的黑胶之声！祝朋友们顺利！

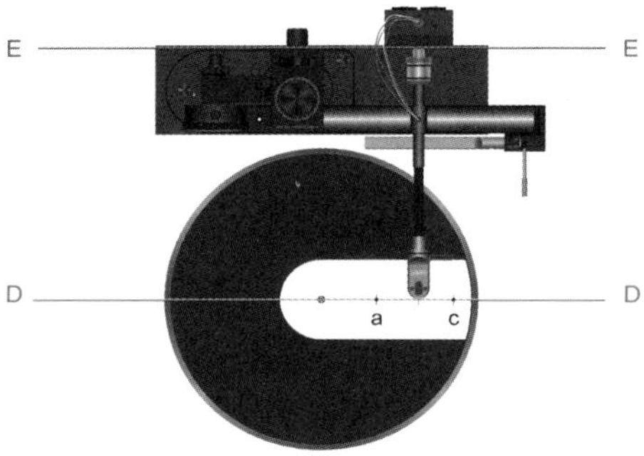

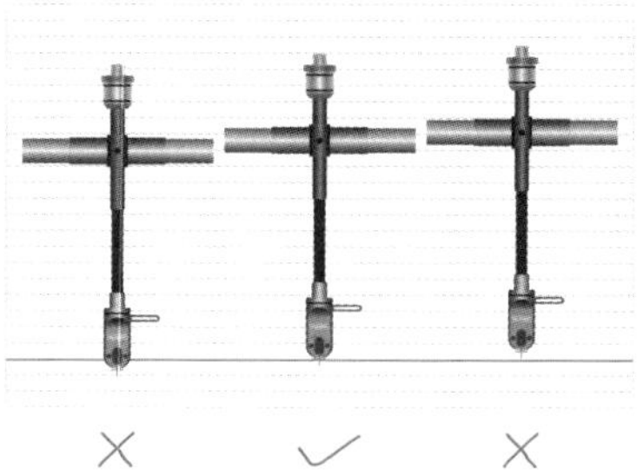

图 11.31　唱针切点调整

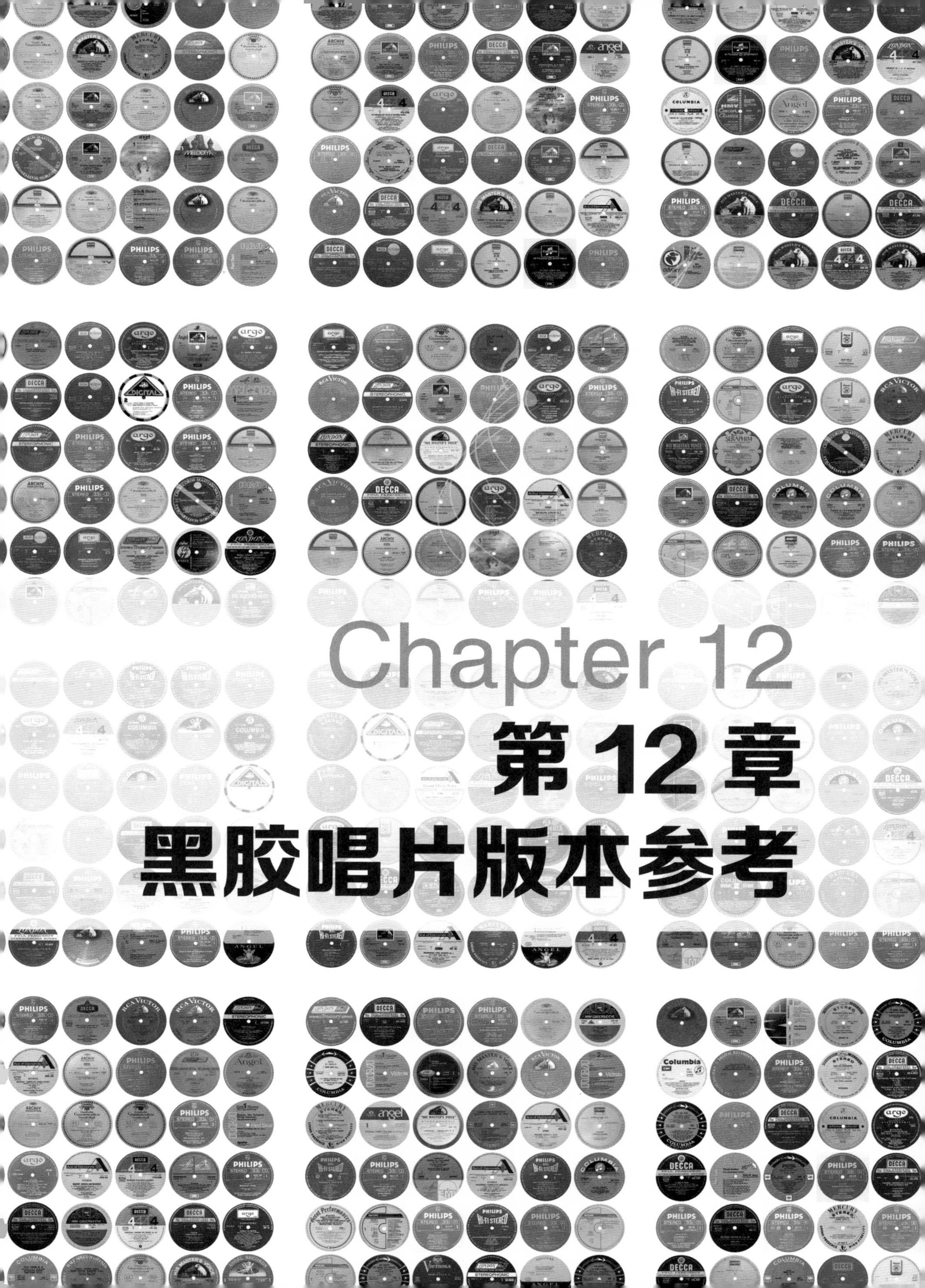

Chapter 12

第12章 黑胶唱片版本参考

本章将重点介绍真正有影响力、能够引领唱片发展潮流的一些唱片公司，以图文的形式详细说明这些公司出版发行的LP唱片的版本时序。希望能够给黑胶爱好者甄别和选购唱片提供一些参考，欧美主要黑胶唱片公司列表见表12.1。

黑胶唱片版本是一个非常复杂的课题，所有唱片公司从未对这个问题进行过明确的说明。作为音乐爱好者，本章的内容是对黑胶唱片版本的归纳，都是在购买、使用中摸索得来的，无法保证信息准确无误。因此在本章中难免出错，敬请读者谅解。同时也欢迎读者朋友对错误之处予以纠正，并与我们及时交流。谢谢！

表12.1　欧美主要黑胶唱片公司列表（按英文字母排序）

序号	唱片公司	国家	成立时间	备注
1	Angel Records/ Seraphim Records	英 国	1953年	EMI子公司
2	Archiv Produktion	德 国	1947年	DGG子公司
3	Argo Records	英 国	1951年	Decca 子公司
4	Capitol Records	美 国	1942年	
5	CBS/Columbia Records	美 国	1938年	
6	Columbia Graphophone Company	英 国	1922年	
7	Decca Records Company	英 国	1928年	
8	Deutsche Grammophon Gesellschaft	德 国	1898年	DGG公司
9	Electric & Musical Industrial	英 国	1931年	EMI公司
10	Mercury Records	美 国	1945年	
11	London Records	英 国	1947年	
12	Philips Records	荷 兰	1950年	
13	RCA Victor	美 国	1929年	

第1节 Angel Records/ Seraphim Records

EMI公司失去了与美国的代理商哥伦比亚唱片（Columbia Records）公司的合作关系。英国EMI公司为了在美国顺利发行唱片，他们聘请了唱片制作人Dorle Jarmel Soria和她的丈夫Dario Soria，于1953年在纽约成立了天使唱片（Angel Records）公司。起初几年（1953—1957年）天使唱片公司发行的唱片都是在英国生产，之后运至美国进行包装，再进行销售，这样不仅生产成本高而且发行周期长。为了改变这样的局面，EMI公司在美国建立了工厂，唱片的整个生产过程全部在美国完成。因为留声机与小狗商标在北美的使用权属于美国RCA Victor唱片公司，所以EMI公司在美国只得启用天使唱片商标，以避免版权纠纷。

天使唱片公司发行的部分唱片信息见表12.2。

表12.2 天使唱片公司发行的部分唱片信息

Angel Records					
Label	系列	版本	压片	发行时间	备注
US Red Label	Angel S	美国红标天使	美国	1957—1962年	立体声
Blue Label with Black Ring	Angel S	黑圈蓝标	美国	1962—1967年	立体声
Blue Label with Silver Ring	Angel S	银圈蓝标	美国	1967—1972年	立体声
Blue Label with Silver Ring	Angel SCB	银圈蓝标	美国	1967—1972年	立体声盒装
Yellow-Brown Label	Angel S	黄棕标	美国	1972年	立体声
Cloud Label	Angel S	云彩天使标	美国	20世纪70年代中期	立体声
Cloud Label	Angel Sonic	云彩天使标	美国	20世纪70年代初期	立体声
Golden Label	Angel SBLX	云彩金天使标	美国	20世纪70年代初期	立体声
Digital Angel Label-1	Angel DS	天使数字录音标1	美国	20世纪80年代初期	立体声
Digital Angel Label-2	Angel DS	天使数字录音标2	美国	20世纪80年代中期	立体声
Red Label 1	Angel Melodiya SR	红标 1	美国	20世纪60年代初期	
Red Label 2	Angel Melodiya SR	红标 2	美国	20世纪60年代中期	
Red-Pink Label 2	Angel Melodiya SR	红粉双色标	美国	20世纪50年代初期	
Onion Domes Cathedral Label	Angel Melodiya SR	洋葱顶教堂	美国	20世纪70年代中期	
UK Gray Label	Angel COLH	灰标	英国	20世纪50年代中期	
US Gray Label	Angel COLH	灰标	美国	20世纪50年代后期	

1．美国红标天使（US Red Label）

EMI 公司在美国制作发行的 Angel Records 第 1 个立体声唱片的标志是红标天使，标芯上方印有大写的“ANGEL RECORDS”和半圆黑白色立体天使商标。唱片孔的左侧印有斜体的“Manufactured in U.S.A”，唱片孔的右侧印有录音地点和唱片编号。编号以“S”加 5 位数字构成。大写的“STEREO”字样印在 6 点钟位置。这个标芯使用时段大概在 1957—1962 年（见图 12.1）。

红标天使 S 30000 系列唱片封套左边有统一的紫红色包边，在封套的正上方印有粗体烫金“STEREO”字样。同时期发行的单声道版本的唱片编号是以“ANG”加 5 位数构成，标芯 6 点钟的位置处没有印制“STEREO”字样，封套当然也没有烫金“STEREO”字样（见图 12.2）。

图 12.1　红标天使 1

图 12.2　红标天使 S 30000 系列唱片封套

相同的美国红标天使（US Red Label）还有距标芯外缘 15mm 凹槽的标芯（见图 12.3），唱片封套同前（见图 12.4）。

图 12.3　红标天使 2

图 12.4　唱片封套

2. 黑圈蓝标（Blue Label with Black Ring）

黑圈蓝标是 EMI 公司在美国制作发行的第 2 个立体声唱片标芯（见图 12.5）。淡蓝底色，距外缘 5mm 处印有线宽 2mm 的黑色环，内有由 80 个银白色小花图案和 6 点钟位置的“STEREO”

字样构成的内环。印刷斜体“Manufactured in U.S.A”和录音地点的位置移至 6 点钟位置的“STEREO”字样的上方，大写的唱片公司名称“ANGEL RECORDS”简化为“Angel”，位于唱片孔的上方。“Angel”的上方排列的是去掉半圆框并缩小的单线天使商标。黑圈蓝标仍然使用与美国红标天使相同的唱片编号构成规则：“S”加 5 位数字。

黑圈蓝标 S 30000 系列唱片的封套左边仍然有紫红色包边，但不再印有烫金“STEREO”字样，取而代之的是印上了单线天使商标，商标的左侧印有“ANGEL”，右侧是“STEREO”（见图 12.6）。

图 12.5　黑圈蓝标

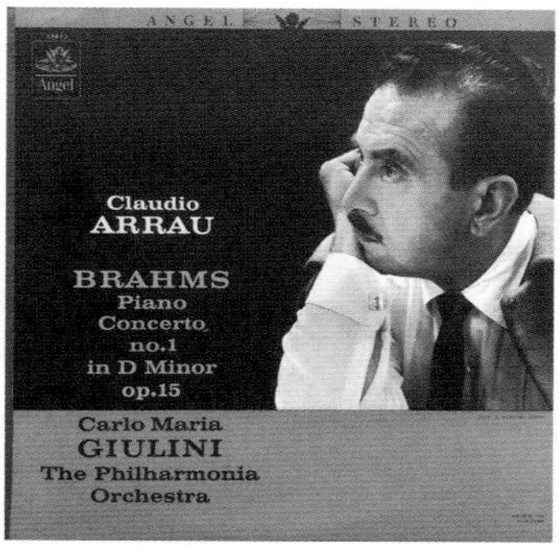

图 12.6　黑圈蓝标 S 30000 系列唱片封套

3. 银圈蓝标（Blue Label with Silver Ring）

银圈蓝标是 EMI 公司在美国制作发行的第 3 个立体唱片标芯（见图 12.7）。淡蓝底色，未印有黑色环，略微增大的由 80 个银白色小花图案和 6 点钟位置的“STEREO”字样构成圆环。其他部分与黑圈蓝标相仿。银圈蓝标仍然使用与红标天使相同的唱片编号构成规则，“S”加 5 位数字。

银圈蓝标 S 30000 系列的封套与黑圈蓝标相仿（见图 12.8）。

图 12.7　银圈蓝标

图 12.8　银圈蓝标 S 30000 系列唱片封套

4. 黄棕标（Yellow-Brown Label）

黄棕标是 EMI 公司在美国制作发行的第 4 个立体声唱片标芯（见图 12.9 和图 12.10）。标芯中上方印有约 24mm 宽的棕色横带，横带左侧印有白色单线的立体天使商标，商标右边印有经过艺术处理的连体字标“angel”。“MFD BY CAPITOL RECORDS.INC. A SUBSIDIARY OF CAPITOL INDUSTRIES. INC. USA”的字样排列在底边 5~7 点钟的位置，在上边印有居中排列的录音和生产地点。这个标芯过于简单，装帧的艺术美感欠缺了一些。黄棕标的唱片编号，一部分由“S”和 5 位数字构成，也有一部分改为由“SFO-x-”和 5 位数字构成，即“SFO-1-3xxxx”，其中“-1-”为唱片面数，是指唱片的第 1 面，编号中的“-2-”是指唱片的第 2 面。

黄棕标 S 30000 系列唱片的封套沿用了银圈蓝标封套的设计，而 SFO-30000 系列唱片的封套，除了商标，基本与英版同步发行的唱片封套设计相同（见图 12.11 和图 12.12）。

图 12.9　黄棕标 1

图 12.10　黄棕标 S 30000 系列唱片封套

图 12.11　黄棕标 2

图 12.12　黄棕标 SFO-30000 系列唱片封套

5. 云彩天使标（Cloud Label）

云彩天使标是 EMI 公司在美国制作发行的第 5 个立体声唱片标芯（见图 12.13）。唱片标芯再次大幅度改动，橙色调的云彩衬底、黑色线条的天使商标占据了标芯的下半部分，缩小的经过艺术设计的连体字标“angel”位于 12 点钟的位置。唱片孔左右两侧分别印有唱片页面信息和唱片编号信息。和黄棕标相同，“MFD BY CAPITOL RECORDS. INC. A SUBSIDIARY OF

CAPITOL INDUSTRIES. INC. USA”字样排列在底边 5~7 点钟的位置。从云彩天使标唱片开始，标芯上不再标注录音地点。云彩天使标唱片的唱片编号格式是“S–x–3xxxx”。与黄棕标一样，编号中“–1–”为唱片面数，指唱片的第 1 面，编号中的“–2–”指唱片的第 2 面，这是单张唱片编号中“–x–”的含义。

客观地说，云彩天使标唱片的标芯设计不算一个好设计，黑色的音乐内容文字在黑色线条的天使商标和颜色反差较大的云彩底纹的干扰下，可读性不强，容易让人产生视觉疲劳。

值得注意的是，少部分云彩天使标唱片的标芯有距外缘 15mm 处有一道凹槽的版本。云彩天使标唱片的封套取消了左侧的紫红色包边设计，版面与黄棕标唱片类似（见图 12.14）。

图 12.13　云彩天使标

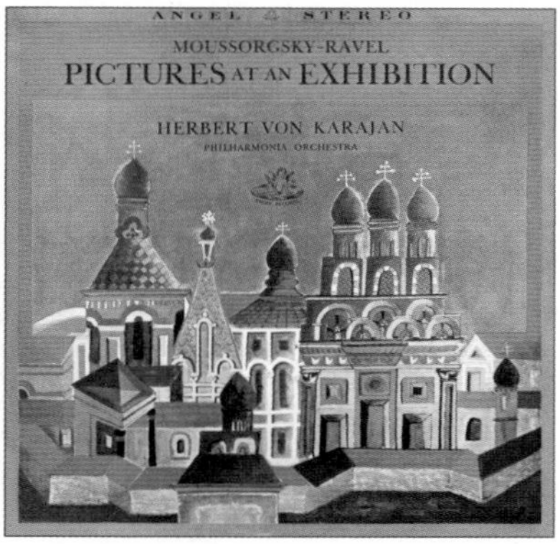

图 12.14　取消左侧包边的唱片封套

大部分唱片编号为“S–3xxxx”的云彩天使标唱片的标芯没有凹槽（见图 12.15），唱片页面、“STEREO”字样和唱片编号、转速都排列印在标芯左侧约 10 点钟的位置。录音地点印在唱片孔上方靠左的位置。盒（套）装唱片有两个唱片编号，上述编号“SC–3xxx–1”是此套唱片的总编号，“C”为盒装代号。盒（套）装唱片编号中每一张唱片都有连续的独立唱片编号，比如“S–1–36474”，其中的“–1–”不再表示单张唱片的面数，而是表示唱片张数，比如编号“S–2–3xxxx”中的“–2–”表示盒（套）装唱片中的第二张唱片，这是盒（套）装唱片的唱片编号中“–x–”的含义。标芯没有凹槽的云彩天使标的唱片封套同前（见图 12.16）。

图 12.15　标芯没有凹槽的云彩天使标

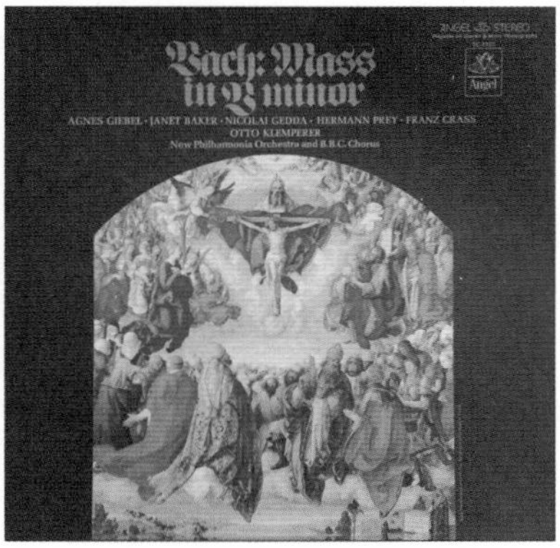

图 12.16　标芯没有凹槽的云彩天使标唱片封套

后期的云彩天使标唱片有少量的“QUADRAPHONIC compatible for stereo”四声道录音版本（见图 12.17 和图 12.18），唱片编号为“SQ-x-3xxxx”。在封套上印有“Stereo Quadra”或“SQ”标记（见图 12.19）。

图 12.17　四声道录音版本云彩天使标

图 12.18　四声道录音版本云彩天使标唱片封套

图 12.19　唱片封套上的“SQ”标记

该公司还发行过云彩天使标的 45r/min 的发烧唱片（见图 12.20）。唱片的标芯设计与唱片编号为“SC-3xxxx”的唱片标芯设计基本一样，只是把唱片转速“45rpm”印在了唱片孔右侧，并且放大了字号。云彩天使标 45r/min 唱片的编号为“SS-x-45xxx”。云彩天使标 45r/min 的唱片的录音曲目，多数为大编制管弦乐作品，这符合 45r/min 的唱片的发烧特性。发行的云彩天使标 45r/min 的单张唱片编号从“SS-x-45000”至“SS-x-45029”，共计 30 张。45r/min 的双张唱片的唱片编号分别为“SSB-4500”“SSB-4501”“SSB-4502”，仅有 3 套。

45r/min 的云彩天使标唱片封套的天使商标下面标注有“45RPM”字样。同时还贴有银底红黑字（45 ANGEL SONIC SERIES）的不干胶标签（见图 12.20 和图 12.21）以强调其唱片系列和转速。

图 12.20　45r/min 的云彩天使标

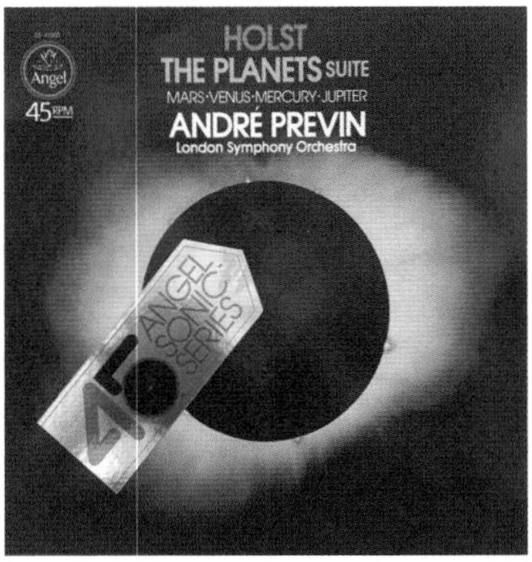

图 12.21　45r/min 的云彩天使标唱片封套

与云彩天使标唱片标芯相同构图的 ANGEL SBLX 系列主要内容是歌剧声乐类音乐。标芯与云彩天使标图形相同，不同的是把云彩底纹更换为亚金底色，因此把这个系列称为金天使标（Golden Angel）（见图 12.22）。金天使标的唱片仍然沿用云彩天使标唱片的“S–3xxxx”唱片编号，在唱片编号上方印有整套唱片的外盒编号——“SBLX–3xxx–1”。

金天使标唱片的封套为常规的盒装（见图 12.23）。

图 12.22　金天使标

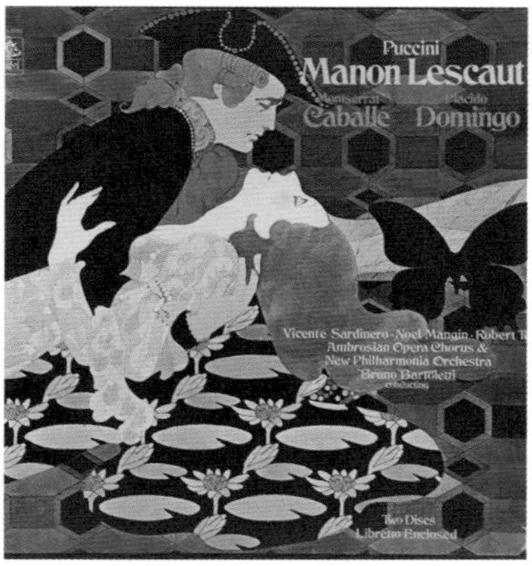

图 12.23　金天使标唱片封套

6. 天使数字录音标（Digital Angel Label）

1979 年，天使标系列唱片也进入数字录音时代。大多数大三角的数字录音标芯的唱片的编号仍然沿用天使标唱片的“S”唱片编号（见图 12.24），但其中也有少数在“S”前加了“D”，以示其为数字录音（见图 12.26）。天使数码录音标唱片的封套也在左上角印有缩小的三角形的数字录音标志（见图 12.25 和图 12.27）。

图 12.24　天使数字录音标 1

图 12.25　天使数字录音标唱片封套 1

图 12.26　天使数字录音标 2

图 12.27　天使数字录音标唱片封套 2

这个时期模拟录音唱片和数字录音唱片存在交叠阶段，这可以从“S”唱片编号上看到，有一部分模拟录音唱片的唱片编号比早期数字录音唱片的唱片编号要大，早期天使数字录音标唱片的唱片编号有“S-37674”（1979 年发行）（见图 12.28 和图 12.29），内容是普列文指挥的德彪西管弦乐。天使模拟录音唱片后期唱片编号有“S-37757”（1980 年发行），内容是钢琴与乐队的电影音乐。其他唱片公司在 1979—1980 年间，也存在这种模拟录音唱片和数字录音唱片的交叠阶段。

图 12.28　早期天使数字录音标

图 12.29　早期天使数字录音标唱片封套

7. 黄黑天使标（Yellow-Black Label）

之后，天使唱片公司又推出了新的标芯，这个标芯上部分是淡土黄底色，下面是黑底色。淡土黄色的“Angel”在黑底的上方，下面印有彩色的天使商标。淡土黄色区域印有曲目内容文字，左侧印有上下排列的唱片编号、“STEREO”字样和转速。把这个标芯定义为数字标芯不太恰当，因为这个黄黑天使标不仅用于数字录音唱片，也用于模拟录音唱片，还用于数字处理模拟录音的再版唱片（Digitally Remastered）。所以把它称为黄黑天使标更合适些（见图 12.30 和图 12.31）。

图 12.30　黄黑天使标　　　　　　图 12.31　黄黑天使标唱片封套

黄黑天使标数字录音标芯的 12 点钟位置印有“DIGITAL”字样（见图 12.32），唱片封套上的天使标志下面印有“DIGITAL”字样（见图 12.33）。

图 12.32　黄黑天使标数字录音标芯　　图 12.33　黄黑天使标数字录音标芯唱片封套

黄黑天使标数字录音唱片也有一部分同时使用 Teldec 的 DMM 直接刻纹技术（见图 12.34），有些唱片封套印有“DMM”标志，有些没有（见图 12.35）。

图 12.34　使用 DMM 技术的黄黑天使标　图 12.35　黄黑天使标唱片封套（无 DMM 标志）

在数字时代，对模拟时代的录音进行数字处理后发行的唱片也使用了黄黑天使标，黄黑天使标唱片在刻片过程中还使用了 Teldec 的 DMM 直接刻纹技术，在唱片标芯的 9 点钟位置印有 DMM 直接刻纹技术标志（见图 12.36）。黄黑天使标的封套天使商标下面印有数字处理“DIGITALLY REMASTERED”字样（见图 12.37）。

图 12.36　采用 DMM 技术的再版唱片上的黄黑天使标

图 12.37　黄黑天使标唱片封套（数字处理后的再版唱片）

8. 天使旋律标（Angel Melodiya Label）

天使唱片公司与 EMI 唱片公司同步，在美国发行 MELODIYA 唱片公司的录音。1960—1970 年，使用的唱片标芯都是红色的，距离外缘 4mm 和 8mm 处分别印有黑线圆环和黑色五星圆环，五星圆环的 6 点钟位置印有“STEREO”字样。白色的“MELODIYA”“Angel”商标分别排列在标芯上方的左右两边。唱片孔的左侧还印有“STEREO”字样，其下印有唱片的面数。天使旋律（Angel Melodiya）系列唱片的唱片编号是“SR-x-”和 5 位数字，即“SR-x-4xxxx”（见图 12.38）。唱片封套印有“ANGEL”“MELODIYA”的组合标志（见图 12.39）。

图 12.38　天使旋律系列唱片标芯 1

图 12.39　天使旋律系列唱片封套 1

后期的一些天使旋律系列唱片标芯设计进行了一点改动，把印于五星下面 6 点钟位置的“STEREO”字样挪到唱片孔左侧（见图 12.40）。封套的风格不变（见图 12.41）。

图 12.40　天使旋律系列唱片标芯 2

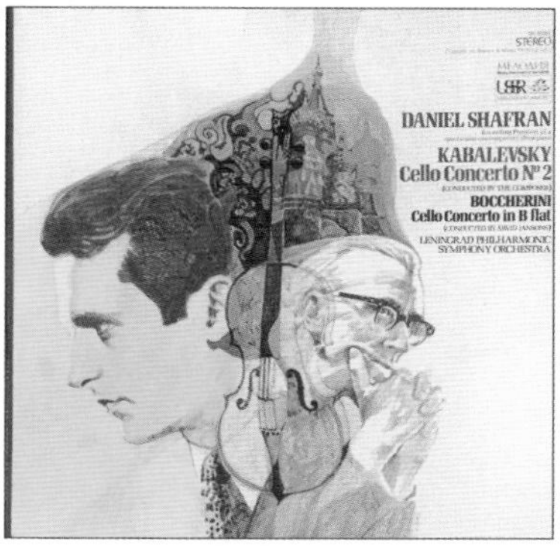

图 12.41　天使旋律系列唱片封套 2

自 1970 年起，天使旋律系列唱片的标芯设计又进行了改动，强化放大了的粉红连体“MELODIYA”字样，“ANGEL”“MELODIYA”商标尺寸缩小并被改为黑色（见图 12.42）。唱片封套仍然是印有“ANGEL”“MELODIYA”的组合标志（见图 12.43）。

图 12.42　天使旋律系列唱片标芯 3

图 12.43　天使旋律系列唱片封套 3

1970 年后期，天使旋律系列唱片的标芯设计再次进行了改动，灰白色“MELODIYA”字样增加了深蓝色立体投影，黑色线描的旋律和天使商标分别印在“MELODIYA”字样的左右两边。标芯上部印有莫斯科红场的圣瓦西里大教堂的群顶照片。唱片孔以下的“大片红色区域”印有唱片曲目文字信息（见图 12.44）。唱片封套标志与风格没有改变（见图 12.45）。

9. 天使再版 SERAPHIM 标

天使唱片公司还推出过两个再版的 SERAPHIM 标芯，第一个是由土黄底和棕色花边构成的，12 点钟位置印有由半身的黑色线描天使图形和“SERAPHIM”字样构成的标志（见图 12.46）。唱片封套上的商标与唱片的标芯一样（见图 12.47）。

另一个再版的 SERAPHIM 标芯是以米灰色天使雕塑照片作为标芯底纹，12 点钟位置印有弧形的“SERAPHIM”字样（见图 12.48）。唱片封套的商标与第一个 SERAPHIM 系列唱片封套的商标相同（见图 12.49）。

图 12.44　天使旋律系列唱片标芯 4

图 12.45　天使律旋系列唱片封套 4

图 12.46　再版 SERAPHIM 标芯 1

图 12.47　再版 SERAPHIM 标芯唱片封套 1

图 12.48　再版 SERAPHIM 标芯 2

图 12.49　再版 SERAPHIM 标芯唱片封套 2

第 2 节 Archiv Produktion

Archiv Produktion 由德意志唱片公司（DGG 公司）成立，同时也是其商标。

1946 年夏，德国汉诺威音乐和戏剧学院的教授兼汉诺威剧院文学顾问弗雷德·哈默尔博士（Dr. Fred Hamel）建议 DGG 公司设立一个专门的研究机构，从事音乐演绎、声学、录音学、乐器、音乐文化及音乐心理学的研究，并从音乐学的高度对 DGG 公司的唱片生产予以指导。10 月 11 日，DGG 公司接受了这一建议，决定成立经典音乐研究机构，并聘请哈默尔出任这一机构的负责人。这个机构便是 Archiv Produktion。Archiv Produktion 下设理论部、科学部、制作部与图书馆等，制作部拥有室内合唱团、器乐合奏团与录音室。他们除了从事研究工作，还从事乐器的收集工作。

1947 年 8 月，研究所借用圣雅各教堂的小管风琴，为赫尔姆特·瓦尔夏（Helmut Walcha）录制了其演奏的若干巴赫作品，这是 Archiv Produktion 的第一批成果。

1948 年 10 月，哈默尔辞掉原来的工作，正式加入 DGG 公司，专门负责 Archiv Produktion 的组建和发展。哈默尔认为："演奏古乐必须遵循当时的演奏习惯，采用当时的乐器（或复制生产的乐器），才可能表现出古乐的韵味。"这一理念在 Archiv Produktion 以后出品的录音作品中得到了实践。

1949—1950 年，DGG 公司首次以 Archiv Produktion 的商标推出了一批唱片，包括瓦尔夏演奏的管风琴作品《舒部勒众赞歌》前奏曲 6 首、《降 E 大调三重奏鸣曲》《G 大调三重奏鸣曲》《众赞歌帕蒂塔》《g 小调幻想曲与赋格》、巴赫音乐节上由费迪南德·莱特纳指挥乐队演奏的《勃兰登堡交响曲之三》《小提琴与双簧管协奏曲》等作品。

1953 年，许多演奏家、指挥家与 Archiv Produktion 合作，出品了很多唱片。从这年起，Archiv Produktion 出品的唱片开始向英国、法国和美国出口。BBC 和法国广播公司开始选播 Archiv Produktion 出品的音乐。1956 年，Archiv Produktion 灌录的《莫扎特诞辰 200 周年纪念音乐会》全套节目发行。在录制瓦尔夏演奏的管风琴乐曲时，首次应用了立体声录音技术。

1957 年 12 月，Archiv Produktion 首席总监哈默尔病逝，享年 54 岁。1958 年 10 月，德国汉堡大学讲师汉斯·西克曼出任 Archiv Produktion 总监一职。此后，巴洛克时期德国器乐曲作品成为 Archiv Produktion 的选题重点。

1967 年，Archiv Produktion 打破传统，尝试以各国各地区的代表作品为选题，出版系列唱片。其出版的 9 张 LP 唱片《西班牙乐曲选》，既包括了传统的器乐、声乐名曲，又包含了西班牙吉他乐曲、古代乐曲和西班牙民歌。

1968 年 9 月，汉斯·西克曼病逝，享年 60 岁。次年元月，DGG 公司出版部经理汉斯·鲁茨临时接替总监一职。

1969 年 9 月—1971 年 5 月，瓦尔夏完成了巴赫所有管风琴曲的立体声唱片录制，并因此获得了"留声机公司金唱片奖"。他是 Archiv Produktion 旗下第一位获此殊荣的演奏家。

1970 年 10 月，汉堡大学音乐学讲师安德烈斯 · 霍尔施奈德出任 Archiv Produktion 总监一职。他上任后，对 Archiv Produktion 进行了一系列的变革，最突出的举措便是废除了过去依音乐史作为分类来进行唱片制作的传统，使 Archiv Produktion 的唱片制作方向更加多元化。1972 年，Archiv Produktion 出版了《亚洲传统乐曲选》等唱片。1980 年 10 月，Archiv Produktion 首批数字式立体声唱片问世：巴赫《两架羽管键琴的协奏曲》。1983 年，Archiv Produktion 开始录制《贝多芬钢琴协奏曲全集》，这项工程一直到 1988 年才全部完成。

1991 年 11 月，在 Archiv Produktion 与演奏家加德纳签约的一年之中，他三度荣获"留声机杂志唱片奖"，创下了 Archiv Produktion 签约演奏家中一年内获奖最多的纪录。

1992 年 11 月，彼得 · 查恩伊博士接替霍尔施奈德教授出任 Archiv Produktion 总裁一职。他先后在英国、德国攻读学位，在赫尔大学获得博士学位，1986 年加盟 Archiv Produktion，曾任 DGG 公司执行总监一职。

1997 年，Archiv Produktion 在成立 50 周年之际，推出了 Codex 系列唱片。

自 Archiv Produktion 建立以来，与许多知名的艺术家和乐团有过合作，特别是与加德纳的蒙泰韦尔迪合唱团、革命与浪漫管弦乐团、英国巴洛克独奏者乐团、普雷斯顿的威斯敏斯特教堂合唱团与乐团、平诺克的英国协奏团等团体均存在合作。

Archiv Produktion 出品的 LP 唱片内容非常丰富，尤其是巴洛克和古典时期的音乐作品。Archiv Produktion 的录音精致细腻，乐器质感逼真。Archiv Produktion 出品的 LP 唱片价格平易近人，是古乐爱好者的最佳选择。表 12.3 是 Archiv Produktion 出版的部分唱片列表。

表12.3　Archiv Produktion出版的部分唱片列表

Archiv Produktion						
Label	系 列	版 本	压片	发行时间	发行编号	备 注
Archiv Produktion	Archiv SAPM	大 Archiv S1	德国	1958—1967年	198 xxx	立体声
Archiv Produktion	Archiv SAPM	大 Archiv S2	德国	1967—1970年	198 xxx	立体声
Archiv Produktion	Archiv SKL	大 Archiv S3	德国	20世纪60年代中期	104 xxx	立体声盒装
Archiv Produktion	Archiv Selection	大 Archiv S4	德国	1971年—	104 xxx	立体声
Archiv Produktion	Archiv	小 Archiv S1	德国	20世纪70年代早期	2533 xxx	立体声
Archiv Produktion	Archiv	小 Archiv S2	德国	20世纪70年代后期	2533 xxx	立体声
Archiv Produktion	Archiv Digital	小 Archiv D1	德国	20世纪80年代初期	2566 xxx	数字立体声
Archiv Produktion	Archiv Digital	小 Archiv D1	德国	20世纪80年代中期	4xx xxx-1	数字立体声

1. 立体声大 Archiv 第 1 个标芯

唱片标芯是亮银底色，标芯外围印有一细一粗的蓝线边环，12 点钟位置印有一个小弧形框，内有"STEREO"立体声的字样，下面印有"ARCHIV PRODUKTION"字样的标志。唱片音乐文字信息由 7 条横线隔离。立体声大 Archiv 第 1 个标芯唱片的唱片编号由 SAPM 和 6 位数字构成（见图 12.50），唱片封套设计非常简洁，白底色搭配蓝字，只有红底色"STEREO"字样最为醒目（见图 12.51）。

图 12.50　立体声大 Archiv 第 1 个标芯

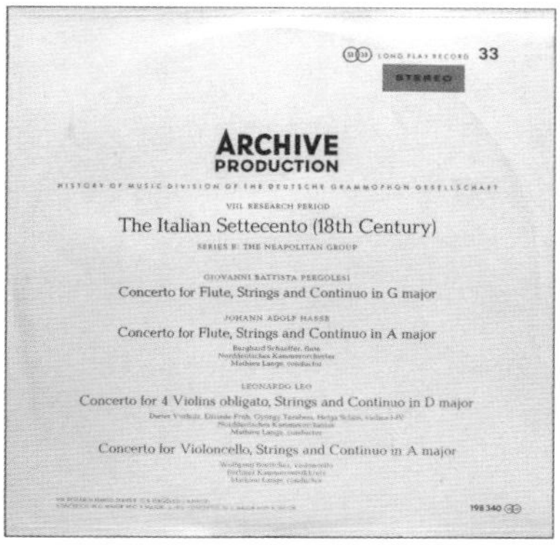

图 12.51　立体声大 Archiv 第 1 个标芯唱片封套

2. 立体声大 Archiv 第 2 个标芯

唱片标芯是亮银底色，标芯外围印有一细一粗的蓝线边环，12 点钟位置不再印有小弧形框和“STEREO”立体声字样，只印有“ARCHIV PRODUKTION”字样组成的标志。“STEREO”字样印制位置移至 3 点钟的位置。分隔唱片音乐文字信息的 7 条横线改为了 6 条。立体声大 Archiv 的第 2 个标芯唱片的唱片编号仍然由 SAPM 和 6 位数字构成（见图 12.52），盒装唱片的封套用淡灰色麻布包装，非常清新雅致（见图 12.53）。

图 12.52　立体声大 Archiv 第 2 个标芯　　图 12.53　立体声大 Archiv 第 2 个标芯唱片封套

3. 立体声大 Archiv 第 3 个标芯

第 3 个唱片标芯与第 1 个唱片标芯基本一样，是亮银底色，标芯外围印有一细一粗的蓝线边环，12 点钟位置印有一个小弧形框，内有“STEREO”立体声字样，下面印有“ARCHIV PRODUKTION”字样组成的标志。只是分隔唱片音乐文字信息的横线取消了（见图 12.54）。唱片封套用蓝灰色花边设计成巴洛克的风格画框图案（见图 12.55）。

图 12.54　立体声大 Archiv 第 3 个标芯

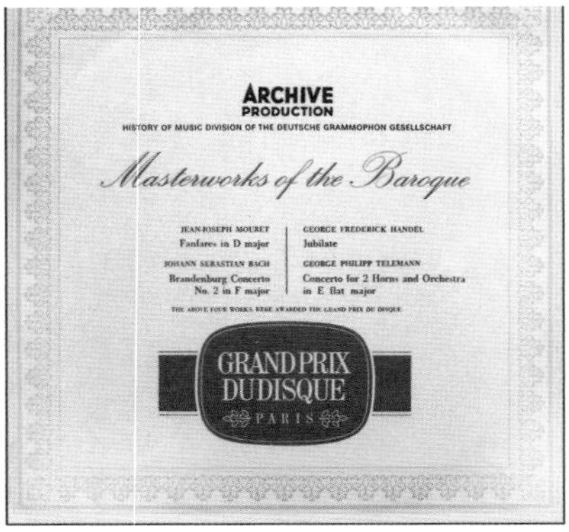

图 12.55　立体声大 Archiv 第 3 个标芯唱片封套

4. 立体声小 Archiv 标芯

小 Archiv 的标芯最显著的特点是标芯外围不再印有一细一粗的蓝线边环，同时也不再印有 12 点钟位置的小弧形框和“STEREO”立体声字样，但在“ARCHIV PRODUKTION”标志上方增加了郁金香的图案。在与唱片孔平齐的位置设计了一个长方框，框内左侧印有“Made in Germany”字样，右侧印有唱片编号、“STEREO”字样和转速。唱片的音乐文字信息分布在长方框的上、下方（见图 12.56）。早期的小 Archiv 标芯的唱片沿用了 6 位数的唱片编号，中后期改为 7 位数数字 2 起头的新编号“2xxx xxx”。立体声小 Archiv 标芯与立体声大 Archiv 第 3 个标芯的唱片封套类似（见图 12.57）。

图 12.56　立体声小 Archiv 标芯

图 12.57　立体声小 Archiv 标芯唱片封套

5. Archiv 的数字录音唱片标芯

进入数字录音时代后，Archiv 的唱片标芯进行了一些改动。在最显著的唱片孔的上方加上了“DIGITAL RECORDING”数字录音标志。

早期的数字录音唱片标芯沿用了小 Archiv 唱片“2xxx xxx”的 7 位数编号。随着 CD 的普及，LP 唱片的编号也以 CD 的编号为准，启用了 4 起头的新编号：4xx xxx-1（见图 12.58 和图 12.60）。同时还原了大 Archiv 标志的蓝线边环设计，不过蓝色边环的颜色是一浅一深，并且两个色环是连在一起的。Archiv 数字录音唱片标芯的唱片封套右上角印有蓝底白字“DIGITAL RECORDING”的三角形数字录音标志（见图 12.59 和图 12.61）。

图 12.58　Archiv 数字录音唱片标芯 1

图 12.59　Archiv 数字录音唱片标芯唱片封套 1

图 12.60　Archiv 数字录音唱片标芯 2

图 12.61　Archiv 数字录音唱片标芯唱片封套 2

第 3 节　Argo Records

1951 年，Argo Records 由 Harley Usill 用 500 英镑成立。初期只是一家语音录音公司。其发行的第一张唱片内容是一些来自巴厘岛的音乐，而乐器则只有印尼乐器（加麦兰），在伦敦的

Winter Garden Theatre(冬季花园剧院)录制。

1953年，Harley Usill 邀请印度音乐家 Deban Bhattacharya 加入，负责在印度录制传统音乐唱片。差不多同一时间，Walter Harris 在巴西的里约热内卢为业余的巴西合唱团录音，并将这些录音集成为《生活传统》系列。

1954年，Argo Records 也收录了圣诞节在英皇学院举办的合唱节，好让他们的工程人员大展身手，证明他们的能力首屈一指。从1960年开始，他们发行了一系列海顿的经典作品演奏唱片，在同一个表演场地录制，后来证实这又是一套相当受欢迎的唱片。

1957年，Argo Records 出现危机，最终被英国 Decca 公司收购。但他们依然在 Harley Usill 的带领下享有一定的自主性。

后来，他们发行的唱片风格更加多元化，增加了现代爵士乐、诗集等类型的唱片。钢琴家 Michael Garrick 成为代表人物。电台民歌手 Ewan McColl 和 Peggy Seeger，原来在 BBC Radio(英国广播电台)工作，1965年到 Argo Records 出版唱片。

1979年，Argo Records 跟随着 Decca，被收至 Polygram(宝丽金)旗下。Harley Usill 离开公司到 ASV Records 发展。1988年，Argo Records 正式消失。

Argo Records 发行的部分唱片见表12.4。

表12.4 Argo Records发行的部分唱片

Argo Records						
Label	系列	版本	压片	发行时间	编号	备注
Oval Label grooved	ZNF	大 Argo M3	英国	1961—1967年	x	立体声
Oval Label no-grooved	ZNF	大 Argo S1	英国	1967—1968年	xx	立体声
Oval Label Made in England at 2o'clock	ZNF	大 Argo S2	英国	1968—1971年	xx	立体声
Square Label	ZNF		英国	1971—1979年	xx	立体声
Oval Label grooved	ZRG	大 Argo S1	英国	1961—1967年	xxx & xxxx	立体声
Oval Label no-grooved	ZRG	大 Argo S2	英国	1967—1968年	xxx & xxxx	立体声
Oval Label Made in England at 2o'clock	ZRG	小 Argo S3	英国	1968—1971年	xxx & xxxx	立体声
Oval Label Made in England at 2o'clock	ZRG	小 Argo S4	荷兰	1968—1971年	xxx & xxxx	立体声
Square Label	ZRG	小 Argo S5	英国	1971—1979年	xxx & xxxx	立体声
Square Label Made in Holland	ZRG	小 Argo S6	荷兰	1979—1980年	xxx & xxxx	立体声
Silver Label Made in Holland	ZRG	小 Argo S6	荷兰	1980—1982年		立体声
Digital Label	ZRDL	小 Argo D7	荷兰	1982年	1xxx	数字立体声
	ZK	小 Argo	英国	1976—1983年	1-100	立体声
	SPA	大 Argo	英国	1976—1983年	1-100	立体声
	SPA	小 Argo	英国	1976—1983年	1-100	立体声

1. Argo ZNF 系列唱片

Argo ZNF 系列唱片都是黑底色银字标，发行的唱片数量虽然非常少，但仍然有 4 个标芯。

第 1 个标芯俗称大 Argo，椭圆标，距外缘 15mm 印有一圈凹槽，“MADE IN ENGLAND”印在 6 点钟的位置（见图 12.62）。唱片封套印有椭圆 Argo 标志（见图 12.63）。

图 12.62　大 Argo 标芯 1

图 12.63　大 Argo 标芯唱片封套 1

Argo ZNF 系列唱片的第 2 个标芯也是大 Argo，版面设计与第 1 个标芯一样，只是取消了凹槽（见图 12.64）。印在唱片封套的 Argo 标志改为了矩形标志（见图 12.65）。

图 12.64　大 Argo 标芯 2

图 12.65　大 Argo 标芯唱片封套 2

Argo ZNF 系列唱片的第 3 个标芯也是大 Argo，版面设计较第 2 个标芯简化了一些。“MADE IN ENGLAND”字样的印制位置移至 2 点半钟的位置（见图 12.66）。唱片封套标志同前（见图 12.67）。

Argo ZNF 系列唱片的第 4 个标芯还是黑底色银字标，但取消了椭圆标，取而代之的是矩形小方标（见图 12.68）。“MADE IN ENGLAND”字样的印制位置移至 11 点钟的位置。唱片封套的 Argo 标志要比第 2 个标芯和第 3 个标芯小一些（见图 12.69）。

图 12.66　大 Argo 标芯 3

图 12.67　大 Argo 标芯唱片封套 3

紫底色的 Argo ZNF 系列唱片的标芯比较少见，它应该算第 5 个标芯（见图 12.70）。有趣的是唱片封套正面上没有印制 Argo 标志，标志印在唱片封底上（见图 12.71）。

图 12.68　大 Argo 标芯 4

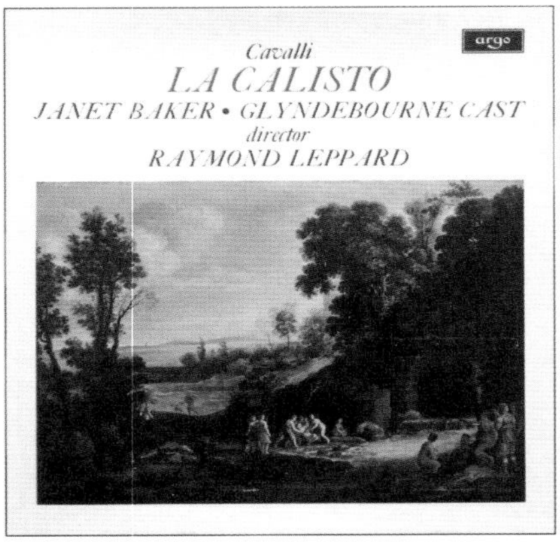

图 12.69　大 Argo 标芯唱片封套 4

图 12.70　紫底色 Argo 标芯

图 12.71　紫底色 Argo 标芯唱片封套

2. Argo ZRG 系列唱片

Argo ZRG 系列是 Argo Records 主打系列作品，拥有大量的录音作品。Argo ZRG 系列唱片有 3 位数和 4 位数两个系列的唱片编号。3 位数编号 500~900，4 位数从 5000 开始。Argo ZRG 系列唱片的标芯设计与 Argo ZNF 系列唱片的标芯设计基本相同，只是将黑底色更换为墨绿底色，银字标。

Argo ZRG 唱片 3 位数唱片编号系列的第 1 个标芯也称为大 Argo，椭圆标，距外缘 15mm 有一圈凹槽，“MADE IN ENGLAND”印在 6 点钟的位置。以唱片编号 ZRG 506 罗西尼的弦乐奏鸣曲为例（见图 12.72），早期的第 1 个标芯和中后期的第 1 个标芯略有不同，椭圆标下方的“STEREOPHONIC”字距拉得比较开，宽度有 55mm，而中后期的字样的宽度只有 37mm(见图 12.73、图 12.74 和图 12.75)。

图 12.72　罗西尼：弦乐奏鸣曲

图 12.73　字样宽度对比 1

图 12.74　字样宽度对比 2

图 12.75　字样宽度对比 3

Argo ZRG 唱片 3 位数唱片编号系列的第 2 个标芯也是大 Argo，版面设计与第 1 个标芯一样，只是取消了凹槽（见图 12.76）。唱片封套的 Argo 商标用的是矩形标志（见图 12.77）。

图 12.76 Argo ZRG 唱片 3 位数唱片编号的第 2 个标芯

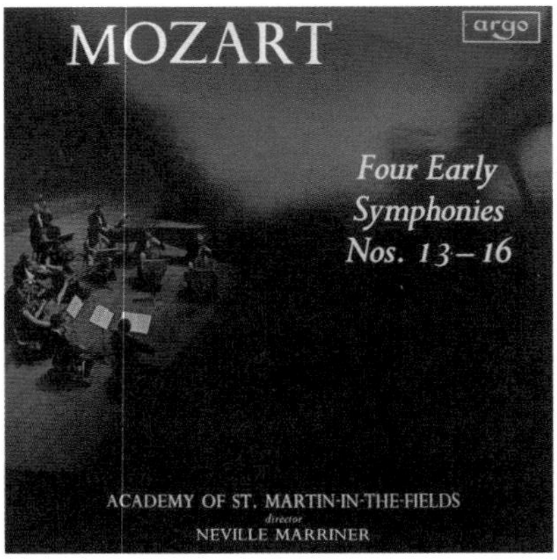

图 12.77 Argo ZRG 唱片 3 位数唱片编号的第 2 个标芯唱片封套

Argo ZRG 唱片 3 位数唱片编号系列的第 3 个标芯也是大 Argo，版面设计较第 2 个标芯简化了一些。版权声明的字样和“MADE IN ENGLAND”字样移至 2 点半至 3 点半的位置（见图 12.78）。唱片封套的 Argo 商标用的是矩形标志（见图 12.79）。

图 12.78 Argo ZRG 唱片 3 位数唱片编号的第 3 个标芯

图 12.79 Argo ZRG 唱片 3 位数唱片编号的第 3 个标芯唱片封套

Argo ZRG 唱片 3 位数唱片编号系列的第 3 个标芯也有发行量较少的蓝底色标芯（见图 12.80）。唱片封套的 Argo 商标用的是矩形标志（见图 12.81）。

Argo ZRG 唱片 3 位数唱片编号系列第 3 个标芯的荷兰版与英国第 3 版的版面设计大同小异，底色是灰蓝色，“STEREOPHONIC”字样改为“STEREO”字样，移至 9 点钟的位置，“MADE IN HOLLAND”字样移至 6 点钟的位置。唱片外缘有 5mm 宽凸起的圈，这是典型的中后期飞利浦标芯结构（见图 12.82）。唱片封套设计与英国第 3 版一样（见图 12.83）。从这点看，荷兰版与英国第 3 版是同步发行的（荷兰版的 Argo 唱片应该是由飞利浦代工的）。

Argo ZRG 唱片 3 位数唱片编号系列的第 4 个标芯取消了椭圆标，取而代之的是矩形小方标。“MADE IN ENGLAND”移至 11 点钟的位置（见图 12.84）。唱片封套的 Argo 标志尺寸缩小了一些（见图 12.85）。

图 12.80　蓝底色的 Argo ZRG 唱片 3 位数唱片编号的第 3 个标芯

图 12.81　蓝底色的 Argo ZRG 唱片 3 位数唱片编号的第 3 个标芯唱片封套

图 12.82　荷兰版 Argo ZRG 唱片 3 位数唱片编号的第 3 个标芯

图 12.83　荷兰版 Argo ZRG 唱片 3 位数唱片编号的第 3 个标芯唱片封套

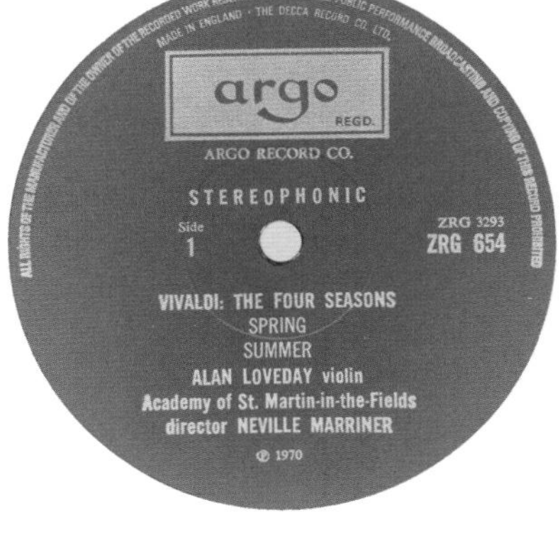

图 12.84　Argo ZRG 唱片 3 位数唱片编号的第 4 个标芯

图 12.85　Argo ZRG 唱片 3 位数唱片编号的第 4 个标芯唱片封套

Argo ZRG 唱片 3 位数唱片编号系列的第 5 个标芯是荷兰版，标芯版面与第 4 个标芯版面近似，“MADE IN HOLLAND”字样在 7 点钟的位置（见图 12.86）。唱片封套标志与英国版相同（见图 12.87）。

图 12.86　Argo ZRG 唱片 3 位数唱片编号的第 5 个标芯

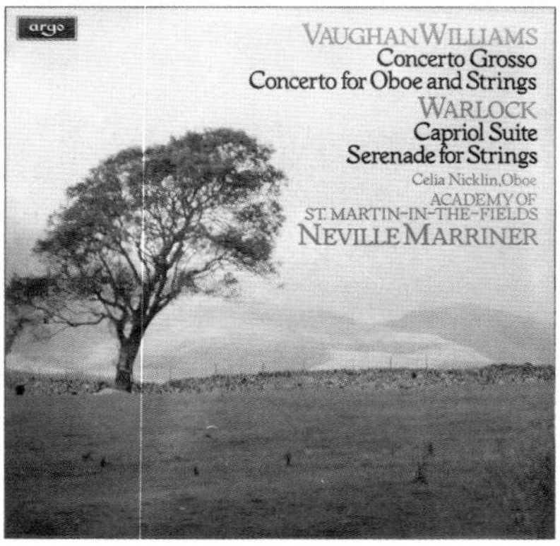

图 12.87　Argo ZRG 唱片 3 位数唱片编号的第 5 个标芯唱片封套

Argo ZRG 唱片 3 位数唱片编号系列后期的标芯完全改变了，红蓝半圆框内上方印有红蓝“Argo”字样标志，“MADE IN HOLLAND”字样在 3 点钟的位置。这个银标芯应该是与 Decca 银标芯同步更新的，我们可以把这个标芯视为第 6 个标芯（见图 12.88）。唱片封套的商标与标芯标志相同（见图 12.89）。

图 12.88　Argo ZRG 唱片 3 位数唱片编号的第 6 个标芯

图 12.89　Argo ZRG 唱片 3 位数唱片编号的第 6 个标芯唱片封套

Argo ZRG 唱片 4 位数唱片编号系列的标芯与 3 位数唱片编号的版本标芯设计相同，只是编号不同（见图 12.90 和图 12.92）。唱片封套的标志相同（见图 12.91 和图 12.93）。

Argo ZRDL 数字系列唱片与 ZRG 银标标芯完全一样。Argo ZRDL 数字系列唱片的标芯在红蓝横杠上加印了“DIGITAL RECORDING”字样（见图 12.94）。这个数字银标芯可以说是给 Argo ZRG 唱片 3 位数唱片编号系列画上了句号。Argo ZRDL 数字系列唱片唱片封套在左上角印有红蓝的“DIGITAL RECORDING”标志（见图 12.95）。

图 12.90　Argo ZRG 唱片 4 位数唱片编号标芯 1

图 12.91　Argo ZRG 唱片 4 位数唱片编号标芯 1 唱片封套

图 12.92　Argo ZRG 唱片 4 位数唱片编号标芯 2

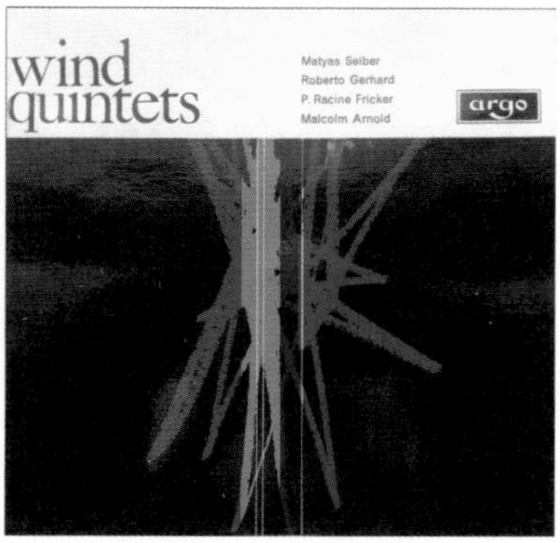

图 12.93　Argo ZRG 唱片 4 位数唱片编号标芯 2 唱片封套

图 12.94　Argo ZRDL 数字唱片系列的数字银标

图 12.95　Argo ZRDL 数字唱片系列的数字银标唱片封套

3. Argo ZK 系列唱片

再版的 Argo ZK 系列唱片前期唱片标芯与小 Argo 是一样的，为绿底色银字标（见图 12.96）。唱片封套的商标设计有所改变，标志没有了矩形框，印有斜体“Argo”与 4 条细线组成的新标志（见图 12.97）。

图 12.96　再版 Argo ZK 系列唱片绿底银字标

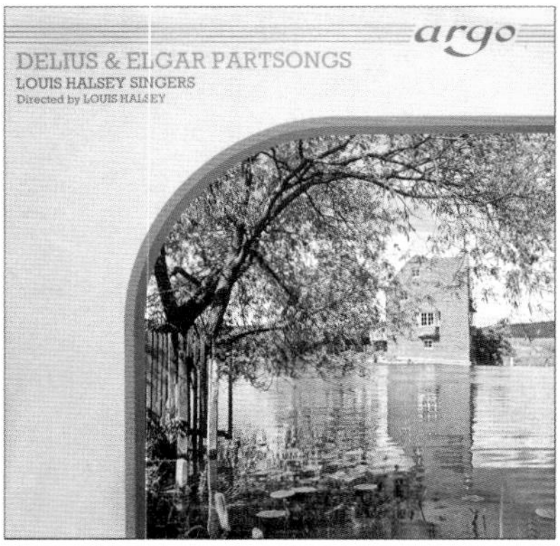

图 12.97　再版 Argo ZK 系列唱片绿底银字标唱片封套

再版的 Argo ZK 系列唱片前期唱片标芯底色还有淡蓝色（见图 12.98），唱片封套的商标设计与绿底色银字标唱片封套相同（见图 12.99）。

外缘有凸圈的灰蓝色方标小 Argo 理应是荷兰版唱片的“标志”，但却出现在英国版中（见图 12.100）。这个标芯极其少见，外缘有凸圈的灰蓝色方标小 Argo 一定是荷兰版唱片的说法由此就不成立了。唱片封套的封面似乎与荷兰版没有什么区别（见图 12.101）。

图 12.98　再版 Argo ZK 系列唱片淡蓝底色银字标

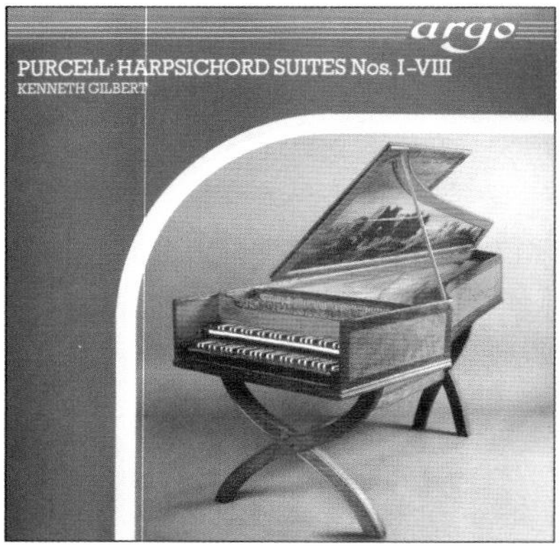

图 12.99　再版 Argo ZK 系列唱片淡蓝底色银字标唱片封套

图 12.100　外缘有凸圈的灰蓝色方标小 Argo

图 12.101　外缘有凸圈的灰蓝色方标小 Argo 唱片封套

再版的 Argo ZK 系列唱片荷兰版的标志与小 Argo 荷兰版完全一样（见图 12.102）。唱片封套上的标志与 Argo ZK 系列唱片的前 3 个标志相同（见图 12.103）。

图 12.102　再版的 Argo ZK 唱片系列荷兰版标芯

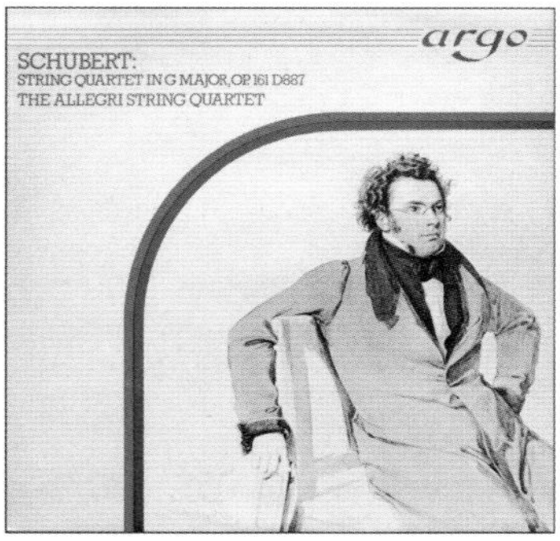

图 12.103　再版的 Argo ZK 系列唱片荷兰版标芯唱片封套

再版的 Argo ZK 系列唱片前期发行的唱片还有一种银底色，外缘蓝红色环的标芯，“Argo”标志采用红蓝设计，“STEREO”字样、编号和唱片面数都依次上下排列在“Argo”标志的下方（见图 12.104）。唱片封套与前两个设计相同（见图 12.105）。

图 12.104　银底色外缘蓝红色环标芯

图 12.105　银底色外缘蓝红色环标芯唱片封套

4. Argo SPA 系列唱片

Argo SPA 系列唱片有 3 个标芯。Argo SPA 系列的第 1 个标芯与大 Argo 的第 3 个标芯设计类似，蓝底色银字椭圆标芯，“MADE IN ENGLAND”字样在 2 点半钟的位置（见图 12.106）。唱片封套商标与小 Argo 矩形标志相同（见图 12.107）。

图 12.106　Argo SPA 系列唱片第 1 个标芯

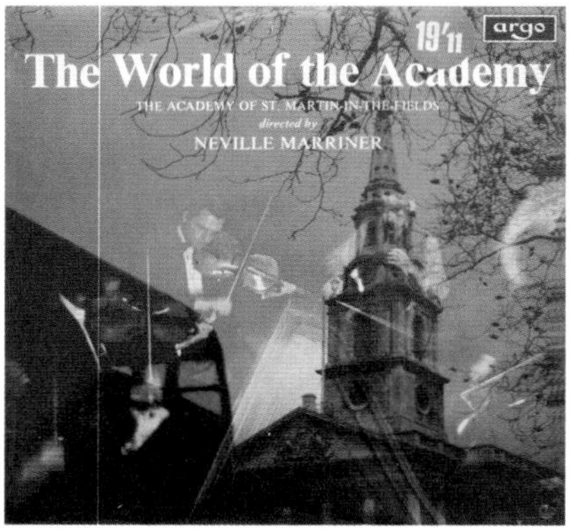

图 12.107　Argo SPA 系列唱片第 1 个标芯唱片封套

Argo SPA 系列第 2 个标芯与小 Argo 的标芯设计类似，蓝底色银字矩形商标标芯，“MADE IN ENGLAND”字样在 11 点钟的位置（见图 12.108）。唱片封套商标与小 Argo 矩形标志相同（见图 12.109）。

Argo SPA 系列唱片第 3 个标芯与第 2 个标芯设计相同，蓝底色，但银字改为了深蓝字（见图 12.110）。唱片封套印有“THE WORLD OF THE GREAT CLASSICS”字样与 Argo 矩形商标组合的标志（见图 12.111）。

图 12.108　Argo SPA 系列唱片第 2 个标芯

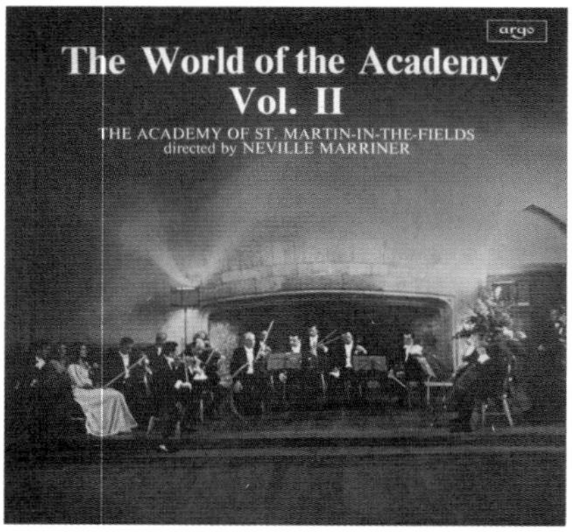

图 12.109　Argo SPA 系列唱片第 2 个标芯唱片封套

图 12.110　Argo SPA 系列唱片第 3 个标芯　图 12.111　Argo SPA 系列唱片第 3 个标芯唱片封套

Argo D 系列唱片的第 1 个标芯与小 Argo 标芯相同，只是编号不同（见图 12.112），Argo D 系列唱片是盒装系列唱片。唱片封套也是 Argo 矩形标志（见图 12.113）。

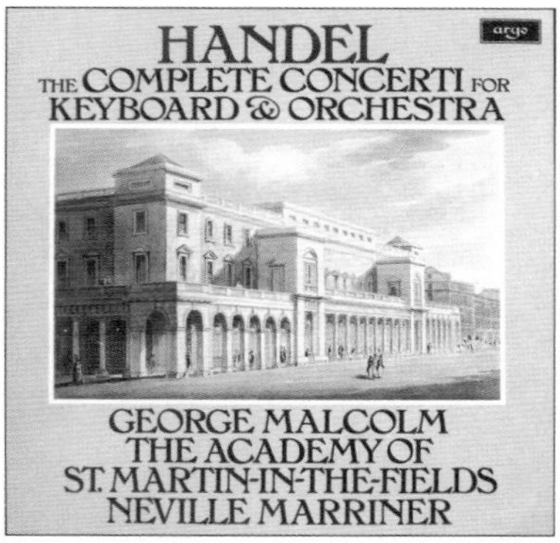

图 12.112　Argo D 系列唱片第 1 个标芯　　图 12.113　Argo D 系列唱片第 1 个标芯唱片封套

Argo D 系列唱片荷兰版标芯为紫红底色，银字矩形商标标芯，“MADE IN ENGLAND”字样在 7 点钟的位置（见图 12.114）。唱片封套标志与英国版相同（见图 12.115）。

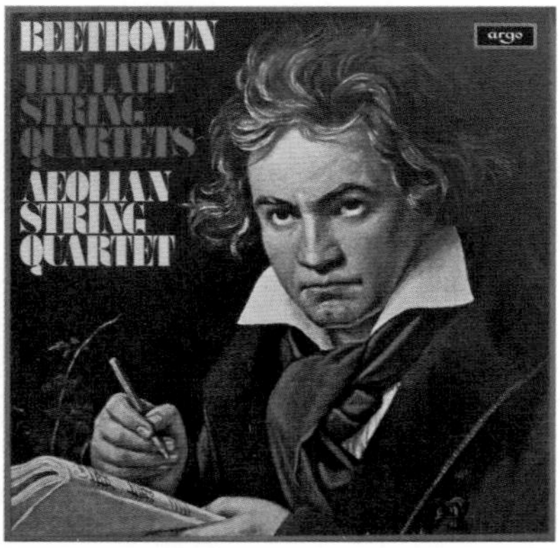

图 12.114　Argo D 系列唱片荷兰版标芯　　图 12.115　Argo D 系列唱片荷兰版标芯唱片封套

Argo BB 系列唱片也是盒装系列唱片，紫红底色，银字矩形商标标芯，“MADE IN ENGLAND”字样在 11 点钟的位置（见图 12.116）。唱片封套标志与 Argo D 系列唱片相同（见图 12.117）。

图 12.116　Argo BB 系列唱片标芯

图 12.117　Argo BB 系列唱片标芯唱片封套

第 4 节　Capitol Records

1942 年，Capitol Records 由作曲人 Johnny Mercer 创立。Capitol Records 的成立主要是得到了电影制片 Buddy DeSylva 和商人 Glenn Wallichs（美国西海岸最大唱片店拥有者）的财政支持。比较值得一提的是，Capitol Records 是第一个美国西海岸的唱片品牌，并与纽约市内的各大唱片商抗衡，如 RCA Victor、Columbia、Decca。

1955 年，Capitol Records 正式成为百代唱片集团（EMI Group）的成员。

Capitol Records 发行的部分唱片见表 12.5。

表12.5　Capitol Records发行的部分唱片列表

Capitol Records					
Label	系列	版本	压片	发行时间	备注
FDS RAINBOW Label	SP-8000	FDS彩虹标	英国	1958—1960年	立体声
RAINBOW Label With Oval Logo At 9 O' Clock	SG-7000	椭圆彩虹标	美国	1958—1960年	立体声
RAINBOW Label With Oval Logo At 12 O' Clock	SP-8000 SG-7000	顶端椭圆彩虹标	美国	20世纪60年代初期	立体声
Blue Label With Silver Ring	SP-8000 SG-7000	顶端椭圆彩虹标	美国	20世纪60年代中期	立体声

1. FDS 彩虹标（FDS RAINBOW Label）

Capitol Records 立体声唱片的第 1 个标芯是 FDS 彩虹标。FDS 彩虹标是黑底色，外缘印有一圈 8mm 宽的七色彩虹环，FDS 铜章标志印在唱片孔左侧，标志上方印有“Capitol Records”商标，下方印有“STEREO”字样。唱片孔的右侧印有唱片编号——SP 8xxx。FDS 彩虹标唱片发行时间在 1958—1960 年（见图 12.118）。

FDS 彩虹标唱片的封套商标是椭圆银色徽章标志（见图 12.119）。

图 12.118　FDS 彩虹标

图 12.119　FDS 彩虹标唱片封套

2. 椭圆彩虹标（RAINBOW Label With Oval Logo At 9 O’ Clock）

Capitol Records 立体声唱片的第 2 个标芯是椭圆彩虹标。椭圆彩虹标保留了黑底色和外缘 8mm 宽的七色彩虹环，取代 FDS 铜章标志的是椭圆标志，标志上方不再印有“Capitol Records”商标，下方保留了“STEREO”字样。唱片音乐信息的文字改为了银色，唱片孔的右侧印有唱片编号——SP 8xxx（见图 12.120）。椭圆彩虹标唱片发行时间在 1960 年之后。

椭圆彩虹标唱片的封套商标也是椭圆银色徽章标志（见图 12.121）。

图 12.120　椭圆彩虹标

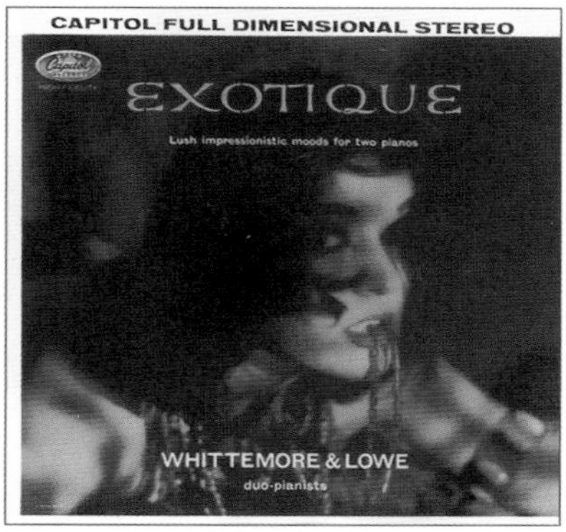

图 12.121　椭圆彩虹标唱片封套

3. 顶端椭圆彩虹标（RAINBOW Label With Oval Logo At 12 O' Clock）

Capitol Records 立体声唱片的第 3 个标芯是顶端椭圆彩虹标。顶端椭圆彩虹标保留了黑底色和外缘 8mm 宽的七色彩虹环，原来在左侧的椭圆彩虹标志，移至标芯 12 点钟位置，放大一些的“STEREO”字样移至唱片孔左侧水平位置。唱片音乐信息的文字还是银色，唱片孔的右侧印有唱片编号——SP 8xxx（见图 12.122）。顶端椭圆彩虹标唱片发行时间在 1960 年。

顶端椭圆彩虹标的唱片封套商标同样是椭圆银色徽章标志（见图 12.123）。

图 12.122　顶端椭圆彩虹标

图 12.123　顶端椭圆彩虹标唱片封套

4. EMI 彩虹标

EMI 在 1955 年并购 Capitol Records 唱片公司，两家的录音相互发行。因此，注有 EMI 字样的标芯出现在 Capitol Records SG 系列唱片的彩虹标芯里。SG-7000 系列唱片的 EMI 彩虹标设计类似于 FDS 彩虹标，不同的是，EMI 地球铜色标志代替了 FDS 的铜章标志，标志的上方仍然印有“Capitol Records”商标，“STEREO”字样也还印在标志下方。唱片音乐信息的文字还是金黄色，唱片孔的右侧印有唱片编号——SG 7xxx（见图 12.124）。EMI 彩虹标芯的唱片发行时间在 1958—1960 年。

EMI 彩虹标唱片的封套商标还是椭圆银色徽章标志（见图 12.125）。

图 12.124　EMI 彩虹标

图 12.125　EMI 彩虹标唱片封套

1960 年后，Capitol Records 唱片公司的 SG-7000 系列唱片也推出了椭圆彩虹标（见图 12.126）。

Capitol Records 立体声唱片的 SG-7000 系列唱片的封套商标有所改动，椭圆银色徽章标志的左侧加上了 EMI 标志（见图 12.127）。

图 12.126　SG-7000 系列椭圆彩虹标

图 12.127　SG-7000 系列椭圆彩虹标唱片封套

Capitol Records 立体声唱片 SG-7000 系列顶端椭圆彩虹标唱片的封套商标取消了椭圆银色徽章标志的椭圆框，在下面印上了圆形的 FDS 标志（见图 12.128 和图 12.129）。

图 12.128　SG-7000 系列顶端椭圆彩虹标

图 12.129　SG-7000 系列顶端彩虹标唱片封套

第 5 节　CBS/Columbia Records

CBS/Columbia Records（哥伦比亚唱片）是世界上第一个录音产品品牌，始于 1888 年。它原本在美国首都华盛顿、弗吉尼亚州和马里兰州一带售卖留声机和留声机滚筒。

1901 年，他们开始发售唱片。十年间，他们与爱迪生的 Phonograph Company Cylinders 和 Victor Talking Machine Company 成为 3 家主要的录音产品公司。1908 年开始，CBS/Columbia Records 引入了大量生产技术，印制双面唱片。

1902 年 7 月，他们决定只集中生产唱片，放弃了灌录和制造留声机滚筒。1925 年初，他们得到美国西电（Western Electric）授权，开始使用新式的电子录音来进行唱片生产。

1931 年，英国的 Columbia Records 与 Gramophone Company 成立了百代唱片公司（Electric & Musical Industries Ltd，EMI）。后来，基于对 American Record Corporation 的信任问题，EMI 被迫把美国 Columbia Records 的运营权出售。

1948 年，Columbia Records 发展了 LP 唱片格式，使唱片出现了崭新的 33$^{1/3}$ r/min 的转速，播放时间大为增长。这也是后来广泛应用了的标准。

1988 年，CBS/Columbia Records 被 Sony 吞并，成为 Sony Music Entertainment 的一部分。同一时间，Sony 把 EMI 手上的世界各地 CBS/Columbia Records 的权益全面收购，令 Sony 可以真正地控制 CBS/Columbia Records。

2004 年，Sony 合并 Bertelsmann AG 旗下 BMG 时，他们还继续使用 Columbia Records 的名字，除了日本本土，Sony 只使用 Sony Records 作为唯一的品牌。

CBS/Columbia Records 发行的部分唱片见表 12.6。

表12.6　CBS/Columbia Records唱片列表（部分）

CBS/Columbia Records					
Label	系 列	版 本	压片	发行时间	备 注
6-Eye STEREO Label	MS	立体声六眼标	英国	1958—1962年	立体声
2-Eye Black 360 Sound STEREO Label	MS	立体声二眼黑标	美国	1962—1965年	立体声
2-Eye White 360 Sound STEREO	MS	立体声二眼白标	美国	1966—1970年	立体声
Orange-Gray Label 1	M	橘灰标-1	美国	1967—1972年	立体声
Orange-Gray Label 2	IM	橘灰标-2	美国	1967—1970年	立体声
Gray Label Digital Recording	IM	数字录音灰标	美国	1980年—	立体声
Blue Label Digital Recording	IM	数字录音蓝标	美国	1980年后	立体声
Silver Label Digital Recording	S	数字银标	美国	1980—1990年	立体声
Orange Label	Odyssey	橘黄标	美国	1970年—	立体声
White Label	Great Performances	白标（报纸版）	美国	1980年—	立体声
Light Brown Label	Masterworks Portrait	土黄标	美国	1980年—	

1．立体声六眼标（6-Eye STEREO Label）

1955 年 6 月或 7 月，CBS/Columbia Records 推出了单声道六眼标芯。立体声六眼标在 1958 年推出。MS 系列立体声六眼标唱片是 CBS/Columbia Records 古典音乐立体声录音最重要的系列唱片。单张编号为 MS xxxx，如果是套装唱片，其编号是 MxS xxxx。MS 系列立体声六眼标唱片发行时间为 1958—1962 年，唱片编号从 MS 6001 开始（见图 12.130 和图 12.131），结束编号大概为 MS 6357(见图 12.132 和图 12.133)。MS 系列立体声六眼标为灰底色，外缘印有 15mm 宽的黑色环带，环带分为四份，12 点钟位置印有灰色、白色的两个箭头，表示立体声的两个声道。箭头两侧印有“STEREO”“FIDELITY”的字样。9 点钟和 3 点钟对称的位置印有 6 个眼睛的图标。下面 8 点钟至 4 点钟的位置范围内印有白色大小字的“COLUMBIA”“MASTERWORKS”字样。黑色环带与灰色底之间有约 1mm 宽的凹槽。唱片孔的上下有唱片音乐信息文字的大面积区域。唱片编号印在唱片孔左侧。MS 系列立体声六眼标唱片的封套上方设有“STEREO”小方框，方框两侧印有表示立体声的两个箭头的商标。

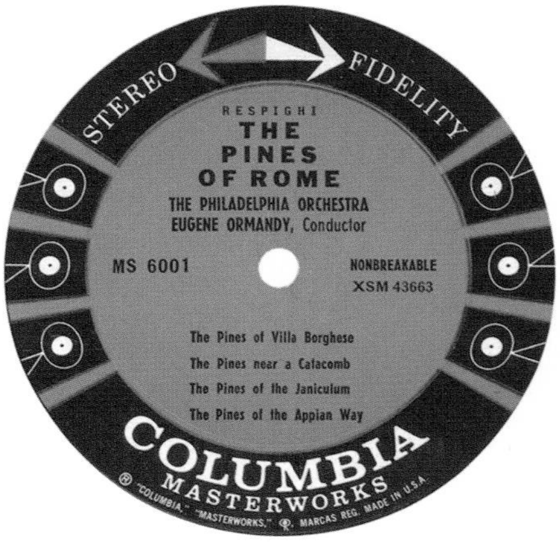

图 12.130　MS 系列立体声六眼标 1

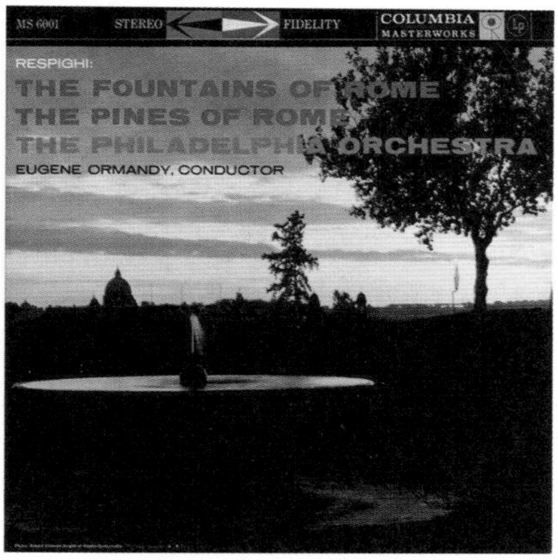

图 12.131　MS 系列立体声六眼标唱片封套 1

MS 系列立体声六眼标唱片在发行期间，有一部分标芯的 12 点钟位置两个箭头上印有黑色的“CBS”小字，其发行时间段为 1960—1962 年（见图 12.132 和图 12.133）。

图 12.132　MS 系列立体声六眼标 2

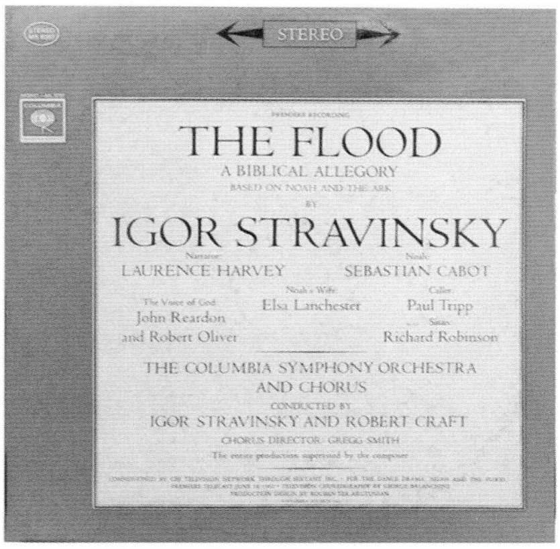

图 12.133　MS 系列立体声六眼标唱片封套 2

MS 系列立体声六眼标的套装唱片，其总唱片编号从 MxS 6xx 开始，其中的单张唱片编号仍然和其他 MS 立体声六眼标单张唱片编号一样：MS xxxx(见图 12.134 和图 12.135)。

图 12.134　MS 系列立体声套装唱片标芯

图 12.135　MS 系列立体声套装唱片封套

立体声六眼标唱片除了 MS 系列还有 KS 6000、OS 2000、KOS 2000 和 CS 8000 系列。

KS 6000 系列立体声六眼标唱片标芯与 MS 系列立体声六眼标唱片标芯没有区别，发行时间段也差不多。录音内容也是古典音乐类，不过内容不及 MS 系列唱片丰富，曲目两极分化，巴洛克时期的管风琴居多，还有近代作曲家艾福斯、斯特拉文斯基等人的作品。KS 6000 立体声六眼标唱片的发行量远远不及 MS 立体声六眼标唱片（见图 12.136 和图 12.137）。

图 12.136　KS 6000 系列立体声六眼标

图 12.137　KS 6000 系列唱片封套

OS 2000 系列立体声六眼标唱片标芯也与 MS 系列立体声六眼标唱片标芯没有区别，发行时间段也差不多。录音内容是百老汇舞剧音乐和音乐剧。首张唱片以伯恩斯坦的《西城故事》舞剧音乐开始（见图 12.138 图 12.139）。

KOS 2000 系列立体声六眼标唱片标芯同样与 MS 系列立体声六眼标唱片标芯没有区别，发行时间段相同。录音内容也是音乐剧类型，我们耳熟能详的百老汇音乐剧《音乐之声》也在这个系列之中（见图 12.140 和图 12.141）。

图 12.138　OS 2000 系列立体声六眼标

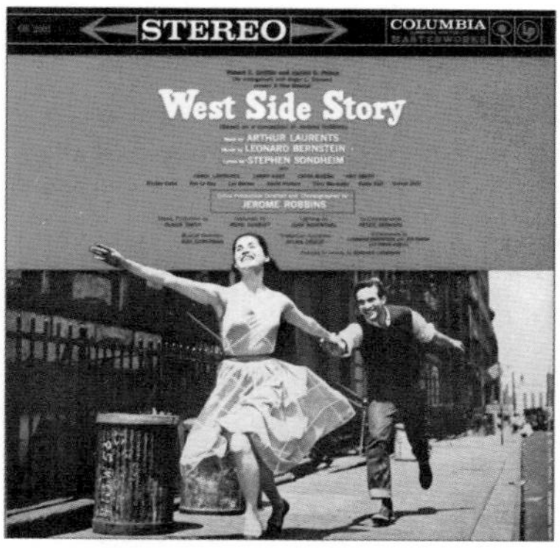

图 12.139　OS 2000 系列唱片封套

图 12.140　KOS 2000 系列立体声六眼标

图 12.141　KOS 2000 系列唱片封套

CS 8000 系列立体声六眼标图形与 MS、KS、OS、KOS 系列立体声六眼标没有区别，只是把灰底色换为红色，发行的时间段相同，录音内容是流行音乐类型。其中编号为 CS 8192 的 *The Dave Brubeck Quartet–Time Out* 最受乐迷喜爱。CS 系列立体声六眼标的唱片编号从 CS 8001 开始（见图 12.142 和图 12.143），到 CS 8676 结束（见图 12.144 和图 12.145），时间是 1962 年 8 月。

图 12.142　CS 8001 标芯

图 12.143　CS 8001 唱片封套

图 12.144 CS 8676 标芯

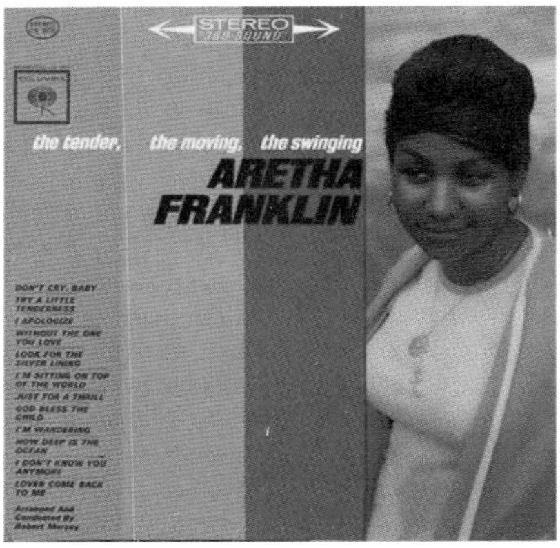

图 12.145 CS 8676 唱片封套

CS 8000 系列立体声六眼标底色始终为红色，但在发行新唱片时，用于宣传促销的唱片标芯有些也用灰白底色（见图 12.146 和图 12.147）。

图 12.146 灰白底色标芯的 CS 8000 系列立体声六眼标

图 12.147 灰白底色标芯的 CS 8000 系列唱片封套

CBS/Columbia Records 发行的立体声六眼标唱片除了常规系列外，还发行过 GS 系列立体声六眼标唱片。GS 系列立体声六眼标唱片都是“限量”版（见图 12.148 和图 12.149），发行数量很少，原因是 GS 系列立体声六眼标唱片专供俱乐部成员使用。GS 系列立体声六眼标唱片的标芯与常规六眼标大同小异，标芯底色为黑色，12 点钟位置最上方印有“LIMITED EDITION”字样，12 点钟双箭头和箭头两侧印有的“STEREO”“FIDELITY”字样都是白色的。GS 系列立体声六眼标唱片收录的内容有古典音乐，也有流行音乐。

CBS/Columbia Records 立体声六眼标唱片还有 WS 300 的“Adventures in sound”系列。标芯是土金黄底色，六眼是黑底色，12 点位置的双箭头和箭头两侧分别印有“STEREO”“FIDELITY”字样，为黑色。凹槽内圈上方印有“ADVENTURES IN SOUND”字样（见图 12.150 和图 12.151）。WS 300 系列立体声六眼标唱片的录音内容多为欧洲的民间舞蹈音乐，还有些爵士乐等流行音乐。

图 12.148　GS 系列立体声六眼标

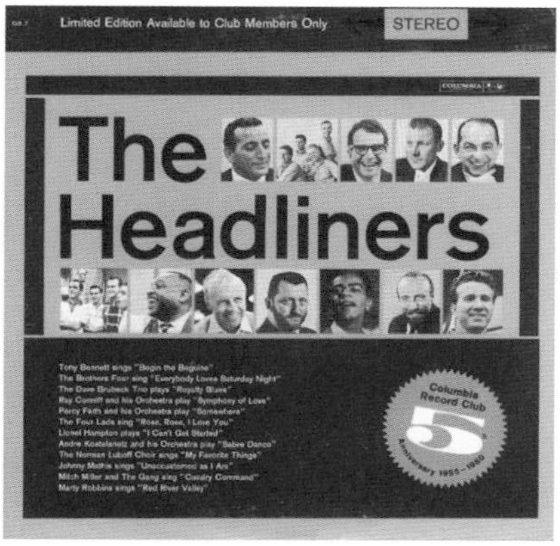

图 12.149　GS 系列唱片封套

图 12.150　WS 300 系列立体声六眼标

图 12.151　WS 300 系列唱片封套

WS 300 的“Adventures in sound”系列立体声唱片还有灰底色的标芯（见图 12.152 和图 12.153）。

图 12.152　灰底色 WS 300 系列立体声六眼标　图 12.153　灰底色 WS 300 系列立体声六眼标唱片封套

CS 8000 系列唱片在 1962 年由六眼标过渡至二眼标期间有一个三眼标出现，十分罕见（见图 12.154 和图 12.155），不知道为什么三眼标没有得到批量使用。

图 12.154　CS 8000 系列立体声三眼标

图 12.155　CS 8000 系列立体声三眼标唱片封套

CS 9000 系列发行大概在 1966 年，CS 9396 唱片标芯是标准的二眼标（见图 12.156 和图 12.157）。唱片首曲《斯卡布罗集市》（*Scarborough Fair/Canticle*）最受乐迷喜爱。1972 年再版时不仅出了标准四眼标唱片（见图 12.158），还出了一个极为少见的三眼标唱片（见图 12.159）。

图 12.156　CS 9396 立体声二眼标

图 12.157　CS 9396 立体声二眼标唱片封套

图 12.158　再版 CS 9396 立体声四眼标

图 12.159　再版 CS 9396 立体声三眼标

2. 立体声二眼标

立体声二眼标是 CBS/Columbia Records 的第 2 个立体声标芯。二眼标是六眼标系列的延续，除用于 MS 系列外，还用于 KS 系列、OS 系列、KOS 系列、CS 系列等。

MS 系列立体声二眼标的标芯底色为灰色，外缘 15mm 宽的黑色环带被取消，12 点钟位置印有白色大小字的“COLUMBIA”“MASTERWORKS”。9 点钟和 3 点钟对称位置印有两个眼睛的图标。标芯 6 点钟位置印有黑色“STEREO”字样，两侧印有对称的“360 SOUND”和黑色的箭头。唱片孔的上下是印刷唱片音乐信息文字的大面积区域，唱片编号印在唱片孔左侧。MS 立体声二眼标唱片的唱片编号从 MS 6358 开始（见图 12.160）。MS 立体声二眼标唱片的封套与六眼标唱片的封套商标相同（见图 12.161）。MS 立体声二眼标唱片发行时间为 1962—1966 年。

图 12.160 MS 6358 立体声二眼标

图 12.161 MS 6358 唱片封套

MS 系列立体声二眼黑色“STEREO”标芯的套装唱片，其总编号为 MxS xxx，单张唱片的编号仍然是 MS xxxx(见图 12.162 和图 12.163)。

图 12.162 MS 系列套装唱片标芯

图 12.163 MS 系列套装唱片封套

MS 系列立体声二眼黑色“STEREO”标芯的编号大概在 MS 6879 结束（见图 12.164 和图 12.165）。

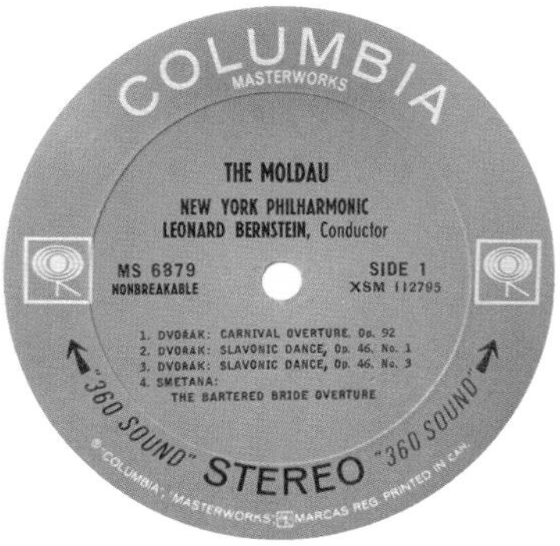

图 12.164　MS 6879 标芯

图 12.165　MS 6879 唱片封套

1966 年，二眼标的设计发生了一点改变，图形没有改变，只是标芯 6 点钟位置原为黑色的“STEREO”字样、两侧对称的“360 SOUND”字样和箭头都改为了白色（见图 12.166）。后期立体声二眼标唱片的封套与立体声六眼标唱片的封套商标也相同（见图 12.167）。

图 12.166　MS 6881 标芯

图 12.167　MS 6881 唱片封套

MS 系列立体声二眼白色“STEREO”标芯的套装唱片，其套盒编号也是 MxS xxx，每张单张唱片的编号仍然是 MS xxxx（见图 12.168 和图 12.169）。

图 12.168　立体声二眼白色“STEREO”标芯

图 12.169　立体声二眼白色“STEREO”标芯套装唱片封套

1971 年，MS 系列的二眼白色“STEREO”标芯在 MS 7524 这一张德沃夏克《管弦乐集锦》唱片之后结束了使命（见图 12.170 和图 12.171）。

图 12.170　MS 7524 标芯

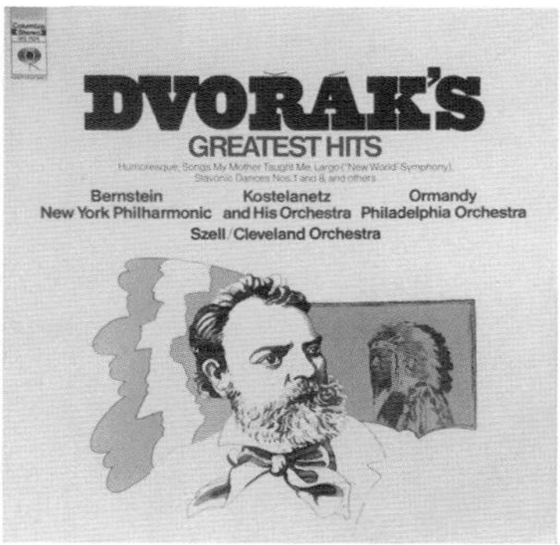

图 12.171　MS 7524 唱片封套

MS 系列立体声二眼标无论是黑色“STEREO”还是白色“STEREO”，其底色都是灰色的。其中 MS 7504 立体声除了标准版之外，还出了一张红底色立体声三眼标唱片，标芯两层凹，两层凸，很有层次感（见图 12.172 和图 12.173）。

图 12.172　MS 7504 标准版标芯

图 12.173　MS 7504 三眼标版本标芯

3. 橘灰标（Orange-Gray Label）

1970 年，CBS/Columbia Records 又设计了新的的唱片标芯，图形发生了较大的改变。新唱片标芯为橘灰底色，外缘有 6 个黄色的“Columbia”字样和 6 个小“眼”间隔头尾相连构成的圆环（见图 12.174）。环内 12 点钟位置印有黄色“MASTERWORKS”字样。唱片孔的左侧印有唱片编号和“STEREO”字样，右侧印有唱片面数和发行年份。橘灰标俗称“小六眼标”。橘灰标首次发行的唱片编号为“M xxxxx”（见图 12.174 ～图 12.177），橘灰标还有一款标芯的外缘与新 M 系列唱片标芯有所不同，4 个橙黄色的“CBS MASTERWORKS”字样首尾相连，构成圆环，环内 12 点的位置没有印“MASTERWORKS”（见图 12.176）。以橘灰标发行的再版唱片，沿用“MS xxxx”的老唱片编号（见图 12.178 ～图 12.181）。

橘灰标唱片封套商标简化了，取消了“STEREO”小方框，方框两侧印有表示立体声的两个箭头的标志，首版和再版的橘灰标唱片的封套商标和之前老的唱片封套商标相同。

图 12.174　橘灰标 1

图 12.175　橘灰标 1 唱片封套

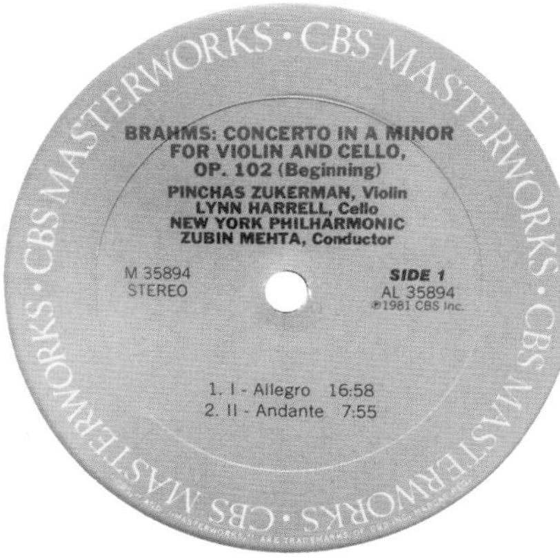

图 12.176　橘灰标 2

图 12.177　橘灰标 2 唱片封套

图 12.178　再版橘灰标 1

图 12.179　再版橘灰标 1 唱片封套

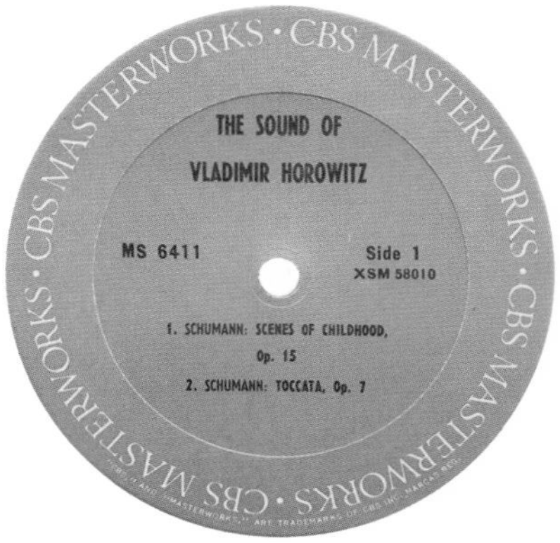

图 12.180　再版橘灰标 2

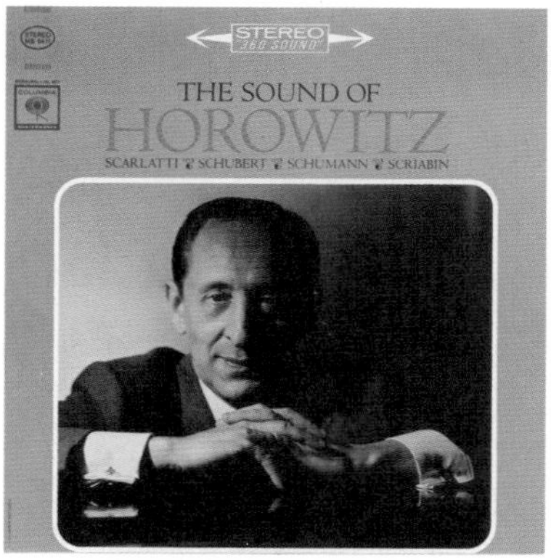

图 12.181　再版橘灰标 2 唱片封套

1972 年，CBS/Columbia Records 公司启用 SQ 格式录音。SQ 格式是一种四声道音频技术，在开盘磁带上使用 4 轨即可解决问题。在唱片上使用 18kHz~50kHz 频率对四声道音频信号进行分离编码，再刻录到两个声道的声槽中。播放时使用几何矩阵对音频信号进行解码分离，还原四声道音频信号。

当时采用这种格式的唱片公司包括：Angel Records，Capitol Records，CBS，CTI，Columbia Records，EMI，Epic，Eurodisc，Harvest，HMV，Seraphim Records，Suprophon 和 Vanguard。

播放 SQ 唱片，需要使用专用的解码器和两套立体声播放系统，这使得消费者开支大增。市场对于 SQ 唱片播放效果褒贬不一。SQ 唱片在 20 世纪 70 年代末逐步消失。如今在二手唱片市场上仍然能够看到 SQ 唱片的身影，所以这里也简要介绍一下。有兴趣的朋友可以试听比较 SQ 唱片与常规唱片之间的差异。

四声道录音的唱片标芯与橘灰标有些类似。黄铜底色，外缘有 4 个红色的“QUADRAPHONIC”字样、两个“眼”与两个“SQ”头尾相连构成的圆环（见图 12.182）。四声道录音唱片的编号是“MQ xxxxx”。

四声道录音唱片的封套在上方显著的位置印有“QUADRAPHONIC”字样（见图 12.183）。

图 12.182　四声道录音唱片标芯

图 12.183　四声道录音唱片封套

4. 半速录音橘灰标（Half Speed Label）

橘灰标系列唱片在 1978—1982 年还陆续推出了半速母盘唱片。标芯圆环上方由白色的“HALF SPEED MASTERED”、黄色的“CBS”“MASTERWORKS”字样及 3 个乐器图标构成（见图 12.184）。唱片封套上印有有醒目的蓝底白字“HALF SPEED MASTERED”标志（见图 12.185）。半速录音唱片的标芯的编号是 HM 4xxxx。半速录音套装唱片的编号在“H”和“M”之间加上了唱片的张数。

图 12.184　半速录音橘灰标

图 12.185　半速录音橘灰标唱片封套

5. 蓝标（Blue Label）

CBS/Columbia Records 的蓝标唱片不多见，蓝标极其简单，蓝底黑字，12 点钟位置印有“STEREO”字样，唱片孔左上角 45° 印有“CBS”和一只“眼”组成的方形标志，标志下印有“MASTERWORKS”字样（见图 12.186）。封套上的标志有 3 组（见图 12.187）。

图 12.186　蓝标

图 12.187　蓝标唱片封套

6. 数字录音灰标（Gray Label Digital Recording）

各家唱片公司都是在 1980 年前后进入数字录音时代，CBS Records 也不例外。CBS Records 的第一个数字录音标芯沿用了半速录音标芯设计。数字录音灰标为灰底色，把半速母盘唱片（HALF SPEED MASTERED）字样换成了“DIGITAL RECORDING”（见图 12.188）。封套上印有醒目的红底白字“DIGITAL RECORDING”标志（见图 12.189）。数字录音灰标唱片的编号是 IM 35xxx。发行时间为 1980—1982 年。

图 12.188　数字录音灰标

图 12.189　数字录音灰标唱片封套

7. 数字录音蓝标（Blue Label Digital Recording）

数字录音蓝标是 CBS Records 推出的第二个数字录音标芯。实际的发行时间要比编号 IM 早。最早的发行时间为 1978 年（见图 12.190）。深蓝底色，有一条 45° 倾斜的 9mm 宽的红色带贯穿标芯。12 点钟的位置印有小提琴、圆号、长笛构成的图形和“CBS RECORDS”“MASTERWORKS”文字组合的标志。外缘由两组“CBS RECORDS”“MASTERWORKS”文字构成了圆环。唱片孔的两侧都印有“DIGITAL”字样。唱片编号印在 9 点钟的位置，唱片面数印在 3 点钟的位置。数字录音蓝标的唱片编号也是 IM xxxxx。

数字录音蓝标唱片的封套的右上角有 45° 倾斜的蓝色中间夹红色带，红色带上印有两个“DIGITAL”字样，色带居中处印有小提琴、圆号、长笛图形和“CBS RECORDS”“MASTERWORKS”文字组合的标志。这个标志有烫金的和彩色的两种（见图 12.191）。

数字录音蓝标套装唱片，其套盒唱片编号有 IxM xxxxx、DBL xxxxx、Dx xxxxx、01 xxxxx 20，编号有些繁琐（见图 12.192 和图 12.193）。

这种蓝标也用于新的模拟录音唱片，发行时间为 20 世纪 80 年代初期，标芯和封套上都没有印“Digital”字样（见图 12.194 和图 12.195）。在数字录音和模拟录音的交叠时期，蓝标唱片多数是在荷兰和德国压片，也有少部分唱片在加拿大和澳大利亚压片。

这种蓝标唱片还用于老录音的再版唱片，唱片编号为 M xxxxx。唱片封套商标与模拟录音的蓝标唱片封套的商标一样（见图 12.196 和图 12.197）。

图 12.190　数字录音蓝标

图 12.191　数字录音蓝标唱片封套的两种标志

图 12.192　套装唱片数字录音蓝标

图 12.193　数字录音蓝标套唱片封套

图 12.194　模拟录音蓝标

图 12.195　模拟录音蓝标唱片封套

图 12.196　再版唱片的蓝标

图 12.197　再版唱片的封套

8. 索尼古典标（Sony Classical Label）

到了 20 世纪 90 年代，SONY 公司把 CBS/Columbia Records 的商标直接改为“SONY CLASSICAL”，新的商标只保留了 CBS 老商标元素里的音符。由于音符图标采用了红色镂空的设计，音符图标与商标底色连为一体，不仔细观察的话，还真的看不出是音符图标。索尼古典标这一标芯设计比较简洁，银底色，外缘有两圈红色细环，外边一圈是断开的，里面一圈是完整的。“SONY CLASSICAL”商标印在 3 点钟的位置。9 点钟的位置上下排列的是唱片编号、“STEREO”字样、“DIGITAL”字样、转速和唱片面数（见图 12.198）。索尼古典标唱片的封套商标与标芯的商标相同（见图 12.199）。

图 12.198　索尼古典标

图 12.199　索尼古典标唱片封套

9. 橘黄标（Odyssey Label）

CBS/Columbia Records 在 20 世纪 70 年代后，发行“Odyssey Label”系列唱片，专门再版优秀的老录音唱片。从再版唱片的音乐类型看，“Odyssey”在这里可以翻译成“浪漫主义”。Odyssey 标芯设计非常类似于橘灰标，底色为橘黄色，外环用了 3 组“和平鸽”图标、“Columbia”字样、“眼”图标和“Odyssey”字样构成圆环。唱片孔左侧印有唱片编号和“STEREO”字样，右边印有唱片面数（见图 12.200）。Odyssey 标芯唱片的封套商标加入了和平鸽图案和“Odyssey”字样（见图 12.201）。

图 12.200　Odyssey 橘黄标

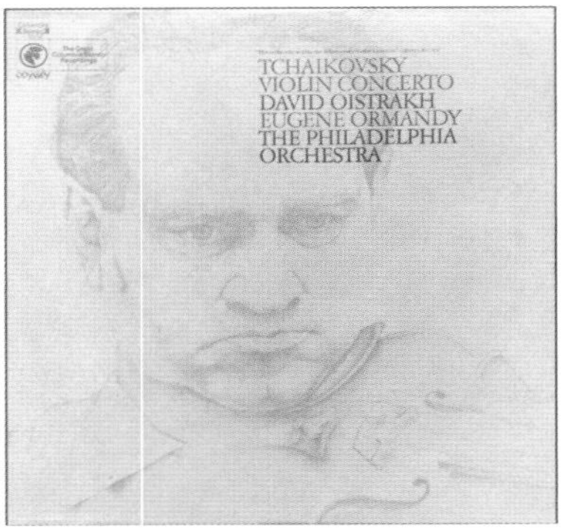

图 12.201　Odyssey 唱片封套

10. 白标（Great Performances）

CBS/Columbia Records 在 20 世纪 80 年代后，发行“Great Performances”（伟大的演艺）系列唱片，也是专门再版老录音唱片。“Great Performances”系列唱片的标芯是本白底色，一色黑字。花体的“Great Performances”字样印在标芯的上方，12 点钟的位置印有“CBS”字样。外缘有两道细线环。唱片孔左侧印有唱片编号和“STEREO”字样，右边印有唱片面数。“Great Performances”系列唱片编号是 MY xxxxx（见图 12.202）。

“Great Performances”系列唱片的封套设计风格与标芯设计风格是一致的。因为封套酷似报纸版面，所以“Great Performances”系列唱片有报纸版唱片的昵称（见图 12.203）。

图 12.202　“Great Performances”系列唱片白标

图 12.203　“Great Performances”系列的封套

11. 土黄标（MASTERWORKS PORTRAIT）

再版唱片还有一个叫作“MASTERWORKS PORTRAIT”的系列。标芯为土黄底色，标芯上方印有“MASTERWORKS PORTRAIT”字样的弧形框。6 点钟位置印有“CBS”字样。左右两侧有一细一粗圆弧线段。唱片孔左侧印有唱片编号和“STEREO”字样，右边印有唱片面数。“MASTERWORKS

PORTRAIT”系列唱片编号是 MP xxxxx。“MASTERWORKS PORTRAIT”系列的封套封面统一黑底色黄字，右下方印有音乐所处时代的绘画（见图 12.204 和图 12.205）。

图 12.204 “MASTERWORKS PORTRAIT”系列土黄标

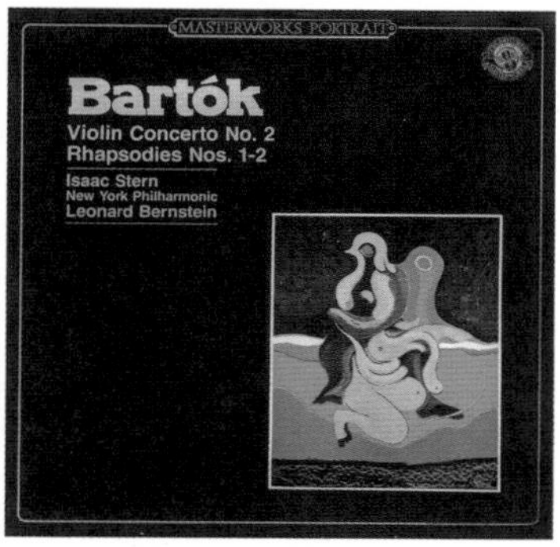

图 12.205 “MASTERWORKS PORTRAIT”系列封套

除以上类型的标芯外，CBS/Columbia Records 还有“Legendary Performances”系列。这个系列除了发行 CBS/Columbia Records 的录音唱片，也发行其他公司的历史录音唱片。托马斯 · 比彻姆（Beecham）指挥英国皇家爱乐乐团演绎的柏辽兹《感恩赞》（*TE DEUM*）就是 EMI 公司的录音。“Legendary Performances”系列的唱片封套商标中的和平鸽标志比较大（见图 12.206 和图 12.207）。

图 12.206 “Legendary Performances”系列标芯

图 12.207 “Legendary Performances”系列封套

第 6 节 Columbia Graphophone Company

哥伦比亚留声机有限公司是英国最早的留声机公司之一。公司成立于 1917 年，是美国哥伦比亚留声机公司在英国的分支机构。1922 年通过管理层收购成为一家独立的英国公司，其发行的部分唱片见表 12.7。

表12.7　Columbia Graphophome Company发行的部分唱片列表

Columbia Graphophone Company						
Label	系 列	版 本	压片	发行时间	发行编号	备 注
Black Label	SX	黑标	英国	1964—1969年		单声道
Turquoise Silver Label	SAX	淡蓝银标	英国	1957—1963年	2252-2539	立体声
Semi Circle Label	SAX	半圆音符标	英国	1965—1966年	2526，2532-2534，2537，2540-5294	立体声
Magic Notes Label	SAX	神奇音符标	英国	1968—1971年	xx	立体声
Green Silver Label	SCX	绿银标	英国	1971—1979年	xx	立体声
Black Label	SCX	黑标	英国	1958—1964年	xxx & xxxx	立体声
Magic Notes in Stamp Label	SCX	邮票音符标	英国	1964—1969年	xxx & xxxx	立体声
STUDIO 2 Label	STUDIO 2 S	小 AEGO S5	英国	1970年	xxx & xxxx	立体声
Quadraphonic Label	STUDIO 2 Q	四声道标	英国	1970年—	xxx & xxxx	立体声

1. Columbia 的第 1 个立体声标芯——淡蓝银标（Turquoise Silver Label）

发烧友把淡蓝银标形象地称为“蓝地球”。标芯外圈是 5mm 宽银色边环，象征立体声声波交错的银色弧线与淡蓝的底色构成底纹，横穿唱片孔的黑色带上印有“stereophonic”字样，两侧各印有一个黑色的八角星象征着声源。12 点钟位置印有 Columbia Graphophone Company 的圆环音符标志，下面印有大写的“COLUMBIA”字样。唱片编号印在唱片孔右边偏下一点处，制造国“MADE IN GT. BRITAIN”印在标芯 6 点钟位置（见图 12.208）。

淡蓝银标唱片从 1958 年开始发行，1964 年结束发行。淡蓝银标唱片的编号是 SAX xxxx。编号从 SAX 2252 开始，到 SAX 2539 结束。其中编号为 SAX 2526、SAX 2532、SAX 2533、SAX 2534、SAX 2537 这 5 张唱片因故推迟发行，所以没有赶上使用淡蓝银标。

淡蓝银标唱片的封套商标是由圆形音符标志和“Columbia”字样组合在两头半圆的长条框内，并不太起眼（见图 12.209）。

淡蓝银标唱片结束发行前发行的最后一张唱片的编号为 SAX 2539（见图 12.210 和图 12.211），于 1964 年结束发行。这张唱片原始版本来自 CBS 的 Epic 系列唱片，在 1963 年 9 月 23 日发行，唱片编号为 Epic BC 1268（见图 12.212 和图 12.213）。

图 12.208　淡蓝银标

图 12.209　淡蓝银标唱片封套

图 12.210　SXA 2539 唱片标芯

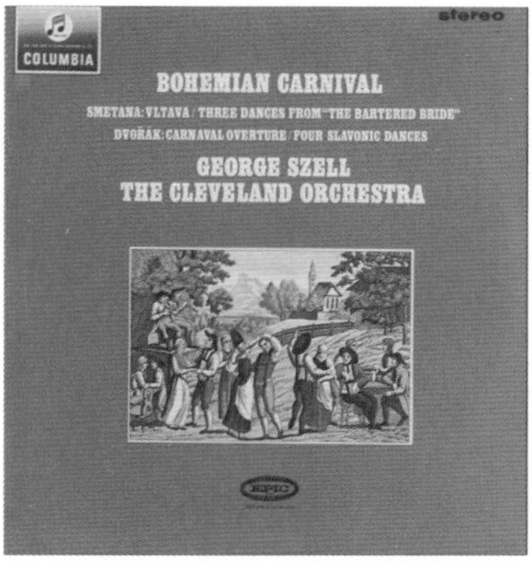

图 12.211　SAX 2539 唱片封套

图 12.212　Epic BC 1268 唱片标芯

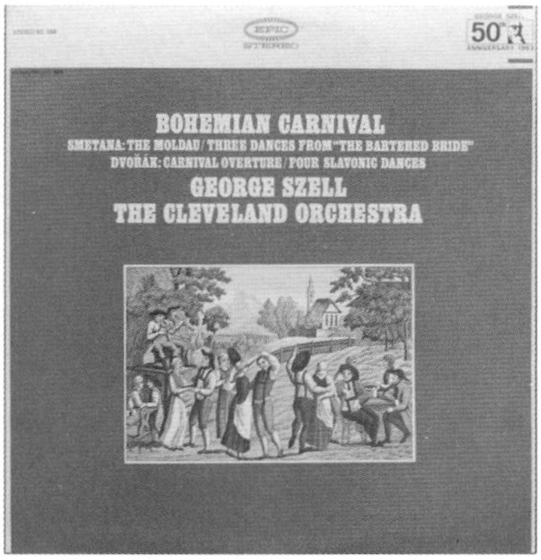

图 12.213　Epic BC 1268 唱片封套

2. Columbia 的第 2 个立体声标芯——半圆音符标（Semi Circle Label）

这个标芯采用红的底色，标芯上部是黑色渐变的半圆底纹，中间印有圆形音符标志。半圆的上方印有白色大写“COLUMBIA”字样。唱片孔的左边印有“STEREO”字样，右边印有唱片编号和发行年份。制造国“MADE IN GT.BRITAIN”印在 6 点钟位置。

半圆音符标唱片从 1964 年开始发行，大概在 1967 年结束发行。之前未能以淡蓝银标发行的 5 张唱片 SAX 2526、SAX2532、SAX2533、SAX2534、SAX2537 唱片使用了半圆音符标首发（见图 12.214~ 图 12.223）。

图 12.214　SAX 2526

图 12.215　SAX 2526 唱片封套

图 12.216　SAX 2532

图 12.217　SAX 2532 唱片封套

图 12.218　SAX 2533

图 12.219　SAX 2533 唱片封套

图 12.220　SAX 2534

图 12.221　SAX 2534 唱片封套

图 12.222　SAX 2537

图 12.223　SAX 2537 唱片封套

半圆音符标唱片的唱片编号从 SAX 2540（见图 12.224 和图 12.225）开始，到 SAX 5294（见图 12.226 和图 12.227）结束。

半圆音符标唱片的封套商标与淡蓝银标唱片相同，商标位置似乎没有规律可循，根据版面设计的需求确定。

图 12.224　SXA 2540

图 12.225　SXA 2540 唱片封套

图 12.226　SXA 5294

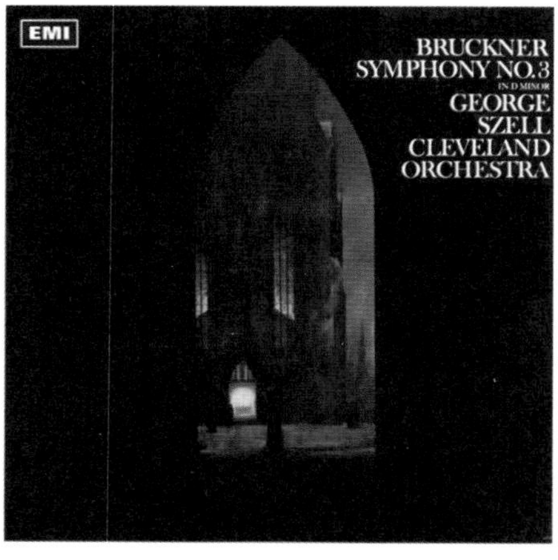

图 12.227　SXA 5294 唱片封套

3. Columbia 的第 3 个立体声标芯——神奇音符标（Magic Notes Label）

这个标芯也采用红的底色。“Columbia”字样和音符标志组合印在矩形小黑框内，标志两侧有九条白色的装饰细线。唱片孔的左边印有“STEREO”字样，右边印有唱片编号。制造国“MADE IN GT.BRITAIN”印在 6 点钟的位置（见图 12.228）。神奇音符标唱片的封套商标与淡蓝银标唱片、半圆音符标唱片封套商标相同（见图 12.229）。

神奇音符标唱片都是再版唱片，因此唱片编号包含了淡蓝银标和半圆音符标的所有编号，即 SAX 2252~SAX 5294。

图 12.228　神奇音符标

图 12.229　神奇音符标唱片封套

4. Columbia 的 SCX 系列标芯——绿银标（Green Silver Label）

绿银标与淡蓝银标的设计相同，只是底色不同，绿银标底色明度低一些。绿银标的唱片编号从 SCX 3251 开始（见图 12.230 和图 12.231），大概到 SCX 3468 结束（见图 12.232 和图 12.233）。绿银标唱片发行时间为 1958—1963 年。绿银标唱片封套与 SAX 系列唱片的封套商标相同。

图 12.230　SCX 3251 标芯

图 12.231　SCX 3251 唱片封套

图 12.232　SCX 3468 标芯

图 12.233　SCX 3468 唱片封套

5. Columbia SCX 系列第 2 个标芯——黑标（Black Label）

黑标是黑底色，银环和银字，圆形蓝底音符标印在 12 点钟位置，“COLUMBIA”蓝色大字印在唱片孔的上方。制造国“MADE IN GT.BRITAIN”印在 6 点钟的位置。唱片编号印在唱片孔的右侧。中后期 SCX 系列黑标唱片的封套，在“Columbia”商标上添加了 EMI 矩形标志。SCX 系列黑标唱片发行时段大概为 1963—1968 年，唱片编号约为 SCX 3469~SCX 6308(见图 12.234~ 图 12.237)。

图 12.234　SCX 3469 唱片标芯

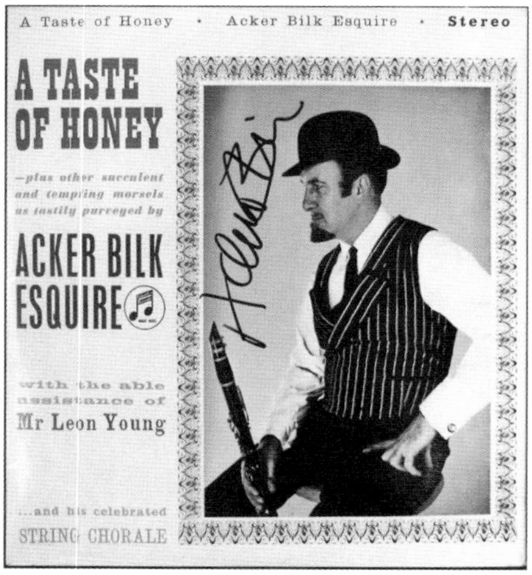

图 12.235　SCX 3469 唱片封套

图 12.236 SCX 6308 唱片标芯

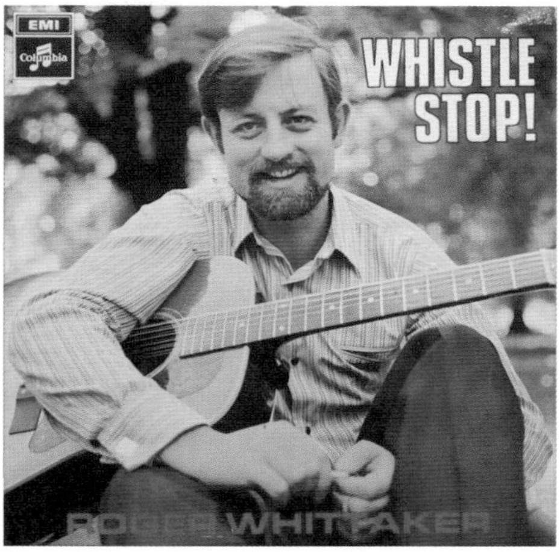

图 12.237 SCX 6308 唱片封套

6. Columbia SCX 系列第 3 个标芯——邮票音符标（Magic Notes in Stamp Label）

黑底色，银环和银字，矩形邮票“Columbia”音符图标印在标芯中心孔上方，不再印有圆形音符标和蓝色的“COLUMBIA”大字。在 6 点钟位置添加了 EMI 矩形标志。SCX 系列邮票音符标唱片的封套商标沿用之前的组合标志。邮票音符标唱片大概从 1968 年发行到 1971 年。唱片编号约为 SCX 6010~SCX 6459(见图 12.238~ 图 12.241)。

图 12.238 SCX 6310 唱片的邮票音符标

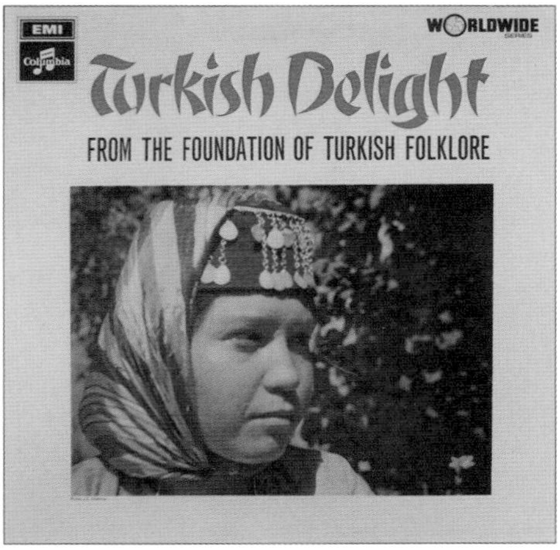

图 12.239 SCX 6310 唱片封套

图 12.240　SCX 6459 唱片的邮票音符标

图 12.241　SCX 6459 唱片封套

在后期，该标芯发生了变化：矩形邮票“Columbia”音符图标加上 12 点钟位置和 6 点钟位置的两个“EMI”矩形标志，大约从 1971 年发行到 1978 年，编号约为 SCX 6440~SCX 6593（见图 12.242~ 图 12.245）。

图 12.242　SCX 6440 唱片的邮票音符标

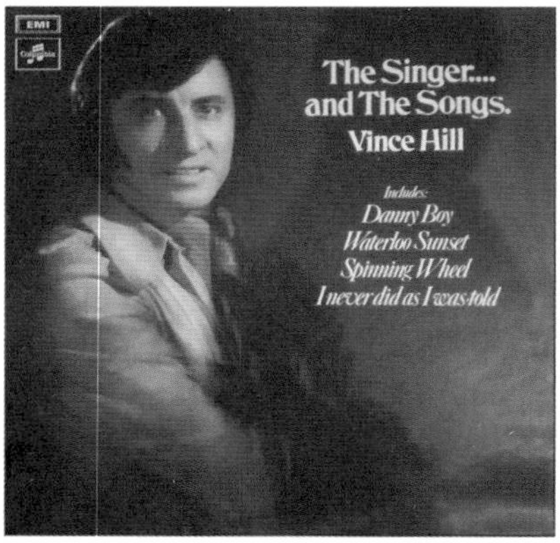

图 12.243　SCX 6460 唱片封套

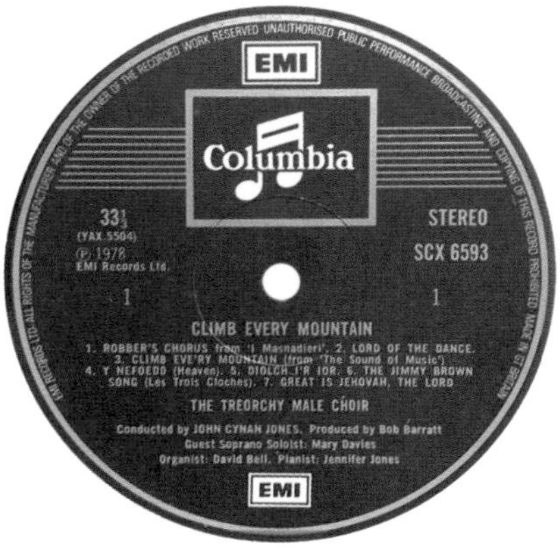

图 12.244　SCX 6593 唱片的邮票音符标

图 12.245　SCX 6593 唱片封套

1978 年，SCX 6000 系列唱片的标芯的颜色改为米白底色。原有的“Columbia”音符矩形标志被“Columbia”字样替代，左侧 10 点钟位置印有 EMI 矩形标志，右边 2 点半的位置印有圆形音符标志。中心孔右边从上至下排列的是唱片页面、“STEREO”字样和唱片编号。左侧 EMI 矩形标志下面印有发行年份和转速。这些图标和文字都是深咖啡色。标芯设计似乎趋于简单化。

SCX 系列米黄色标芯唱片的编号约从 SCX 6626 开始（见图 12.246 和图 12.247）。

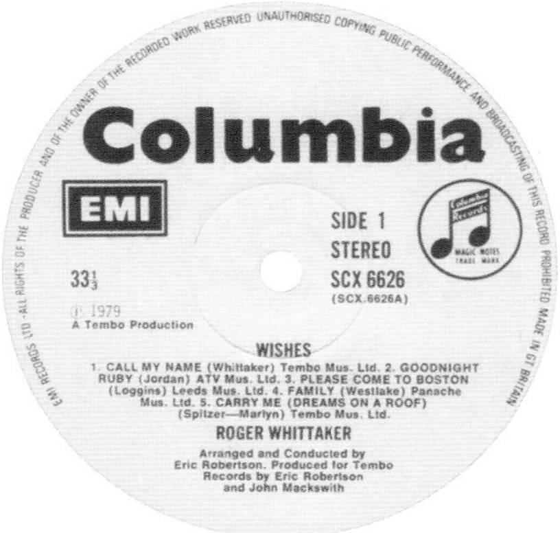

图 12.246　SCX 6626 唱片的米黄色标芯

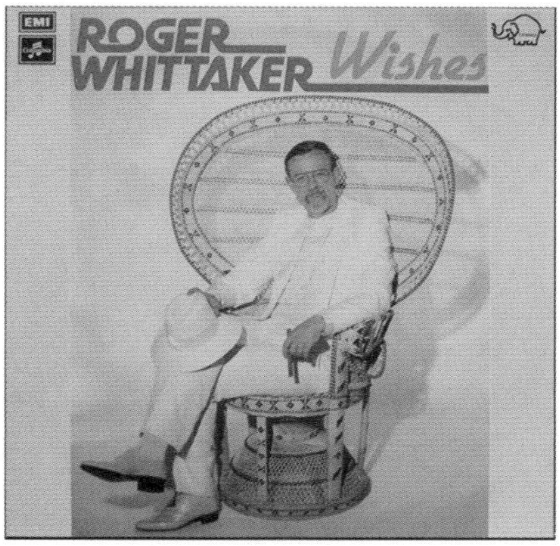

图 12.247　SCX 6626 唱片封套

7. Columbia 的 Studio 2 标芯（Studio 2 Label）

第 1 个 Studio 2 标芯与 SCX 系列唱片的黑标类似，只是在蓝色大字“COLUMBIA”下方插入了“STUDIO 2 STEREO”的标志字样。第一个 Studio 2 标芯唱片的封套商标与 SCX 系列唱片的邮票音符标唱片的封套商标相同，另外加上了“STUDIO 2 STEREO”的标志（见图 12.248~ 图 12.251）。Studio 2 标芯的唱片发行时间为 1965—1969 年。唱片编号从 TWO 101 开始，大概在 TWO 279 结束。

图 12.248　TWO 101 唱片的 Studio 2 标芯

图 12.249　TWO 101 唱片封套

图 12.250　TWO 279 唱片的 Studio 2 标芯

图 12.251　TWO 279 唱片封套

蓝色大字“COLUMBIA”的 Studio 2 标芯还有一个“Standard”标准版唱片编号 STWO，编号从 STOW 1 开始（见图 12.252 和图 12.253）。

图 12.252　STWO 1 唱片的 Studio 2 标芯

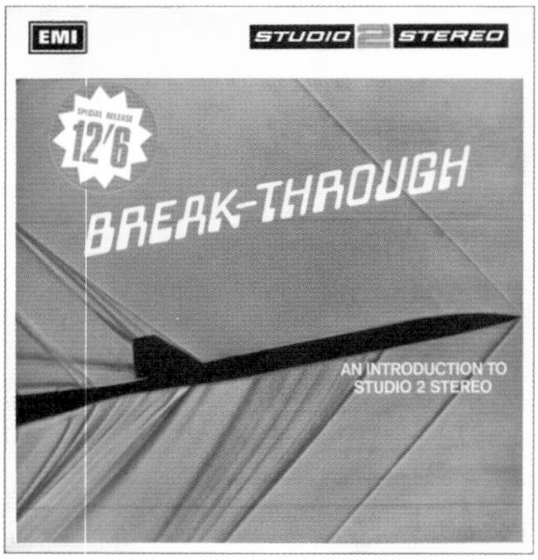

图 12.253　STWO 1 唱片封套

第 2 个 Studio 2 标芯与 SCX 系列唱片的邮票音符标类似，只是在邮票音符标的下方插入了“STUDIO 2 STEREO”的字样。Studio 2 第 2 个标芯唱片的封套商标与 Studio 2 第 1 个标芯唱片的封套商标相同。

唱片编号大概从 TWO 280 开始，到 TWO 331 结束（见图 12.254 和图 12.255）。发行时间为 1969—1970 年。

第 3 个 Studio 2 标芯与后期 SCX 系列唱片的邮票音符标类似，只是在邮票音符标的下方插入了“STUDIO 2 STEREO”的字样。Studio 2 第 2 个标芯唱片的封套商标与 Studio 2 第 1 个标芯唱片的封套商标相同。

唱片编号大概从 TWO 332 开始，到 TWO 413 结束（见图 12.256 和图 12.257）。发行时间为 1970—1973 年。

图 12.254　TWO 331 唱片的 Studio 2 标芯

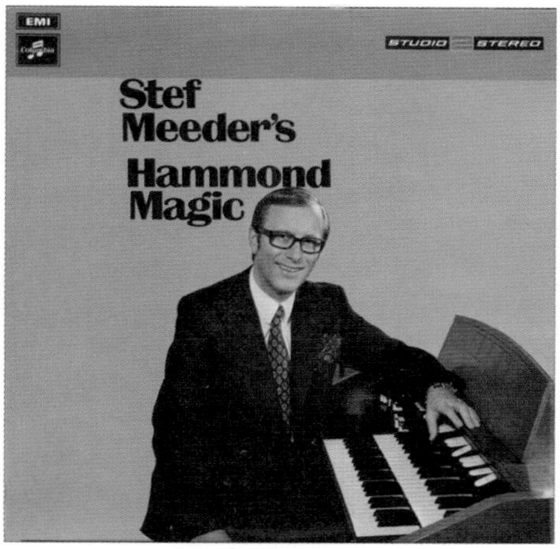

图 12.255　TWO 331 唱片封套

图 12.256　TWO 413 唱片的 Studio 2 标芯

图 12.257　TWO 413 唱片封套

Studio 2 标芯唱片也有四声道录音，标芯去除了“Columbia”音符标外框，由“SQ”字样和“STUDIO 2 ”“QUADRAPHONIC”构成的四声道录音的标志印在 Columbia 音符标的下方。制造国“MADE IN GT.BRITAIN”仍然印在 6 点钟位置。唱片编号印在唱片孔的右侧。唱片编号为 Q4TWO 4xx。Studio 2 第 3 个标芯唱片的封套商标与 Studio 2 第 1 个标芯唱片的封套商标类似，不同之处是将“STUDIO 2 STEREO”的标志改为了由“SQ”字样和“STUDIO 2 ”“QUADRAPHONIC”构成的四声道录音的标志（见图 12.258 和图 12.259）。

1974 年，Studio 2 推出新的标芯设计，唱片编号为 TWOX 1xxx。简洁的标芯把“Columbia”音符标全部去除。标芯为中黄底色，巨大“EMI”在标芯左侧竖立排列。矩形“EMI”标志和斜体“STUDIO 2 STEREO”字样和编号由上至下依次竖立排序。标芯右边印有音乐内容信息（见图 12.260 和图 12.261）。

图 12.258　Q4TWO 404 唱片的 Studio 2 标芯

图 12.259　Q4TWO 404 唱片封套

图 12.260　TWOX 1018 唱片的 Studio 2 标芯

图 12.261　TWOX 1018 唱片封套

第 7 节　Decca Records Company

作为唱片公司的 Decca Records Company 是由企业家路易斯（Edward Lewis）与其好友 Jack Kapp 在收购了由山姆父子创立的 Decca(以经营留声机为主）公司后于 1929 年成立的。公司成立之初，先出版了一些古典唱片（在 20 世纪 30 年代更多的唱片公司喜爱出版流行音乐唱片），后取得了德国 Polydor 公司古典唱片的英国发行权。1934 年，Kapp 在纽约成立了美国 Decca 公司。1937 年，Decca 公司兼并了 Crystalate 公司，这次兼并使 Decca 公司得到了

“两笔”无价的“财富”，即后来闻名世界的录音师哈迪（Arthur Haddy）与威尔金森（Kenneth Wilkinson）。在第二次世界大战期间，Decca 公司受英国政府之命，负责录下英国与德国潜艇发出的各种声音。在哈迪的努力下，成功地完成了上述任务，这也对 Decca 公司日后录音技术的提高起了极大的促进作用，为其日后的“全频段录音”（Full Frequency Range Recording，FFRR）技术及十几年后的“全频段立体声”（Full Frequency Stereophonic Sound，FFSS）技术打下了坚实的基础。战后，Decca 公司加大了出版古典音乐唱片的力度。

1947 年，Decca 以“London”（伦敦）作为在美国发行的唱片的商标（因美国已有 Kapp 的 Decca 公司），以打开美国的市场（现在“London”商标也用于其他国家和地区的唱片）。1950 年，其与 Telefunken 公司进行技术合作，并成立了 Teldec 公司来发行唱片。1957 年，Decca 取得“Argo”公司，并以其发行古典音乐唱片。1980 年，Decca 公司加入宝丽金集团。在近 70 年的发展中，众多著名的音乐家曾为其录制过许多品质不凡的唱片。

表 12.8 是 Decca 公司出版的唱片列表。

表12.8　Decca 公司出版的唱片列表

Decca Records Company						
Label	系列	版本	压片	发行时间	发行编号	备注
Wide Band Grooved ED1 Pancake	SXL	ED1 Pancake	英国	1958—1959年	2001-2114	立体声
Wide Band Grooved ED1	SXL	ED1	英国	1959—1966年	2114-6252	立体声
Wide Band no-Grooved ED1	SXL	ED1	英国	1966—1968年	6253-6368	立体声
Wide Band Grooved ED2	SXL	宽标 ED2	英国	1965—1968年	6253-6368	立体声
Wide Band no-Grooved ED3	SXL	宽标 ED3	英国	1968—1970年	6355，6369-6448	立体声
Narrow Band no ED4	SXL	窄标 ED4	英国	1970—1979年	6435，6447，6449-6921	立体声
Dutch Narrow Band no ED5	SXL	窄标 ED5	荷兰	1980—1981年	6922-6968	立体声
Dutch Silver Label	SXDL	数字银标/蓝标	荷兰	1981—1983年	6969-7626	立体声
Wide Band Grooved ED1	SET	宽标 ED1	英国	1961—1966年	201-326	立体声
Wide Band Grooved ED2	SET	宽标 ED2	英国	1966—1968年	327-386	立体声
Wide Band no-Grooved ED3	SET	宽标 ED3	英国	1968—1970年	387-440	立体声
Narrow Band ED4	SET	窄标 ED4	英国	1970—1979年	441-629	立体声
Dutch Narrow Band no ED5	SET	窄标 ED5	荷兰	1980—1982年		立体声
Narrow Band	2LPSET	窄标	英国			立体声
Dutch Silver Label	SET	银标	荷兰	1982—1983年		立体声
Black Silver	BB	黑银标	英国	1970年—		
Red Silver	BB	红银标	英国	1970年—		
Phase 4 Purple Label	BB	四相位紫标	英国	1970年—		
Black Silver Label	DD	黑银标	英国	1970年—		
Red Silver Label	DD	红银标	英国	1970年—		

续表

Decca Records Company						
Label	系 列	版 本	压片	发行时间	发行编号	备 注
Purple Silver Label	DD	紫银标	英国	1970年—		
Purple Silver Label（Dutch）	DD	紫银标	荷兰	1980年—		
Bluer Label Digital Recording（Dutch）	DD	数字紫银标	荷兰	1980年—		
Silver Label（Dutch）	DD	银标	荷兰	1980年—		
Phase 4 Label 1	4 Phase	四相位标 1	英国	1961—1966年	4017（1961）	
Phase 4 Label 2	4 Phase	四相位标 2	英国	1966—1968年		
Phase 4 Label 3	4 Phase	四相位标 3	英国	1968—1970年		
Phase 4 Label 4	4 Phase	四相位标 4	英国	1970—1972年		
Phase 4 Label 5	4 Phase	四相位标 5	英国	1973—1975年		
Phase 4 Label 6	4 Phase	四相位标 6	英国	1976—1979年	4438（1979）	
Red Silver	Head	红银标	英国	1973年—	HEAD 4（1973-1980）	
FFRR Grooved Label	Ace of Diamonds SDD	FFRR钻石A 1	英国	1965—1968年	SDD 101-177	
FFRR no-Grooved Label	Ace of Diamonds SDD	FFRR钻石A 2	英国	1965—1968年	SDD 178-197	
FFRR no-Grooved Label	Ace of Diamonds SDD	钻石A 3	英国	1969—1979年	SDD 197-597	
FFRR Grooved Label	Ace of Diamonds GOS	FFRR钻石A 1	英国	1965—1968年		
FFRR no-Grooved Label	Ace of Diamonds GOS	FFRR钻石A 2	英国	1965—1968年		
FFRR no-Grooved Label	Ace of Diamonds GOS	钻石A 3	英国	1965—1968年		
Red brown Silver Label	Eclipse ECS	红棕银月食标1	英国	1970年—		
Red brown Silver Label	Eclipse ECS	红棕银月食标2	英国	1970年—		
Purple Silver Label	Eclipse ECS	紫银月食标	英国	1970年—		
Purple Silver Label	SET	紫银标	英国	1970年—		
Green Silver Label	RING	绿银标	英国	1970年—		

续表

Decca Records Company						
Label	系 列	版 本	压片	发行时间	发行编号	备 注
Blue Silver Label 1	SPA	标1（水蓝银）	英国	1968年—	SPA 1（1968）	
Blue Silver Label 2	SPA	标2（蓝银）	英国	1970年—		
Blue Label	SPA	标3（蓝）	英国	1970年—		
Label（Dutch）	SPA	标4	荷兰	1980年—		
White Label	Jubilee	白标	英国	1970年—		
White Label（Dutch）	Jubilee	白标	荷兰	1970—1980年		
Silver Label（Dutch）	Jubilee	银标	荷兰	1980年—	ORIGNAL RECORDS BY	

1. 大 DECCA（宽标）

英国大 DECCA（宽标）有 SXL 2000 和 SXL 6000 两个系列。这两个系列有 3 个标芯，即第 1 标、第 2 标和第 3 标。

第 1 标要细分的话也可分为 3 种，我们不妨把它们叫作 ORIGINAL RECORDING BY-1，ORIGINAL RECORD1NG BY-2，ORIGINAL RECORDING BY-3。

ORIGINAL RECORDING BY-1（见图 12.262），标芯黑底色，12mm 宽的银色带横穿唱片孔上方，银色带上印着"全频立体声"英文"FULL FREQUENCY STEREOPHONIC SOUND"。标芯凹槽内径距离外缘约 3.5mm，国外称其为 Pancake 标。Pancake 标芯的 SXL 系列唱片，我所看到最后的编号是 SXL 2129。从 SXL2001 开始（似乎 SXL2001 没有 Pancake 版）到 SXL 2129，中间是否有断号，不得而知，因此 Pancake 版的 ORIGINAL RECORDING BY 唱片也就不足 130 张。Pancake 标芯签启用时间是 1958 ~ 1959 年。Pancake 版唱片在二手市场上非常稀有，价格自然是居高不下。尽管如此，Pancake 版的唱片仍然是黑胶发烧友的梦寐以求珍品。

ORIGINAL RECORDING BY-1 封套的 LOGO 是一个黑白矩形框，倒三角的 DECCA 标志位于中上方，下面是唱片编号（见图 12.263）。

图 12.262 ORIGINAL RECORDING BY-1 标芯

图 12.263 ORIGINAL RECORDING BY-1 封套

ORIGINAL RECORDING BY-2 与 ORIGINAL RECORDING BY-1 基本相同，唯一不同之处

是沟槽的直径不同，标芯沟槽内径距离外缘约 16mm，国外称其为 Wide Band Grooved "ORIGINAL RECORDING BY"及"原始录音凹槽宽标"（见图 12.264）。原始录音凹槽宽标的标芯启用时间 1958—1965。早期 ORIGINAL RECORDING BY 单张唱片的封套背面印有蓝白相间的方框，框条内有"FULL FREQUENCY STEREOPHONIC SOUND"字样，欧美地区称之为"Blue Border Back"（蓝背）。蓝背封套的使用期限很短，启用时间是 1958—1959 年。编号都在 SXL 2000 系列的前 100 多号（但蓝背封套的唱片并非都是 Pancake 版唱片）。从目前收集的资料来看，蓝背封套的最后编号到 SXL 2115(见图 12.265)。

图 12.264　原始录音凹槽宽标

图 12.265　SXL 2115 蓝背封套

ORIGINAL RECORDING BY-1 和 ORIGINAL RECORDING BY-2 有发行同一版本的情况，比如 Erich Kleiber 指挥的莫扎特的《费加罗的婚礼》，唱片编号 SXL 2087/2088/2089/2090。"BY-1"和"BY-2"版本同为 1959 年发行，两个版本的标芯也一模一样，只是标芯凹槽距离外缘分别是 3.5mm(见图 12.266 ）和 15mm(见图 12.267)。Pancake 与 Wide Band Grooved 的唱片是同步生产的，制作品质经试听也没有差异。由于存世量不同，与 Pancake 相比 Band Grooved 的唱片价格相对要低一些，但仍然属高价之列。

图 12.266　标芯凹槽距离外缘 3.5mm

图 12.267　标芯凹槽距离外缘 15mm

ORIGINAL RECORDING BY-3 的说法或许不被认可，但还是斗胆罗列在这里，和读者一起交流，期望得出更有说服力的结论。ORIGINAL RECORDING BY-3 的标芯与 Pancake 和 Band Grooved Original Recording By 没有任何不同，只是标芯没有凹槽而已。不过 ORIGINAL RECORDING BY-3 只在 SXL6000 系列中出现（见图 12.268）。

ORIGINAL RECORDING BY-3 还有一个简化标芯，就是标芯的六点钟处的“Made in England”去除了。这个标芯出现在 SXL2000 系列的再版唱片中，其版次与后面将介绍的 DECCA ED3 相同（见图 12.269）。

图 12.268　ORIGINAL RECORDING BY-3 标芯无凹槽

图 12.269　ORIGINAL RECORDING BY-3 简化标芯

大 DECCA 第 2 标与第 1 标基本相同。最大的改动之处是把左上角的“ORIGINAL RECORDING BY”换成了“MADE IN ENGLAND BY”（见图 12.270）。

大 DECCA 第 2 标唱片的封套商标大多数使用的是矩形 DECCA 商标（见图 12.271），少数再版唱片的唱片封套会使用倒三角 DECCA 商标。

图 12.270　大 DECCA 第 2 标

图 12.271　大 DECCA 第 2 标唱片封套

大 DECCA 第 3 标与第 2 标基本相同。但标芯没有沟槽（见图 12.272）。唱片封套商标也与第 2 标封套的商标相同（见图 12.273）。

图 12.272　大 DECCA 第 3 标

图 12.273　大 DECCA 第 3 标唱片封套

2. 小 DECCA（窄标）

“Narrow Band”窄标 DECCA 也称为小 DECCA 标，是 SXL 系列里的第 4 个标芯，小 DECCA 标唱片发行量最大，音乐的内容也最多。小 DECCA 标保留了黑底色银字，“DECCA”标志被缩小了，黑字“FULL FREQUENCY STEREOPHONIC SOUND”银色横幅收窄了，同时也缩短了，横幅两端印有“ffss”字样。缩小了的制造地字样“MADE IN ENGLAND”移至 11 点钟位置始（见图 12.274）。

英国版的小 DECCA 标唱片的编号从 SXL.6435 开，小 DECCA 标唱片的封套商标也与第 3 标唱片的封套的商标相同，不过你细心一点就会发现矩形的 DECCA 商标也缩小了一些（见图 12.275）。

图 12.274　SXL.6435 唱片的小 DECCA 标

图 12.275　SXL.6435 唱片封套

英国版的小 DECCA 标唱片到 SXL.6921 结束（见图 12.276），后期小 DECCA 标唱片的唱片封套商标改为了红底色白字，位置固定在封套的左上角（见图 12.277）。

图 12.276　SXL.6921 唱片的小 DECCA 标

图 12.277　SXL.6921 唱片封套

英国版小 DECCA 标唱片有内容相同但标芯颜色不同的情况。比如唱片编号为 SXL.6897 的唱片，标准小 DECCA 标是黑底银字（见图 12.278），同时还有红底银字版本标芯的唱片发行（见图 12.280），红芯版唱片在唱片编号后面加了个“1”，即“SXL.68971”。这个红芯银字版标芯唱片与黑底银字版标芯唱片的封套没有什么区别，封套的封面、封底及唱片编号完全一样，都是“SXL.6897”（见图 12.279 和图 12.281）。

图 12.278　SXL. 6798 唱片的小 DECCA 标为标准的黑底银字

图 12.279　SXL.6798 唱片封套

图 12.280　SXL. 67981 唱片的红芯银字版小 DACCA 标

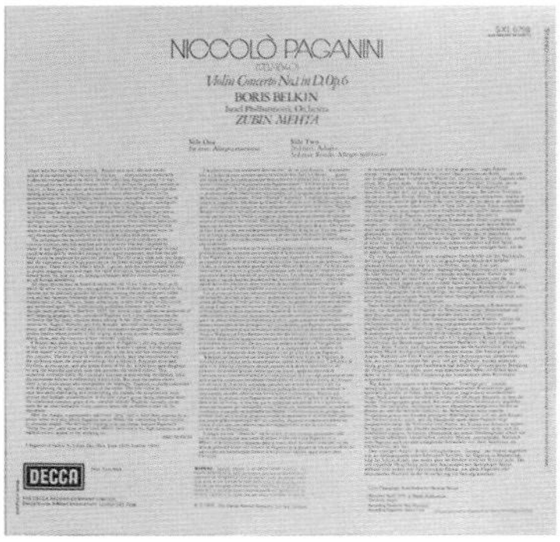

图 12.281　SXL.67981 唱片封套（封底）

英国版小 DECCA 标唱片还有较为少见的唱片编号 SXLP 和 SXLA。前者是以单张的形式发行（见图 12.282 和图 12.283），后者是以套装唱片的形式发行（见图 12.284 和图 12.285）。

图 12.282　SXLP.6684 唱片的小 DECCA 标

图 12.283　SXLP.6684 唱片封套

图 12.284　SXLA.6452 唱片的小 DECCA 标

图 12.285　SXLA.6452 唱片封套

荷兰版小 DECCA“Dutch Narrow Band”（窄标）是 SXL 系列的第 5 个标芯，又称窄标 ED5。第 5 个标芯与第 4 个标芯的设计基本相同，只是把制造地改为“MADE IN HOLLAND”，位置从 11 点钟移至 7 点钟处。标芯外缘有 5mm 的凸环（见图 12.286）。荷兰版小 DECCA 标从 1980 年启用，唱片编号从 SXL 6922 开始。

荷兰版小 DECCA 标唱片的封套商标沿用了后期英版小 DECCA 标唱片封套的设计（见图 12.287）。

图 12.286　SXL 6922 唱片的荷兰版小 DECCA 标

图 12.287　SXL 6922 唱片封套

这张 1974 年录音、1981 发行、编号 SXL 6988 的唱片结束了荷兰版小 DECCA 标唱片的发行（见图 12.288）。因为推迟发行，唱片封套的商标还是使用早期英版小 DECCA 标唱片封套的商标（见图 12.289）。

图 12.288　SXL 6988 唱片的荷兰版小 DECCA 标

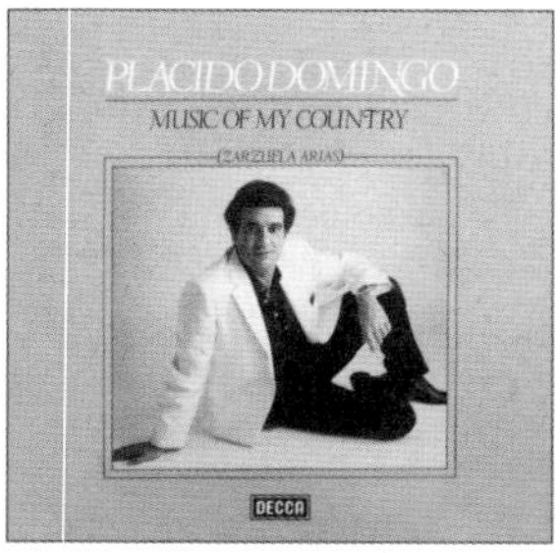

图 12.289　SXL 6988 唱片封套

荷兰版银标唱片于 1981 年开始发行，编号从 SXL 6969 开始（见图 12.290 和图 12.291）。从唱片编号和唱片发行年代推算，我们可以得知，荷兰版银标唱片与荷兰版小 DECCA 标唱片发行时间有交叠期。

图 12.290　荷兰版银标唱片 SXL 6969

图 12.291　SXL 6969 唱片封套

3. 数字蓝标与数字银标

Decca 唱片公司在 1979 年正式使用数字录音。数字蓝标为蓝底色，深蓝图标和文字。“DECCA”数字录音标志不同于传统的方框设计，是中间宽、两边窄的弧形收边。上面是一个三角形的“LDR”图形与之组合。数字蓝标沿用 SXL xxxx 格式的唱片编号，在编号中加入了代表数字录音的“D”字样，即 SXDL xxxx。SXDL xxxx 是 Decca 公司最早发行的数字录音唱片编号，数字蓝标唱片的英国版和荷兰版都有发行，发行时间 1979—1981 年（见图 12.292）。起始编号为 SXDL 7500，结束的编号大概为 SXDL 7529。从唱片编号看，发行的数字蓝标唱片只有 30 张单张唱片，加上两个套装唱片，共有 35 张。因为其中有 7 张唱片推迟发行，改用其他标芯，实际发行的唱片数量大概只有 27 张。

数字蓝标唱片封套的商标沿用后期红底色小 DECCA 标唱片的封套的商标设计，不过在“DECCA”字样底下加上了“LDR”的三角标志（见图 12.293）。

图 12.292　SXDL 7500 数字蓝标

图 12.293　数字蓝标唱片封套

数字蓝标唱片还有两个套装唱片发行，唱片编号分别为 D178D-3 和 D221D-2（见图 12.294 和图 12.295）。

1981 年，Decca 公司启用的第 2 个数字录音标芯是数字银标（见图 12.296 和图 12.297）。数字银标版面与荷兰银标设计一样，只是在红蓝半圆横色带上标有“DIGITAL RECORDING”的字样。数字银标唱片编号接续数字蓝标唱片的编号，编号从 SXDL 7530 开始，大概到 SXDL 7624 结束（见图 12.298 和图 12.299）。唱片 SXDL 7509、SXDL 7521、SXDL 7522、

SXDL 7523、SXDL 7524、SXDL 7525、SXDL 7527 因推迟发行而使用了数字银标。

图 12.294　D178D-3 数字蓝标

图 12.295　数字蓝标套装唱片封套

图 12.296　SXDL 7530 唱片的数字银标

图 12.297　SXDL 7530 唱片封套

图 12.298　SXDL 7624 唱片的数字银标

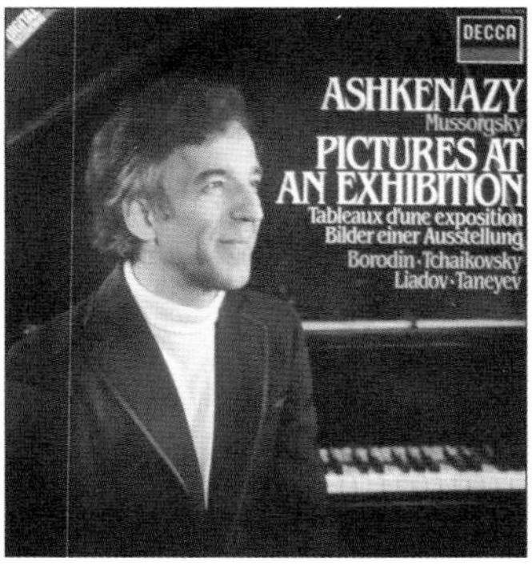

图 12.299　SXDL 7624 唱片封套

数字银标唱片封套的商标沿用后期模拟录音银标的唱片封套商标设计，不过在封套左上角加上了“DIGITAL RECORDING”字样的蓝红底色标志。

数字银标唱片编号接续数字蓝标唱片编号，从 1983 年开始启用了新的 7 位数唱片编号，即 4xx xxx-1。7 位数编号的使用持续到 1992 年。数字银标唱片的 7 位数编号有 7 个：410 xxx-1，

411 xxx−1，414 xxx−1，417 xxx−1，421 xxx−1，430 xxx−1，433 xxx−1。数字银标唱片 7 位数编号的唱片封套商标与 SXDL xxxx 的唱片封套商标一样（见图 12.300~ 图 12.313）。

图 12.300　410 110−1 唱片的数字银标

图 12.301　410 100−1 唱片封套

图 12.302　411 736−1 唱片的数字银标

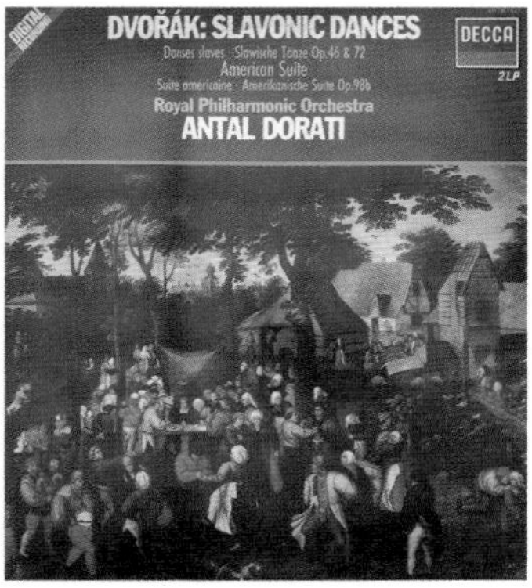

图 12.303　411 736−1 唱片封套

图 12.304　414 543−1 唱片的数字银标

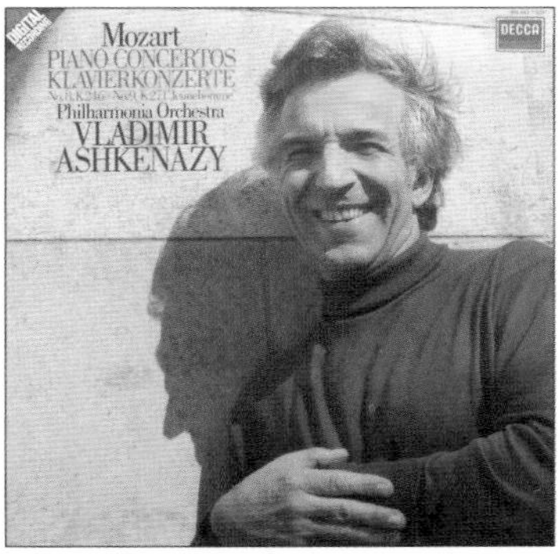

图 12.305　414 543−1 唱片封套

图 12.306　417 301-1 唱片的数字银标

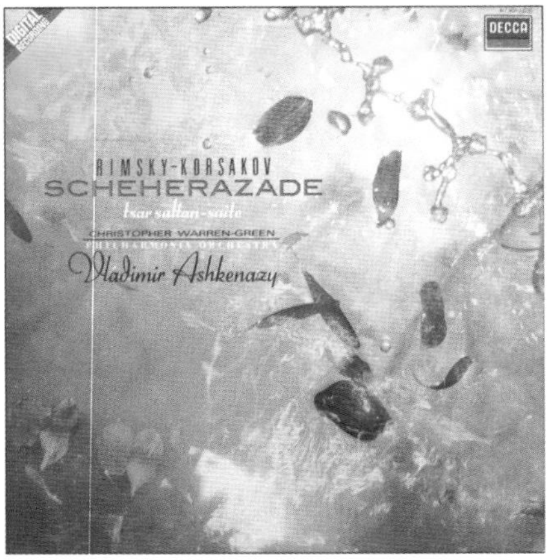

图 12.307　417 301-1 唱片封套

图 12.308　421 441-1 唱片的数字银标

图 12.309　421 441-1 唱片封套

图 12.310　430 433-1 唱片的数字银标

图 12.311　430 433-1 唱片封套

图 12.312　433 688-1 唱片的数字银标

图 12.313　433 688-1 唱片封套

4. 套装与盒装唱片标芯（SET 系列、BB 系列与 DD 系列）

Decca 公司的声乐类和芭蕾舞音乐的立体声套装唱片在 1961 年之前都是以 SXL xxxx 顺序编号。为了使唱片编号系统化，1961 年之后，立体声套装唱片使用 SET xxx 系列唱片编号。SET 系列与 SXL 系列的标芯使用相同的设计，为了有效地对它们进行区别，SET 系列的标芯的底色多数使用了紫红色（见图 12.314、图 12.316、图 12.318、图 12.320、图 12.322）。SET 系列与 SXL 系列的标芯演变规律是一样的，请参考 SXL 系列的各项内容，这里不再重复叙述。

唱片封套商标使用的都是黑底白字的矩形商标（见图 12.315、图 12.317、图 12.319、图 12.321、图 12.323）。

图 12.314　SET.224 唱片的标芯

图 12.315　SET.224 唱片封套

图 12.316　SET.368 唱片的标芯

图 12.317　SET.368 唱片封套

图 12.318　SET.343 唱片的标芯

图 12.319　SET.343 唱片封套

图 12.320　SET.618 唱片的标芯

图 12.321　SET.618 唱片封套

图 12.322　SET.630 唱片的标芯

图 12.323　SET.630 唱片封套

1970 年前后，Decca 公司推出了 BB 盒装系列唱片。BB 盒装系列唱片的标芯都是小 DECCA 标设计，标芯底色有黑色（见图 12.324 和图 12.325）、紫红（见图 12.326 和图

12.327）、正红（见图 12.328 和图 12.329）、蓝灰（见图 12.330 和图 12.331）和淡灰色（见图 12.332 和图 12.333）。其中也有采用四相位技术录音的（见图 12.334 和图 12.335）及荷兰版（见图 12.336 和图 12.337）。BB 盒装系列唱片中有首次发行的唱片，也有不少再版唱片。BB 盒装系列唱片封套商标都是黑底白字的矩形商标。

图 12.324　BB 盒装系列的黑色底色标芯

图 12.325　6BB 121 盒装唱片封套

图 12.326　BB 盒装系列的紫红底色标芯

图 12.327　7BB 178 盒装唱片封套

图 12.328　BB 盒装系列的正红底色标芯

图 12.329　15BB.218 盒装唱片封套

图 12.330　BB 盒装系列的蓝灰底色标芯

图 12.331　2BB.110 盒装唱片封套

图 12.332　BB 盒装系列的淡灰色底色标芯

图 12.333　2BB 104 盒装唱片封套

图 12.334　采用四相位技术录音的 BB 盒装系列的标芯

图 12.335　10BB.168 盒装唱片封套

图 12.336　荷兰版 BB 盒装系列的标芯

图 12.337　5BB 124 盒装唱片封套

1970 年前后，Decca 公司还推出了 DD 盒装系列唱片。DD 盒装系列唱片的标芯都是小 DECCA 标设计，标芯底色有黑色（见图 12.338 和图 12.339）、紫红（见图 12.340 和图 12.341）、数字蓝标（见图 12.342 和图 12.343）、数字银标（见图 12.344 和图 12.345）。DD 盒装系列唱片中有首次发行的唱片，也有不少再版唱片。DD 盒装系列唱片封套商标使用的也是黑底白字的矩形商标。

图 12.338　DD 盒装系列的黑色底色标芯

图 12.339　92D 1 盒装唱片封套

图 12.340　DD 盒装系列的紫红底色标芯

图 12.341　5D 1 盒装唱片封套

图 12.342　DD 盒装系列的数字蓝标

图 12.343　147D 1 盒装唱片封套

图 12.344　DD 盒装系列的数字银标

图 12.345　250D 5 盒装唱片封套

5. 四相位标芯（Phase 4 Label）

四相位录音技术始于 1962 年，Decca Phase 4 Stereo 系列录音使用多轨的录音方式，强化人声和乐器的音品和定位。四相位录音技术除了用于录制古典音乐，还用于轻音乐的录音。四相位录音的唱片问世以来，并没有获得爱乐者的青睐。1975 年以后，Decca 公司没有再使用这种录音技术。

四相位录音的第 1 个标芯底色是上红下白。11 点钟至 1 点钟的位置印有“MADE IN ENGLAND. THE DECCA RECORD CO. LTD”字样，更早一些的第 1 个标芯，12 点钟的位置只印有“MADE IN ENGLAND”字样。下面印有黑色大字“DECCA”标志。唱片孔与“DECCA”标志之间有代表四相位的“phase 4 stereo”图标。标芯 6 点钟位置印有黑色圆形转速标。距标芯外缘 15mm 处有凹槽（见图 12.346 和图 12.347）。四相位录音系列的编号为 PFS.xxxx，发行时间在 1962—1966 年。四相位录音系列的唱片封套商标使用的也都是黑底白字的矩形标志，另外加上了 Phase 4 Stereo 标志。

四相位录音的第 2 个标芯与第 1 个标芯设计基本相同，但黑色大字“DECCA”缩小了并改为白色，外围是黑底白线小框（见图 12.348 和图 12.349）。第 2 个标芯唱片发行时间为 1966—1968 年。四相位录音系列第 2 个标芯唱片封套商标与第 1 个相同。

图 12.346　四相位录音系列第 1 个标芯

图 12.347　PFS.4017 唱片封套

图 12.348　四相位录音系列第 2 个标芯

图 12.349　PFS 4126 唱片封套

四相位录音的第 3 个标芯与第 2 个标芯设计类似，标芯内的凹槽没有了（见图 12.350 和图 12.351）。第 3 个标芯唱片发行时间为 1968—1970 年。四相位录音系列第 3 个标芯唱片封套商标与前两个相同。

图 12.350　四相位录音系列第 3 个标芯

图 12.351　PFS 4019 唱片封套

四相位录音的第 4 个标芯与第 3 个标芯设计类似，“MADE IN ENGLAND”“THE DECCA RECORD CO. LTD”的印制位置移至唱片孔两侧（见图 12.352 和图 12.353）。第 4 个标芯唱片发行时间为 1970—1972 年。四相位录音系列第 4 个标芯唱片封套商标与前 3 个相同。

图 12.352　四相位录音系列第 4 个标芯

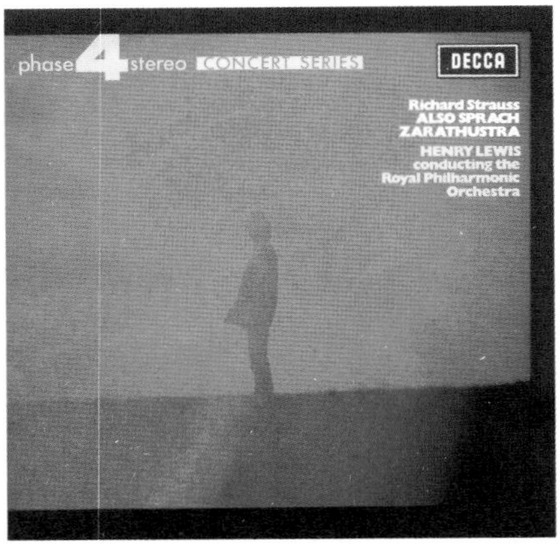

图 12.353　PFS 4202 唱片封套

四相位录音的第 5 个标芯与第 4 个标芯设计类似，不同的是标芯上方外缘的文字改成了白色（见图 12.354 和图 12.355）。第 5 个标芯唱片发行时间为 1973—1975 年。四相位录音系列第 5 个标芯唱片封套商标与前几个相同。

图 12.354　四相位录音系列第 5 个标芯

图 12.355　PFS.4290 唱片封套

四相位录音的第 6 个标芯与第 5 个标芯设计类似，只是把“MADE IN ENGLAND”“THE DECCA RECORD CO. LTD”移回到 12 点钟位置（见图 12.356 和图 12.357）。第 6 个标芯唱片发行时间在 1976—1977 年。四相位录音系列第 6 个标芯唱片封套商标改变了设计，缩小了的“DECCA”字样和四相位标志组合成新的标志。

1973 年，Decca 公司推出 HEAD 系列唱片。HEAD 系列的标芯沿用了小 Decca 标的设计，红底色银字标。HEAD 系列发行的唱片数量并不多，早期英版唱片和后期荷兰版唱片加在一起不过 25 张左右，但发行的时间长达 7 年多。HEAD 系列录制的都是近代作曲家的音乐作品。

图 12.356　四相位录音系列第 6 个标志

图 12.357　PFS 4396 唱片封套

HEAD 系列的唱片封套标志是小写的“headline”“decca”与一条细线连接组合的具有现代感的标志（见图 12.358 和图 12.359）。

图 12.358　HEAD 系列唱片的标志

图 12.359 HEAD.6 唱片封套

6. 钻石 A（Ace of Diamonds）

Ace of Diamonds 系列是 Decca 唱片公司在 1965 年推出的再版唱片系列，这个系列被爱乐者称为“钻石 A”。Ace of Diamonds 有两个编号，器乐类唱片的编号是 SDD xxx，歌剧和舞剧类唱片的编号是 GOS xxx。SDD 有 3 个标芯，GOS 也有 4 个标芯。

Ace of Diamonds SDD 的第 1 个标芯是白底色黑字（见图 12.360）。11 点钟至 1 点钟的位置印有“FULL FREQUENCY RANGE RECORDING”字样。标芯上方印有黑色带白字的“Ace of Diamonds”标志，右边印有红方块心的大“A”字，在 A 字的右上角印有矩形的 DECCA 标志。横穿唱片孔的黑色线下面印有“ORIGINAL RECORDING BY”字样和“THE DECCA RECORD CO. LTD”字样。黑底白字的“STEREO”标志印在唱片孔的下方，“Made in England”印在标芯 6 点钟的位置。在其左侧印有五线谱与“DECCA”组合的图标。距标芯外缘 15mm 处有一圈凹槽。国外称 Ace of Diamonds SDD 的第 1 个标芯为“FFRR Grooved Label”。Ace of Diamonds SDD 唱片的编号从 SDD.101 开始。

日本业界有专家称早期有凹槽的 Ace of Diamonds SDD 系列唱片是使用与 SXL 相同的主盘制作的（这个说法是否属实，还需要考证），因此国外业界认为 Ace of Diamonds SDD 系列唱片与 SXL 系列唱片有同等的声音品质。但与 SXL 系列唱片的高昂价格相比，市场上 Ace of Diamonds SDD 系列唱片的售价却平易近人。

Ace of Diamonds SDD 系列唱片的封套商标与标芯相同，尺寸缩小了许多（见图 12.361）。

图 12.360　Ace of Diamonds SDD 第 1 个标芯

图 12.361　SDD.101 唱片封套

Ace of Diamonds SDD 的第 2 个标芯与第 1 个标芯主体设计完全一样，只是把 DECCA 标志取消了，“Ace of Diamonds A”标志向右边移动了一些（见图 12.362）。国外将 Ace of Diamonds SDD 的第 2 个标芯也称为“FFRR Grooved Label”，唱片编号大概在 SDD 181 结束。

Ace of Diamonds SDD 系列第 2 个标芯唱片的封套的商标与标芯商标是统一的（见图 12.363）。

图 12.362　Ace of Diamonds SDD 第 2 个标芯

图 12.363　SDD 181 唱片封套

Ace of Diamonds SDD 的第 3 个标芯与第 2 个标芯主体设计基本一样，不同之处是把五线谱与“DECCA”组合的图标和标芯的一圈凹槽也取消了（见图 12.364）。国外称 Ace of Diamonds SDD 的第 3 个标芯为“FFRR Label”，编号大概在 SDD 197 结束。

Ace of Diamonds SDD 系列第 3 个标芯的商标与唱片封套商标是统一的（见图 12.365）。

图 12.364　Ace of Diamonds SDD 第 3 个标芯

图 12.365　SDD 197 唱片封套

Ace of Diamonds SDD 的第 4 个标芯与第 3 个标芯设计基本相同，将 Ace of Diamonds A 标志放大了一些。11 点钟至 1 点钟位置的“FULL FREQUENCY RANGE RECORDING”字样取消了，并且把标芯下缘的版权文字移到了上缘。Ace of Diamonds SDD 的第 4 个标芯唱片编号与前两个唱片标芯编号一样。将制作地“MADE IN ENGLAND”印在 2 点半的位置（见图 12.366），Ace of Diamonds SDD 的第 4 个标芯唱片大概发行到编号 SDD 576。

Ace of Diamonds SDD 系列第 4 个标芯唱片封套的商标与前两个相同（见图 12.367）。

图 12.366　Ace of Diamonds SDD 第 4 个标芯

图 12.367　SDD 188 唱片封套

到 20 世纪 80 年代，Ace of Diamonds SDD 后期发行唱片在荷兰和英国压片，我们可以把荷兰版的 Ace of Diamonds SDD 视为第 5 个标芯，其设计与第 4 标芯基本相同，制作地“MADE IN ENGLAND”的印制位置从 2 点半处移至 7 点钟的位置，在其左侧又有了五线谱与“DECCA”组合的图标（见图 12.368）。

Ace of Diamonds SDD 第 5 个标芯唱片封套，荷兰版与英国版相同（见图 12.369）。

图 12.368　Ace of Diamonds SDD 第 5 个标芯

图 12.369　SDD 574 唱片封套

在 20 世纪 70 年代末，一些早中期发行的 Ace of Diamonds SDD 系列唱片再次发行，标芯借用同时期 Jubilee 标志的设计，将 Ace of Diamonds 标志缩小放入蓝红 DECCA 标志的下面，取代 Jubilee 标志。这种标芯串用的情况并不多（见图 12.370）。再次发行的 Ace of Diamonds SDD 系列唱片的封套设计没有改变（见图 12.371）。

图 12.370　再次发行的 Ace of Diamonds SDD 系列唱片的标芯

图 12.371　再次发行的 Ace of Diamonds SDD 系列唱片封套

Ace of Diamonds SDD 系列后期还发行了数量极少的 DDS 标号双张唱片。标芯设计和 SDD 标芯差不多，只是编号字母不同（见图 12.372）。Ace of Diamonds DDS 系列唱片的封套设计是统一的，只是内容与底色不同。商标与之前略有不同，商标的左上角又加上了尺寸较小的矩形“DECCA”标志（见图 12.373）。

图 12.372　DDS 标号双张唱片的标芯

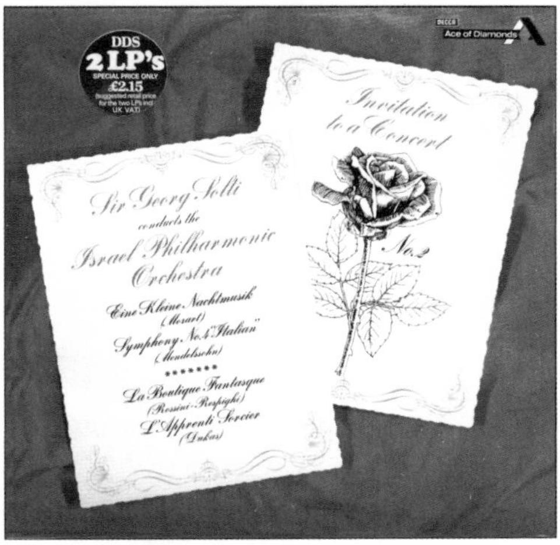

图 12.373　DDS 502（1）双张唱片封套

Ace of Diamonds SDD 系列后期还发行有 SDDF、SDDH、SDDK、SDDL 标号的套装唱片。标芯和 SDD 标芯差不多，只是编号字母不同（见图 12.374、图 12.376、图 12.378 和图 12.380）。Ace of Diamonds SDD 系列的 SDDF、SDDH、SDDK、SDDL 标号的套装唱片的封套标志各不相同（见图 12.375、图 12.377、图 12.379 和图 12.381）。

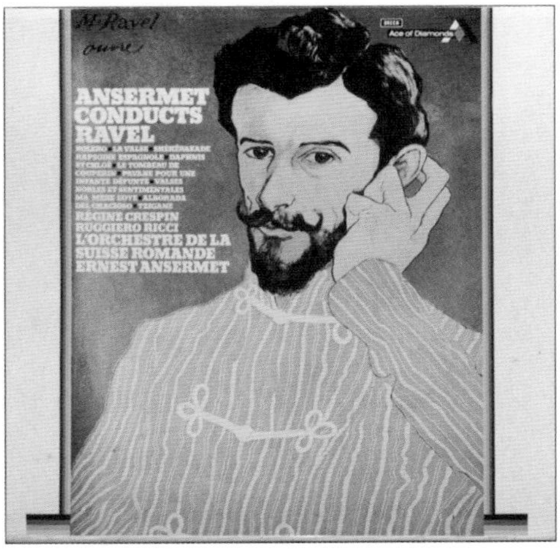

图 12.374　SDDF 339 唱片的标芯

图 12.375　SDDF 339 唱片封套

图 12.376　SDDH 348 唱片的标芯

图 12.377　SDDH 348 唱片封套

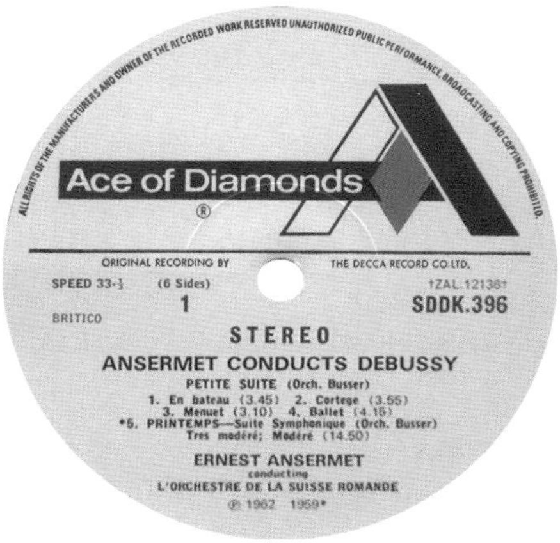

图 12.378　SDDK.396 唱片的标芯

图 12.379　SDDK.396 唱片封套

图 12.380　SDDL.405 唱片的标芯

图 12.381　SDDL.405 唱片封套

Ace of Diamonds SDD 系列后期还发行了一些 SDD-R 标号的唱片。标芯和 SDD 标芯类似，只是编号字母不同（见图 12.382）。SDD-R 标号的唱片封套上的标志与 SDD 相同（见图 12.383）。

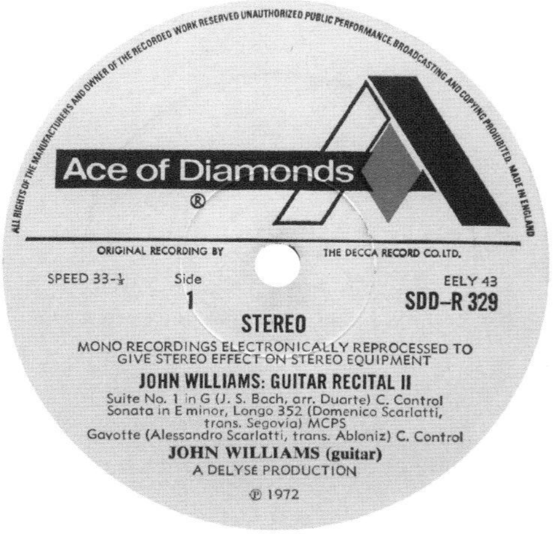

图 12.382　SDD-R 329 唱片的标芯

图 12.383　SDD-R 329 唱片封套

Ace of Diamonds GOS 系列的第 1 个标芯和 SDD 系列的第 1 个标芯差不多，只是编号字母不同（见图 12.384）。Ace of Diamonds GOS 系列第 1 个标芯的唱片封套的标志与标芯略有不同，Ace of Diamonds A 标志的左上角又加上了尺寸较小的矩形 DECCA 标志（见图 12.385）。

Ace of Diamonds GOS 的第 2 个标芯与第 1 个标芯设计也类似，凹槽被取消了。在唱片孔的上方加上了"Grand Opera Series"字样（见图 12.386）。

Ace of Diamonds GOS 系列第 2 个标芯唱片封套的标志与第 1 个标芯唱片的封套标志相同（见图 12.387）。

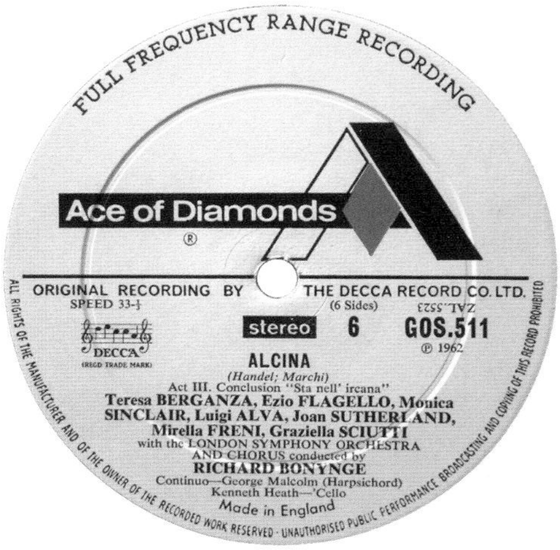

图 12.384　Ace of Diamonds GOS 系列第 1 个标芯

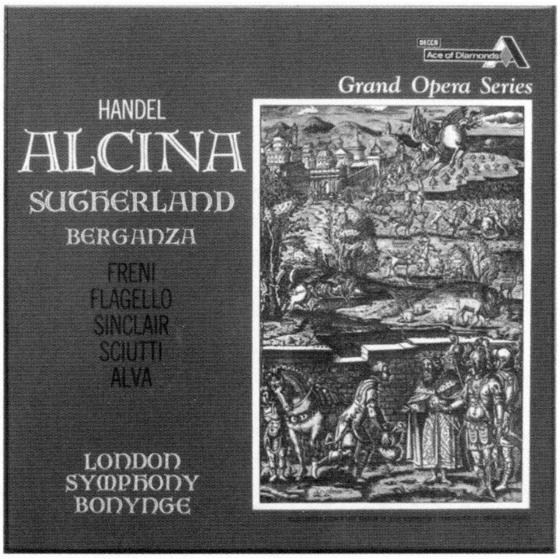

图 12.385　Ace of Diamonds GOS 系列第 1 个标芯唱片封套

图 12.386　Ace of Diamonds GOS 系列第 2 个标芯

图 12.387　Ace of Diamonds GOS 系列第 2 个标芯唱片封套

Ace of Diamonds GOS 的第 3 个标芯与第 2 个标芯类似，“FULL FREQUENCY RANGE RECORDING”字样取消了，并且把标芯下缘的版权文字移到了上缘。另外唱片孔的上方的“Grand Opera Series”字样被移至“Ace of Diamonds”标志的上方。将制作地“MADE IN ENGLAND”印在 2 点半处（见图 12.388）。

Ace of Diamonds GOS 系列第 3 个标芯唱片的封套标志与前两个标芯唱片封套标志相同（见图 12.389）。

Ace of Diamonds GOS 的第 4 个标芯与第 3 个标芯类似，唱片孔上方的“Grand Opera Series”字样被取消。荷兰版制作的“MADE IN HOLLAND”印在 7 点钟的位置（见图 12.390）。

Ace of Diamonds GOS 系列第 4 个标芯唱片的封套的标志与前 3 个标芯唱片的封套标志相同（见图 12.391）。

图 12.388　Ace of Diamonds GOS 系列第 3 个标芯

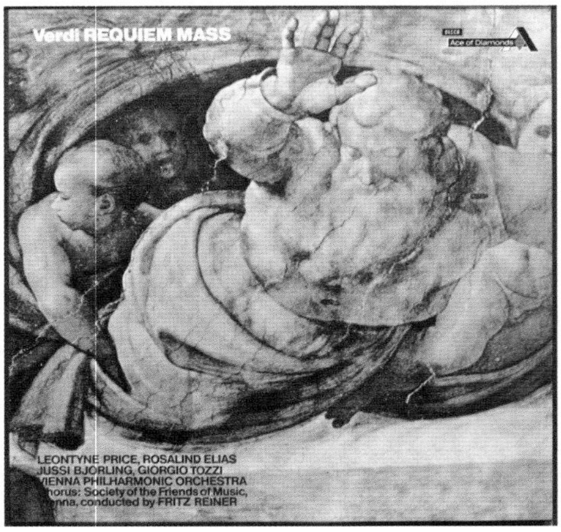

图 12.389　Ace of Diamonds GOS 系列第 3 个标芯唱片封套

图 12.390　Ace of Diamonds GOS 系列
第 4 个标芯

图 12.391　Ace of Diamonds GOS 系列
第 4 个标芯唱片封套

7. 月食标（Eclipse ECS）

Decca 唱片公司在 1969 年推出新的再版 Eclipse ECS 系列唱片。在 Eclipse ECS 系列唱片中，古典音乐唱片的起始唱片编号是 ECS 501，大概在 ECS 828 结束，发行时间是 1978 年（Eclipse ECS 系列也发行通俗音乐唱片，为便于与古典音乐唱片进行区别，发行编号设置为 4 位数，即 ECS xxxx。Eclipse ECS 系列的第 1 个标芯的底色是红棕色，图标和文字为银色，被称为红棕银月食标 1。“MADE IN ENGLAND”字样和“THE DECCA RECORD CO. LTD”字样印在唱片上方 11 点钟至 1 点钟的位置。下面印有空心圆和实心相互叠加的 Eclipse 标志。在标芯 6 点钟的位置印有“STEREO”字样。Eclipse ECS 系列唱片发行的版本来自 Decca 单声道录音 LXT 2000 和 5000 系列。这些单声道录音，通过电子混音处理成“立体声”。这部分唱片都在唱片孔的上方标注了一行小字“MONO RECORDINGS ELECTRONICALLY REPROCESSED TO GIVE STEREO EFFECT ON STEREO EQUIPMENT”（见图 12.392）。这些单声道录音再造的假立体声，实际聆听效果并不好。

Eclipse ECS 系列唱片第 1 个标芯唱片封套的标志与标芯的标志相同（见图 12.393）。

图 12.392　红棕银月食标 1

图 12.393　红棕银月食标 1 唱片封套

Eclipse ECS 系列的第 2 个标芯与第 1 个标芯类似，第 2 个标芯使用了缩小的两个圆叠加的 Eclipse 标志，并在标志的左侧增加了矩形的“DECCA”小方标（见图 12.394），被称为红棕银月食标 2。Eclipse 系列第 2 个标芯唱片封套的标志与标芯的标志相同（见图 12.395）。

图 12.394　红棕银月食标 2

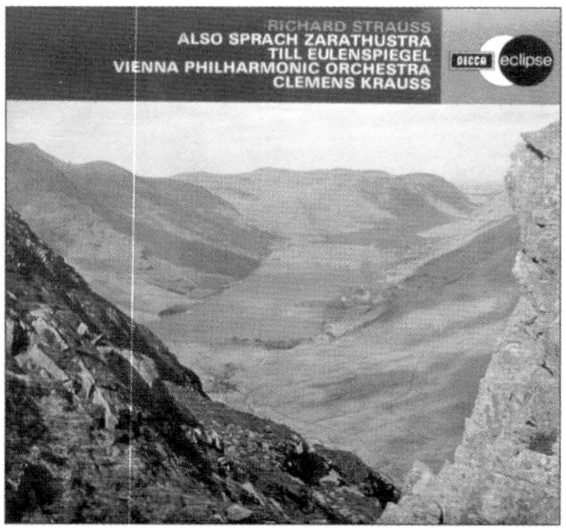

图 12.395　红棕银月食标 2 唱片封套

第 2 个标芯还有紫底色的版本，被称为紫银月食标（见图 12.396 和图 12.397）。

图 12.396　紫银月食标

图 12.397　紫银月食标唱片封套

Eclipse ECS 系列发行的由单声道录音再造的立体声唱片，没有得到市场认可，仅发行了几十张便很快收场。1971 年，Eclipse ECS 系列开始再版 SXL 立体声系列唱片，编号从 ECS 573 开始（见图 12.398）。唱片使用的还是 Eclipse ECS 系列的第 2 个标芯，但印在唱片孔上方的小字“MONO RECORDINGS ELECTRONICALLY REPROCESSED TO GIVE STEREO EFFECT ON STEREO EQUIPMENT”自然被取消了。

Eclipse ECS 系列唱片再版发行 SXL 立体声系列唱片封套的 Eclipse 标志与标芯的标志相同（见图 12.399）。

Eclipse ECS 系列的第 3 个标芯底色是红棕色，图标和文字为银色。“MADE IN ENGLAND”和“THE DECCA RECORD CO. LTD”字样缩小了，版权的字样从标芯的下缘移动到上缘（见图 12.400）。

Eclipse ECS 系列的第 3 个标芯的封套的标志与标芯的标志相同（见图 12.401）。

图 12.398　ECS 573 唱片的标芯

图 12.399　ECS 573 唱片封套

图 12.400　红棕银月食标 3

图 12.401　红棕银月食标 3 唱片封套

Eclipse ECS 系列的第 3 个标芯也有底色为紫色的版本（见图 12.402），这个标芯版本的唱片在二手市场有大量的货源。

唱片封套的标志与标芯的标志相同（见图 12.403）。

图 12.402　紫银月食标 2

图 12.403　紫银月食标 2 唱片封套

1968 年，Decca 唱片公司推出了具有普及性的廉价版“The World of the Great Classics”SPA 系列唱片。SPA 系列唱片除了古典音乐唱片还有轻音乐唱片和流行歌曲唱片等，受众广泛。

8. SPA 系列唱片标芯

非常有趣又令人不解的是，发行的第 1 张唱片 SPA 1 居然有好几种标芯。前两个标芯非常稀有（见图 12.404 和图 12.406），第 3 个标芯是我们经常见到的水蓝银标（见图 12.408）。

DECCA SPA 系列第 1 个标芯唱片的封套商标是矩形“DECCA”小方标（见图 12.405、图 12.407 和图 12.409）。

Decca SPA 系列的第 4 个标芯是蓝底色银字，这个标芯是最常见的。“DECCA”标志的尺寸与前两个标芯的尺寸一样。制造国“MADE IN ENGLAND”印在 7 点钟的位置（见图 12.410）。

Decca SPA 系列第 4 个标芯的唱片封套的商标同样是矩形“DECCA”小方标（见图 12.411）。

图 12.404　SPA 1 唱片的稀有标芯 1

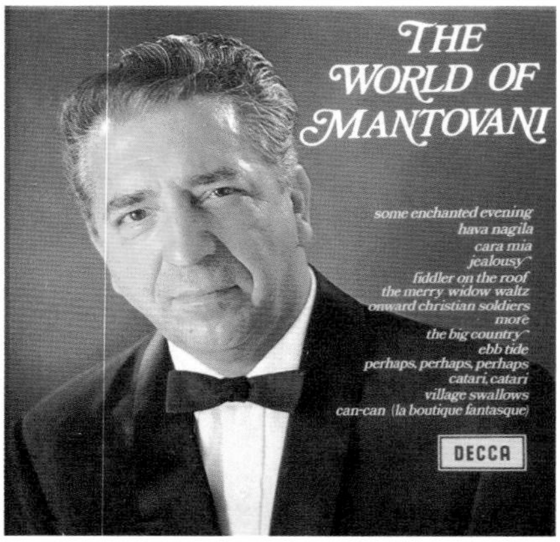

图 12.405　SPA 1 唱片封套 1

图 12.406　SPA 1 唱片的稀有标芯 2

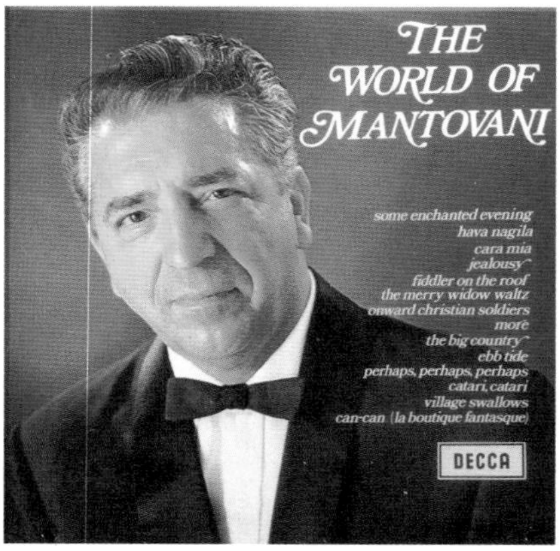

图 12.407　SPA 1 唱片封套 2

图 12.408　SPA.1 唱片的水蓝银标

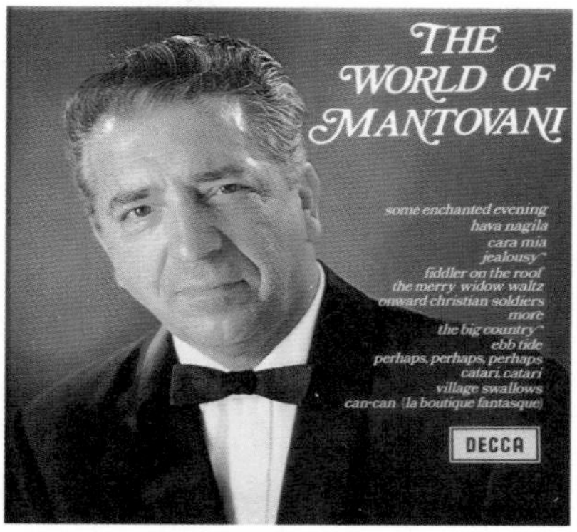

图 12.409　SPA.1 唱片封套 3

图 12.410　SPA 系列唱片的第 4 个标芯

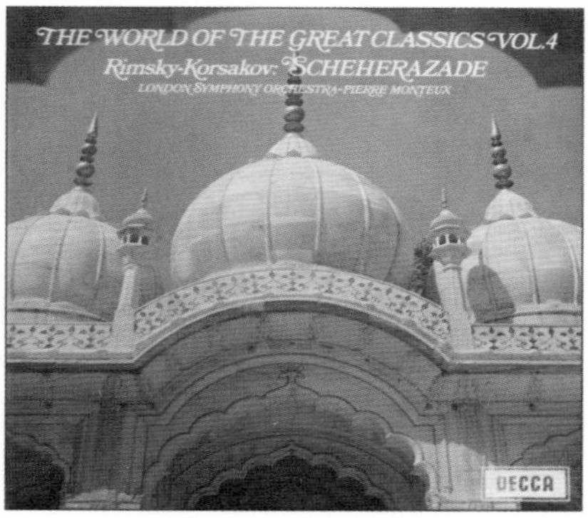

图 12.411　SPA.89 唱片封套

Decca SPA 系列的第 5 个标芯也是蓝底色银字(见图 12.412)。“DECCA”标志放大了一些。制造国“MADE IN ENGLAND”移到了 11 点钟的位置。

DECCA SPA 系列第 5 个标芯唱片的封套的标志是把“THE WORLD OF THE GREAT CLASSICS”字样上下排列与矩形“DECCA”小方标组合的标志 (见图 12.413)。

图 12.412　SPA 系列唱片的第 5 个标芯

图 12.413　SPA 281 唱片封套

DECCA SPA 系列的第 6 个标芯设计与第 4 个标芯设计一样，也是蓝底色，但字和标志都改用了深蓝色（见图 12.414）。

DECCA SPA 系列第 6 个标芯唱片的封套的标志与第 4 个标芯唱片封套的标志一样（见图 12.415）。

图 12.414　SPA 系列唱片的第 6 个标芯

图 12.415　SPA 494 唱片封套

DECCA SPA 系列的第 7 个标芯使用了四相位录音技术，与第 4 个标芯设计基本一样，只是把“phase 4 stereo”标志置于“DECCA”标志下方（见图 12.416）。

DECCA SPA 系列第 7 个标芯唱片的封套标志与第 4 个标芯封套的标志基本一样，添加了四相位录音技术标志（见图 12.417）。

图 12.416　SPA 系列唱片第 7 个标芯

图 12.417　SPA 521 唱片封套

Decca SPA 系列的第 8 个标芯底色是鸭蛋青色，外缘有蓝红圈环，“DECCA”标志也改为蓝红色，底下印有斜体的“Great Classics”字样，文字是深蓝色（见图 12.418）。SPA 系列的蛋青标芯有英国版也有荷兰版。

DECCA SPA 系列第 8 个标芯的封套的标志与标芯的标志一样（见图 12.419）。

图 12.418　SPA 系列唱片的蛋青标

图 12.419　SPA 589 唱片封套

Decca SPA 系列的第 9 个标芯是银标芯设计，和蛋青标芯的版面设计基本上一样，只是标芯底色是银色，蓝红色“DECCA”标志底下没有印制斜体的“Great Classics”字样。SPA 系列的银标芯唱片都是在荷兰生产的（见图 12.420）。

DECCA SPA 系列第 9 个标芯唱片的封套标志与第 6 个标芯的唱片封套标志一样（见图 12.421）。

图 12.420　SPA 系列唱片的银标

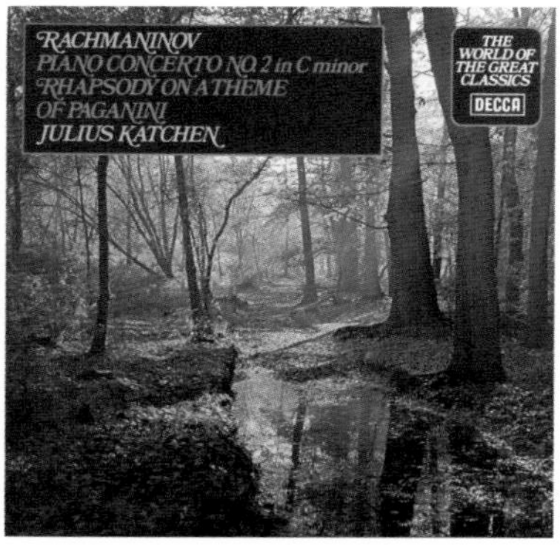

图 12.421　SPA 505 唱片封套

9. Jubilee 系列唱片标芯

1977 年，Decca 公司开始发行另一个廉价的 Jubilee 再版系列唱片。Jubilee 系列唱片内容都是古典音乐。Jubilee 系列的第 1 个标芯是奶白底色，蓝色文字。“DECCA”标志放在蓝色和红色叠加的 U 形框中，中间还有一个由红色的“JUBILEE SERIES”字样和深蓝色皇冠组成的圆形标志。制造地“MADE IN ENGLAND”印在 11 点钟的位置（见图 12.422）。

Decca Jubilee 系列的第 1 个标芯唱片的封套标志与唱片标芯的标志基本一样。印在封套的左上角，切除了 U 形框的左边部分。另外，圆形标志加上了黄底色（见图 12.423）。

Jubilee 系列的第 2 个标芯与第 1 个标芯设计基本相同，制造地“MADE IN HOLLAND”印在 7 点钟的位置（见图 12.424）。

Decca Jubilee 系列第 2 个标芯唱片的封套的标志与第 1 个标芯唱片封套标志完全一样（见

图 12.425)。

图 12.422 Jubilee 系列的第 1 个标芯

图 12.423 JB 14 唱片封套

图 12.424 Jubilee 系列的第 2 个标芯

图 12.425 JB 67 唱片封套

Jubilee 系列的第 3 个标芯与第 1 个标芯的设计相同，但 11 点钟的位置印有制造地“MADE IN ENGLAND”。由于标芯外缘有 5mm 凸起环，疑似在荷兰压片（见图 12.426）。

Jubilee 系列第 3 个标芯唱片的封套标志与前 2 个完全一样（见图 12.427）。

图 12.426 Jubilee 系列的第 3 个标芯

图 12.427 JB 42 唱片封套

Jubilee 的第 4 个标芯与第 2 个标芯设计相同。不同之处是外缘有 5mm 凸起环，制造地“MADE IN HOLLAND”印在 7 点钟的位置（见图 12.428）。

Jubilee 系列第 4 个标芯唱片的封套标志与前 3 个完全一样（见图 12.429）。

图 12.428　Jubilee 系列的第 4 个标芯

图 12.429　JB 15 唱片封套

Jubilee 的第 5 个标芯底色是鸭蛋青色，外缘有蓝红圈环，“DECCA”标志是蓝红色，下面印有小皇冠和“JUBILEE”字样。文字是深蓝色。7 点钟的位置印有制造地“MADE IN ENGLAND”（见图 12.430）。

Jubilee 系列第 5 个标芯唱片的封套标志与唱片标芯的标志完全一样（见图 12.431）。

Jubilee 的第 6 个标芯与第 5 个标芯设计基本相同，鸭蛋青底色蓝字。“DECCA”标志下“JUBILEE”前面的皇冠取消了。制造地“MADE IN ENGLAND”在 7 点钟的位置（见图 12.432）。

Jubilee 系列第 6 个标芯唱片的封套标志与唱片标芯的标志基本一样，只是多个了小皇冠（见图 12.433）。

图 12.430　Jubilee 系列的第 5 个标芯

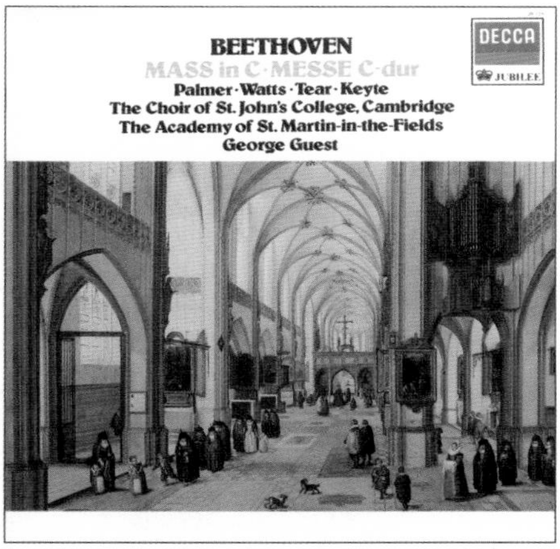

图 12.431　JB 129 唱片封套

图 12.432　Jubilee 系列的第 6 个标芯

图 12.433　JB 111 唱片封套

Jubilee 的第 7 个标芯与第 5 个标芯设计相同。7 点钟的位置印有制造地“MADE IN HOLLAND”（见图 12.434）。

Jubilee 系列第 7 个标芯的封套的标志与唱片标芯的标志完全一样（见图 12.435）。

图 12.434　Jubilee 系列的第 7 个标芯

图 12.435　JB 106 唱片封套

后期 Jubilee 的第 8 个标芯与第 6 个标芯的设计基本相同。不过编号已经改为 7 位数，即 4xx xxx–1。标芯编号后面有两个小方框。第一个方框里的字母是“D”，第二个的方框里是字母“J”。“D”表示这个录音经过数字处理，“J”代表 Jubilee。这是在把老的录音制作成 CD 时也制作了 LP 唱片。制造地“MADE IN HOLLAND”印在 7 点钟的位置（见图 12.436）。

Jubilee 系列第 8 个标芯唱片的封套标志与唱片标芯的标志完全一样（见图 12.437）。

图 12.436　Jubilee 系列的第 8 个标芯

图 12.437　417 432–1 唱片封套

第8节 Deutsche Grammophon Gesellschaft

Deutsche Grammophon Gesellschaft（DGG）原是一家德国公司。他们一向被公认为是高保真的标志。在 1898 年，由德裔美国发明家 Emile Berliner 创立。这家在汉诺威的公司，在第一次世界大战前，与美国的 Victor Talking Machine Company 和英国的 HMV 有相当密切的联系。

直到 1941 年，Deutsche Grammophon Gesellschaft 正式被 Siemens & Halske Electronics Company（西门子）收购。

1962 年，他们与荷兰 Philips（飞利浦）合资成立 DGG/PPI Record Group，该集团 1972 年更名为 PolyGram（宝丽金）。他们也是第一个拥有 Beatles 唱片版权的公司，以 PolyGram Records（宝丽金）的名义出版。

Deutsche Grammophon Gesellschaft 也是引入 CD 唱片的先驱，自 1981 年开始启用 CD 唱片的格式，发行了不少 Herbert von Karajan 和 The Berlin Philharmonic 的作品。

到了 1987 年，Siemens 出售他们所有宝丽金的权益，Philips（飞利浦）成为单一最大股东。直至 1998 年，加拿大的 Seagram Company Ltd 收购了 Deutsche Grammophon Gesellschaft 及 PolyGram。到最后，Deutsche Grammophon Gesellschaft 并合到 Universal Music Group（环球唱片）旗下，成为 Vivendi Universal 的一部分。

表 12.9 列出了 Deutsche Grammophon Gesellschaft 出版的唱片列表（部分）。

表12.9 Deutsche Grammophon Gesellschaft出版的唱片列表（部分）

Deutsche Grammophon Gesellschaft				
Label	系列	版本	压片	发行时间
Tulip-Rim Label（ALLE HERSTELLER）	SLPEM 136	DGG红头大禾花版		1958—1966年
Tulip-Rim Label（ALLE HERSTELLER）	SLPEM 138	DGG红头大禾花版		1958—1965年
Tulip-Rim Label（ALLE HERSTELLER）	SLPEM 139	DGG红头大禾花版		1965—1967年
Tulip-Rim Label（ALLE HERSTELLER）	CLUB EDITION 179	DGG红头大禾花版		1960年—
Tulip-Rim Label	SLPEM 139	DGG大禾花版		1967—1970年
Tulip-Rim Label（White Label Sample Copy）	SLPEM 138	DGG大禾花样品白版		1967—1970年
Non-Tulip Label	2530	DGG小花版		1970—1980年
Non-Tulip Label	2531	DGG小花版		1970—1980年
Non-Tulip Label Digital Recording	2532	数字小花版		1980年—
Non-Tulip Label Digital Recording	410	数字小花版		1980年—

续表

Deutsche Grammophon Gesellschaft				
Label	系 列	版 本	压片	发行时间
Non-Tulip Label Digital Recording	419	数字小花版		1980年—
Non-Tulip Label	410 Signature	签名版		1980年—

DGG 的第 1 个立体声标芯是大禾花（Tulip-Rim Label），标芯为黄底色，12 点钟位置印有一束郁金香，标芯外缘是 77 朵郁金香花围成的圆环。为何要用 77 朵花呢？早在单声道 78r/min 的 SP 唱片时代，DGG 就开始使用大禾花了，当时大禾花不仅是标芯的装饰，同时圆环还用于 78r/min 唱片测速（工频 50Hz 时），可谓艺术和技术的巧妙结合。DGG 这个时期的标芯设计沿用到了 33^1/3 r/min 的立体声 LP 唱片上，直至 20 世纪 70 年代才停止使用。

大禾花第 1 个标芯底色为黄色，深蓝色的郁金香图标印在标芯 12 点钟的位置。“Deutsche grammophone gesellschaft”标志和“STEREO”标志分为 4 行上下排列在郁金香图标下方。哑金小字“ALLE HERSTELLER......”环绕在郁金香圆环内侧。暗红色的音乐信息文字排列在标芯的下方，“ALLE HERSTELLER......”是 DGG 立体声唱片的第一个标芯（见图 12.438）。

大禾花的第 1 个立体声标芯唱片的封套上方印有 DGG 标志性的大黄标，大黄标上方印有与标芯相同的郁金香标志，下面印有“Deutsche grammophon gesellschaft”上下排列的字样。大黄标右上角印有唱片的序列编号和两个表示立体声的交叉圆环，圆环内左边印有表示立体声的“ST”字样，右边印有表示唱片转速的“33”。大黄标的中间印有唱片的音乐信息文字。大黄标的下方小方框内印有“STEREO”字样。

最早期大禾花 ALLE HERSTELLER 唱片封套的封面没有“红头”，在大黄标下方小矩形框内印有黑色的“STEREO”字样（见图 12.439）。之后唱片公司为了强调立体声录音，在唱片封套上贴上了红底色黑字的“STEREO”小标签（见图 12.440 和图 12.441）。因为贴了标签，也有大黄标下面的小框内就没有印“STEREO”字样的情况。小标签除了红底黑字的，还有红底黄字且带黄线框的“STEREO”标签（见图 12.442 和图 12.443），还有更复杂的“COMPATIBLE”字样（见图 12.444 和图 12.445）。不久后，唱片公司为了规范唱片封套设计和印刷，就把“红头”直接印制在大黄标的标志上（见图 12.446 和图 12.447）。

图 12.438　DGG 立体声唱片第一个标芯

图 12.439　DGG 立体声唱片第一个标芯唱片封套

图 12.440 SLPM 138 001A 唱片的标芯

图 12.441 增加“STEREO”标签（红底黑字）的唱片封套

图 12.442 SLPM 138 637A 唱片的标芯

图 12.443 增加“STEREO”标签（红底黄字）的唱片封套

图 12.444 SLPM 136 019A 唱片的标芯

图 12.445 增加“STEREO COMPATIBLE”标签的唱片封套

ALLE HERSTELLER 发行的唱片编号有 3 个：SLPEM 136 xxx，SLPM 138 xxx，SLPM 139 xxx。SLPEM 系列唱片的只用 136 xxx，而 SLPM 系列唱片用 138 xxx 和 139 xxx。SLPEM 136 xxx 和 SLPM 138 xxx 发行的起始时间在 1958 年，SLPM 139 xxx 略迟，在 1965 年。

大禾花 ALLE HERSTELLER 唱片封套“大黄标”有一个下边无矩形框的设计（见图 12.447），右上角的两个表示立体声的交叉圆环也没有了，取而代之的是红色“STEREO”字样。

图 12.446　SLPM 138 783A 唱片的标芯

图 12.447　将“红头”直接印在“大黄标”上的唱片封套

大禾花 ALLE HERSTELLER 唱片封套有“红头小黄标”设计（见图 12.448 和图 12.449），这些“红头小黄标”唱片都是歌剧和声乐录音。

图 12.448　SLPEM 136 278A 唱片的标芯

图 12.449　“红头小黄标”唱片封套

少数 DGG 的大禾花 ALLE HERSTELLER 唱片会存在内容相同、版本相同、编号相同，但封套的封面完全不同的情况。比如编号为 SLPEM 136 452 的《肖邦第二钢琴协奏曲》，从唱片标芯看不出任何不同（见图 12.450~ 图 12.453），通过封套封底的发行时间才能分辨两张唱片发行时间的先后（见图 12.454 和图 12.455）。

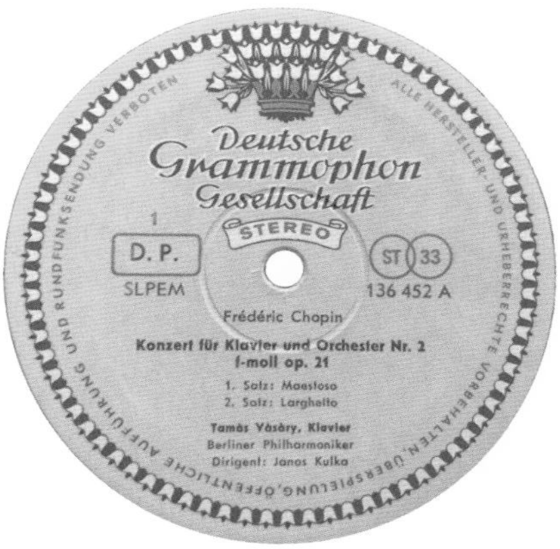

图 12.450　SLPEM 136 452A 唱片的标芯 1

图 12.451　SLPEM 136 452 唱片封套 1

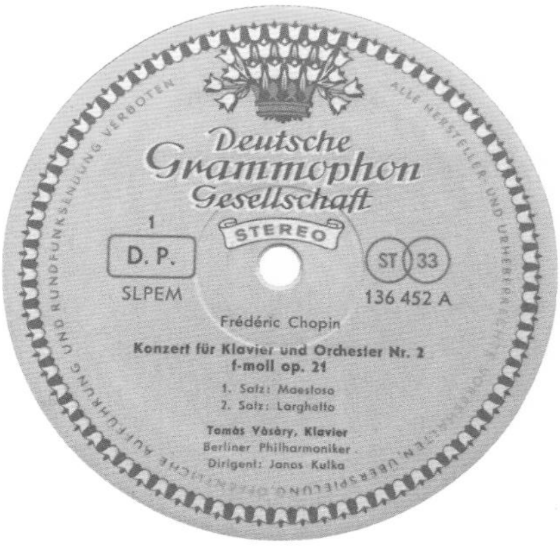

图 12.452　SLPEM 136 452A 唱片的标芯 2

图 12.453　SLPEM 136 452 唱片封套 2

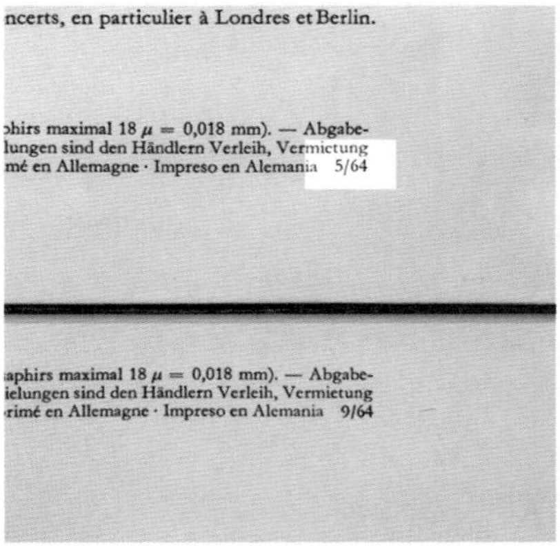

图 12.454　封套封底发行时间对比 1

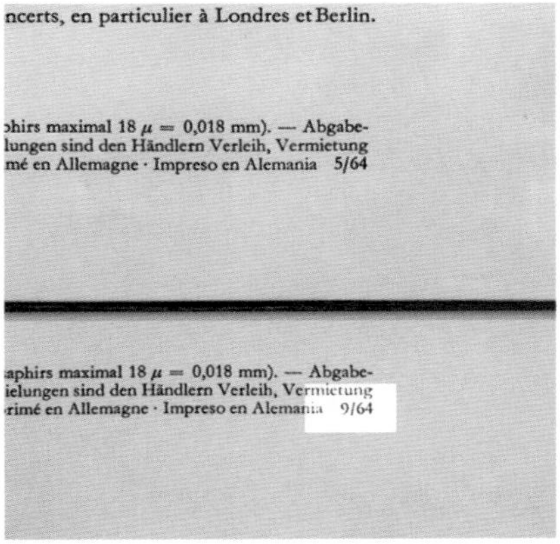

图 12.455　封套封底发行时间对比 2

套装的大禾花 ALLE HERSTELLER 唱片封面既没有“大黄标”也没有“小黄标”（见图 12.456 和图 12.457），我们只有通过标芯是否为 ALLE HERSTELLER 来甄别（见图 12.457）。

图 12.456　SLPM 138 002A 套装唱片的标芯

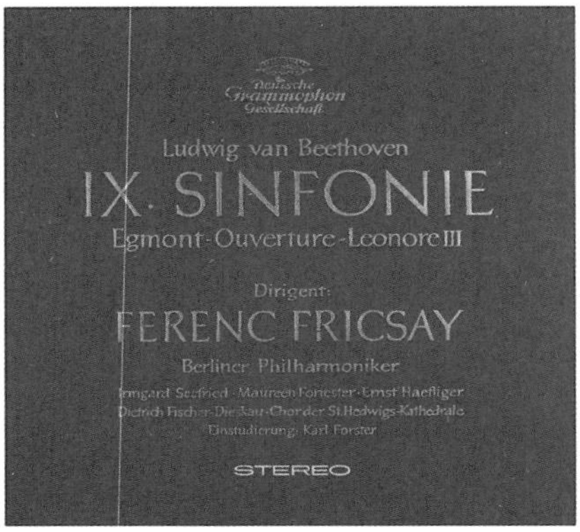

图 12.457　SLPM 138 002 套装唱片封套

中期的大禾花 ALLE HERSTELLER 唱片的封套封面又出现了“大黄标”下方的矩形小框，“STEREO”字样为黑色粗字，不再是“红头”（见图 12.458）。因此印在唱片封面的一些标志信息只能作为识别唱片版本的参考（见图 12.459）。

图 12.458　SLPM 139 120A 唱片的标芯

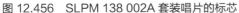

图 12.459　SLPM 139 120 唱片封套

大禾花的第 2 个标芯与第 1 个标芯基本一样，只是把“ALLE HERSTELLER-UND……”字样改为了“MADE IN GERMANY BY……”字样（见图 12.460 和图 12.461）。大禾花唱片的发行时间为 1967—1970 年。唱片编号接续 3 个编号：SLPM 136 xxx，SLPM 138 xxx，SLPM 139 xxx。

大禾花的第 2 个标芯的唱片封套设计与第 1 个标芯唱片封套设计基本一样，但都没有红色的“STEREO”标签，“大黄标”上已经取消了红头“STEREO”字样（见图 12.462~ 图 12.465）。

这张编号为 SLPM 139 044（见图 12.466）的《德沃夏克大提琴协奏曲》，正式发行版本的唱片只有小花标版，其原因应该是推迟发行。笔者有幸收藏到一张非常稀有的白标大花样品碟，了却了此碟的大禾花标梦。据不完全统计，大禾花标芯到 SLPM 139 389 为止。

唱片封套还是大禾花的大黄标（见图 12.467）。

图 12.460　SLPEM 136 550A 唱片的标芯

图 12.461　SLPEM 136 550 唱片封套

图 12.462　SLPM 138 990A 唱片的标芯

图 12.463　SLPM 138 990 唱片封套

图 12.464　SLPM 139 389A 唱片的标芯

图 12.465　SLPM 139 389 唱片封套

图 12.466　SLPM 139 044 唱片的标芯

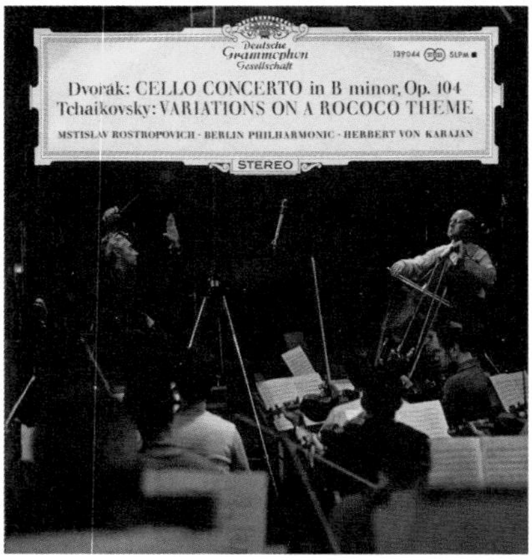

图 12.467　SLPM 139 044 唱片封套

1969 年，在大禾花标和小花标的过渡期间，DGG 发行的一部分唱片会有标芯与封套不一致的情况。SLPM 139 390 至 SLPM 139 464 这几十张唱片，虽然是大禾花标唱片编号和大禾花标唱片封套，但唱片的标芯已经不再是大禾花标了。这部分唱片已经开始使用新的小花标，比如 SLPM 139 425 唱片（见图 12.468 和图 12.469）。

图 12.468　SLPM 136 425 唱片的标芯

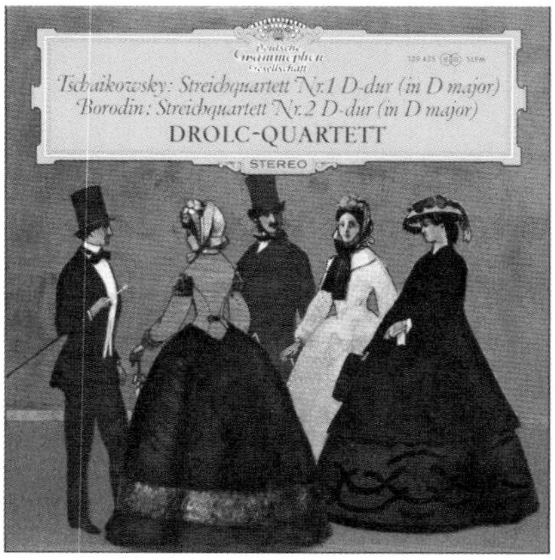

图 12.469　SLPM 136 425 唱片封套

DGG 还有一个特权系列（Privilege Series）的大禾花标芯（见图 12.470）。唱片编号没有“SLPEM”或“SLPM”字样，只有六位数字 135 xxx。特权系列还有小花标芯，都是再版唱片发行。

特权系列唱片的封套封面没有“大黄标”，位于封面右上角“小黄标”的尺寸只有 3cm × 5cm，有一些“小黄标”印有“Privilege Series”或“Privilege”，有些则未印有（见图 12.471）。

1969 年后，DGG 改变了标芯设计，两条蓝色线条取代了外圈郁金香圆环。12 点位置郁金香花束图案也缩小了一些。3 行公司名称“Deutsche Grammophon Gesellschaft”改为了 2 行的“Deutsche Grammophon”。这个标芯就是小花标（见图 12.472）。

小花标唱片的封套保留了“大黄标”标志，也是把 3 行公司名称“Deutsche Grammophon Gesellschaft”改为了 2 行的“Deutsche Grammophon”（见图 12.473）。

图 12.470　特权系列大禾花标

图 12.471　特权系列唱片封套

图 12.472　2530 787 唱片的标芯

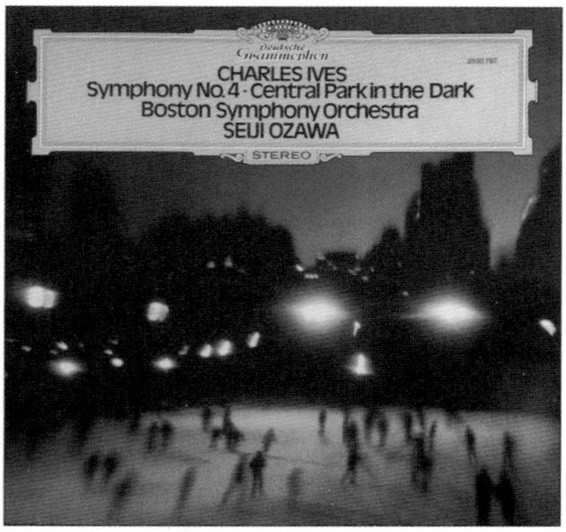

图 12.473　2530 787 唱片封套

小花标芯 1970 年正式启用，唱片编号改为 2530 xxx，盒装版编号 27xx xxx。2530 xxx 系列是以卡拉扬指挥瓦格纳《众神的黄昏》开始的，这是一套 6 张的盒装唱片，盒子编号为 2726 001，6 张唱片标芯的编号分别是（唱片孔的左侧）：2530 001/2530 002/2530 003/2530 004/2530 005/2530 006。早期的 2530 xxx 标芯的制造地信息“Made In Germany”位于唱片孔的左侧（见图 12.474）。

这套 2530 首发小花版的封套仍然保留了 3 行公司名称，只是缩小了而已，这种“小 3 行公司名称”通常出现在套装唱片的封套上（见图 12.475）。

编号 2530 001 到 2530 787 标芯的制造地信息为“Made In Germany”。1977 年初，从编号 2530 788 的小花标芯开始，制造地信息改为了“Made In West Germany”（见图 12.476）。

单张小花版的封套保留了大黄标标志，不同的是 3 行公司名称“Deutsche Grammophon Gesellschaft”改为了 2 行的“Deutsche Grammophon”（见图 12.477）。

图 12.474　2530 001 唱片标芯

图 12.475　2530 001 唱片封套

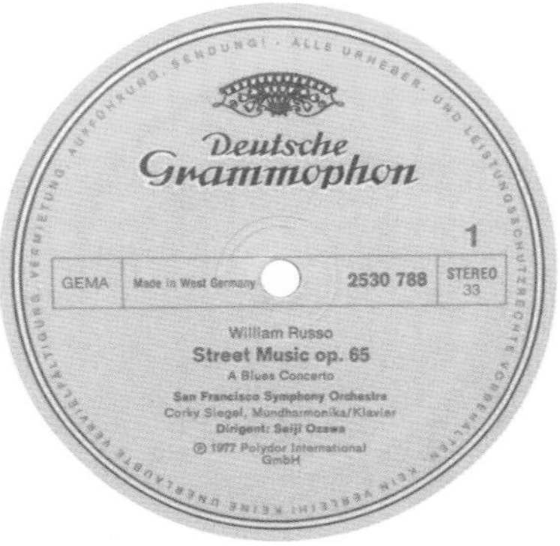

图 12.476　2530 788 唱片标芯

图 12.477　2530 788 唱片封套

DGG 2530 xxx 系列的封套设计多数为大黄标，也有少数小黄标设计，内容多为套装唱片（见图 12.478）或者歌剧、声乐、宗教音乐、芭蕾舞剧和现代音乐等（见图 12.479）。

图 12.478　小黄标唱片封套 1

图 12.479　小黄标唱片封套 2

DGG 的大花版三排字设计的封套按说在小花版 DGG 2530 xxx 的封套不可能再使用。这张唱片的编号是 2530 026（见图 12.480），意大利钢琴家 Dino Ciani 弹奏的韦伯的钢琴奏鸣曲。从编号和标芯看，这张唱片属于小花版无疑，而封套却使用了大花版三排字 DGG 设计（见图

12.481)。后经查实，这张唱片录音于 1970 年 3 月，从时间可以推断，这张唱片属于大花版尾期和小花版初期的交叠时段，以致出现小花版标芯、小花版编号和大花版封套的情况。这种现象在早期的小花版中不止这一张，当然数量并不多。

图 12.480　2530 026 小花版标芯

图 12.481　2530 026 大花版封套

2530 xxx 系列最后发行的唱片是 3 张一套的普契尼《西部女郎》，编号为 2530 997/2530 998/2530 999。发行近千张的 2530 xxx 系列以歌剧开张，又以歌剧收官！

DGG 小花版在 1978 年更换了新的唱片编号，仍然是 7 位数：2531 xxx，这是小花版唱片最后期的编号，发行时间在 1977 年—1981 年。2531 xxx 系列在 1980 年以后也再版发行了 2530 xxx 系列的一些唱片。2531 xxx 的封套标志与 2530xxx 封套标志相同。

1980 年，DGG 的数字录音唱片以编号 2532 xxx 开始发行。与模拟录音唱片的 2531xxx 系列唱片有大约一年左右的交叠期。

DGG 的数字录音的标芯设计与小花标的 2530 xxx 系列唱片及 2531 xxx 系列唱片的标芯基本上一样，只在“Deutsche Grammophon”的下方增加了“DIGITAL RECORDING”字样（见图 12.482）。

数字录音唱片封套仍然保留了“大黄标”标志，不同的是在封面的右上角增加了“DIGITAL RECORDING”字样，“大黄标”下方原来的“STEREO”字样改为了“DIGITAL AUFNAHME”字样。“STEREO”字样移至“大黄标”右上角唱片编号之前的位置（见图 12.483）。

图 12.482　2532 001 唱片的标芯

图 12.483　2532 001 唱片封套

数字录音 LP 唱片后续系列为了与 CD 编号统一，编号改为 4xx xxx−1。其中包括 410 xxx−1（见图 12.484 和图 12.485）、413 xxx−1（见图 12.486 和图 12.487）、415 xxx−1（见图 12.488 和图 12.489）、419 xxx−1（见图 12.490 和图 12.491）、427 xxx−1（见图 12.492 和图 12.493）。4xx xxx−1 系列的数字录音唱片均为首版，4xx xxx−1 系列发行的非数字录音唱片均为再版。

图 12.484　410 653−1 唱片的标芯

图 12.485　410 653−1 唱片封套

图 12.486　413 311−1 唱片的标芯

图 12.487　413 311−1 唱片封套

图 12.488　415 962−1 唱片的标芯

图 12.489　415 962−1 唱片封套

图 12.490　419 214-1 唱片的标芯

图 12.491　419 214-1 唱片封套

图 12.492　427 686-1 唱片的标芯

图 12.493　427 686-1 唱片封套

DGG 数字录音系列唱片还有 2560 xxx 的唱片编号。2560 xxx 系列唱片既有单张唱片（见图 12.494 和图 12.495），也有盒装唱片（见图 12.496 和图 12.497）。2560 xxx 系列唱片的封套取消了“大黄标”设计，取而代之的是尺寸只有 3cm × 2cm 的“小黄标”，“小黄标”似乎没有固定位置，是随封面构图的需要而确定的。

图 12.494　2560 061 唱片的标芯

图 12.495　2560 061 唱片封套

图 12.496　2560 001 唱片的标芯

图 12.497　2560 001 唱片封套

第 9 节　Electric & Musical Industries

英国的 Electric & Musical Industries（EMI）公司在唱片业内，一向处于领导地位，总部位于英国伦敦。他们也是当今世界上的四大唱片品牌之一，出版的唱片（部分）见表 12.10。

在 1931 年 3 月，英国的 Columbia Graphophone Company 和 The Gramophone Company/HMV 合并成为 Electric & Musical Industries Ltd。

1955 年，他们取消了长期亏损的与 RCA Victor 和 Columbia Records 的版权合约，收购了 Capitol Records，在美国自行生产和发行唱片。

EMI 公司在英联邦成员国家不断扩展，包括印度、澳大利亚、新西兰等国家。EMI 公司在澳大利亚和新西兰的子公司，从 20 世纪 20 年代至 20 世纪 60 年代积极发展流行音乐市场，并合作了一些地区品牌（如 Festival Records）。

从 20 世纪 50 年代末至 20 世纪 70 年代末，在 Joseph Lockwood 的管理下，EMI 公司在流行音乐市场上取得了重大的成就。不少流行歌手和乐队，跟 EMI 公司或其子公司签订合约后，都能够走红，也使 EMI 公司成为当时最有名和最具影响力的唱片公司。EMI 辉煌时代的著名歌星，有 The Beatles、The Beach Boys、The Byrds、The Hollies、Cilla Black 和 Pink Floyd 等。

到了 20 世纪 70 年代初，EMI 公司成立了一家子公司 Harvest Records，专注摇滚音乐，签下了不少乐队，如 Pink Floyd。1971 年，Electric & Musical Industries 正式易名为 EMI Ltd。再到 1973 年，旗下 The Gramophone Company 更名为 EMI Records Ltd。在 1979 年 2 月，EMI Ltd 收购了 United Artists Records。

1979 年 10 月，THORN Electrical Industries Ltd 与 EMI Ltd 合并，变成了 Thorn EMI。

至 1989 年，Thorn EMI 购入 50% Chrysalis Records 股权，到 1991 年便再买下余下的股

份。到了 1992 年，他们更斥巨资，从 Richard Branson 手上收购 Virgin Records。

1996 年 8 月，Thorn EMI 股东通过了分拆上市的方案，有关媒体业务的部分，成为今日的 EMI Group PLC。

表12.10　Electric & Musical Industries唱片列表（部分）

Electric & Musical Industries						
Label	系列	版本	压片	发行时间	发行编号	备注
Gold Cream Label	ADS	白金标	英国	1953—1957年	251-575	单声道
Semi Circle Label	ADS	半月狗标	英国	1957—1962年	576-655，2251-2455，*	立体声
Colored Stamp	ADS	无圈彩色邮票狗标	英国	1968—1972年	2484-2800，**	立体声
Black and White Stamp	ADS	黑白邮票狗标	英国	1972—1979年	2802-3798	立体声
Colored Band	ADS	有圈彩色邮票狗标	英国	1979—1980年	3801-3984，***	
Large Dog Label	ADS	大狗标	英国	1980—1981年	4000	立体声盒装
Large Dog Label	ADS	大狗标	英国	1972—1970年	10	数字录音
EMI Melodiya Label	ADS	旋律（白狗）标	英国	1980年—		立体声
Green-Gold Label	CSD	绿金标	英国	20世纪70年代初期		立体声
Black Label	CSD	黑标	英国			
Green Label Dog in Stamp	CSD	绿色邮票狗标	英国			
Large Dog Label	CSD	大狗标	英国			
White Angel Dog	Angel SAN	白天使狗标	英国			
White Angel Red Dog	Angel SDAN	白天使红狗标	英国			
Black Angel	Angel SAN	黑天使标	英国			
Yellow	Angel SAN	黄标	英国			
Black Label	HQS	黑标	英国			
Plum Label Colored Stamp	HQS	酒红彩色邮票狗标	英国			
Plum Label Dog in Stamp	HQS	酒红邮票狗标	英国			
Colored Band	HQS	后期彩色邮票狗标	英国			
Large Dog Label	HQS	大狗标	英国			
EMI Melodiya Label	HQS	旋律白狗标	英国			

续表

Electric & Musical Industries						
Label	系 列	版 本	压片	发行时间	发行编号	备 注
Brown Label，Dog in Stamp	HMV Treasury	棕色邮票狗标	英国			
Colored Band	HMV Treasury	后期彩色邮票狗标	英国			
Large Dog Label	HMV Treasury	大狗标	英国			
Chevron Label	CONCERT	锯齿标	英国			
Blue Label，Dog in Stamp	CONCERT	蓝邮票狗标	英国			
Colored Band	CONCERT	后期彩色邮票狗标	英国			
Large Dog Label	CONCERT	大狗标	英国			
EMI Melodiya Label	CONCERT	旋律白狗标	英国			
Greensleeve	ESD	绿袖	英国			
Greensleeve	ESD	绿袖	英国			数字录音
Greensleeve	ED	绿袖	英国			
	EMD	黄红大字标	英国			
Gray Label	GRC	灰标	英国			

* 2458，2459，2461，2462，2465，2466，2468，2470，2473，2477，2478，2483。
** 2457，2460，2467，2469，2476，2809，2810，2812。
*** 4015，4031，4054，4058。

1. 白金标（Gold Cream Label）

白金标是 EMI HMV ASD 系列的第 1 个立体声标芯。奶白底色，外缘是 9mm 宽的亚金色带。12 点钟的位置印有彩色的留声机与小狗商标，商标下方印有暗红色的“HIS MASTER’S VOICE”字样。再往下的位置印有暗金色的“STEREOPHONIC”字样。在“STEREOPHONIC”的上下各有一条金色的波形图案横贯标芯。唱片编号印在唱片孔右侧，编号为 ASD.xxx。白金标唱片发行编号从 ASD.251 开始（见图 12.498 和图 12.499），到 ASD.575 结束（见图 12.500 和图 12.501）。发行时间为 1958—1964 年。套装的白金标唱片编号有两个，一个是盒套唱片的编号 ASD SLS xxx，每张唱片编号与单张唱片的编号一样（见图 12.502 和图 12.503）。

EMI HMV ASD 系列白金标唱片的封套标志非常“低调”，由“HIS MASTER’S VOICE”字样与留声机小狗标志组合而成。

图 12.498 ASD.251 唱片的白金标

图 12.499 ASD.251 唱片封套

图 12.500 ASD.575 唱片的白金标

图 12.501 ASD.575 唱片封套

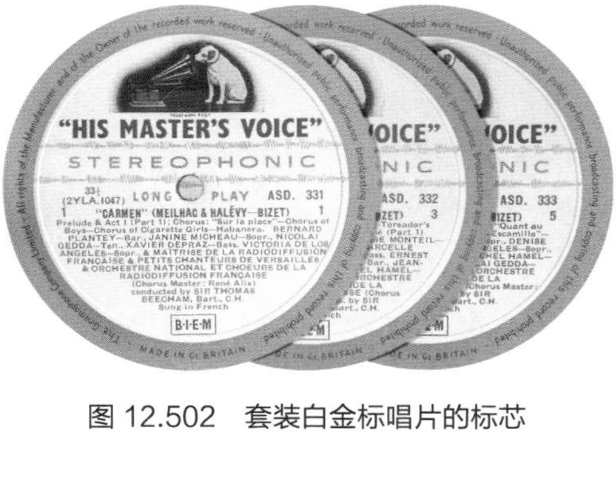

图 12.502 套装白金标唱片的标芯

图 12.503 套装白金标唱片封套

2. 半月狗标（Semi Circle Label）

EMI HMV ASD 系列的第 2 个立体声标芯是半月狗标。半月狗标为红底色，印有半月黑底色彩色留声机与小狗的图案，图案上方半围着白色的“HIS MASTER’S VOICE”字样。唱片编号印在唱片孔右侧，早期的半月狗标唱片编号接续白金标唱片的 3 位数唱片编号，仍然为 ASD.xxx。

发行编号从 ASD.576 开始（见图 12.504 和图 12.505），持续到 ASD.655 结束（见图 12.506 和图 12.507）。发行时间为 1964—1965 年。

图 12.504　ASD.576 唱片的半月狗标

图 12.505　ASD.576 唱片封套

图 12.506　ASD.655 唱片的半月狗标

图 12.507　ASD.655 唱片封套

EMI HMV ASD 系列半月狗唱片标封套的商标有蓝色矩形邮票狗标志、黑白线的留声机小狗标与“EMI”椭圆地球标组合标志，后期改为红色矩形 EMI 标在上、彩色邮票狗标在下的组合标志。

半月狗标唱片还有 4 位数编号 ASD.xxxx。编号从 ASD.2251（见图 12.508 和图 12.509）开始至 ASD.2455 止（见图 12.510 和图 12.511）。还有 ASD.2458、ASD.2459、ASD.2461、ASD.2462、ASD.2465、ASD.2466、ASD.2467、ASD.2468、ASD.2470、ASD.2473、ASD.2477、ASD.2478、ASD.2483，发行时间为 1966—1969 年。

半月狗标 4 位数编号的唱片的封套标志与半月狗标 3 位数编号的唱片封套标志相同。

在半月狗标 4 位数编号的唱片中也有既是首版唱片又是再版唱片的复杂现象。这个说法似乎不符合逻辑，但分析一下后，此说法也可以成立。例如 ASD.2274（见图 12.512 和图 12.513），从标芯编号看它是半月狗标 4 位数编号的首发。但从曲目内容看，这张唱片都是 Victoria De Los Angeles 在不同歌剧的选段，多数选自 ASD.xxx。比如其中《卡门》（L’Amour Est Un Oiseau Rebelle）选自白金标唱片 ASD 331-3（盒编号为 SLS 755），因此也可以视为再版唱片。在后面的唱片版本中，类似这样的情况比较多，就不再一一列举。

图 12.508　ASD.2251 唱片的半月狗标

图 12.509　ASD.2251 唱片封套

图 12.510　ASD.2455 的半月狗标

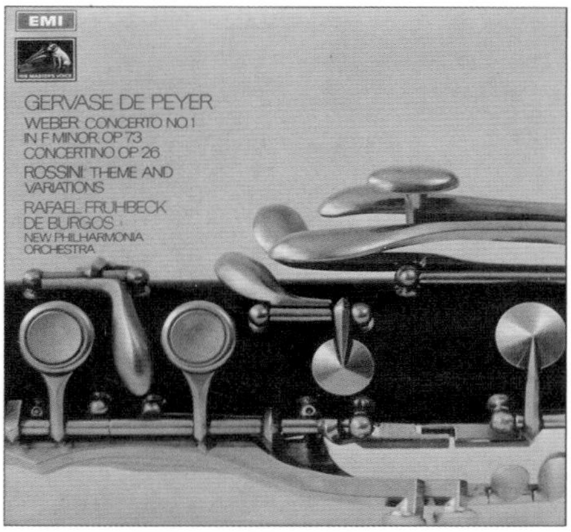

图 12.511　ASD.2455 唱片封套

图 12.512　ASD.2274 唱片的半月狗标

图 12.513　ASD.2274 唱片封套

3. 无圈彩色邮票狗标（Colored Stamp）

无圈彩色邮票狗标是 EMI HMV ASD 系列的第 3 个立体声标芯。发行的时间为 1969—1972 年。无圈彩色邮票狗标仍然是大红底色，版面设计与 COLUMBIA 的神奇音符标芯完全一样，不同的是矩形小框内印有彩色留声机与小狗。标志两侧有九条白色的细线装饰。唱片孔的左边印有“STEREO”字样，右边印有唱片编号。白色“EMI”字样和制造国“MADE IN GT.BRITAIN”印在 6 点钟的位置。

无圈彩色邮票狗标唱片的编号为 ASD 2457（见图 12.514 和图 12.515）、ASD 2458、ASD 2800、ASD 2802、ASD 2809、ASD 2810、ASD 2812（见图 12.516 和图 12.517）。其中的断号 ASD 2801 是 EMI 旋律版。另外还有无圈彩色邮票狗标唱片前后的跳号 ASD 2423、ASD 2457、ASD 2460、ASD 2469、ASD 2476。如果彩色邮票狗标唱片（除了跳号）的编号数小于 ASD 2457，皆为再版唱片。

无圈彩色邮票狗标唱片的封套标志是红底色、白字“EMI”和彩色邮票“留声机与小狗”图标组合而成的，位于封面的左上角。

图 12.514　ASD 2457 唱片的无圈彩色邮票狗标

图 12.515　ASD 2457 唱片封套

图 12.516　ASD 2812 唱片的无圈彩色邮票狗标

图 12.517　ASD 2812 唱片封套

4. 黑白邮票狗标（Black and White Stamp）

黑白邮票狗标是 EMI HMV ASD 系列的第 4 个立体声标芯。发行的时间为 1972—1979 年。黑白邮票狗标与彩色邮票狗标大同小异，不同的是标志的矩形小框内印有黑白留声机与小狗，标芯的外缘增加了一道白色圆环。中后期把制造国“MADE IN GT.BRITAIN”移至 4 点钟的位置。

早期黑白邮票狗标唱片封套标志与彩色邮票狗标唱片封套的标志一样，后期的标志把“EMI”字样和彩色留声机与小狗图标融为一体，并印在封面的左上角。

黑白邮票狗标唱片的编号为 ASD xxxx。编号大概从 ASD.2808 开始（见图 12.518 和图 12.519），到 ASD 3825 结束（见图 12.520 和图 12.521）。黑白邮票狗标发行的唱片有首版唱片，也有再版唱片。黑白邮票狗标唱片有非常大的发行量，涵盖的音乐内容也非常丰富，所以市场的价格相对比较低。

图 12.518　ASD.2808 唱片的黑白邮票狗标

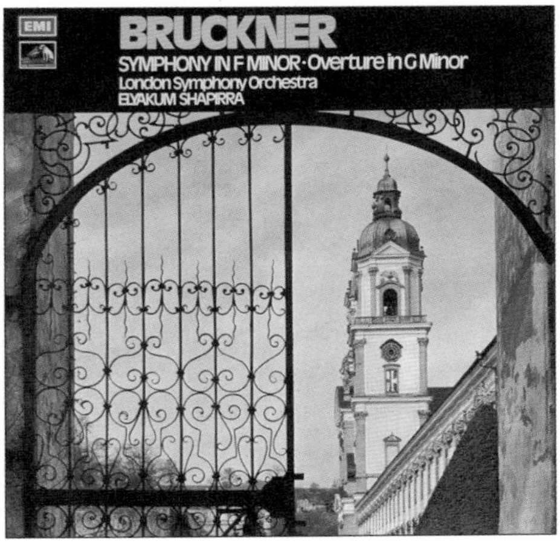

图 12.519　ASD.2808 唱片封套

图 12.520　ASD 3825 唱片的黑白邮票狗标

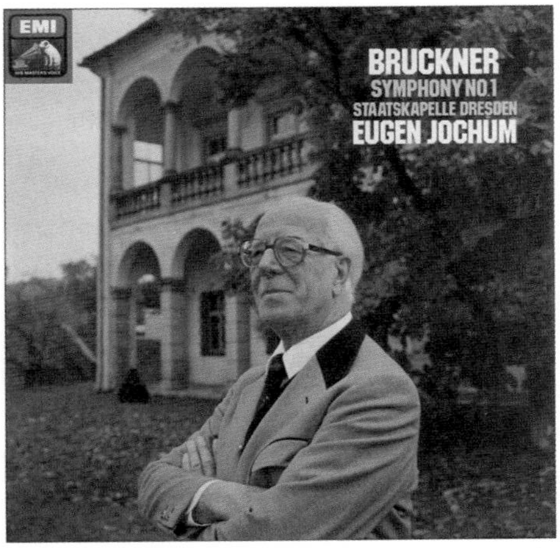

图 12.521　ASD 3825 唱片封套

20 世纪 70 年代初，黑白邮票狗标还发行了“STEREOPHONIC/QUADRAPHONIC”的四声道录音，邮票狗标志上方印有“SQ”组成的图标，在标芯 9 点钟的位置印有“QUADRAPHONIC”字样，为了强调四声道录音，还在唱片编号 ASD xxxx 前加上了“Q4”(见图 12.522)。唱片封套在右上角标注了“SQ”的标志，强调 SQ 的录音方式(见图 12.523)。

“STEREOPHONIC/QUADRAPHONIC”是 EMI 公司在 1972 年投入巨资研发的四声道录音方式，该技术似乎与 DECCA 的 4 声道录音技术有着相同的命运。在坚持了近 10 年之后最终还是因为硬件厂家对“STEREOPHONIC/QUADRAPHONIC”录音技术的淡漠而黯然退出市场。

在 20 世纪 70 年代后期发行的四声道录音唱片，标芯上取消了邮票狗标志上端的“SQ”图标，9 点钟位置的“QUADRAPHONIC”字样移至 3 点钟的位置，标注为“STEREOPHONIC/QUADRAPHONIC”，唱片编号前的“Q4”也取消了(见图 12.524)。唱片封套右上角的“SQ”标志也取消了(见图 12.525)。

图 12.522　Q4ASD.3065 唱片的标芯

图 12.523　Q4ASD.3065 唱片封套

图 12.524　ASD.3209 唱片的标芯

图 12.525　ASD.3209 唱片封套

后期的黑白邮票狗标唱片中已经有了数字录音唱片，标芯的黑白邮票狗上面增加了留声机小狗和“DIGITAL”组合的数字录音三角形标志（见图 12.526）。唱片封套的标志没有改变，也是在唱片封套右上角添加了留声机小狗和“DIGITAL”组合的数字录音三角形标志（见图 12.527）。

图 12.526　ASD 3804 唱片的标芯

图 12.527　ASD 3804 唱片封套

5. 有圈彩色邮票狗标（Colored Band）

有圈彩色邮票狗标是 EMI HMV ASD 系列的第 5 个立体声标芯。有圈彩色邮票狗标与黑白邮票狗标的版面设计基本一样，不同的是有圈彩色邮票狗标标志的矩形邮票框内印有彩色留声机与小狗。有些用“THE UK BY EMI”替换了“MADE IN GT.BRITAIN”。有圈彩色邮票狗标唱片的编号为 ASD xxxx。编号大概从 ASD 3802 开始（见图 12.528），到 ASD 3994 结束，还有后期的跳号 ASD 4008、ASD 4015、ASD 4022、ASD 4031、ASD 4046、ASD 4054、ASD 4058(其中有些断号是 EMI/ 旋律编号插入所致）。有圈彩色邮票狗标唱片的发行时间为 1980—1981 年。在黑白邮票狗标和有圈彩色邮票狗标两个标芯之间有一段交叠期，也就是说有些黑白邮票狗标唱片的发行时间迟于有圈邮票彩色狗标唱片，反之有些有圈邮票彩色狗标唱片早于黑白邮票狗标唱片，比如有圈彩色邮票狗标唱片的第一张 ASD 3802 与黑白邮票狗标唱片的最后一张 ASD 3811 就是典型的例子。

有圈彩色邮票狗标唱片封套的标志与后期黑白邮票狗标唱片相同（见图 12.529）。

ASD 3994 是最后一张有圈彩色邮票狗标唱片，同时还是数字录音唱片。数字有圈彩色邮票狗标与有圈彩色邮票狗标的版面设计基本一样。只是在标志的矩形邮票框上方加了一个“留声机小狗”图案和“DIGITAL”组成的数字录音三角形标志（见图 12.530）。

数字有圈彩色邮票狗标唱片的封套设计与有圈彩色邮票狗标唱片的封套设计基本一样，只是在封套右上角添加了“留声机小狗”和“DIGITAL”组合的数字录音三角形标志（见图 12.531）。

图 12.528　ASD 3802 唱片的有圈彩色邮票狗标

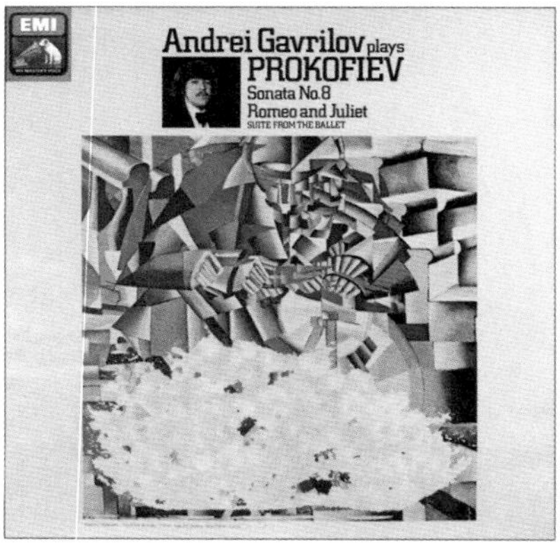

图 12.529　ASD 3802 唱片封套

图 12.530　ASD 3994 唱片的数字有圈彩色邮票狗标

图 12.531　ASD 3994 唱片封套

有圈彩色邮票狗标唱片也发行过四声道录音唱片，标芯 3 点钟位置印有“STEREOPHONIC/QUADRAPHONIC”字样（见图 12.532），唱片封套设计没有改变（见图 12.533）。

图 12.532　ASD 3901 唱片的有圈彩色邮票狗标

图 12.533　ASD 3901 唱片封套

有圈彩色邮票狗标唱片的编号为 ASD 3984（见图 12.534 和图 12.535）本应属于首发唱片的编号，但从 1965 年的录音时间看又属于半月狗标唱片的范畴，但在半月狗标唱片的目录中又没有此录音唱片，经查证 ASD 3984 来自 Columbia SAX.2564（见图 12.536 和图 12.537）。

图 12.534　ASD 3984 唱片的有圈彩色邮票狗标

图 12.535　ASD 3984 唱片封套

图 12.536　Columbia SAX.2564 唱片的标芯

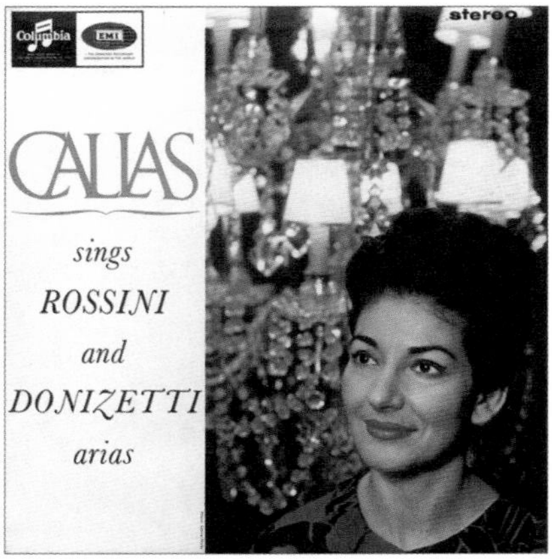

图 12.537　Columbia SAX.2564 唱片封套

6. 大狗标（Large Dog Label）

大狗标是 EMI HMV ASD 系列的第 6 个立体声标芯，标芯的版面又进行了较大幅度的改动。半圆彩色留声机和小狗的商标占满了标芯上半部。黄色的“HIS MASTER’S VOICE”字样置于半圆商标的顶部。6 点钟的位置是黑底白色的“EMI”字样的图标。“THE UK BY EMI”字样印在标芯 8 点钟或 4 点钟的位置。大狗标唱片编号是 ASD xxxx，编号大概从 ASD 3955 开始（见图 12.538 和图 12.539），到 ASD 4160 结束。大狗标与有圈彩色邮票狗标有一段交叠期。英国本土大狗标唱片的发行时间为 1980—1982 年，大部分由德国发行。

大狗标唱片封套的标志与有圈彩色邮票狗标唱片封套相同。

图 12.538　ASD 3955 唱片的大狗标

图 12.539　ASD 3955 唱片封套

数字录音的大狗标（Digital Large Dog Label）标芯的版面与大狗标相同，只是在标芯 8~9 点钟的位置加上了“DIGITAL RECORDING”字样（见图 12.540）。

数字录音的大狗标唱片封套的标志与大狗标唱片封套的标志基本相同，只是在商标的下方增加了“DIGITAL”字样，以明示此唱片为数字录音唱片（见图 12.541）。

图 12.540　数字录音大狗标

图 12.541　数字录音大狗标唱片封套

7. EMI 旋律标（旋律狗标，EMI Melodiya Label）

英国 EMI 公司与苏联 Melodiya 公司独家签约古典唱片和民间唱片的发行权，发行的时间大概为 1965—1985 年。在英国采用“Melodiya/His Master’s Voice”标签发行唱片。

EMI 旋律标同样采用大红底色，白色线描旋律的商标和留声机小狗商标并列印在标芯上方。“MADE IN GT.BRITAIN”字样印在 12 点钟的位置。白字的“EMI”商标印在 6 点钟的位置。唱片孔的左侧印有“STEREO”字样，右边印有唱片编号和发行年份。一些重要的录音都将 EMI 旋律标放在 EMI 的 ASD 系列唱片中，这也是 ASD 系列唱片常常出现断号的主要原因。EMI 旋律标唱片的 ASD 编号大概从 ASD 2406 开始（见图 12.542 和图 12.543），到 ASD 4381 结束（见

图 12.544 和图 12.545），中间与 EMI 原厂录音交错断号。发行时间为 1965—1981 年（这里指 ASD 系列中的 EMI 旋律标唱片）。

EMI 旋律标唱片的封套自然也是一并设置两家公司的商标。Melodiya 在封套上的商标与标芯不同，用的是俄文“мелодия”“USSR”“MELODIYA”的字样依次上下排列组合的。

图 12.542　ASD 2406 唱片的 EMI 旋律标

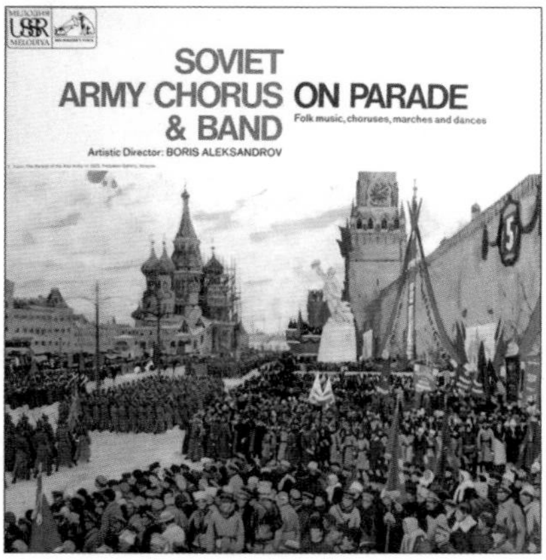

图 12.543　ASD 2406 唱片封套

图 12.544　ASD 4381 唱片的 EMI 旋律标

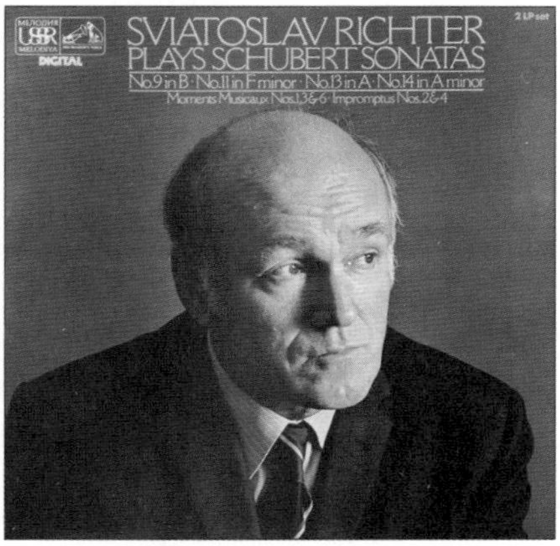

图 12.545　ASD 4381 唱片封套

EMI 旋律标在 ASD 系列中也出现过再版唱片的标芯设计（见图 12.546、图 12.547、图 12.548 和图 12.549）。不过这种情况并不多。

EMI 旋律标在 ASD 系列中后期，出现过如 ASD xxxxxxx 的 7 位数字的唱片编号，这个编号多为套装歌剧唱片使用（见图 12.550 和图 12.551）。

EMI 旋律标除了主系列 ASD 外，还有 EL 系列、SXLP 系列、EMD 系列、SAN 系列（见图 12.552、图 12.553、图 12.554 和图 12.555）。

图 12.546　ASD.3010 唱片的 EMI 旋律标

图 12.547　ASD.3010 唱片封套

图 12.548　ASD 3010 唱片的 EMI 旋律标

图 12.549　ASD 3010 唱片封套

图 12.550　ASD 1651121 唱片的 EMI 旋律标

图 12.551　ASD 1651121 唱片封套

图 12.552　EL 2703381 唱片的 EMI 旋律标

图 12.553　SXLP.30234 唱片的 EMI 旋律标

图 12.554　EMD 5513 唱片的 EMI 旋律标

图 12.555　SAN.270 唱片的 EMI 旋律标

8. HMV CSD 系列标芯

EMI 公司 HMV ASD 系列的内容是以古典音乐为主的，而 CSD 系列的音乐范畴比较广，除了古典音乐还包含有爵士音乐、轻音乐、通俗音乐。HMV CSD 的标芯设计有些类似于 ASD 的标芯设计。

绿金标（Green-Gold Label）是 CSD 的第 1 个标芯（见图 12.556）。绿金标与 ASD 白金标一样，只是将底色换为粉绿色。唱片编号为 CSD.xxxx，发行的时间为 1958—1964 年。

绿金标唱片封套的标志与 ASD 白金标唱片封套基本相同（见图 12.557）。

HMV CSD 的第 2 个标芯是黑标（Black Label）（见图 12.558），黑标为黑底色，银色文字。留声机小狗的邮票标志是由黑色与橘红色露白构成的，尺寸要比邮票狗小一些。转速和“STEREO”字样分别印在留声机小狗标志的两侧。黑标最突出的是位于唱片孔上方橘红色的大字“HIS MASTER’S VOICE”。黑标唱片的唱片编号还是 CSD.xxxx。

HMV CSD 黑标唱片封套的标志是黑白邮票狗，位置在唱片封套封面的左上角（见图 12.559）。

图 12.556　绿金标

图 12.557　绿金标唱片封套

图 12.558　CSD.1530 唱片的黑标

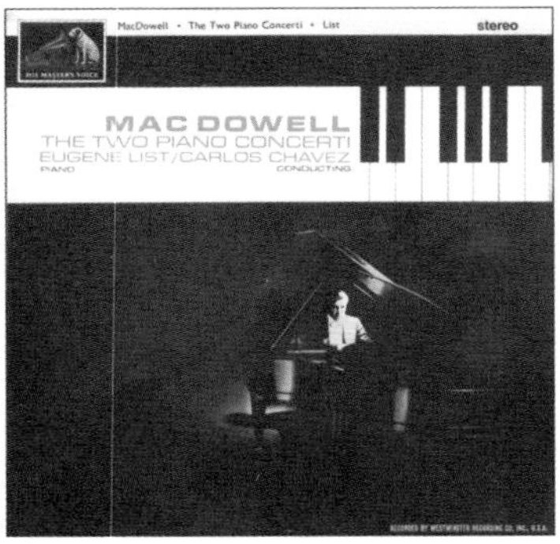

图 12.559　CSD.1530 唱片封套

HMV CSD 的第 3 个标芯是绿色邮票狗标（Green Label Dog in Stamp）。标芯的版面设计和 ASD 的邮票狗标完全一样。只是将标芯底色改为深绿色，银色文字（见图 12.560）。留声机小狗的标志和“EMI”商标是白色的。绿色邮票狗标唱片的唱片编号还是 CSD.xxxx。

HMV CSD 绿色邮票狗标唱片封套的标志与半月狗标唱片封套的标志相同，位置在唱片封套的左上角（见图 12.561）。

图 12.560　CSD.3756 唱片的绿色邮票狗标

图 12.561　CSD.3756 唱片封套

HMV CSD 绿色邮票狗标唱片与 ASD 邮票狗唱片的情况一样，也发行了四声道录音唱片（见图 12.562）。

HMV CSD 绿色邮票狗票唱片封套的标志和后期黑白邮票狗标封套标志相同，位置也在唱片封套封面的左上角（见图 12.563）。

图 12.562　CSD 3781 唱片的绿色邮票狗标（四声道）

图 12.563　CSD 3781 唱片封套

HMV CSD 系列的第 4 个标芯与 ASD 有圈彩色邮票狗标版面设计相同，只是 HMV CSD 系列的唱片编号不同（见图 12.564）。

HMV CSD 有圈彩色邮票狗标唱片封套的标志和后期黑白邮票狗标唱片封套标志基本相同，只是标志为黑白色。标志的位置也在唱片封套封面的左上角（见图 12.565）。

图 12.564　CSD.3656 唱片的有圈彩色邮票狗标

图 12.565　CSD.3656 唱片封套

HMV CSD 系列的第 5 个标芯大狗标与 ASD 系列的大狗标唱片相同（见图 12.566）。封套标志沿用 HMV CSD 系列第 4 个标芯唱片的封套标志（见图 12.567）。

HMV CSD 系列大狗标唱片也有四声道录音唱片（见图 12.568）。封套标志与无圈彩色邮票狗标唱片的封套标志一样（见图 12.569）。

图 12.566　CSD 3740 唱片的大狗标

图 12.567　CSD 3740 唱片封套

图 12.568　CSD 3768 唱片的标芯

图 12.569　CSD 3768 唱片封套

9. HMV ANGEL SAN 系列标芯

EMI 的 HMV 另一个重要系列就是 ANGEL SAN 系列。ANGEL SAN 系列以发行声乐类的音乐为主，包括歌剧、合唱、清唱及艺术歌曲等。因为发行歌剧唱片，因此 ANGEL SAN 系列的唱片盒装居多，唱片的编号为 SAN.xxx。

ANGEL SAN 系列唱片的第 1 个标芯是白天使狗标（White Angel Dog）（见图 12.570）。标芯是亚金底色，白色留声机小狗为剪影，位于唱片孔的上方，标志的上方围着半圆形黑色“HIS MASTER’S VOICE”字样。白色剪影天使图形和“ANGEL”“SERIES”组成的标志印在标芯下方，“MADE IN GT.BRITAIN”字样印在其下。白天使狗标唱片的编号为 SAN.xxx，从 SAN.101 开始至 SAN.203 结束。

白天使狗标唱片封套商标是椭圆剪影的留声机小狗标志与“HIS MASTER’S VOICE”字样

组合的标志，位于封套封面的左上角，还有黑色线描的天使与“ANGEL”“SERIES”字样组成的标志印在封套封面的左下方（见图 12.571）。

图 12.570　SAN.137 的白天使狗标

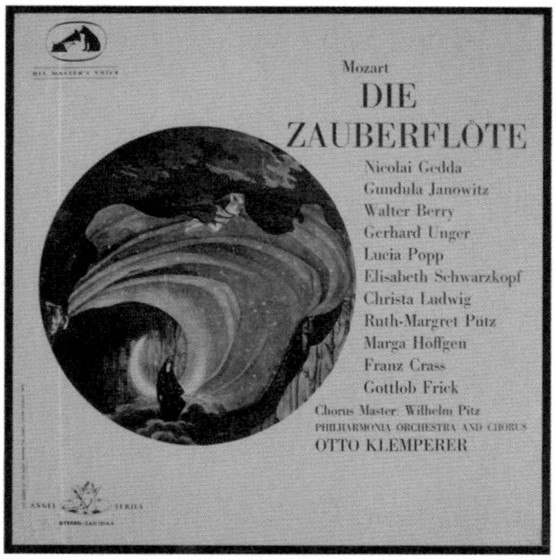

图 12.571　SAN.137 白天使狗标唱片封套

喜爱歌剧的朋友不会不知道意大利美声歌剧复兴的代表人物——美籍希腊女高音之神卡拉斯。EMI 公司在 1964 年为卡拉斯录制歌剧全剧《卡门》，除了发行标准版本之外，还特别制作发行了豪华版本，唱片也是特别设置的独立编号：SDAN.143/144/145。标芯也制作了特别的白天使红狗标（White Angel Red Dog）版本（见图 12.572）。EMI 公司为这套唱片制作了大红皮革封套，为了凸显卡拉斯的名头，唱片封套封面连公司的相关信息也舍弃了，封面上只印有“THE CALLAS CARMEN”的烫金大字（见图 12.573）！

图 12.572　SDAN.143 唱片的白天使红狗标

图 12.573　SDAN.143 唱片封套

HMV ANGEL SAN 系列唱片的第 2 个标芯是黑天使标（Black Angel）（见图 12.574）。该标芯为亚金底色，黑色剪影天使图形移至 12 点钟的位置。彩色的留声机小狗标志恢复了邮票狗的设计，“ANGEL”“SERIES”字样位于邮票狗标志左右两侧。“MADE IN GT.BRITAIN”印在 7~8 点钟的位置。黑底的“EMI”标志印在标芯下方。编号为 SAN.xxx，从 SAN.204 开始至 SAN.290 结束。

HMV ANGEL SAN 系列黑天使标唱片封套的商标与 ASD 系列半月狗标唱片封套商标相同，位置也在封套封面的左上角（见图 12.575）。

图 12.574　SAN.244 唱片的黑天使标

图 12.575　SAN.244 唱片封套

HMV ANGEL SAN 系列唱片的第 3 个标芯是黄标（见图 12.576）。因为标芯的底色为黄色，故称为黄标。黄标的版面设计与黑天使标基本一样，只是底部小字只剩下“MADE IN GT.BRITAIN”字样。黄标唱片编号为 SAN.xxx，从 SAN.291 开始至 SAN.472 结束。

ANGEL SAN 系列黄标唱片封套的标志与黑天使标唱片封套标志相同，位置也在封套封面的左上角，但也有置于右上角的情况（见图 12.577）。

图 12.576　SAN 316 黄标

图 12.577　SAN 316 唱片封套

10. 绿袖标（Green sleeve）

绿袖标是白绿底色，红底彩色留声机小狗商标印在标芯上方，商标下方印有白色的“HMV GREENS LEEVE”字样。制造国信息印在 5 点钟的位置（见图 12.578）。绿袖标唱片编号为 ESD.xxxx，发行的都是再版唱片。

绿袖标唱片的封套标志与 ASD 有圈彩色邮票狗标唱片的封套标志相同。另外，绿袖标唱片封套的上方印有一条约 2cm 高的绿色带，色带右边印有“HMV GREENSLEEVE”字样（见图

12.579）。

EMI 发行的 HMV 绿袖标唱片也有采用四声道录音的（见图 12.580）。唱片封套与绿袖标唱片的封套标志相同（见图 12.581）。

图 12.578　HMV 绿袖标

图 12.579　HMV 绿袖标唱片封套

图 12.580　HMV 绿袖标（四声道录音）

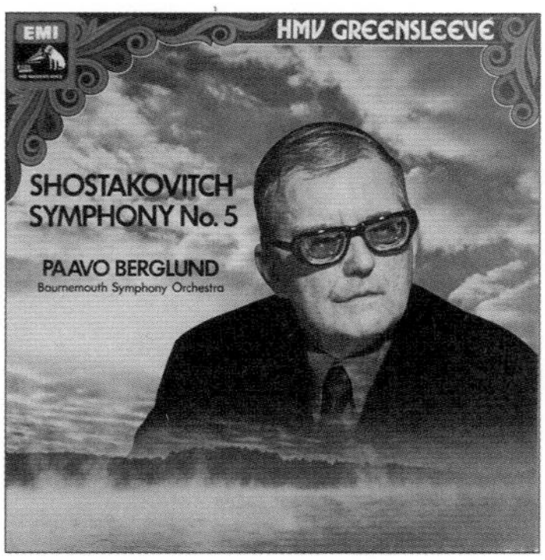

图 12.581　四声道 HMV 绿袖标唱片封套

因为发行的绿袖标唱片多数都是再版唱片，所以也有旋律与 EMI 标志唱片（见图 12.582）。发行的 ESD 系列唱片除了绿袖标外，还有与大狗标芯一样的唱片（见图 12.583）。

图 12.582　标芯同时有旋律与 EMI 标志

图 12.583　ESD 系列大狗标芯

绿袖标数字录音唱片，在标芯唱片孔的左侧印有黑白的留声机小狗与“DIGITAl”组合的数字录音三角形标志（见图 12.584）。唱片封套的标志是 EMI 留声机小狗，下面加上了“DIGITAL”字样（见图 12.585）。

图 12.584　数字录音唱片的绿袖标

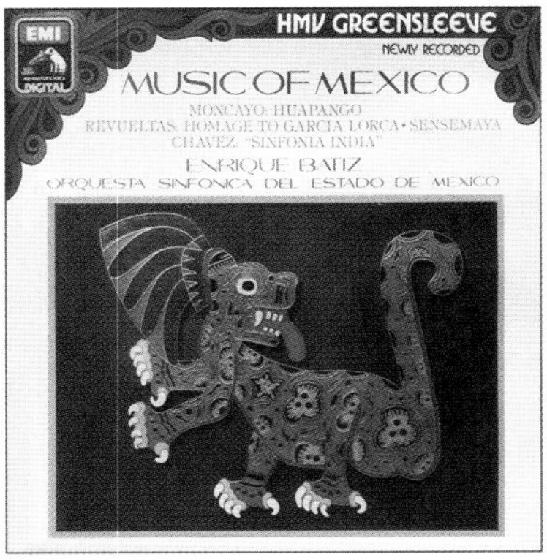

图 12.585　绿袖标的数字录音唱片封套

11. HMV HQS 系列标芯

EMI HQS 系列的第 1 个标芯类似于 CSD 系列中的黑标，也是黑底色，银色文字。留声机小狗的邮票标志是由黑色与橘红色露白构成的，尺寸要比邮票狗小一些。转速和“STEREO”的字样分别印在留声机小狗的两侧。黑标最突出的是位于唱片孔上方橘红色的大字“HIS MASTER’S VOICE”（见图 12.586）。HQS 系列黑标的唱片编号是 HQS.xxxx。

HMV HQS 黑标唱片封套的商标是黑白单色 EMI 留声机小狗组合的标志。标志的位置在封套封面的左上角（见图 12.587）。

HMV HQS 系列的第 2 个标芯为酒红邮票狗标，酒红底色，银色文字（见图 12.588）。HQS 酒红邮票狗标唱片的唱片编号是 HQS.xxxx。HQS 酒红邮票狗标唱片的封套标志与 HQS 黑标唱片封套标志相同（见图 12.589）。

图 12.586　HQS 黑标

图 12.587　HQS 黑标唱片封套

图 12.588　HQS 酒红邮票狗标

图 12.589　HQS 酒红邮票狗标唱片封套

EMI 的 HMV HQS 系列的第 3 个标芯是酒红彩色邮票狗标，酒红底色，银色文字（见图 12.590）。HQS 酒红彩色邮票狗标的唱片编号是 HQS.xxxx。HQS 酒红彩色邮票狗标的唱片封套只有黑色的 EMI 小方标（见图 12.591）。

图 12.590　HQS 酒红彩色邮票狗标

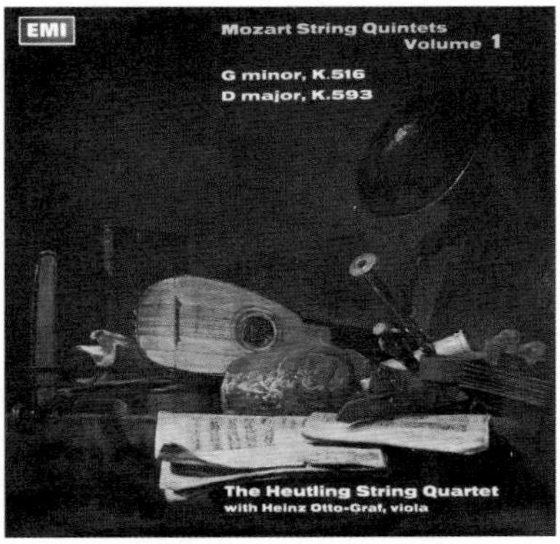

图 12.591　HQS 酒红彩色邮票狗标唱片封套

EMI 的 HMV HQS 系列的第 4 个标芯与大狗标设计相同，HQS 大狗标的唱片编号是 7 位数字，HQS.xxxxxxx（见图 12.592）。HQS 大狗标的唱片封套商标是 EMI 彩色狗标志（见图 12.593）。

图 12.592　HQS 大狗标

图 12.593　HQS 大狗标唱片封套

EMI 的 HMV HQS 系列的大狗标还有数字录音的唱片，HQS 大狗标数字录音的唱片编号同样是 7 位数字，HQS.xxxxxxx(见图 12.594)。HQS 大狗标的数字录音唱片封套标志是 EMI 彩色狗标志下面增加了“DIGITAL”字样（见图 12.595)。

图 12.594　HQS 数字录音唱片的大狗标

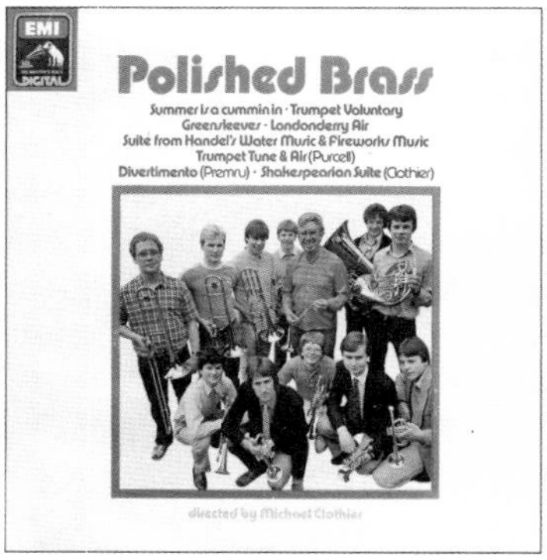

图 12.595　HQS 大狗标的数字录音唱片封套

EMI 的 HQS 系列的第 5 个标芯是旋律标与 EMI 标的组合，标芯底色为酒红色。唱片编号是 HQS.xxxx(见图 12.596)。封套的左上角印有旋律标志与 EMI 留声机小狗组合的标志（见图 12.597)。

图 12.596　HQS 旋律标与 EMI 标组合（HQS.1411)

图 12.597　HQS.1411 唱片封套

12. HMV SXLP 系列标芯

这个系列发行的首版录音唱片比较少，多数发行都是再版唱片，再版唱片发行的内容来源于老系列的经典唱片。HMV CONCERT CLASSICS 系列唱片的编号是 SXLP.xxxxx。

锯齿标（Chevron Label）是 HMV SXLP 系列的第 1 个标芯（见图 12.598)。蓝底色银字，标芯上下有对应的形似锯齿的图案。标芯左边印有“HMV”和“ CONCERT CLASSICS”字样。制造国信息印在 6 点钟的位置。锯齿标唱片的编号为 5 位数，SXLP.xxxxx。

锯齿标唱片的封套商标是黑白单色 EMI 留声机小狗组合的标志，位置在封套封面的左上角(见图 12.599)。

图 12.598　SXLP.30111 唱片的锯齿标

图 12.599　SXLP.30111 唱片封套

EMI 的 HMV SXLP 系列的第 2 个标芯为蓝邮票狗标，深蓝底色，银色文字（见图 12.600）。蓝邮票狗标唱片的唱片编号是 5 位数字，SXLP.xxxxx。蓝邮票狗标的唱片封套标志是 EMI 彩色狗组合标志（见图 12.601）。

EMI 的 HMV SXLP 系列的第 3 个标芯与 ASD 的有圈彩色邮票狗标相同，唱片的编号是 5 位数字，SXLP xxxxx（见图 12.602），唱片封套标志是 EMI 彩色狗组合标志（见图 12.603）。

图 12.600　SXLP.30105 唱片的蓝邮票狗标

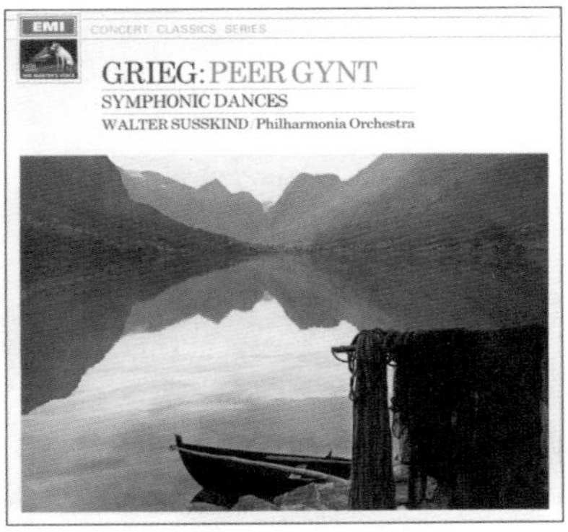

图 12.601　SXLP.30105 唱片封套

图 12.602　SXLP 30540 唱片的有圈彩色邮票狗票

图 12.603　SXLP 30540 唱片封套

EMI 的 HMV SXLP 系列的第 4 个标芯与大狗标设计相同，唱片编号是 5 位数字，SXLP xxxxx(见图 12.604)，唱片封套标志是 EMI 彩色邮票狗标志（见图 12.605）。

图 12.604　SXLP 30194 唱片的大狗标

图 12.605　SXLP 30194 唱片封套

EMI 的 HMV SXLP 系列的第 5 个标芯为旋律白狗标，蓝紫底色，银色文字（见图 12.606）。旋律白狗标唱片的唱片编号是 5 位数字，SXLP.xxxxx。旋律白狗标唱片封套的左上角印有旋律商标 USSR 与 EMI 留声机小狗组合的标志（见图 12.607）。

图 12.606　SXLP.30220 唱片的旋律白狗标

图 12.607　SXLP.30220 唱片封套

EMI 的 YKM 系列的标芯为淡蓝色底色，标芯属于邮票狗标设计。YKM 系列的唱片编号是 4 位数，YKM.xxxx(见图 12.608)，唱片封套标志是 EMI 彩色邮票狗组合标志（见图 12.609）。

EMI 的 EMX 系列的标芯为本白底色，黑红色带 45° 倾斜位于标芯左上方，色带上印有“EMI”“EMINENCE”字样（见图 12.610）。EMX 系列的唱片编号是 4 位数字，EMX xxxx。EMX 系列唱片的封套标志是 EMI 小方标与“EMINENCE”字样组合的标志（见图 12.611）。

13. 其他系列标芯

EMI 的 EMX 系列的标芯有数字录音的版本，标芯设计与模拟录音的 EMX 系列的标芯完全一样，只是在标芯的唱片编号上增加了“DIGITAL”字样（见图 12.612）。EMX 数字录音系列唱片的唱片编号是 4 位数字，EMX xxxx。EMX 系列数字录音唱片的封套标志是 EMI 小方标、“EMINENCE”“DIGITAL”字样组合的标志（见图 12.613）。

图 12.608　YKM.5012 唱片的标芯

图 12.609　YKM.5012 唱片封套

图 12.610　EMX 2004 唱片的标芯

图 12.611　EMX 2004 唱片封套

图 12.612　EMX 2118 唱片的数字录音标芯

图 12.613　EMX 2118 唱片封套

第 10 节 London Records

London Records 隶属英国 Decca 公司，是 Decca 公司于 1947 年在美国设立的分公司。在美国之所以不使用 Decca 商标是因为美国 Kapp 公司早已有 Decca 商标的版权。限于商标权，Decca 公司在美国启用了 London 商标。使用 London 商标的除了美国之外还有加拿大、南美和远东等地区。

London Records 和 Decca 公司相互发行录制的曲目。同期发行相同的录音唱片，多数乐迷会钟情于 Decca 版本。只有极少数唱片是 London Records 单方发行，没有 Decca 版本，这种情况下乐迷才会去购买 London 版本。表 12.11 是 London Records 发行的唱片列表。

表12.11　London Records发行的唱片列表

London Records						
Label	系 列	版 本	压片	发行时间	发行编号	备 注
FFSS Pancake	CS	大伦敦Pancake标		1958年—		
FFSS Grooved	CS	大伦敦标		1958—1964年		
FFRR Grooved	CS	小伦敦标		1964—1967年		
FFRR non-Grooved	CS	小伦敦标		1967—1969年		
FFRR	CS	小伦敦标		1969—1979年		
FFRR（White Label Promo）	CS	小伦敦标（宣传白标）		1970年—		
FFRR（Made in Holland）	CS	小伦敦标（荷兰版）		1970年—		
Blue Label（Made in England）	LDR	数字蓝标	英国	1979—1980年		
Blue Label（Made in Holland）	LDR	数字蓝标	荷兰	1980—1982年		
Silver Label 1 Digital Recording	LDR	数字银标	荷兰	1982—1983年		
Silver Label 2 Digital Recording	LDR 7	数字银标	荷兰	1984年—	411	
Silver Label 3 Digital Recording	LDR 7	数字银标	荷兰	1980年—	417	
FFSS Grooved	OS	大伦敦标	英国	1958—1964年		
FFRR Grooved	OS	小伦敦标	英国	1964—1967年		
FFRR non-Grooved	OS	小伦敦标		1967—1969年		
FFRR	OS	小伦敦标		1969—1979年		

续表

London Records						
Label	系列	版本	压片	发行时间	发行编号	备注
FFRR（White Label Promo）	OS	小伦敦标（宣传白标）		1970年—		
FFRR（Made in Holland）	OS	小伦敦标（荷兰版）		1979年—		
Phase 4 Label 1	Phase 4 STEREO	四相位录音标1				
Phase 4 Label 2	Phase 4 STEREO	四相位录音标2				
Phase 4 Label 3	Phase 4 STEREO	四相位录音标3				
Phase 4 Label 4	Phase 4 STEREO	四相位录音标4				
Phase 4 Label 5	Phase 4 STEREO	四相位录音标5				
Orange Silver Label 1	Treasury	橘银标1				
Orange Silver Label 2	Treasury	橘银标2				
Orange Silver Label 3	Treasury	橘银标3				
Orange Black Label 2	Treasury	橘黑标				

London Records 唱片的 CS 系列和 OS 系列与 Decca 的 SXL 系列与 SET 系列是对应的。London Records 与 Decca 标芯设计也基本一样，最主要的两大区别是标志和底色。标志当然不同。London Records 的 CS 系列标芯的底色是红色的，OS 系列的标芯底色是黑色的。

1. CS 系列标芯

London Records 的 CS 系列的第 1 个标芯是红底色银字，12 点钟的位置是一个由“FFSS”“FULL FREQUENCY STEREOPHONIC SOUND”构成的圆形标志。银宽标上印有“FULL FREQUENCY STEREOPHONIC SOUND”字样。银宽标上方印有花体的“LONDON”字样。标芯 6 点钟位置印有“MADE IN ENGLAND”字样。早期发行的大伦敦标唱片，有凹槽距标芯外缘 4mm 的版本，国外称其为大伦敦 Pancake 标（见图 12.614）。早期大伦敦标唱片封套背面是淡蓝底色，所以被称为蓝背（Blue Back）大伦敦。唱片的编号是 CS.xxxx，发行时间为 1958—1962 年。

大伦敦标唱片的封套封面与对应的 Decca 唱片封套封面有些地方一样，也有些地方不同。早期大伦敦标唱片的封套标志由“FFSS”“FULL FREQUENCY STEREOPHONIC SOUND”“LONDON”字样构成，位于封面的右上角（见图 12.615）。封面的左上角印有变形的“STEREOPHONIC”羊角字标，这是强调立体声的举措。

中后期发行的大伦敦标的凹槽距标芯外缘约 15mm，这就是所谓的大伦敦标（FFSS Grooved）（见图 12.616）。唱片封套的标志简化了，缩小了的“LONDON”“ffrr”及耳朵的图标组合移到向右倾斜的长框内。缩小了的“FULL FREQUENCY STEREOPHONIC SOUND”字样印在框的下方（见图 12.617）。

图 12.614　大伦敦 Pancake 标

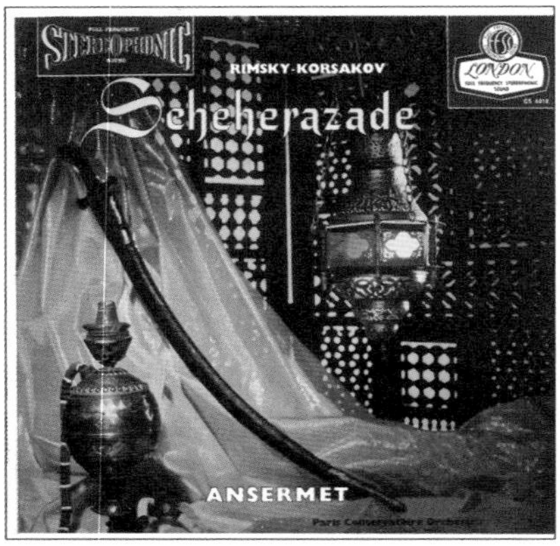

图 12.615　大伦敦 Pancake 标唱片封套

图 12.616　CS 系列大伦敦标

图 12.617　CS 系列大伦敦标唱片封套

CS 系列的第 2 个标芯的设计与第 1 个标芯有些类似，改动的地方主要有 3 处。第 1 处改动是将 6 点钟位置的“MADE IN ENGLAND BY THE DECCA RECORD CO. LTD.”字样移至 12 点钟的位置。第 2 处改动是将大字“LONDON”缩小了并与“ffrr”及耳朵的图标组合到向右倾斜的长框内。缩小了的“FULL FREQUENCY STEREOPHONIC SOUND”字样在框的下方。银色带收窄了，字样也简化为“STEREOPHONIC”。因为保留了凹槽，所以称之为小伦敦标（FFRR Grooved）（见图 12.618），唱片编号是 CS.xxxx，发行的时间为 1964—1967 年。

唱片封套的标志是缩小了的“LONDON”“ffrr”及耳朵的图标组合到向右倾斜的长框内（见图 12.619）。

在 CS 系列的第 2 个标芯唱片的发行期间，还有一个第 2 个标芯的版本。12 点钟位置印有“MADE IN ENGLAND”字样（见图 12.620）。这个标芯是第 2 个标的早期版本，发行时间较短。

CS 系列第 2 个标芯的唱片封套标志沿用的是中后期大伦敦标唱片的封套标志（见图 12.621）。

图 12.618　CS 系列小伦敦标

图 12.619　CS 系列小伦敦标唱片封套

图 12.620　CS 系列另一个版本小伦敦标

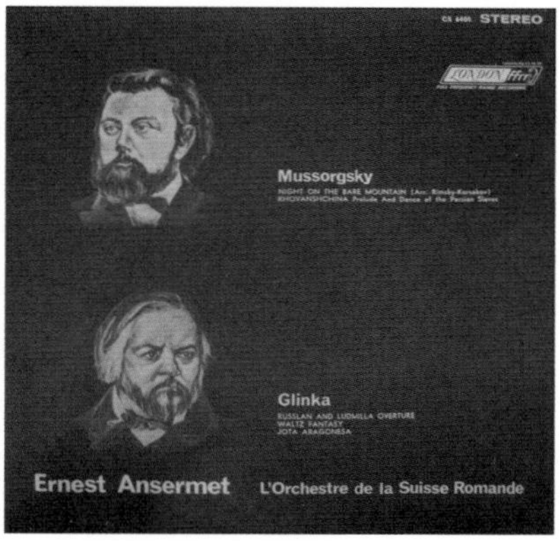

图 12.621　CS 系列另一个版本小伦敦标唱片封套

CS 系列第 3 个标芯的设计与第 2 个标芯相同，只是把凹槽取消了，所以称之为小伦敦标（FFRR non-Grooved）（见图 12.622），唱片编号是 CS xxxx，发行时间为 1967—1969 年。唱片封套标志沿用第 2 个标芯唱片的封套标志，简化到只有“LONDON”字样（见图 12.623）。

图 12.622　小伦敦标（FFRR non-Grooved）

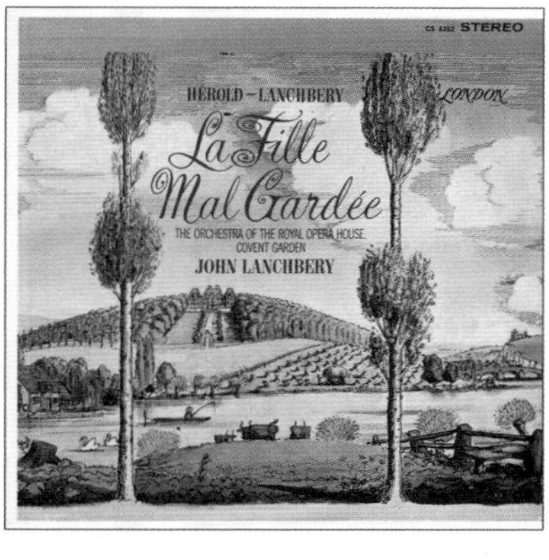

图 12.623　小伦敦标（FFRR non-Grooved）
唱片封套

CS 系列的第 4 个标芯的设计与第 3 个标芯类似，只是把版权声明小字移至标芯外缘上方。把“MADE IN ENGLAND BY THE DECCA RECORD CO. LTD.”字样分别印在了“STEREOPHONIC”银色带上方的左、右侧（见图 12.624），唱片编号是 CS xxxx，发行时间为 1969—1979 年。

唱片封套标志沿用第 2 个标芯唱片的封套标志（见图 12.625）。

图 12.624　CS 系列第 4 个标芯

图 12.625　CS 系列第 4 个标芯唱片封套

荷兰版小伦敦标是 CS 系列的第 5 个标芯，其设计与第 4 个标芯类似，只是把“MADE IN HOLLAND”字样移至标芯 7 点钟的位置。标芯外缘有 5mm 宽的凸边环（见图 12.626）。荷兰版小伦敦标唱片的编号是 CS xxxx，发行时间在 1979 年之后。

CS 系列的第 5 个标芯的唱片封套标志在第 2 个标芯的唱片封套标志基础上增加了蓝红底色框（见图 12.627）。

图 12.626　荷兰版小伦敦标

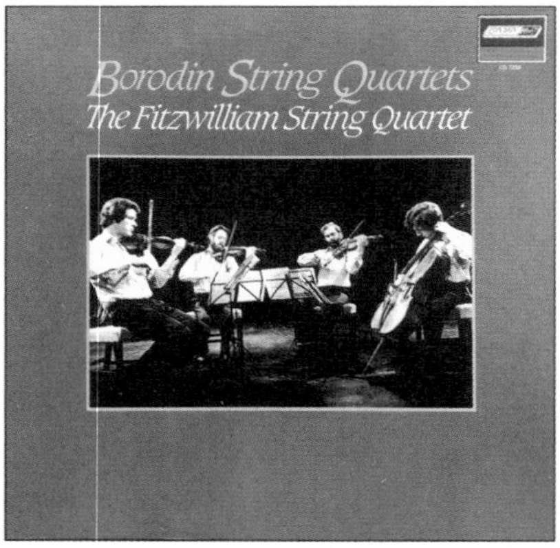

图 12.627　荷兰版小伦敦标唱片封套

2. OS 系列标芯

OS 系列的第 1 个标芯与 CS 系列的标芯设计一样，只是标芯底色为黑色，黑底色银色宽标印有“FULL FREQUENCY STEREOPHONIC SOUND”字样。宽带上方印有花体的“LONDON”字样。6 点钟的位置印有“Made In England”字样。凹槽距标芯外缘 15mm 左右，这就是 OS 大伦敦标（见图 12.628）。唱片编号为 OS.xxxx，发行时间为 1958—1964 年。

OS 大伦敦标唱片的封套与 CS 大伦敦标的唱片封套标志相同（见图 12.629）。

图 12.628　OS 大伦敦标

图 12.629　OS 大伦敦标唱片封套

早期发行的 OS 大伦敦标唱片，有凹槽距标芯外缘是 4mm 的版本，国外也其为 Pancake 标（见图 12.630）。另外，早期 OS 大伦敦标唱片封套背面是淡蓝底色，也称为蓝背大伦敦（见图 12.631）。

OS 系列第 2 个标芯的设计与第 1 个标芯有些类似，改动的地方主要有 3 处。第 1 处改动是将 6 点钟位置的“MADE IN ENGLAND BY THE DECCA RECORD CO. LTD.”字样移至 12 点钟的位置。第 2 处改动是将大字“LONDON”缩小了并与“ffrr”及耳朵的图标组合到长的右斜框内。缩小了的“FULL FREQUENCY STEREOPHONIC SOUND”字样印在框的下方。银色带收窄了，字样也简化为“STEREOPHONIC”。因为保留了凹槽，所以称之为小伦敦标（FFRR Grooved），见图 12.632，唱片编号是 OS xxxx，发行时间为 1964—1967 年。

OS 系列第 2 个标芯唱片的封套标志与 CS 系列第 2 个标芯唱片的封套标志相同（见图 12.633）。

图 12.630　OS 系列大伦敦 Pancake 标唱片

图 12.631　OS 系列大伦敦 Pancake 标唱片封套

图 12.632　OS 系列小伦敦标
（FFRR Grooved）

图 12.633　OS 系列小伦敦标（FFRR Grooved）
唱片封套

在 OS 系列的第 2 个标芯唱片的发行期间，还有另一个第 2 个标芯的版本。12 点钟的位置印有“MADE IN ENGLAND”字样。这个标芯是第 2 个标的早期版本（见图 12.634），发行时间较短。

OS 系列第 2 个标芯唱片的封套标志与 CS 系列第 2 个标芯的唱片封套标志相同（见图 12.635）。

OS 系列第 3 个标芯设计与第 2 个标芯相同，只是把凹槽取消了，所以称之为小伦敦标（FFRR non-Grooved），见图 12.636，唱片编号是 OS xxxx，发行时间为 1967—1969 年。

唱片封套标志与 OS 系列第 2 个标芯的唱片封套标志相同（见图 12.637）。

图 12.634　OS 系列小伦敦标（FFRR Grooved）2

图 12.635　OS 系列小伦敦标（FFRR Grooved）2
唱片封套

图 12.636　OS 系列第 3 个标芯

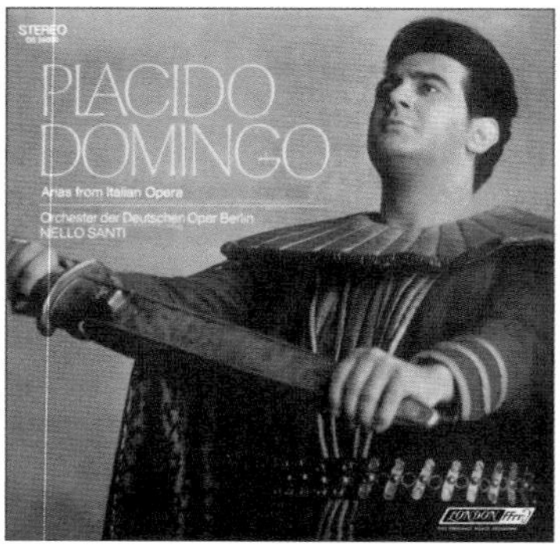

图 12.637　OS 系列第 3 个标芯唱片封套

OS 系列第 4 个标芯设计与第 3 个标芯类似，只是把版权声明小字移至标芯外缘上方。把“MADE IN ENGLAND BY THE DECCA RECORD CO. LTD.”字样分别印在了“STEREOPHONIC”银色带上方的左、右侧（见图 12.638），唱片编号是 OS xxxx，发行时间为 1969—1979 年。

唱片封套标志与 OS 系列第 3 个标芯的唱片封套标志相同（见图 12.639）。

图 12.638　OS 系列第 4 个标芯

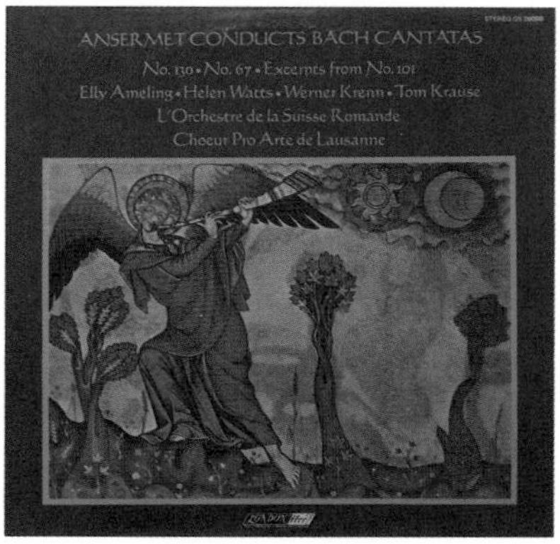

图 12.639　OS 系列第 4 个标芯唱片封套

荷兰版小伦敦标是 OS 系列的第 5 个标芯，其设计简化不少，标志里的“ffrr”、耳朵图及“FULL FREQUENCY STEREOPHONIC SOUND”字样都移除了。另外把“MADE IN HOLLAND”字样移至标芯 7 点钟的位置。标芯外缘有 5mm 宽的凸边环（见图 12.640）。荷兰版小伦敦标唱片的编号是 OS xxxx，发行时间在 1979 年之后。

唱片封套标志与 OS 系列第 4 个标芯的唱片封套标志相同（见图 12.641）。

图 12.640　荷兰版小伦敦标

图 12.641　荷兰版小伦敦标唱片封套

3. 数字录音系列标芯

London Records 于 1979 年起正式使用数字录音系列标芯。这个标芯类似小伦敦标，蓝底色，印有深蓝图标和文字。在小伦敦标志上面印有一个三角形的“LDR”数字录音标志。将银色带改为了两条深蓝色横线（见图 12.642）。数字蓝标唱片的编号是 LDR 1xxxx，发行时间为 1979—1980 年。

London Records 的数字蓝标唱片封套保留了老标志，增加了“LONDON DIGITAL RECORDING”的字样和“LDR”三角形数字录音标志（见图 12.643）。

图 12.642　数字蓝标

图 12.643　数字蓝标唱片封套

London Records的数字蓝标唱片在荷兰发行时有2个标芯。第1个标芯与英国数字蓝标类似，只是将制造地“MADE IN HOLLAND”印在了标芯的 7 点钟位置。标芯外缘有 5mm 宽的凸环（见图 12.644）。

London Records 的数字蓝标荷兰版唱片封套与英国版类似，封套上方改用五条横细线装饰（见图 12.645）。

图 12.644　荷兰版数字蓝标 1

图 12.645　荷兰版数字蓝标 1 唱片封套

London Records 荷兰版数字蓝标的第 2 个标芯有所改动，“LDR”字样加大，置于 12 点钟的位置。伦敦标志缩小了一些。“LONDON DIGITAL RECORDING”字样向中间收紧，两侧用了 5 条蓝线装饰（见图 12.646）。

London Records 荷兰版数字蓝标的第 2 个标芯的唱片封套与第 1 个标芯的唱片封套相同（见图 12.647）。

London Records 数字录音的荷兰版的第 3 个标芯与数字蓝标完全不同。标芯为银底色，外缘有 4 道红色细线的圆环。“LONDON”商标缩小印在了蓝红方标内上方，下面印有“DIGITAL”字样，两侧印有 5 条装饰线。制造地标记“MADE IN HOLLAND”印于 4 点钟的位置（见图 12.648）。这个数字银标唱片的发行时间为 1982—1983 年。

London Records 数字银标唱片封套的标志与标芯标志相同（见图 12.649）。

图 12.646　荷兰版数字蓝标 2

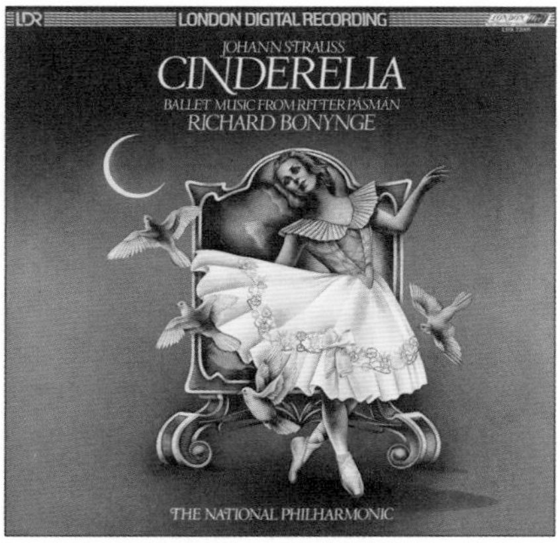

图 12.647　荷兰版数字蓝标 2 唱片封套

图 12.648　数字银标

图 12.649　数字银标唱片封套

到了 1985 年，数字银标唱片与 CD 同步发行，因此也与 CD 使用相同的唱片编号，变成了 7 位数字，即 4xx xxx-1。早期的 7 位数字唱片编号的数字银标唱片与 5 位数字唱片编号的数字银标唱片标芯设计完全一样。1983 年之后对标芯进行小小的改动，即蓝红方标的“DIGITAL”字样两侧的 5 条装饰短线被取消了。7 位数字唱片编号的数字银标唱片编号包括：410 xxx-1（见图 12.650），411 xxx-1（见图 12.652），414 xxx-1（见图 12.654），417 xxx-1（见图 12.656），421 xxx-1（见图 12.658）。

7 位数字的数字银标唱片封套与 Decca 数字银标唱片的封套设计相同，只是商标不同而已，410 xxx-1 唱片编号的唱片封套见图 12.651，411 xxx-1 唱片编号的唱片封套见图 12.653，414 xxx-1 唱片编号的唱片封套见图 12.655，417 xxx-1 唱片编号的唱片封套见图 12.657，421 xxx-1 唱片编号的唱片封套见图 12.659。

图 12.650　410 116-1 唱片的数字银标

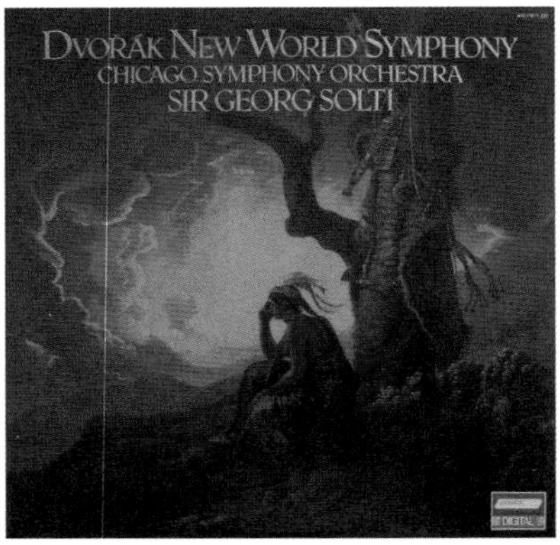

图 12.651　410 116-1 唱片封套

图 12.652　411 974-1 唱片的数字银标

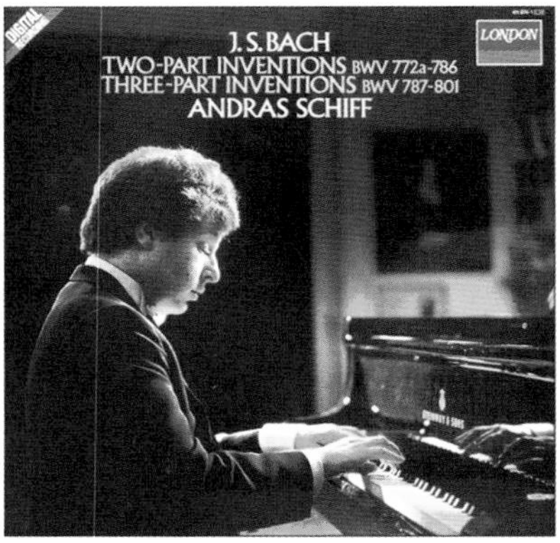

图 12.653　411 974-1 唱片封套

图 12.654　414 192-1 唱片的数字银标

图 12.655　414 192-1 唱片封套

图 12.656 417 325-1 唱片的数字银标

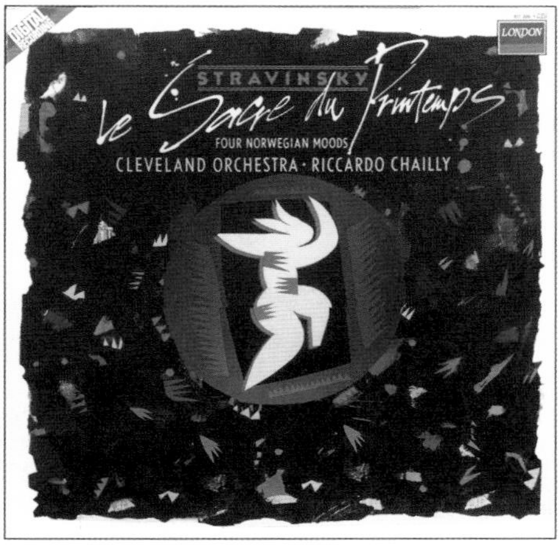

图 12.657 417 325-1 唱片封套

图 12.658 421 179-1 唱片的数字银标

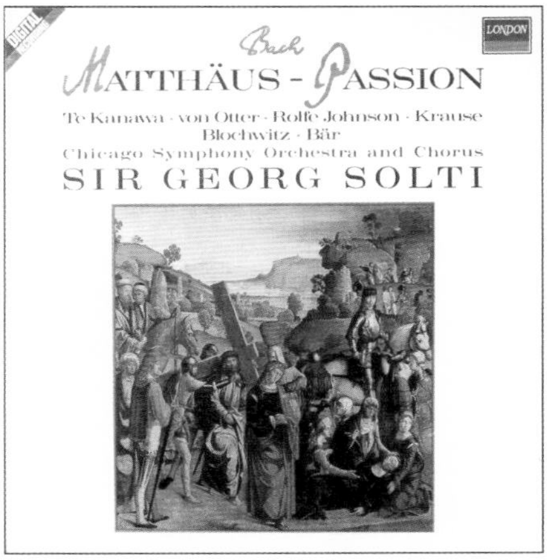

图 12.659 421 179-1 唱片封套

4. 四相位录音系列标芯

London Records 的四相位录音的第 1 个标芯底色是上红下白。11 点钟至 1 点钟的位置印有“MADE IN ENGLAND. THE DECCA RECORD CO. LTD.”字样。下面印有黑色花体大字“LONDON”标志。唱片孔与“LONDON”标志之间印有代表四相位录音的“phase 4444”图标。距标芯外缘 15mm 处有凹槽（见图 12.660）。四相位录音系列的编号为 SPC. xxxxx，发行时间为 1962—1968 年。

London Records 的四相位录音的第 1 个标芯的唱片封套标志较为简洁，即将花体字的“LONDON”置于封套右上角。左上角印有“phase 4 stereo”“CONCERT SERIES”的箭头标志（见图 12.661）。

四相位录音的第 2 个标芯与第 1 个标芯基本相同，只是取消了标芯里的凹槽（见图 12.662）。

唱片编号为 SPC xxxxx，发行时间为 1968—1970 年。唱片封套标志与第 1 个标芯唱片封套标志完全相同（见图 12.663）。

四相位录音的第 3 个标芯底色与前 2 个类似。只是将“MADE IN ENGLAND”“THE DECCA RECORD CO. LTD.”字样移到了唱片孔两侧。将版权声明的字样移至标芯上缘（见图 12.664）。编号为 SPC xxxxx，发行时间为 1970—1972 年。唱片封套的商标与之前相同（见图 12.665）。

图 12.660　四相位录音标芯 1

图 12.661　四相位录音标芯 1 唱片封套

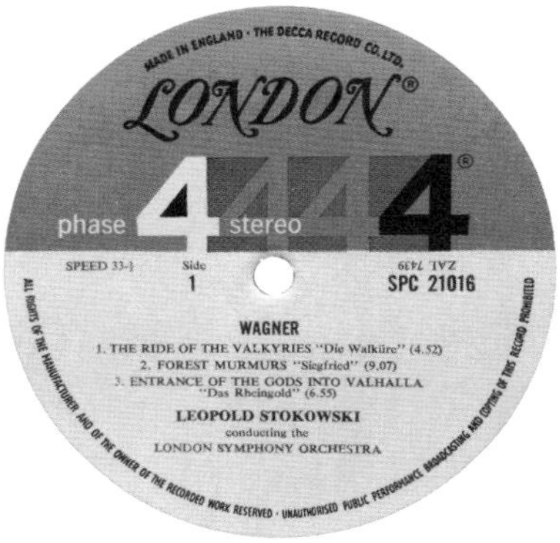

图 12.662　四相位录音标芯 2

图 12.663　四相位录音标芯 2 唱片封套

图 12.664　四相位录音标芯 3

图 12.665　四相位录音标芯 3 唱片封套

四相位录音的第 4 个标芯与第 3 个标芯基本相同，只是将黑色版权声明改为了白字（见图 12.666）。编号为 SPC.xxxxx，发行时间为 1973—1975 年。唱片封套商标有所改动，将“phase 4 stereo”“CONCERT SERIES”“LONDON”字样组合到一个“4”字小方框内（见图 12.667）。

图 12.666　四相位录音标芯 4

图 12.667　四相位录音标芯 4 唱片封套

四相位录音的第 5 个标芯与第 4 个标芯类似，只是将黑色大字“LONDON”改为了白字。在版权声明下面加上了白字“MADE IN ENGLAND. THE DECCA RECORD CO. LTD.”，另外在“4444”的最后一个黑色的“4”字外围加上了白色线框（见图 12.668）。编号为 SPC xxxxx，发行时间为 1976—1977 年。

四相位录音的第 5 个标芯唱片封套标志采用了第 1 个标芯唱片封套的标志设计（见图 12.669）。

图 12.668　四相位录音标芯 5

图 12.669　四相位录音标芯 5 唱片封套

5. Treasury 系列标芯

对应 Decca 的“Ace of Diamonds”系列，London Records 推出了再版的 Treasury 系列。Treasury 系列的第 1 个标芯的底色是橘红色，银色的字和商标。标芯外缘上方印有“MADE

IN ENGLAND BY THE DECCA RECORD CO. LTD.”字样。标志外缘下方印有版权声明信息。“LONDON”商标的下方印有斜体的“STEREO Treasury SERIES”字样。距标芯外缘 15mm 处有一圈凹槽（见图 12.670）。Treasury 系列唱片编号为 STS xxxxx，第 1 个标芯发行时间为 1965 年。

Treasury 系列唱片封套标志与 CS 系列第 2 个标芯唱片封套标志类似，只是把商标下面的小字“FULL FREQUENCY STEREOPHONIC SOUND”更换为“STEREO Treasury SERIES”标志，印在封套的右上角，左上角印有“STEREO”字样和唱片编号，称之为橘银标 1（见图 12.671）。

图 12.670　橘银标 1

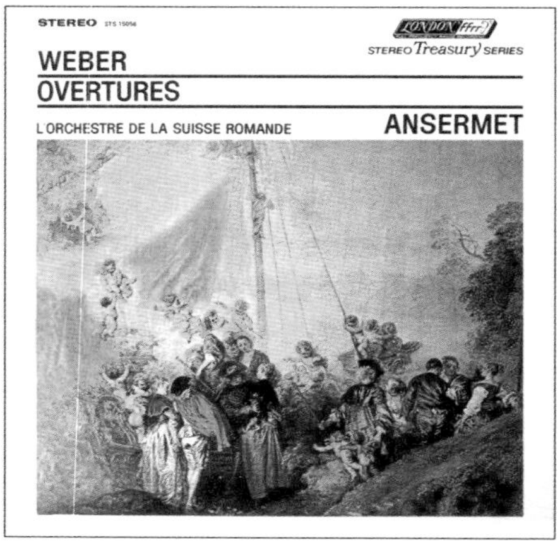

图 12.671　橘银标 1 唱片封套

Treasury 系列的第 2 个标芯与第 1 个标芯基本相同，只是标芯的凹槽被取消了，称之为橘银标 2（见图 12.672）。编号为 STS.xxxxx，发行时间为 1965—1969 年。Treasury 系列的第 2 个标芯的唱片封套与第 1 个标芯的唱片封套相同（见图 12.673）。

图 12.672　橘银标 2

图 12.673　橘银标 2 唱片封套

Treasury 系列的第 3 个标芯版面设计有些改动，将标芯的底色改为了橙红色，将印在外缘下方的版权声明信息样移至上缘，“MADE IN ENGLAND BY THE DECCA RECORD CO.

LTD.”字样略有缩小，印在版权声明信息的下面（见图 12.674），称之为橘银标 3。Treasury 系列的第 3 个标芯唱片发行时间为 1970 年。

Treasury 系列第 3 个标芯的唱片封套与第 1 个标芯的唱片封套类似，“STEREO Treasury SERIES”不是一字横向排列，而是上下排列（见图 12.675）。

图 12.674　橘银标 3

图 12.675　橘银标 3 唱片封套

Treasury 系列的第 4 个标芯与第 3 个标芯版面设计相同，但所有的文字和商标都改为了黑色（见图 12.676），称之为橘黑标。第 4 个标芯唱片的发行时间为 20 世纪 70 年代后期。Treasury 系列第 4 个标芯的唱片封套与第 3 个标芯的唱片封套相同（见图 12.677）。

图 12.676　橘黑标

图 12.677　橘黑标唱片封套

第 11 节 Mercury Records

Mercury Records 是一家美国唱片公司，它在环球音乐集团旗下。在美国，其业务通过 The Island Def Jam Music Group 来经营，在英国，它的业务通过 Virgin EMI Records 来经营。

Mercury Records 于 1945 年在美国芝加哥成立。Mercury Records 出品的音乐偏向爵士乐、蓝调、古典音乐、摇滚乐、乡村音乐。它早期拥有两家工厂，一家位于芝加哥，另一家位于密苏里州圣路易斯市。

1961 年，飞利浦失去与哥伦比亚唱片公司在北美以外地区的分销协议，在与美国唱片公司签署交流协议的过程中，Mercury Records 起到了关键作用。一年后，它被售给联合电子工业公司（Conelco），该公司是菲利普斯的联属公司。

1962 年，Mercury Records 开始销售飞利浦生产的 Mercury 品牌的留声机。它在 1967 年 7 月成为美国第一家发行盒式音乐磁带的唱片公司。表 12.12 是其发行的唱片列表。

表12.12　Mercury Records发行的唱片列表

Mercury Records						
Label	系 列	版 本	压片	发行时间	发行编号	备 注
Maroon Label	SR	棕红银标		1958—1969年	90000	
Light Maroon Label	SR	浅棕红银标		1960年—	90000	
Oval Mercury Label	SR	椭圆标		1969—1970年	90000	
Orange Label	SR	橘红标		1970年—	90000	
Maroon Label Vendor	SR	红棕银标Vendor		1962—1970年	90000	
Gold Label	Broadcast	广播金标		1960年—		
White Label	Broadcast	广播白标		1960年—		
Yellow Label	Broadcast	广播黄标		1960年—		
White Label	Promotional	宣传白标		1960年—		
Yellow Label	Promotional	宣传黄标		1960年—		
Blue Label	Golden Imports	蓝标		1970年—		

Mercury Records 的第 1 个立体声标芯是棕红银标（Maroon Label）（见图 12.678）。棕红银标的底色为棕红色，银字银商标，12 点钟位置印有“MERCURY”字样，下面印有“STEREO”字样。6 点钟的位置印有水星的标志，标志两侧分别印有“LIVING PRESENCE”“HIGH FIDELITY”字样。距离外缘 15mm 处有一道凹槽。水星棕红银标唱片发行时间为 1958—1969 年，唱片编号为 SR 9xxxx（盒装唱片的编号为 SR 3-9xxxx）。Mercury Records 初期的唱片

压制是由美国 RCA 代工制作的，如果在唱片内圈靠近标芯处的钢模编号印有“FR”字样（见图 12.680），这就是 RCA 公司代工生产的唱片。

水星棕红银标的唱片封套上部印有粗体大字“STEREO”字样，在“STEREO”字样的“T”字的腰部印有红色“HI-FI”字样（见图 12.679）。水星的椭圆标志和印有“MERCURY LIVING PRESENCE”字样的色带在封套的右上角。封套的背面是彩色印刷，这就是我们俗称的水星“背彩”（见图 12.681）。

图 12.678　水星棕红银标

图 12.679　水星棕红银标唱片封套

图 12.680　唱片内圈靠近标芯处的钢模编号印有“FR”字样

图 12.681　水星棕红银标唱片封套背面是彩色印刷

水星棕红银标还有一个标芯，在标芯最底部印有两排小字，左边是“MERCURY RECORD CORPORATION”，右边是“Product of Mercury Record Productions，Inc.”（见图 12.682）。水星这个标芯的唱片发行时间在 1960 年之后，发行数量较少。唱片封套印有粗体大字“STEREO”字样，也有 35mm 电影胶片封头的设计（见图 12.683）。

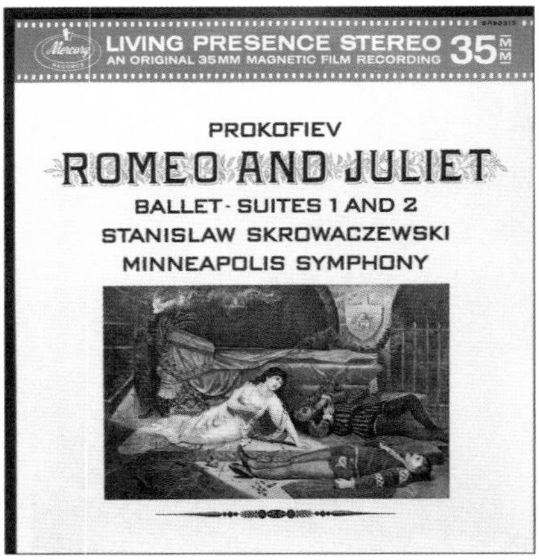

图 12.682　水星棕红银标另一个标芯　　图 12.683　水星棕红银标另一个标芯唱片封套

水星棕红银标还有一个极为少见的标芯，这一版本标芯的“MERCURY”字样下面的“STEREO”字样被移除，在唱片孔的左侧增加了小字的“STEREO”（见图 12.684）。唱片封套没有什么区别（见图 12.685）。

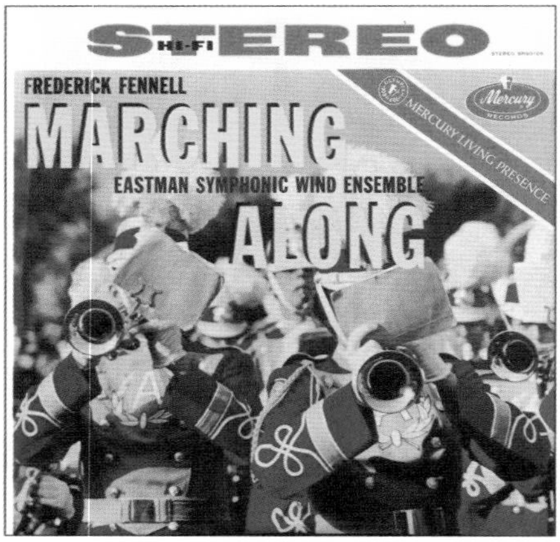

图 12.684　水星棕红银标的罕见版本　　图 12.685　水星棕红银标的罕见版本唱片封套

Mercury Records 的第 2 个立体声标芯是红银标（Red Silver Label）（见图 12.686）。红银标的标芯设计与棕红银标设计一样。水星红银标唱片发行时间在 1960 年之后。唱片编号为 SR 9xxxx。

水星红银标的唱片封套与水星棕红银标唱片封套没有差别（见图 12.687），只是封套的背面印刷改为了黑白色。

图 12.686　水星红银标

图 12.687　水星红银标唱片封套

Mercury Records 的第 3 个立体声标芯是浅棕红银标。浅棕红银标的标芯设计有所改动。椭圆标志在 12 点钟的位置，标芯下方保留了“LIVING PRESENCE”“HIGH FIDELITY”字样（见图 12.688）。发行时间为 1969—1970 年，唱片编号为 SR 9xxxx。唱片封套设计类似于第 2 个标芯的封套设计（见图 12.689）。

图 12.688　水星浅棕红银标

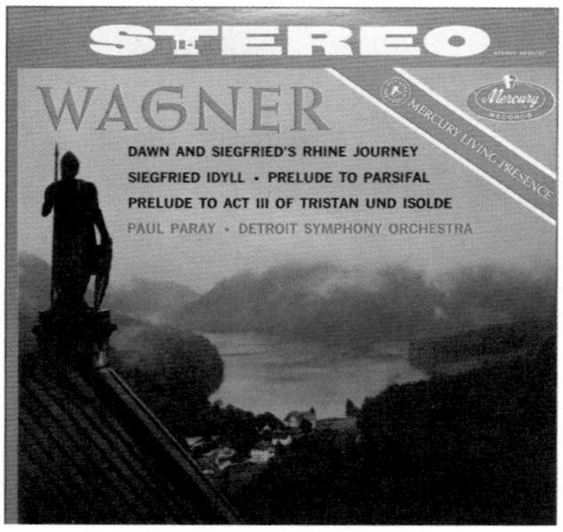

图 12.689　水星浅棕红银标唱片封套

Mercury Records 的第 4 个立体声标芯是橘红标。橘红标设计是把椭圆标志缩小后，连续用 12 个椭圆标志构成圆环，其中 12 点钟位置的椭圆标志为白色，其他 11 个椭圆标志为黑色（见图 12.690）。橘红标唱片基本上都是再版唱片，编号为 SR 9xxxx。

再版橘红标唱片封套设计也有所简化，封面上部粗体大字“STEREO”被取消，缩小的“STEREO”字样被移至右上角（见图 12.691）。

1962 年，Philips Records 收购了 Mercury Records，成立了隶属于 Philips Records 的 Mercury Record Corporation。这个机构的唱片标芯与原有的水星唱片标芯基本一样，只是在“Mercury”字样和“STEREO”字样的隙缝之间加上了一行“VENDOR MERCURY RECORD CORPORATION”的小字（见图 12.692）。

唱片封套都没有什么改动，相对于无“VENDOR: MERCURY RECORD CORPORATION”小字的标芯版本而言，彩背的唱片封套要少得多（见图 12.693）。

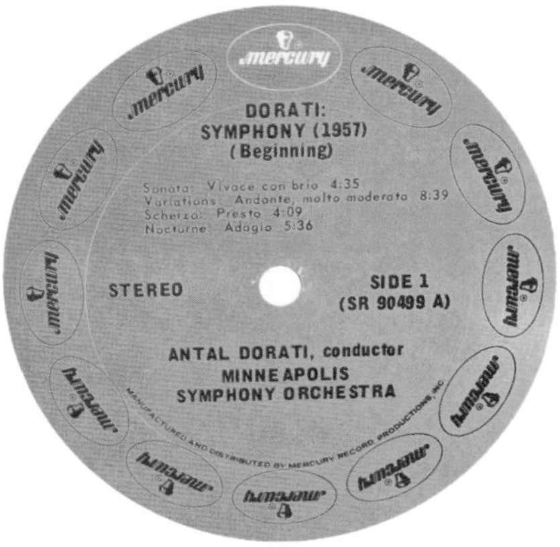

图 12.690　水星橘红标

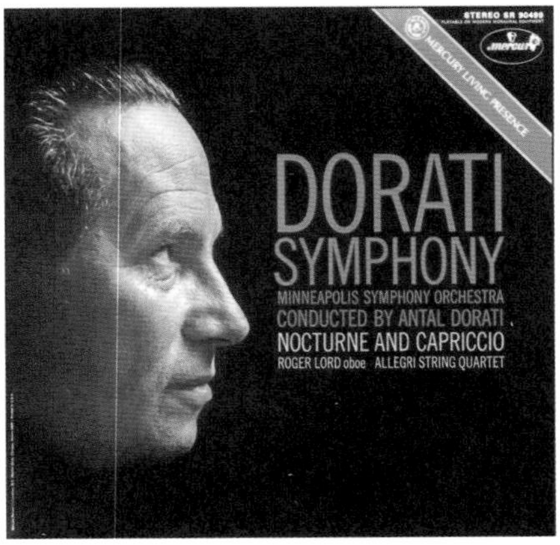

图 12.691　水星橘红标唱片封套

图 12.692　Mercury 被收购后的标芯

图 12.693　Mercury 被收购后的唱片封套

差不多每一家唱片公司都有专门提供给广播电台使用的唱片版本，Mercury Records 也不例外。Mercury Records 发行的广播电台专用唱片的标芯早期是金底色，黑色标志和文字（见图 12.694），被称为广播金标。在标芯凹槽上印有“FOR BROADCAST ONLY. NOT FOR SALE”小字。随后这种专供广播电台的唱片标芯底色还有白色（广播白标，见图 12.696）、粉红（广播粉红标，见图 12.698）和黄色（广播黄标，见图 12.700）3 种底色的唱片版本。这 4 种颜色的广播电台专用版本唱片的封套设计没有一定的规律，共使用 3 种封套设计，分别见图 12.695、图 12.697、图 12.699 和图 12.701。

Mercury Records 发行的广播电台专用唱片还有第 2 个标芯。椭圆的黑色标志印在标芯 12 点钟的位置，两侧有黑色弧形色带。左边色带印有“PROMOTIONAL”字样，右边色带印有“RECORD”字样。在标芯凹槽的下方印有“FOR BROADCAST ONLY.NOT FOR SALE”字样和字体小一些的“VENDOR: MERCURY RECORD CORPORATION”字样。这种专供广播电台的第 2 个标芯的唱片发行了亚金色（见图 12.702）、白色（见图 12.704）、黄色（见图 12.706）和绿色（见图 12.708）4 种底色的版本，后 3 种版本标芯底部的小字改为“FOR BROADCAST ONLY. NOT FOR SALE” 字样和“MERCURY RECORD CORP.

CHICAGO，ILL.USA.”字样，字体和大小是一样的。

封套设计分别见图 12.703、图 12.705、图 12.707 和图 12.709。

图 12.694　广播金标

图 12.695　广播金标唱片封套

图 12.696　广播白标

图 12.697　广播白标唱片封套

图 12.698　广播粉红标

图 12.699　广播粉红标唱片封套

图 12.700　广播黄标

图 12.701　广播黄标唱片封套

图 12.702　亚金色底色的第 2 个广播标芯

图 12.703　亚金色底色的第 2 个广播标芯唱片封套

图 12.704　白色底色的第 2 个广播标芯

图 12.705　白色底色的第 2 个广播标芯唱片封套

图 12.706　黄色底色的第 2 个广播标芯

图 12.707　黄色底色的第 2 个广播标芯唱片封套

图 12.708　绿色底色的第 2 个广播标芯

图 12.709　绿色底色的第 2 个广播标芯唱片封套

Mercury Records 的销售宣传唱片“PROMOTIONAL COPY”“NOT FOR SALE”的标芯为白底色黑字，这个标芯的版面设计太过简化，以致有点未完成设计的感觉（见图 12.710）。唱片封套设计也很简单，水星的标志没有了踪影（见图 12.711）。

图 12.710　宣传唱片的标芯

图 12.711　宣传唱片的标芯唱片封套

1976 年，Mercury Record Corporation 推出了 Golden Imports 系列唱片。Golden Imports 系列唱片都是水星 Living Presence 系列的立体声唱片的再版发行，制作全部由 Philips Records 在荷兰完成。Golden Imports 系列唱片的标芯底色为钴蓝色（见图 12.712）。水星椭圆标志印在 12 点钟的位置，下面印有斜体的“Golden Imports”字样。标芯中部的信息框与 Philip 标芯基本一样，信息框内印有编号、转速、“STEREO”字样、制造地和面数。Golden Imports 系列唱片编号为 SRI xxxxx。

Golden Imports 系列唱片的封套与水星原版唱片的封面大部分都不相同，封套上方有一条宽约 2cm 的亚金带，在亚金带的左边印有黑底斜体的金字“Golden Imports”（见图 12.713）。

图 12.712　SRI 75107 唱片的标芯

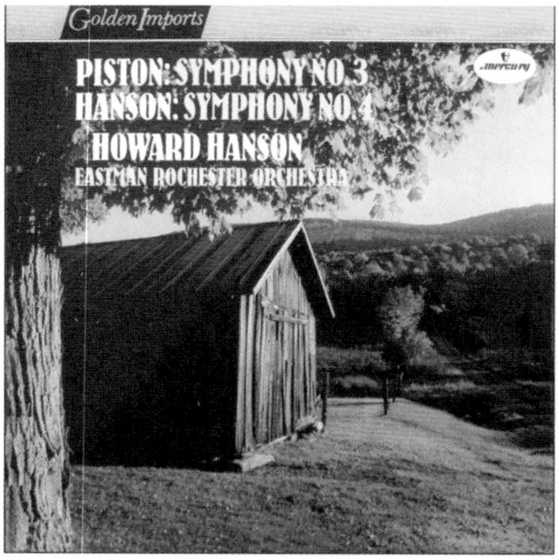

图 12.713　SRI 75107 唱片封套

第 12 节　Philips Records

Philips Records 是爱乐者非常熟悉和喜爱的著名唱片公司，1950 年成立于荷兰。Philips Records 录制的唱片曲目有古典音乐、流行音乐等。公司成立之初的全称是 NV Philips Phonographische Industries，即“荷兰飞利浦唱片公司”，简称 PPI，是飞利浦电子公司的一个子公司。1962 年，Philips Records 并购了美国 Mercury Records。1962 年，其与 DGG 公司合并成立 DGG/PPI 集团。1972 年，PPI 更名为留声机唱片公司，并于当年与 DGG 公司合资组成宝丽金集团。1983 年该公司将名称改为 Philips Classics Productions（飞利浦古典唱片公司）。近年，为吸引更广泛的音乐欣赏群体，又更名为 Philips Music Group（飞利浦音乐集团），下属包括 Philips 古典音乐唱片公司、Gimell 唱片公司、Imaginary Road 唱片公司和 Point 唱片公司。

Philips Records 发行的唱片列表见表 12.13。

表12.13　Philips Records发行的唱片列表

Philips Records						
Label	系 列	版 本	压片	发行时间	发行编号	备 注
Maroon Hi-Fi Stereo 1	AY	红棕银Hi-Fi立体声1标		1958—1964年	835 xxx	
Maroon Hi-Fi Stereo 2	AY	红棕银Hi-Fi立体声2标		1958—1964年	835 xxx	
Maroon Label bold PHILIPS Logo	AY	粗体红棕银矩形标		1965—1967年	835 xxx	
Red-Silver Label Bold 1 PHILIPS Logo	AY	粗体红银矩形1标		1967—1969年	835 xxx	
Red-Silver Label Double Ring Crossed	LY	红银矩形双圈交叉标		1970年—	835 xxx	
Maroon Hi-Fi Stereo	AY	红棕银Hi-Fi立体声1标		1962—1964年	838 xxx	
Maroon Label Bold PHILIPS Logo	AY	粗体红棕银矩形标		1965—1967年	838 xxx	
Red-Silver Label Bold 1 PHILIPS Logo	DXY	粗体红银矩形标		1967—1969年	838 xxx	
Red-Silver Label Bold 2 PHILIPS Logo	LY	粗体红银矩形2标		1967—1969年	839 xxx	
Red-Silver Label Bold 2 PHILIPS Logo	DXY	粗体红银矩形2标		1967—1969年	839 xxx	
Red-Silver Label bold 2 PHILIPS logo	LY	粗体红银矩形2标		1967—1969年	802 xxx	
Red-Silver Label Double Ring Crossed		红银矩形双圈交叉标		1970年—	6500 xxx	
Red-Silver Label Double Ring Overlap		红银矩形双圈不交叉标		1970年—	6500 xxx	
Red-White Label		红白矩形双圈不交叉标		1970—1980年	9500 xxx	
Red-White Label Digital Recording		红白矩形双圈不交叉标		1980—1982年	9500 xxx	
Red-White Label 1		红白矩形标		1980—1983年	6514 xxx	
Red-White Label 2 Digital Recording		数字红白矩形标		1980—1983年	6514 xxx	
Red-White Label 2 Digital Recording		数字红白矩形标		1980年—	9502 xxx	
Silver Label 1 Digital Recording		数字银标		1984—1987年	410 xxx-1	
Silver Label 1 Digital Recording		数字银标		1984—1987年	411 xxx-1	
Silver Label 1 Digital Recording		数字银标		1984—1987年	412 xxx-1	
Silver Label 1 Digital Recording		数字银标		1985—1987年	416 xxx-1	
Silver Label 1 Digital Recording		数字银标		1984—1987年	420 xxx-1	
Silver Label 2 Digital Recording		数字银标		1988—1990年	422 xxx-1	
Silver Label 2 Digital Recording		数字银标		1988—1990年	426 xxx-1	

续表

Philips Records						
Label	系列	版本	压片	发行时间	发行编号	备注
Blue-Silver Label Double Ring Crossed		蓝银矩形双圈交叉标		1970年—	6599 xxx	
Blue-Silver Label Double Ring Overlap		蓝银矩形双圈不交叉标		1970年—	6833 xxx	
Blue-White Label Double Ring Overlap		蓝白矩形双圈不交叉标		1970年—	6598 xxx	
Red-White Label Double Ring Overlap		红白矩形双圈不交叉标		1970年—	6527 xxx	
Red-White Label Double Ring Overlap		红白矩形双圈不交叉标		1980年—	412 xxx-1	

1958—1964 年，荷兰飞利浦公司发行了第 1 个标芯的立体声唱片，唱片标芯的底色为红棕色，纸质摸着有凹凸手感。标芯文字和图框都是银白色，顶部印有粗体的大写“PHILIPS”字样，下面是透视效果变形的“HI-FI STEREO”字样，发烧友称之为“大羊角”标，飞利浦标志印在标芯 6 点钟的位置。“MADE IN HOLLAND”字样印在 5 点钟的位置。大羊角标是飞利浦立体声唱片的第 1 个标芯（见图 12.714），唱片系列编号为 835 xxx AY。

大羊角标唱片封套的右上角印有飞利浦标志，接着印有矩形“HI-FI STEREO”字样，封套下沿印有粗体黑色的“PHILIPS”字样（见图 12.715）。

835 xxx AY 系列唱片发行距今已经有 60 多年，其艺术价值、收藏价值和录音品质是黑胶发烧友追求它的主要原因。

图 12.714　大羊角标

图 12.715　大羊角标唱片封套

飞利浦立体声唱片的第 1 个标芯，还有一个改进的标芯版本。唱片的标芯底色也是红棕色，纸质平滑，没有了凹凸手感。标芯文字和图框也都是银色，顶部还印有粗体的大写“PHILIPS”，代表转速的“331/3”字样的字体要大一些，“HI-FI STEREO”“大羊角”却缩小了约 20%。

“MADE IN HOLLAND”字样水平排列在飞利浦标志两侧。有人把这个标芯视为“第 1 标 –2”（见图 12.716）。严格意义上说，这个标芯是飞利浦立体声唱片的第 2 个标芯，因为之前有“Hi–Fi Stereo”大羊角标唱片发行（见图 12.717），那么这个“小羊角”标唱片应该是第 2 次发行。

图 12.716　小羊角标（835 030 AY）

图 12.717　大羊角标（835 030 AY）

PHILIPS HI–FI STEREO 835 xxx 系列除了发行本公司的录音，同时也发行美国 CBS 的录音（见图 12.718 和图 12.719）。这些录音来自 CBS 的六眼标唱片，在飞利浦公司的精心制作下，唱片音质非常出色，值得收藏。

图 12.718　835 559 AY 唱片的标芯

图 12.719　835 559 AY 唱片封套

1965—1967 年，飞利浦公司发行了第 2 个标芯的立体声唱片，唱片标芯的底色沿用了红棕色，银白色文字和图框。粗体大写的“PHILIPS”字样放大了，“HI–FI STEREO”羊角标志被取消，这个标芯被称为“矩形”标（见图 12.720）。飞利浦标志从 6 点钟的位置移至 12 点的位置。“MADE IN HOLLAND”字样印在了矩形框的右侧下方。唱片编号仍然沿用 835 xxx AY。有一些早期第 2 个标芯唱片的封套还留有“HI–FI STEREO”大羊角标志，之后都改为“STEREO”字样了。

唱片封套标志与大羊角标唱片的封套标志基本相同（见图 12.721）。

图 12.720　矩形标

图 12.721　矩形标唱片封套

1967—1969 年，飞利浦公司发行了第 3 个标芯的立体声唱片，唱片标芯版面的排列与第 2 个标芯完全相同，只是底色改用了正红色，文字和图框仍然是银色。唱片编号仍然沿用 835 xxx AY。早期的第 3 个标芯是平面的（见图 12.722），这一点与第 2 个标芯相同。第 3 个标芯的唱片封套标志与第 2 个标芯的唱片封套标志相同，飞利浦标志位置始终在右上角，矩形“HI-FI STEREO”标志和粗体黑色的“PHILIPS”字样的位置似乎随版面的设计而调整了（见图 12.723）。

图 12.722.　835 219 AY 唱片的标芯

图 12.723　835 219 AY 唱片封套

中后期的第 3 个标芯的外缘有约 5mm 宽凸起的边（见图 12.724）。唱片封套标志与之前的唱片封套标志有些不同，飞利浦标志位置不变，矩形“HI-FI STEREO”标志被取消，粗体黑色的“PHILIPS”字样仍然保留（见图 12.725）。

图 12.724　835 297 AY 唱片的标芯

图 12.725　835 297 AY 唱片封套

从 1970 年开始，飞利浦公司陆续发行了 835 xxx AY 系列的第 5 个、第 6 个和第 7 个标芯的立体声唱片，这些唱片的标芯版面的排列与第 4 个标芯完全相同，不同之处是“PHILIPS”字样的字体变细了，文字和图框仍然是银色的（见图 12.726、图 12.727 和图 12.728），只有第 7 个标芯文字是白色（见图 12.729）。这些唱片都是“HI-FI STEREO”羊角标（见图 12.726）或粗字银标唱片的再版发行。

横向比较，实际上 835 xxx AY 系列的第 5 个、第 6 个和第 7 个标芯的立体声唱片是与飞利浦公司 6500 xxx 和 9500 xxx 两个系列唱片并行发行的。除了编号不同，标芯设计和唱片发行顺序几乎一样。

图 12.726　小羊角标版本的 835 182 AY 唱片的标芯

图 12.727　第 5 个标芯的 835 182 AY

与 835 xxx AY 系列唱片同步录音并同步发行的姊妹系列——835 xxx LY 系列唱片。“LY”的“L”代表“Luxury”，飞利浦公司把这个系列唱片定义为“De Luxe Series”豪华系列。早期的 835 xxx LY 系列唱片的包装的确精美奢华，三折页的封套外有透明 PVC 书皮式的保护层。整个唱片封套重量接近唱片重量的 3 倍。唱片封面的设计也与 835 xxx AY 系列唱片完全不同。

835 xxx LY 系列没有“HI-FI STEREO”标，其第 1 个标芯是红棕色矩形标（见图

12.730），印有粗体大写的“PHILIPS”字样，银色文字和图框，发行时间为 1965—1967 年。

De Luxe Series 豪华系列唱片封套的飞利浦标志位置仍然在右上角，没有矩形“HI-FI STEREO”标志，粗体黑色的“PHILIPS”字样仍然保留（见图 12.731）。

图 12.728　第 6 个标芯的 835 182 AY

图 12.729　第 7 个标芯的 835 183 AY

图 12.730　835 xxx LY 系列红棕色矩形标

图 12.731　835 xxx LY 系列红棕色矩形标唱片封套

835 xxx LY 系列的第 2 个标芯是红色矩形标（见图 12.732），印有粗体大写的“PHILIPS”字样，银色文字和图框，标芯外缘有约 5mm 宽凸起的边。发行时间为 1967—1969 年。835 xxx LY 系列的第 2 个标芯的唱片封套标志与第 1 个标芯的封套标志基本相同，只是去除了唱片封套外的透明塑料套（见图 12.733）。

1970 年初期，飞利浦公司发行了 835 xxx LY 系列的第 3 个标芯的立体声唱片（见图 12.734），唱片标芯版面的排列与第 2 个标芯完全相同，不同之处是“PHILIPS”字体变细了，文字和图框仍然是银色。

835 xxx LY 系列的第 3 个标芯的立体声唱片的封套取消了豪华包装，飞利浦标志仍在右上角（见图 12.735）。

1970 年年中，835 xxx LY 发行了第 4 个标芯的立体声唱片，唱片标芯版面的排列与第 3 个标芯完全相同，不同之处是矩形框右上角的两个圆环不再交叉（见图 12.736）。文字和图框仍然是银色，唱片编号仍然沿用。

835 xxx LY 系列的第 4 标芯的立体声唱片封套标志与第 3 个标芯立体声唱片封套基本相同（见图 12.737）。

图 12.732　835 xxx LY 系列红色矩形标　图 12.733　835 xxx LY 系列红色矩形标唱片封套

图 12.734　835 xxx LY 第 3 个标芯　图 12.735　835 xxx LY 第 3 个标芯唱片封套

图 12.736　835 xxx LY 第 4 个标芯　图 12.737　835 xxx LY 第 4 个标芯唱片封套

835 xxx LY 系列在 1970 年年末发行了第 5 个标芯，唱片标芯版面的排列与第 4 个标芯完全相同，不同之处是文字和图框由银色改成了白色（见图 12.738）。

835 xxx LY 系列的第 5 个标芯唱片封套标志与第 4 个标芯相同（见图 12.739）。

图 12.738　835 xxx LY 第 5 个标芯

图 12.739　835 xxx LY 第 5 个标芯唱片封套

838 xxx AY 系列大多数发行的是美国 Mercury Records 的录音唱片。838 xxx AY 系列有 Philips Hi-Fi Stereo 标（即小羊角标，见图 12.740 和图 12.741）、紫银标（见图 12.742 和图 12.743）、早期粗字红银标（见图 12.744 和图 12.745）、粗字凸边红银标（见图 12.746 和图 12.747）和红银标（见图 12.748 和图 12.749）。838 xxx DXY 系列唱片发行量稀少。

图 12.740　838 401 AY 唱片的小羊角标

图 12.741　838 401 AY 小羊角标唱片封套

图 12.742　838 401 AY 唱片的紫银标

图 12.743　838 401 AY 紫银标唱片封套

图 12.744　838 401 DXY 唱片的早期粗字红银标

图 12.745　838 401 DXY 唱片封套

图 12.746　838 410 DXY 唱片的粗字凸边红银标

图 12.747　838 410 DXY 唱片封套

图 12.748　838 418 AY 唱片的红银标

图 12.749　838 418 AY 唱片封套

飞利浦唱片公司发行的 HI-FI STEREO 还有 838 xxx VY 系列、HGY 系列、AGY 系列，其标芯设计与 Hi-Fi STEREO 835 xxx AY 版面相同，只是标芯的底色是正红色（图 12.750）。唱片封套色调淡雅，右上角有 3 个线框，自上而下依次是飞利浦商标、德文“Der klassische

Kreis”（经典系列）的字样，羊角形状的“HI-FI STEREO”标志。右下角印有粗体“PHILIPS”字样（见图 12.751）。

图 12.750　838 602 VY 唱片的标芯

图 12.751　838 602 VY 唱片封套

飞利浦唱片公司发行的 839 xxx LY 系列唱片标芯有早期粗字红银标（见图 12.752、图 12.753）、粗字红银标（见图 12.754、图 12.755）、交叉红银标（见图 12.756、图 12.757）、红银标（见图 12.758、图 12.759）、红白标（见图 12.760、图 12.761）。飞利浦唱片公司发行的 839 xxx DXY 系列唱片数量不多（见图 12.762、图 12.763）。飞利浦唱片公司的 839 xxx VGY 系列唱片是粗字蓝银标（属于 FESTIVO SERIE 再版唱片系列），发行数量较少（见图 12.764、图 12.765）。

图 12.752　839 729 LY 唱片的早期粗字红银标

图 12.753　839 729 LY 唱片封套

图 12.754　839 735 LY 唱片的粗字红银标

图 12.755　839 735 LY 唱片封套

图 12.756　839 747 LY 唱片的交叉红银标

图 12.757　839 747 LY 唱片封套

图 12.758　839 790 LY 唱片的红银标

图 12.759　839 790 LY 唱片封套

图 12.760　839 603 LY 唱片的红白标

图 12.761　839 603 LY 唱片封套

图 12.762　839 604 DXY 唱片的标芯

图 12.763　839 604 DXY 唱片封套

图 12.764　839 584 VGY 唱片的粗字蓝银标

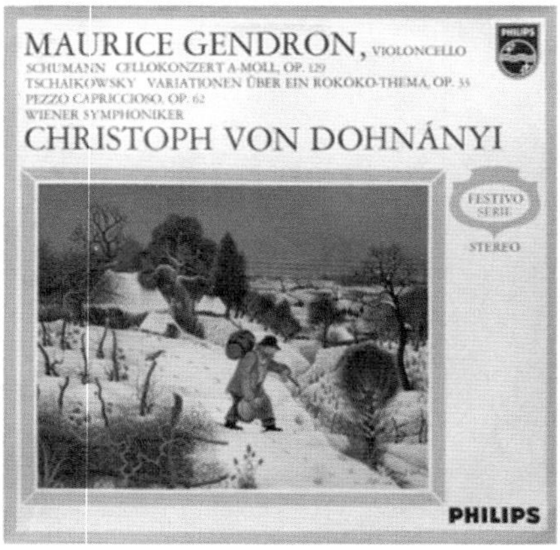

图 12.765　839 584 VGY 唱片封套

1967—1969 年发行的 802 xxx LY 系列唱片也是最值得收藏的唱片系列之一。外包装是与 835 xxx LY 系列几乎一样的三折页包装，只是把透明的塑料外皮取消了，这样唱片封套左侧布边脊背烫金字更加醒目，质感一流。802 xxx LY 系列唱片的标芯是清一色的红银标，外缘有 5mm 凸起的圈。早期的 802 xxx LY 系列唱片第 1 个标是粗字红银标芯（见图 12.766），唱片封套标志设计与 835 xxx LY 系列的第 2 个标芯唱片的封套标志类似（见图 12.767）。802 xxx LY 系列唱片编号从 802 701 LY 开始，到 802 920 LY 结束。

图 12.766　802 757 LY 唱片的粗字红银标

图 12.767　802 757 LY 唱片封套

802 xxx LY 系列唱片的第 2 个标芯，不仅唱片包装改为单页封套，标芯也由粗字红银标变成了细字红银标。第 2 个标芯也可被称为双圈交叉红银标（见图 12.768）。唱片封套保留了右上角的飞利浦标志（见图 12.769）。

图 12.768　802 708 LY 唱片的双圈交叉红银标

图 12.769　802 708 LY 唱片封套

802 xxx LY 系列唱片的第 3 个标芯和第 4 个标芯，同为单页唱片封套，标芯分别是红银标和红白标。第 3 个标芯与第 2 个标芯的差异是双圈不交叉，因此被称为红银双圈不交叉标（见图 12.770）。红白标与红银标类似，不同之处是红底色与白字标芯。第 3 个标芯和第 4 个标芯唱片的封套保留了右上角的飞利浦商标（见图 12.771）。

图 12.770　802 913 LY 唱片的红银双圈不交叉标

图 12.771　802 913 LY 唱片封套

802 xxx 系列唱片的第 1 标芯也有 DXY 编号，标芯与 LY 编号的标芯相同（见图 12.772）。802 xxx DXY 系列唱片发行量有限。唱片封套标志与粗字红银标唱片封套标志相同（见图 12.773）。

图 12.772　802 781 DXY 唱片的标芯

图 12.773　802 781 DXY 唱片封套

飞利浦唱片公司在 1969 年后期推出了新的唱片编号为 6500 xxx 的系列唱片，6500 xxx 系列唱片持续发行到 1976 年。6500 xxx 系列唱片的编号从 6500 000 开始，到 6500 987 结束。

早期荷兰原版 6500 xxx 系列唱片的标芯都没有标注录音发行年代，反而英国版 6500 xxx 系列唱片的标芯都标有录音发行年代。6500 xxx 系列唱片的荷兰原版从 1971 年起开始在标芯标注录音发行年代，起始唱片编号是 6500 102。另外，相同编号的唱片英国版和荷兰版标芯标注的录音发行年代不同，比如 6500 073，英版唱片标注的时间是 1969 年，荷兰版唱片标注的是 1970 年。这是因为英国版唱片标注的是录音年代，荷兰版唱片标注的是发行年代。

6500 xxx 系列唱片也有少数再版唱片发行，标注的录音发行年代必然早于 1969 年。比如 6500 067 和 6500 068，它的原始唱片编号是 839 792 和 839 793。

6500 xxx 系列唱片数量比较多，覆盖音乐内容的范围拓宽了很多，加盟的演艺团体也是新人辈出。如果您清点一下自己收藏的飞利浦唱片，相信一定是 6500 xxx 系列唱片居多。

6500 xxx 系列唱片共有 3 个标芯，早期的第 1 个标芯是红银矩形双圈交叉标。唱片封套保留了上方的飞利浦商标。例外的是 6500 xxx 系列唱片的第 1 张唱片是双碟盒装唱片 6500 000/001，标芯却是红银矩形双圈不交叉标（见图 12.774 和图 12.775），并且原始编号为 802 921.1。多次查证这个录音并没有在 802 xxx LY 系列唱片中发行过。因此 6500 000/001 是此录音的首版，而非二版。这是 802 xxx LY 系列唱片和 6500 xxx 系列唱片衔接的一个小小的交叠期。

图 12.774　6500 000 唱片的特例，红银矩形双圈不交叉标

图 12.775　6500 000 唱片封套

6500 xxx 系列唱片发行中期的第 2 个标芯是红银矩形双圈不交叉标（见图 12.776）。唱片封套保留了右上角的飞利浦商标（见图 12.777）。

图 12.776　6500 459 唱片的红银矩形不交叉标

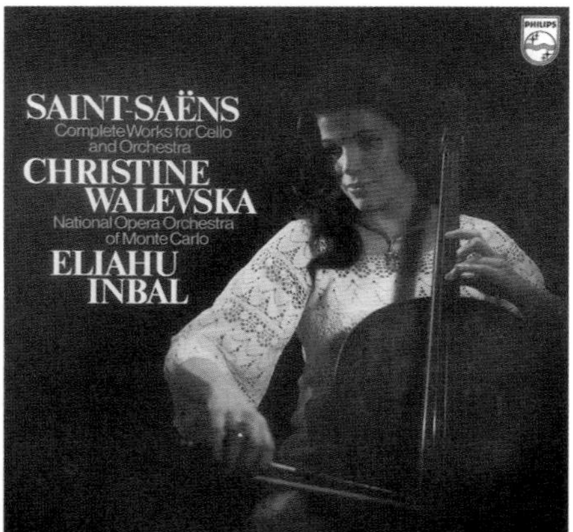

图 12.777　6500 459 唱片封套

6500 xxx 系列首发唱片为红银标，中后期开始发行红白标的 6500 xxx 系列唱片，标芯版面设计没有任何改动，只是把原标芯设计银色的字标改为了白色（见图 12.778 和图 12.779）。这个

红白标是 6500 xxx 系列唱片的第 3 个标芯。

图 12.778　6500 775 唱片的红白标

图 12.779　6500 775 唱片封套

在 6500 xxx 系列红白标唱片发行期间，还有一个较为少见的标芯。从标芯看是飞利浦典型的法国版设计（见图 12.780）。三折页的唱片封套左上角系列标志仍然存在（见图 12.781），但在标芯编号下面清清楚楚印有“Made in Holland”字样。

图 12.780　6500 254 唱片的标芯

图 12.781　6500 254 唱片封套

这种拥有法国标芯的荷兰版唱片，其编号和产地有白字和黑字两种设计（见图 12.782 和图 12.783），这些法国版标芯的荷兰版唱片基本上都是再版发行。

当然存在极少数编号在前、发行在后的情况，比如编号 6500 395 的唱片，按说应该使用红银标，但因发行时间推迟到了 1977 年，这时已经是使用红白标的时期了（见图 12.784 和图 12.785）。

图 12.782　6500 205 唱片的标芯

图 12.783　6500 205 唱片封套

图 12.784　6500 395 唱片的标芯

图 12.785　6500 395 唱片封套

6500 xxx 系列发行的最后的唱片编号是 6500 987，最后时期已经不再使用红银标，都改为红白标了（见图 12.786 和图 12.787）。

图 12.786　6500 987 唱片的红白标

图 12.787　6500 987 唱片封套

1975 年，在 6500 xxx 系列唱片之后，飞利浦唱片公司启用了 9500 xxx 的新唱片编号，9500 xxx 系列唱片也是飞利浦唱片公司的主打系列唱片，音乐内容极其丰富，大量专辑和全集都集中在这个系列中，估计占飞利浦唱片公司总唱片发行量的 1/4。9500 xxx 系列唱片的标芯共有 4 个，第一个标芯是红银矩形双圈交叉标(见图 12.788)。唱片封套保留了右上角的飞利浦标志(见图 12.789)。

图 12.788　9500 001 唱片的红银矩形双圈交叉标

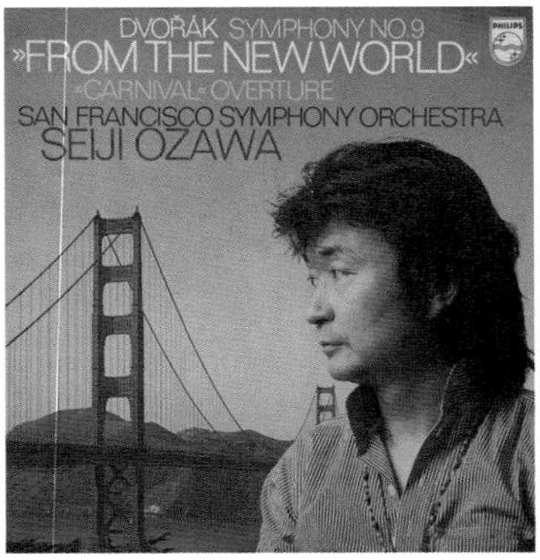

图 12.789　9500 001 唱片封套

9500 xxx 系列唱片的第 2 个标芯是红银矩形双圈不交叉标（ 见图 12.790)。唱片封套保留了右上角的飞利浦标志（ 见图 12.791)。

图 12.790　9500 154 唱片的红银矩形双圈不交叉标

图 12.791　9500 154 唱片封套

9500 xxx 系列唱片的第 3 个标芯是红白标（ 见图 12.792)。唱片封套保留了右上角的飞利浦标志（ 见图 12.793)。

9500 xxx 系列唱片的第 4 个标芯是数字录音标芯，这时正处于模拟录音时代和数字录音时代的交叉期间，唱片编号从 9500 921 开始，一部分录音采用了数字录音，这就是 9500 xxx 系列唱片的数字红白标(见图 12.794)。标芯的矩形框左上角“STEREO”字样的位置印上了“DIGITAL RECORDING”字样，“STEREO”字样缩小后移至矩形框右上角两个圆环的上方。

9500 xxx 系列唱片的第 4 个标芯唱片封套保留了右上角的飞利浦标志，另外在唱片封套左上角增加了黑底色红白数码管图形的“DIGITAL RECORDING”标志（ 见图 12.795)。

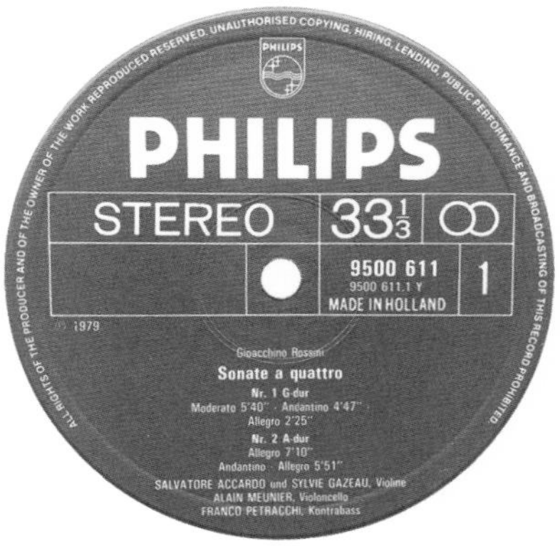

图 12.792　9500 611 唱片的红白标

图 12.793　9500 611 唱片封套

图 12.794　9500 971 唱片的数字红白标

图 12.795　9500 971 唱片封套

9500 xxx 系列唱片的编号大概在 9500 996 结束（见图 12.796 和图 12.797）。

图 12.796　9500 996 唱片

图 12.797　9500 996 唱片封套

飞利浦唱片公司从 1981 年开始发行 6514 xxx 系列唱片。这个系列唱片基本上都是数字录音唱片，早期发行过一些模拟录音唱片。这也意味着 6514 xxx 系列唱片有两个标芯。

6514 xxx 系列第 1 个标芯是数字红白标（见图 12.798），第 2 个标芯是红白标（见图 12.800）。标芯设计基本上延续了后期 9500 xxx 系列唱片的标芯设计。6514 xxx 系列唱片模拟红白标唱片和数字红白标唱片，没有明显的分界线，而是交替发行的。

6514 xxx 系列数字红白标唱片的封套标志与数字录音的 9500 xxx 系列唱片的封套标志相同（见图 12.799）；6514 xxx 系列红白标唱片的封套标志与模拟录音的 9500 xxx 系列唱片的封套标志相同（见图 12.801）。

图 12.798　6514 050 唱片的数字红白标

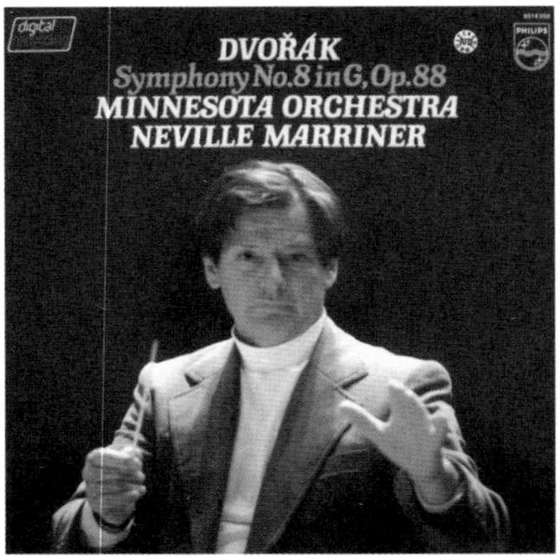

图 12.799　6514 050 唱片封套

图 12.800　6514 102 唱片的红白标

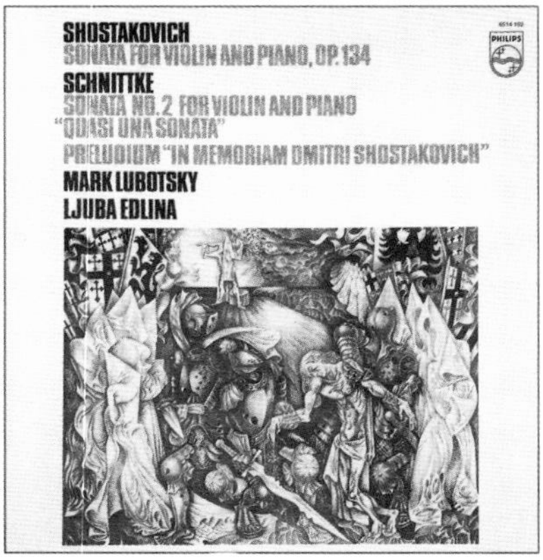

图 12.801　6514 102 唱片封套

6514 xxx 系列唱片还有 6500 xxx 系列唱片和 9500 xxx 系列唱片的再版。6514 xxx 系列唱片中再版 9500 xxx 系列的唱片标芯见图 12.802。唱片封套商标与 6500 xxx 系列相同（见图 12.803）。

中后期发行的 6514 xxx 系列唱片，开始使用新的红带银标唱片封套。新设计的红带银标唱片封套在封面的上方有一条高约 13mm 的深红色带，色带的下面有一条装饰的细线，"PHILIPS""Digital Classics"字样分别印在色带的左、右两边（见图 12.804 和图 12.805）。

6514 xxx 系列唱片中出现过同时使用 2 个标芯的设计，并同时发行的现象（见图 12.806 和图 12.807）。

图 12.802　6514 174 唱片的标芯

图 12.803　6514 174 唱片封套

图 12.804　6514 379 唱片标芯

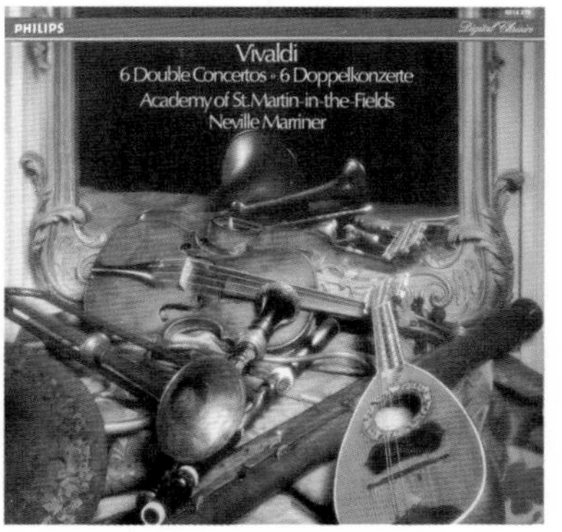

图 12.805　6514 379 唱片的红带银标封套

图 12.806　6514 151 唱片的标芯 1

图 12.807　6514 151 唱片的标芯 2

6514 xxx 系列唱片后期还有一张模拟录音唱片，使用的封套和标芯都是新的银标设计（见图 12.808 和图 12.809）。从发行年份看，这张 6514 xxx 系列的唱片或许是因为推迟发行才使用了银标的封套和标芯。当然还有一种可能，新的数字录音设备不够用。

因为是模拟录音，所以新设计的唱片封套的深红色带右边印的不是“Digital Classics”字样，而是“Classics”字样（见图 12.809）。

图 12.808　6514 248 唱片的标芯

图 12.809　6514 248 唱片封套

PHILIPS 4xx xxx−1 系列唱片是与 CD 同步发行的，大约发行于 1982 年。PHILIPS 4xx xxx−1 的标芯以银色为底色，在 10 点钟和 2 点钟的位置之间有一道酱红和白线组成的色带，色带左侧印有白色的“PHILIPS”字标，右侧印有花式字体的“Classics”或“Digital Classics”字样。

和 6514 xxx 系列唱片一样，该系列以发行数字录音唱片为主，其中也有发行少量的模拟录音唱片和再版老唱片系列。由于数字录音唱片、模拟录音唱片和再版老唱片系列是交替发行的，因此把 PHILIPS 4xx xxx−1 系列唱片定性为“数字银标”唱片并不合适。PHILIPS 4xx xxx−1 系列唱片的编号有七个，410 xxx−1（见图 12.810~ 图 12.813）、411 xxx−1（见图 12.814~ 图 12.817）、412 xxx−1（见图 12.818 和图 12.819）、416 xxx−1（见图 12.820 和图 12.821）、420 xxx−1（见图 12.822~ 图 12.825）、422 xxx−1（见图 12.826 和图 12.827）、426 xxx−1（见图 12.828 和图 12.829）、432 xxx−1（见图 12.830 和图 12.831）。

新设计的红带唱片封套在封面的上方印有一条高约 13mm 的深红色带，色带的下面印有一条装饰的烫金细线，白色的“PHILIPS”字样、烫金的“Digital Recording（数字录音）”字样、“Classics（模拟录音）”字样或“Digital Classics（模拟录音数字处理）”字样分别印在色带左、右两边。

图 12.810　410 606−1 唱片的标芯

图 12.811　410 606−1 唱片封套

图 12.812 410 390-1 唱片的标芯

图 12.813 410 390-1 唱片封套

图 12.814 411 117-1 唱片的标芯

图 12.815 411 117-1 唱片封套

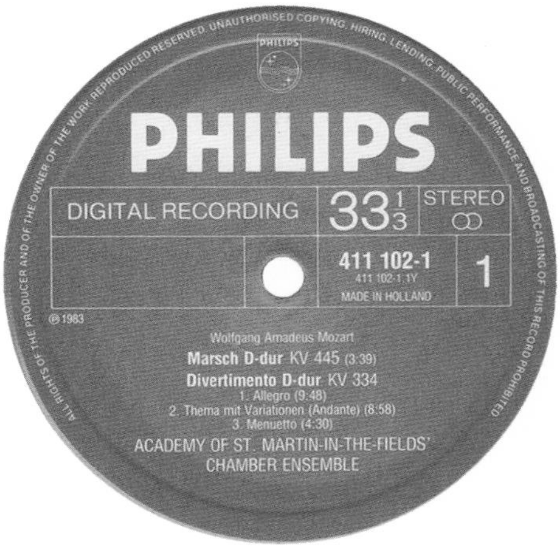

图 12.816 411 102-1 唱片的标芯

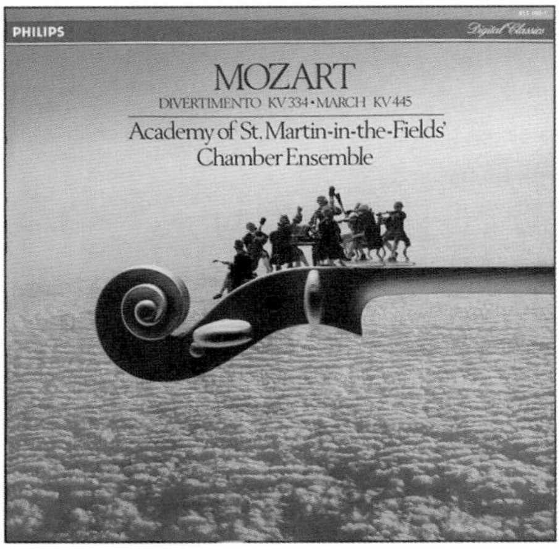

图 12.817 411 102-1 唱片封套

图 12.818　412 525–1 唱片的标芯

图 12.819　412 525–1 唱片封套

图 12.820　416 355–1 唱片的标芯

图 12.821　416 355–1 唱片封套

图 12.822　420 216–1 唱片的标芯

图 12.823　420 216–1 唱片封套

图 12.824　420 308-1 唱片的标芯

图 12.825　420 308-1 唱片封套

图 12.826　422 339-1 唱片的标芯

图 12.827　422 339-1 唱片封套

图 12.828　426 040-1 唱片的标芯

图 12.829　426 040-1 唱片封套

图 12.830　432 087-1 唱片的标芯

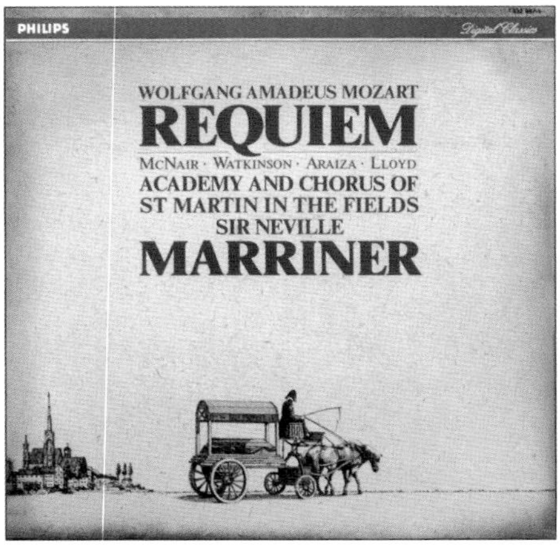

图 12.831　432 087-1 唱片封套

与 PHILIPS 4xx xxx-1 系列唱片标芯类似的设计还有 824 xxx-1 系列唱片的标芯，这个数字录音系列唱片大多数发行的是通俗音乐唱片，发行的古典音乐唱片非常少。824 xxx-1 系列唱片的标芯以银白为底色，在 10 点钟和 2 点钟的位置之间印有一道不是酱红而是普兰色的色带，色带左侧印有白色的“PHILIPS”字标，右侧没有印字。只有在代表转速的“33 1/3”字样和“STEREO”字样下面印有“Digital Recording”字样（见图 12.832 和图 12.833）。

图 12.832　824 524-1 唱片的标芯

图 12.833　824 524-1 唱片封套

飞利浦唱片公司发行的再版唱片系列不少，其中最有代表性的唱片系列之一是 SEQUENZA 系列。SEQUENZA 系列唱片的封套标志是将 6 个渐变色的“SEQUENZA”字样上下排列在黑底白线的矩形框内。

SEQUENZA 系列唱片的编号有 3 个。1972—1985 年使用的唱片编号是 6527 xxx，使用的标芯有红白标（见图 12.834 和图 12.835），也有蓝白标（见图 12.836 和图 12.837）。其中 6527 180 唱片编号下方的原始小编号也是 6527 180，其实这张唱片的首版编号为 PHILIPS 835 324 DXY，这样不标注原始编号的情况多在后期再版唱片中出现。

SEQUENZA 系列双张唱片的唱片编号为 6529 xxx（见图 12.838 和图 12.839）。

SEQUENZA 系列编号还有 412 xxx-1 和 416 xxx-1(见图 12.840~ 图 12.843)。SEQUENZA 系列唱片中还有极少数直接使用原始编号的。

图 12.834　6527 180 唱片的红白标

图 12.835　6527 180 唱片封套

图 12.836　6527 041 唱片的蓝白标

图 12.837　6527 041 唱片封套

图 12.838　6529 100 唱片的标芯

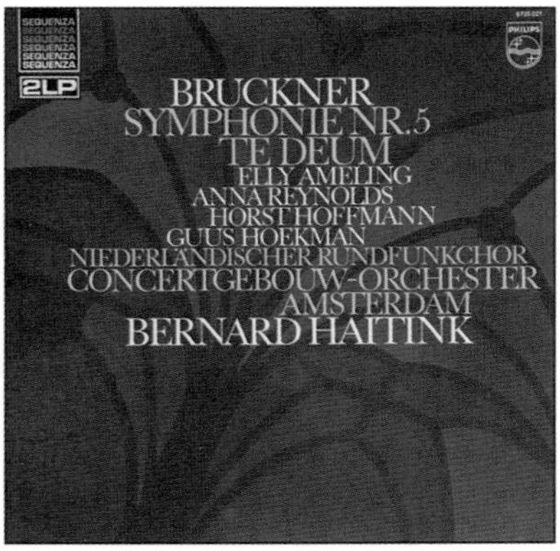

图 12.839　6529 100 唱片封套

图 12.840　412 001-1 唱片的标芯

图 12.841　412 001-1 唱片封套

图 12.842　416 978-1 唱片的标芯

图 12.843　416 978-1 唱片封套

飞利浦公司 GRANDIOSO 系列唱片也是发行量比较大的系列唱片。其唱片编号有 6570 xxx（见图 12.844 和图 12.845）、6571 xxx（见图 12.846 和图 12.847）、6572 xxx（见图 12.848 和图 12.849）、6573 xxx（见图 12.850 和图 12.851）。

图 12.844　6570 048 唱片的标芯

图 12.845　6570 048 唱片封套

图 12.846　6571 020 唱片的标芯

图 12.847　6571 020 唱片封套

图 12.848　6572 012 唱片的标芯

图 12.849　6572 012 唱片封套

图 12.850　6573 010 唱片的标芯

图 12.851　6573 010 唱片封套

飞利浦唱片公司发行的另一个再版唱片系列是 UNIVERSO 系列。其编号有 6580 xxx（见图 12.852 和图 12.853）、6581 xxx（见图 12.854 和图 12.855）、6582 xxx（见图 12.856 和图 12.857）、6585 xxx（见图 12.858 和图 12.859）。

图 12.852　6580 001 唱片的标芯

图 12.853　6580 001 唱片封套

图 12.854　6581 006 唱片的标芯

图 12.855　6581 006 唱片封套

图 12.856　6582 008 唱片的标芯

图 12.857　6582 008 唱片封套

图 12.858　6585 009 唱片的标芯

图 12.859　6585 009 唱片封套

飞利浦唱片公司再版的 Musica da camera 室内音乐系列唱片发行量比较大。这个用意大利语命名的唱片系列收录了世界上最优秀的室内乐演绎，音质也很好。Musica da camera 系列唱片的编号有 6503 xxx(见图 12.860 和图 12.861)、6570 xxx(见图 12.862 和图 12.863)、412 xxx-1(见图 12.864 和图 12.865)。虽然唱片编号不同，但唱片封面都是一个设计，咖啡色和土黄色的外框，淡黄底色，下方都印有名画图片，很有观赏价值。

图 12.860　6503 112 唱片的标芯

图 12.861　6503 112 唱片封套

图 12.862　6570 923 唱片的标芯

图 12.863　6570 923 唱片封套

图 12.864　412 396-1 唱片的标芯

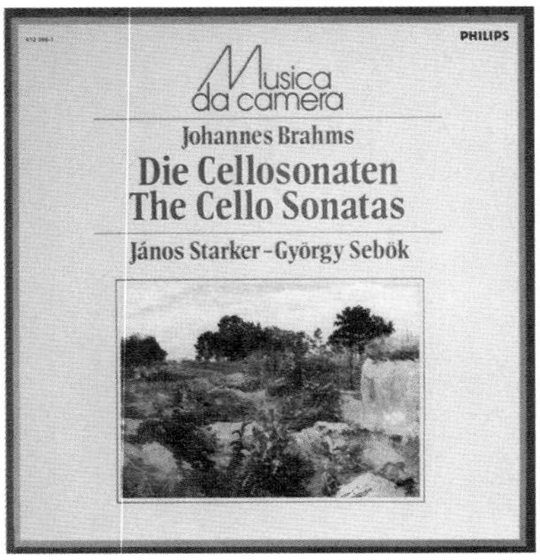

图 12.865　412 396-1 唱片封套

飞利浦唱片公司再版的 Lebendiges Barock 系列，编号有 6542 xxx(见图 12.866 和图 12.867)、9502 xxx(见图 12.868 和图 12.869)、412 xxx-1(见图 12.870 和图 12.871)。

图 12.866　6542 762 唱片的标芯

图 12.867　6542 762 唱片封套

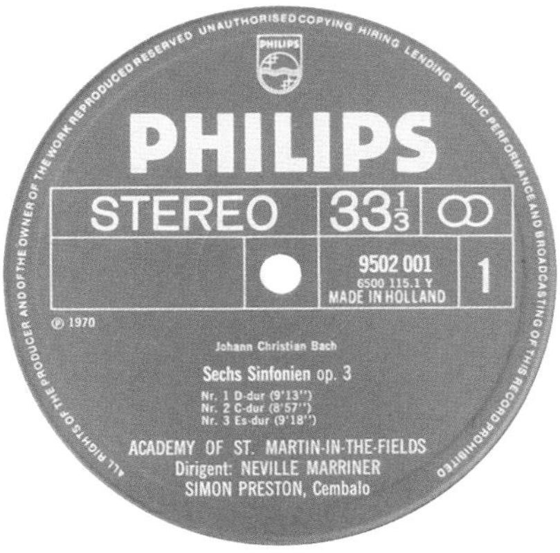

图 12.868　9502 001 唱片的标芯

图 12.869　9502 001 唱片封套

图 12.870　412 416−1 唱片的标芯

图 12.871　412 416−1 唱片封套

第 13 节　RCA Victor

RCA 的全称是 Radio Corporation of America(美国广播公司)，是美国通用电气公司创立的一家广播公司。

RCA Victor 是唱片行业内的大牌公司之一，前身是唱片的发明者贝林纳创建的留声机公司。1929 年，RCA 因收购了著名的 Victor Talking Machine，即胜利唱片公司（1901 年由约翰逊与贝林纳共同组建）而踏入唱片界，并成立了 RCA Victor 唱片公司发行唱片，以录制古典音乐与爵士乐为主。在其发展过程中，曾删除过“Victor”字样与小狗商标（1901 年胜利唱片公司获得小狗商标的使用权），后又恢复使用。

RCA Victor 和诸多顶级音乐大师和世界一流的乐团进行密切的录音合作，使得 RCA Victor 拥有大量珍贵的录音资料，发行的唱片见表 12.14。

表12.14　RCA Victor发行的唱片列表

RCA Victor						
Label	系 列	版 本	压片	发行时间	发行编号	备 注
Living Stereo Shaded Dog	Victor Red Seal	LS影子狗标		1958—1962年		
Stereo Shaded Dog	Victor Red Seal	S影子狗标		1962—1964年		
Dynagroove Shaded Dog	Victor Red Seal	D影子狗标		1963—1964年		
White Dog	Victor Red Seal	白狗标		1964—1968年		
No Dog	Victor Red Seal	无狗标		1968—1976年		
Sided Dog	Victor Red Seal	侧狗标		1976—1980年		
Sided Dog 1 Digital Recording	Victor Red Seal	数字侧狗标1		1980年—		

续表

RCA Victor						
Label	系 列	版 本	压片	发行时间	发行编号	备 注
Sided Dog 2 Digital Recording	Victor Red Seal	数字侧狗标2		1980年—		
Living Stereo Shaded Dog	Soria	LDS 精装		1958—1962年		
Living Stereo No-Dog	Soria	LDS 精装		1962—1968年		
Stereo No-Dog	Soria	LDS 精装		1963—1964年		

RCA Victor 唱片公司使用的第 1 个立体声标芯就是著名的 LS 影子狗标（Living Stereo Shaded Dog）。LS 影子狗标为红底色银字。标芯 11 点钟至 1 点钟的位置印着“RCA VICTOR”字样，下面印有彩色的留声机小狗标志。唱片孔上面一点印有“STEREO-ORTHOPHONIC HIGH FIDELITY”小字。标芯下方印有“LIVING STEREO”字样。距标芯外缘 15mm 处有一圈凹槽（见图 12.872）。立体声影子狗标的唱片编号是 LSC xxxx，起始编号为 LSC 1806。立体声影子狗标唱片发行的时间为 1958—1962 年。

LS 影子狗标唱片的封套设计是在封面上方印有黑色带，左右两侧印有两只相对的金色喇叭，中间印有“LIVING STEREO”字样。右侧印有“RCA VICTOR”字样、唱片编号等小字和留声机小狗图形组合的标志（见图 12.873）。

图 12.872　LSC 1806 唱片的 LS 影子狗标

图 12.873　LSC 1806 唱片封套

立体声影子狗的第 2 个标芯与第 1 个标芯设计类似，被称为 S 影子狗标。不同之处是标芯下方的“LIVING STEREO”字样改为了“STEREO”字样（见图 12.874）。唱片封套设计与第 1 个立体声影子狗标芯唱片封套的设计相同（见图 12.875）。

还有一点，后期发行的立体声影子狗的第 2 个标芯唱片孔上面的“STEREO-ORTHOPHONIC HIGH FIDELITY”小字被取消了（见图 12.876）。唱片封套设计与第 1 个立体声影子狗标芯唱片封套设计相同（见图 12.877）。

第 3 个立体声影子狗标芯的改动是在标芯的下方，“STEREO”字样由“DYNAGROOVE”字样替代，将“LIVING STEREO”字样放在了“DYNAGROOVE”字样的两侧。因此第 3 个标芯被称为 D 影子狗标（Dynagroove Shaded Dog）（见图 12.878）。发行时间为 1963—1964 年。

图 12.874　LSC 2256 唱片的 S 影子狗标

图 12.875　LSC 2256 唱片封套

图 12.876　后期发行的 LSC 2256 唱片的标芯

图 12.877　后期发行的 LSC 2256 唱片封套

D 影子狗标唱片的封套设计简化了很多，封面上方的黑色带取消了，新的标志是彩色留声机小狗和“RCA VICTOR”“DYNAGROOVE”等小字组合的标志（见图 12.879）。

图 12.878　LSC 2682 唱片的 D 影子狗标

图 12.879　LSC 2682 唱片封套

少数发行的 D 影子狗标有一点不同的设计，“DYNAGROOVE”字样两侧的“LIVING STEREO”字样简化为了“STEREO”字样（见图 12.880）。唱片封套的标志简化为黑色线描图形（见图 12.881）。

图 12.880　LSC 2641 唱片的 D 影子狗标

图 12.881　LSC 2641 唱片封套

D 影子狗标是立体声影子狗标中最为简洁的设计（见图 12.882）。唱片封套标志设计同前（见图 12.883）。

图 12.882　LSC 2256 唱片的 D 影子狗标

图 12.883　LSC 2256 唱片封套

RCA Victor 使用的第 4 个标芯是白狗标（White Dog）。白狗标的设计和影子狗标设计唯一不同之处就是留声机小狗的背影没有了（见图 12.884）。唱片封套的标志是由“RCA VICTOR”字样、唱片编号等小字和留声机小狗图形组合而成的标志（见图 12.885）。

随后发行的白狗标上方的“RCA VICTOR”字样改为了白色，底下银色的“LIVING STEREO”字样简化为“STEREO”，并和下缘的小字一起改为了黑色（见图 12.886）。有一部分白狗标唱片封套沿用了 LS 影子狗标唱片的封套设计（见图 12.887）。

图 12.884　LSC 2252 唱片的白狗标

图 12.885　LSC 2252 唱片封套

图 12.886　LSC 2395 唱片的白狗标

图 12.887　LSC 2395 唱片封套

白狗标还有两个标芯，“STEREO DYNAGROOVE”版是一个，这个版本使用了 DYNAGROOVE 刻纹技术（见图 12.888）。唱片封套设计类似 LS 影子狗标唱片的封套设计（见图 12.889）。

图 12.888　LSC 2436 唱片的标芯

图 12.889　LSC 2436 唱片封套

另一个白狗标是“DYNAGROOVE STEREO/ MIRACLE SURFACE”版。这个版本把唱片材料的一项“MIRACLE SURFACE”技术名称印在了标芯上（见图 12.890）。唱片封套商标设计与 D 影子狗标唱片封套商标相同（见图 12.891）。

图 12.890　LSC 2997 唱片的标芯

图 12.891　LSC 2997 唱片封套

RCA Victor 唱片公司在 1968 年使用了新的唱片商标，因为标芯上取消了“留声机小狗”，所以新的标芯被称为无狗标（No Dog）（见图 12.892）。无狗标是红底色黑纹字，空心大字的“RCA”字样在标芯左侧竖立排列，右侧印有白字“Red Seal”，“Side”字样和“STEREO”字样印在标芯的上方。早期的无狗标距外缘 15mm 处有一圈凹槽。无狗标唱片的编号是 LSC xxxx（1973 年改为 ARL1 xxxx），起始编号为 LSC 3100。无狗标唱片发行的时间为 1968—1976 年。

唱片封套的设计比较简单，右上角印有上下排列的“RED SEAL”字样和留声机小狗图标，左上角印有“RCA”字样和唱片编号（见图 12.893）。

图 12.892　LSC-3048 唱片的无狗标

图 12.893　LSC-3048 唱片封套

无凹槽的无狗标见图 12.894。有一部分唱片封套沿用了类似 LS 影子狗标唱片封套的设计（见图 12.895）。

图 12.894　LSC 2446 唱片的无凹槽无狗标

图 12.895　LSC 2446 唱片封套

编号为 ARL xxxx 的无凹槽无狗标唱片见图 12.896。拥有更为简化的唱片封套标志设计，连留声机小狗的图标也取消了，剩下的只有上下排列的“RCA”“RED SEAL”等小字样（见图 12.897）。

图 12.896　ARL1 1153-A 唱片的无凹槽无狗标

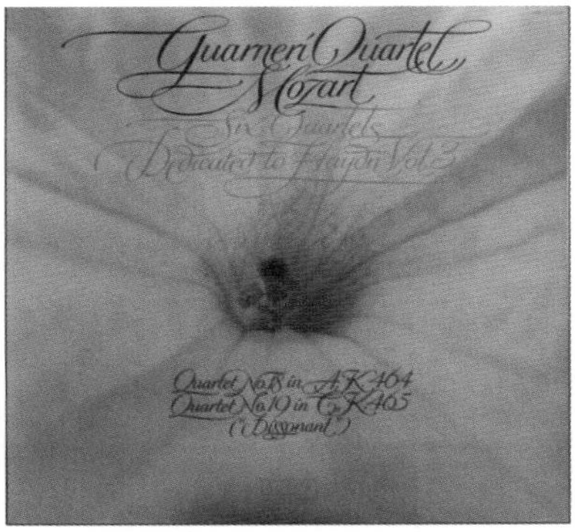

图 12.897　ARL1 1153-A 唱片封套

无狗标还有一个在 7 点钟的位置印有 RCA 专利技术“dynaflex”字样的标志（见图 12.898）。唱片封套标志设计与 ARL xxxx 的无凹槽无狗标唱片第一个唱片封套设计相同（见图 12.899）。

图 12.898　ARL1 0735-A 唱片的无狗标

图 12.899　ARL1 0735-A 唱片封套

无狗标唱片还有双张、盒装系列唱片，编号为 VCS xxxx(见图 12.900)。唱片封套标志设计也与 ARL1 xxxx 的无凹槽无狗标唱片第一个封套设计相同（见图 12.901)。

图 12.900　VCS-7102-1 唱片的无狗标

图 12.901　VCS-7102-1 唱片封套

1976 年起，RCA Victor 唱片公司推出新的侧狗标（Side Dog）系列唱片。标芯为饱和度偏低的红底色。空心白色的“RCA”字样移至标芯上方。在 2 点钟的位置印有彩色的留声机小狗商标。在标芯左侧竖立排列的是白字“Red Seal”字样。侧狗标唱片的发行时间为 1976—1980 年。

新的录音唱片使用的唱片编号是 ARL1-xxxx(见图 12.902 和图 12.903)。再版的侧狗标唱片沿用老的 LSC xxxx 编号(见图 12.904 和图 12.905)，另外，侧狗标也有双张、盒装唱片系列，编号为 VCS xxxx(见图 12.906 和图 12.907)。唱片封套的标志都是上下排列的留声机小狗和“RCA VICTOR”或“RED SEAL”字样组合的标志（见图 12.903、图 12.905 和图 12.907)。

RCA Victor 于 1980 年开始使用数字录音技术，发行的数字录音唱片有 2 个标芯。标芯仍然采用红底色，文字信息是黑色字。第 1 个标芯沿用了侧狗标的标芯设计，只是在竖立的“Red Seal”字样旁边加上了黑色“DIGITAL”标志（见图 12.908)。第 1 个数字录音标芯唱片的编号是 ARC1-xxxx，该标芯被称为数字侧狗标 1。

唱片封套的商标为上下排列的“RED SEAL”字样和彩虹七色“DIGITAL”字样组合的标志(见图 12.909)。

图 12.902　ARL1-3457-B 唱片的侧狗标

图 12.903　ARL1-3457-B 唱片封套

图 12.904　LSC 2726 唱片的侧狗标

图 12.905　LSC 2726 唱片封套

图 12.906　VCS-7070-2 唱片的侧狗标

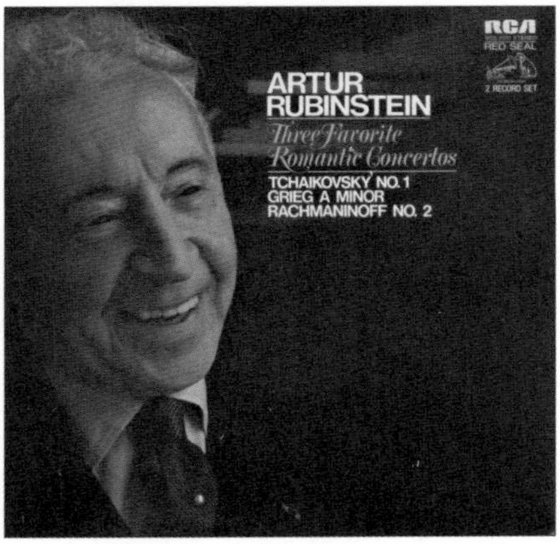

图 12.907　VCS-7070-2 唱片封套

图 12.908　ARC1-3636-A 唱片的数字侧狗标 1

图 12.909　ARC1-3636-A 唱片封套

RCA Victor 的数字录音唱片的第 2 个标芯把黑色线描的“RCA”字样和留声机小狗标志竖立在标芯的左侧，白色“RED SEAL”字样和彩虹七色的“DIGITAL”字样印在标芯的上方显著位置（见图 12.910）。第 2 个数字录音标芯唱片的编号也是 ARC1-xxxx。

唱片封套的上方印有上下排列的“RED SEAL”字样和彩虹七色“DIGITAL”字样组合的商标，右上方印有上下排列的“RCA”“RED SEAL”字样（见图 12.911）。

图 12.910　ARC1-4552-A 唱片的数字侧狗标 2

图 12.911　ARC1-4552-A 唱片封套

1980 年，RCA Victor 唱片公司又推出了新的再版半速刻纹的 Red Seal 0.5 Series 系列唱片，标芯上方最突出的地方印有“RED SEAL 0.5 SERIES”字样（见图 12.912）。封套有同样的字样（见图 12.913）。

图 12.912　ARP1-4567-B 唱片的标芯

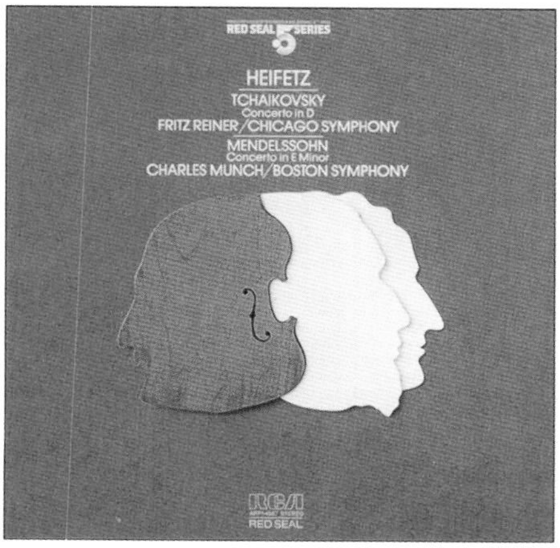

图 12.913　ARP1-4567-B 唱片封套

RCA Victor 唱片公司除了发行主流的“Red Seal”LSC 系列唱片，还发行了名为“Soria(索里亚)”的精装版系列唱片。该系列唱片以豪华精美的包装而备受爱乐人的喜爱。Soria 精装版系列唱片的包装采用套盒设计，典雅的纹理布面，凹版烫金字，封面是手工贴在套盒上的。另外还附有一本精美的、内容丰富的、分量十足的唱片手册。

Soria 精装版系列唱片的标芯设计与“Red Seal”的 LSC 系列唱片的标芯基本相同（见图 12.914）。

Soria 精装版系列唱片的第 1 个标芯也是 LS 影子狗标，不同之处只是标芯的编号而已。Soria 精装版系列唱片的编号是 LDS xxxx。发行时间为 1958—1962 年。

Soria 精装版系列发行的唱片专辑数量远远不及影子狗标 LSC 系列，因此从稀有性来说，Soria 精装版系列唱片也是非常值得搜寻和珍藏的。

Soria 精装版系列唱片的封套非常精美，多为布面凹凸烫金版，拿在手上很有质感（见图 12.915）。

图 12.914　LDS 2347 唱片的标芯

图 12.915　LDS 2347 唱片封套

Soria 精装版系列唱片的第 2 个标芯是“LIVING STEREO NO DOG”无狗标（见图 12.916）。无狗标其他设计与第 1 个标芯似乎没有什么区别，有趣的是 RCA Victor 唱片公司的设计人员把影子狗删除了唱片编号还是 LDS xxxx。

Soria 精装版系列唱片的第 2 个标芯的唱片封套与第 1 个标芯唱片封套的设计相同，为布面凹凸烫金版（见图 12.917）。

图 12.916　LDS 2560 唱片的无狗标

图 12.917　LDS 2560 唱片封套

Soria 精装版系列唱片的第 3 个标芯是无狗标（Stereo No-Dog），与第 2 个无狗标的区别是把标芯下面“LIVING STEREO”字样简化为了“STEREO”字样（见图 12.918）。第 3 个标芯的 Soria 精装版系列唱片的编号仍然是 LDS xxxx。唱片封套设计同前两版（见图 12.919）。

图 12.918　LDS 2447 唱片的无狗标

图 12.919　LDS 2447 唱片封套

Soria 的第 4 个标芯还是无狗标（见图 12.920）。只是把左右的编号“LDS-xxxx”字样和页面数“SIDE”的位置移至凹槽圆环以内。这个标芯设计简化得让人感觉似乎没有完成印刷。

第 4 个标芯无狗标唱片的封套设计并没有简化，这点令人感到欣慰一些（见图 12.921）。

图 12.920　LDS-6077-1 唱片的无狗标

图 12.921　LDS-6077-1 唱片封套

RCA Victor 唱片公司于 1962 年推出了再版的“VICTROLA”系列唱片。第 1 个标芯是棕色深沟标（Plum Label Grooved）（见图 12.922），为棕底色，银字。标芯 12 点钟位置印有圆形的“RCA”标志，其中字母“A”脚处有类似闪电的变体图形，爱乐人俗称这个标芯为“闪电脚”。圆形的“RCA”标志下面印有斜体的大字“VICTROLA”。“STEREO”字样和版权声明的小字印在标芯外缘下方。棕色深沟标距外缘 15mm 处有一圈凹槽。棕色深沟标唱片的唱片编号是 VICS xxxx。发行时间为 1962—1964 年。

“VICTROLA”系列唱片的封套设计简洁，封套标志与标芯的标志相同（见图 12.923）。

图 12.922 VICS 1055 唱片的棕色深沟标

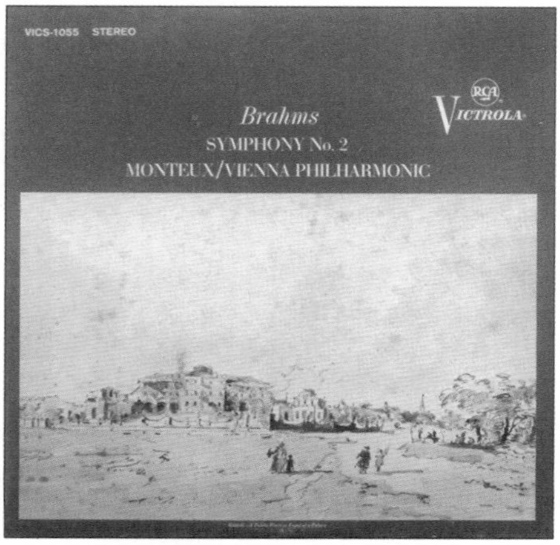

图 12.923 VICS 1055 唱片封套

“VICTROLA”系列第 2 个标芯是棕色深无沟标（Plum Label Non-Grooved）。第 2 个标芯的设计与第 1 个标芯的设计相同，但是深凹槽被取消了（见图 12.924）。棕色深无沟标唱片的唱片编号还是 VICS xxxx，发行时间为 1965—1968 年。

“VICTROLA”系列唱片的第 2 个标芯唱片封套与第 1 个标芯唱片封套设计相同（见图 12.925）。

图 12.924 VICS 1034 唱片的棕色深无沟标

图 12.925 VICS 1034 唱片封套

“VICTROLA”系列唱片的第 3 个标芯与“Red Seal”LSC 系列的无狗标设计基本相同。因为标芯的底色采用了粉红色，所以被称为粉红标（Pink Label）（见图 12.926）。粉红标与无狗标的另一个不同点是把“RED SeaL”字样换成了“VICTROLA”字样。早期的粉红标距外缘 15mm 处有一圈凹槽（较为少见），但是不久后凹槽被取消了。粉红标唱片的唱片编号还是 VICS xxxx，发行时间为 1968—1976 年。

“VICTROLA”系列的第 3 个标芯封套设计简化了，封套右上角印有“VICTROLA”字样，左上角印有“RCA”字样（见图 12.927）。

图 12.926　VICS-1377 唱片的粉红标

图 12.927　VICS-1377 唱片封套

“VICTROLA”系列唱片的第 3 个标芯粉红标还有无凹槽版本（见图 12.928）。唱片封套设计与有凹槽版本标芯唱片的封套设计相同（见图 12.929）。

图 12.928　VICS-1433 唱片的无凹槽粉红标

图 12.929　VICS-1433 唱片封套

“VICTROLA”系列唱片的第 4 个标芯与“Red Seal”LSC 系列的侧狗标设计基本相同（见图 12.930）。不同的是“VICTROLA”系列唱片的侧狗标是把“RED SEAL”字样换成了“VICTROLA”字样。唱片编号还是 VICS xxxx。“VICTROLA”系列的侧狗标唱片的发行自 1976 年开始。

唱片封套设计与前 3 个标芯的唱片封套设计相同（见图 12.931）。

图 12.930　VICS-1423 唱片的侧狗标

图 12.931　VICS-1423 唱片封套